太陽能電池

—— 原理、元件、材料、製程與檢測技術

翁敏航　主編
翁敏航　楊茹媛　管鴻　晁成虎　共同編著

東華書局

國家圖書館出版品預行編目資料

太陽能電池：原理、元件、材料、製程與檢測技術 / 翁敏航等編著 . -- 初版 . -- 臺北市：臺灣東華，民 99.05

416 面 ; 19x26 公分

ISBN 978-957-483-597-3（平裝）

1.CST: 太陽能電池 2.CST: 工程材料

448.167　　　　　　　　　　　　99007900

太陽能電池
原理、元件、材料、製程與檢測技術

主　　編	翁敏航
編 著 者	翁敏航・楊茹媛・管鴻・晁成虎
發 行 人	陳錦煌
出 版 者	臺灣東華書局股份有限公司
地　　址	臺北市重慶南路一段一四七號三樓
電　　話	(02) 2311-4027
傳　　眞	(02) 2311-6615
劃撥帳號	00064813
網　　址	www.tunghua.com.tw
讀者服務	service@tunghua.com.tw
門　　市	臺北市重慶南路一段一四七號一樓
電　　話	(02) 2371-9320

2026 25 24 23 22　HJ　11 10 9 8 7

ISBN　978-957-483-597-3

版權所有　・　翻印必究

主編序

　　太陽能電池已經成為一項熱門的產業與研究領域。地球的平均溫度在過去 20 年間升高了 0.2℃ 以上，因此開發與使用無污染之替代能源已成為二十一世紀人類生活中最重要的工作。在許多的綠色能源中，太陽能光電由於其低環境衝擊的緣故，而成為主要的替代能源產業。台灣擁有完整的半導體與光電產業基礎，因而具有發展太陽能電池的優良條件。

　　本書的編撰構想源於 2006 年，當時主編有幸與幾位熱情年輕的朋友共同研究用於太陽能電池的光電薄膜材料，有感於當時相關的太陽能電池參考與入門書太少，雖然國外已有許多太陽能電池的大師級學者撰寫了經典書籍，但是對於國內的初學者而言似乎要一段相當長的時間才能理解，因而興起編寫一本輕易入門且可讀性高的中文書籍。經過了幾年，坊間已經有許多太陽能電池的優秀專業書籍。從太陽能電池的技術觀點來看，可分為原理、材料、元件、檢測、製程、封裝、模組、設備、系統、應用與市場趨勢等。有些書著重在原理，有些在製程，有些在封裝或應用，每本書都有其切入點與特色。作者由多年來太陽能電池的學習過程中發現，太陽能電池是一門跨領域的學問！因此本書是定位在太陽能電池的入門書，特別著重在太陽能電池的相關原理的說明，並納入許多讀者有興趣的議題，包含矽基晶片型太陽能電池、染料敏化太陽能電池、矽基薄膜與高效率化合物的太陽能電池等基礎知識。本書的內容是由多位編著者多年來的讀書筆記、教學與研究資料，並參考諸多書籍與文獻彙整而成。大致說來，本書極適合科技大學大三、大四學生甚至研究生的太陽能電池入門書，也適合作為太陽能電池工程師參考或複習書籍。

　　作者使用淺顯易懂的詞句，並盡量以條理式說明，使讀者減少不必要的閱讀困難。雖然作者力求詳實，若有疏漏之處，尚祈先進與讀者不吝指教。在此特別感謝過去與現在參與的同學在求學時期給我們的啟發與協助資料收集，他們是葉祐名、王昱傑、黃健瑋、莊明戰、林成、張竣逸、李家興、郭恭佑、涂在根、邱宥浦、田偉辰、徐政傑、王詮文、莊子誼、陳偉修、李鴻昇、彭昱銘、黃俊智、蔡水峰、何宜璟、李宗育等。太陽能電池的知識廣泛，要編輯一本書需要許多人的協助。特別感謝張育綺小姐（第一章、第三章與第五章）、葉昌鑫先生（第四章與第六章）、陳皇宇先生（第二章、第七章與第十章）、陳威宇先生（第八章與與第九章）協助初稿整理。祝他們早日獲得博士學位！特別感謝洪政源博士與吳宏偉博士對本書提出之教學意見。也感謝施明昌教授、周春禧教授、熊京民教授、廖慶聰教授、于劍平教授、朱孝業教授、吳信賢教授長期在光電薄膜研究上給予的寶貴意見。感謝共同作者楊茹媛教授、管鴻教授與晁成虎博士對本書的編輯提出相當多貢獻。主編與共同作者深深地感謝多位教導過的師長，蘇炎坤教授、張守進教授、黃正亮教授、陳建富教授、梁從主教授、戴寶通教授……等，讓我們能在知識的領域裡作一點小小貢獻。同時謝謝東華書局編審部的耐心與大力協助本書的完成。

完成一本淺顯易懂的太陽能電池的入門書，心中感覺踏實。能為這塊土地作一點事，作者深感榮幸又謙卑。感謝所有共同編著作者的同意，本書全部的版稅捐給家扶中心。希望每一個孩子都能快樂成長！

翁敏航

目 錄

第 1 章　太陽能電池概論

- 1-1　章節重點與學習目標　2
- 1-2　能源現況　2
- 1-3　再生能源　4
- 1-4　太陽光的使用　10
- 1-5　太陽能電池種類　12
- 1-6　太陽能電池發展　18
- 1-7　各國政府對太陽能電池之補助政策　21
- 1-8　國內太陽能電池發展　23
- 1-9　學習太陽能電池知識的方法　25
- 1-10　結　語　28

第 2 章　太陽能電池之半導體物理基礎

- 2-1　章節重點與學習目標　34
- 2-2　半導體材料分類　35
- 2-3　晶體結構與能帶結構　40
- 2-4　電子傳輸性質　51
- 2-5　本質半導體及異質半導體　52
- 2-6　半導體中之電性行為　55
- 2-7　半導體的接面　59
- 2-8　半導體中的復合過程　66
- 2-9　半導體的光電性質　68
- 2-10　結　語　70

第 3 章　太陽能電池的基本原理、損失與測定

　　3-1　章節重點與學習目標 …………………………………… 76
　　3-2　太陽能電池的基本原理 ………………………………… 76
　　3-3　太陽能電池的效率損失 ………………………………… 83
　　3-4　太陽能電池的電性參數 ………………………………… 87
　　3-5　太陽能電池的等效電路 ………………………………… 90
　　3-6　太陽能電池的測定環境 ………………………………… 99
　　3-7　結　語 …………………………………………………… 103

第 4 章　矽基晶片型太陽能電池元件與製造

　　4-1　章節重點與學習目標 …………………………………… 108
　　4-2　多晶矽原料製造技術 …………………………………… 109
　　4-3　矽單晶片製造技術 ……………………………………… 117
　　4-4　多晶矽晶片製造技術 …………………………………… 127
　　4-5　矽基晶片型太陽能電池種類與結構 …………………… 137
　　4-6　矽基晶片型太陽能電池製造技術 ……………………… 144
　　4-7　前瞻性製造技術 ………………………………………… 155
　　4-8　結　語 …………………………………………………… 166

第 5 章　非晶矽薄膜太陽能電池

　　5-1　章節重點與學習目標 …………………………………… 172
　　5-2　非晶矽薄膜太陽能電池的發展背景 …………………… 172
　　5-3　非晶矽材料的結構與特性 ……………………………… 174
　　5-4　非晶矽材料之光劣化與改善 …………………………… 177
　　5-5　非晶矽薄膜太陽能電池結構 …………………………… 180

5-6	非晶矽薄膜太陽能電池製程	184
5-7	非晶矽薄膜太陽能電池之封裝技術	197
5-8	研發趨勢	199
5-9	結　語	201

第 6 章　前瞻矽基薄膜太陽能電池

6-1	章節重點與學習目標	206
6-2	結晶矽基薄膜太陽能電池之發展背景	206
6-3	結晶矽基薄膜太陽能電池之種類	210
6-4	結晶矽基薄膜太陽能電池之製程技術	213
6-5	微晶矽薄膜之製作技術	218
6-6	多晶矽薄膜之製程技術	222
6-7	大面積矽基薄膜鍍膜技術	230
6-8	矽基薄膜太陽能電池的發展趨勢	234
6-9	結　語	235

第 7 章　染料敏化太陽能電池

7-1	章節重點與學習目標	244
7-2	染料敏化太陽能電池的發展歷史	244
7-3	染料敏化太陽能電池的基本組成	246
7-4	染料敏化太陽能電池的工作原理與製備	251
7-5	染料敏化太陽能電池之研究重點	259
7-6	染料敏化太陽能電池之專利探討	275
7-7	國際研發現況	277
7-8	結　語	279

第 8 章　化合物太陽能電池

8-1	章節重點與學習目標	290
8-2	化合物半導體	291
8-3	碲化鎘基太陽能電池	292
8-4	銅銦硒基太陽能電池	298
8-5	III-V 族太陽能電池	307
8-6	聚光型太陽能電池	321
8-7	結　語	327

第 9 章　次世代太陽能電池

9-1	章節重點與學習目標	334
9-2	多接面、多能隙及堆疊型太陽能電池	336
9-3	中間能帶型太陽能電池	339
9-4	熱載子太陽能電池	340
9-5	熱光伏特太陽能電池	342
9-6	頻譜轉換太陽能電池	343
9-7	有機太陽能電池	346
9-8	塑膠太陽能電池	351
9-9	奈米結構太陽能電池	354
9-10	結　語	359

第 10 章　太陽能電池材料分析技術

10-1　章節重點與學習目標 ……………………………… 364
10-2　表面形貌與微結構分析 ……………………………… 365
10-3　晶體結構與成分分析 ………………………………… 375
10-4　光學特性分析 ………………………………………… 381
10-5　電特性分析…………………………………………… 391
10-6　結　語 ………………………………………………… 399

第 1 章

太陽能電池概論

- 1-1 章節重點與學習目標
- 1-2 能源現況
- 1-3 再生能源
- 1-4 太陽光的使用
- 1-5 太陽能電池種類
- 1-6 太陽能電池發展
- 1-7 各國政府對太陽能電池之補助政策
- 1-8 國內太陽能電池發展
- 1-9 學習太陽能電池知識的方法
- 1-10 結　語

1-1 章節重點與學習目標

　　由於近年來全球氣候的異常以及各國經濟起飛而使用大量石油燃料，已造成大氣中二氧化碳等溫室氣體的濃度急速增加，產生愈來愈明顯的全球增溫、海平面上升及氣候變遷加劇的現象，對水資源、農作物、自然生態系統及人類健康等各層面都造成日益明顯的負面衝擊。全球暖化與能源危機成為亟待解決的問題，因此再生能源技術的開發成為當前產業的發展趨勢。綠色再生能源之中，具有諸多優點的太陽能光電的發展受到極大矚目。在本章中，我們先說明發展再生能源的必要性，由目前環境污染造成之全球暖化與傳統能源所面臨的問題，到國際上產學研因應的對策作一說明。接著介紹替代能源、再生能源以及綠色能源之意義，說明發展太陽能電池的必要性。本章亦將介紹太陽光的基本知識，包含太陽光譜、太陽輻射以及各種太陽能電池種類、技術概論與目前評價。接著，將簡單介紹目前國內太陽能產業發展的現況，包含國內太陽能電池上、中、下游廠商與太陽能電池產業鏈關係。最後將給有志從事太陽能電池的工作者一些入門學習管道的建議方法。讀者在讀完本章後，應該能回答：

1. 發展再生能源的必要性與急迫性；
2. 發展太陽能電池的理由；
3. 太陽能電池的發展歷史；
4. 太陽能電池之種類與目前效能；
5. 各式太陽能電池之優缺點；
6. 太陽能電池之發展現況與待解決的研發重點；及
7. 可以學習太陽能電池知識的管道。

1-2 能源現況

　　我們應當了解到目前我們所居住的環境正面臨兩個亟待解決的課題：

1. 全球暖化。
2. 能源危機。

1-2-1　全球暖化

全球暖化（Global Warming）是指地球表面的溫度愈來愈高，造成海平面上升及全球氣候變遷加劇的現象，對水資源、農作物、自然生態系統及人類健康等各層面都造成明顯的衝擊。圖 1-1 所示為北極冰層俯視圖，自 1979 年到 2003 年為止，北極冰層有 8% 之冰層面積溶化。圖 1-2 所示為 1928 年與 2004 年阿根廷的冰河消退對照圖。在全球暖化日益嚴重的影響下，尼泊爾喜瑪拉雅山上游的冰河也有逐漸溶化的趨勢。全球暖化的原因大致包括[1]：

1. **自然的改變**：太陽輻射的變化與火山活動；及
2. **外來因素的影響**：主要是溫室氣體產生的溫室效應，亦即二氧化碳和其他溫室氣體的含量不斷增加，使得地球表面的熱氣被侷限在地表上。燃燒化石燃料、清理林木和耕作等都增強了溫室效應。

溫室效應的觀測早在 1897 年由瑞典化學家阿倫尼烏斯（Arrhenius）提出，全球性的溫度增量可能造成地球環境的變動，包括海平面上升和降雨量

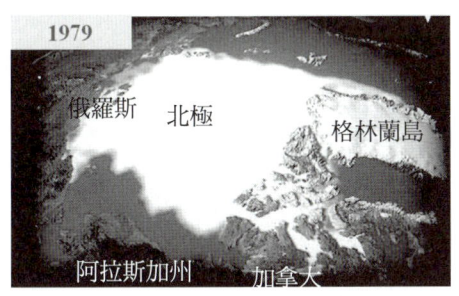

圖 1-1　1979 年與 2003 年北極冰層前後對照圖

（照片參考：www.erec-renewables.org）

圖 1-2　阿根廷的冰河消退對照圖

（照片參考：www.erec-renewables.org）

及降雪量在數額和樣式上的變化，例如洪水、旱災、熱浪、颶風和龍捲風。除此之外，還有其他後果，包括更高或更低的農產量、冰河消退、夏天時河流流量減少、物種消失及疾病肆虐等。多位氣候學家同意，自從 1950 年以來，太陽輻射的變化與火山活動所產生的變暖效果比人類所排放的溫室氣體還要低，關於溫室氣體的產生，大部分與燃燒化石燃料有關。傳統化石能源發電之 CO_2 排放量約 530 噸／GWh，而太陽能發電製造之 CO_2 排放量僅 5 噸／GWh。目前地球平均溫度已經比 20 年前高 0.2℃ 以上，暖化問題的解決已經刻不容緩了。

1-2-2 能源危機

隨著工業與物質文明的發展，人類對能源的依賴程度加深了能源的過度使用，表 1-1 說明各種傳統能源的儲藏量與年限估計。多數傳統能源的儲藏量都是有限的，亦即會有用盡的一天。依估算，石油儲藏量剩下 1 兆 308 桶，可使用至 2050 年；天氣然儲藏量剩下 136 兆立方公尺，可使用至 2069 年；煤儲藏量剩下 9822 億噸，可使用至 2237 年；鈾儲藏量剩下 385 萬噸，可使用至 2071 年 [2]。

1-3 再生能源

1-3-1 發展再生能源的必要性

由前節所述，發展其他非傳統的能源有其必要，並且具有急迫的需求。在非傳統的能源有一些常見的分類 [3-7]。

再生能源（Renewable Energy）是自然界中已存在的能源，且在自然界中生生不息，具有與耗能同等速度的再生能力，因而不會造成能源的短缺，其再生以及再利用的可能性是存在的。再生能源即是利用取之不竭、用之不盡的資源，例如風能、生物質能、太陽能、波能和潮汐能、水力發電以及地熱

表 1-1 各種傳統能源的儲藏量與年限估計

	石油	天然氣	煤	鈾
儲藏量	1 兆 308 桶	136 兆立方公尺	9822 億噸	385 萬噸
2010 年後可用年限	40	59	227	61

能等。

替代能源（Alternative Energy）指一般非傳統、對環境影響小的能源及能源貯藏技術，且並非來自於化石燃料。其中，多數的再生能源都是替代能源的一種。

綠色能源（Green Energy）是指對環境友善的能源，具有減緩全球暖化與氣候變遷的效用，包含風力、太陽能、地熱、潮汐、生質能等。廣義來說，綠色能源係用以增加能源效益、減少溫室氣體排放、減少廢棄物與污染，節約用水與其他自然資源上。

為了 21 世紀的地球免受氣候變暖的威脅，在 1997 年 12 月 11 日，149 個國家和地區的代表在日本東京召開「聯合國氣候變化公約會議」，會議中通過了限制已開發國家溫室氣體排放量以抑制全球變暖的「京都議定書」。這是史上第一次以法律約束的形式限制已開發國家溫室氣體排放量。京都議定書規定，到 2010 年，下列六種管制溫室氣體[3, 4]：

- 前三類：CO_2、甲烷與氧化亞氮；以及
- 後三類：氫氟碳化物、全氟化碳與六氟化硫。

要比 1990 年減少 5.2%。具體說來，各個已開發國家從 2008 年到 2012 年必須完成的減少目標是：

- 與 1990 年相比，歐盟減少 8%、美國減少 7%、日本減少 6%、加拿大減少 6%、東歐各國減少 5%～8%。
- 紐西蘭、俄羅斯和烏克蘭可將排放量穩定在 1990 年水準上。
- 允許愛爾蘭、澳大利亞和挪威的排放量分別比 1990 年增加 10%、8%、1%。
- 各國皆應訂定使用再生能源比例占總體使用能源 12%~15% 之目標。

1-3-2　再生能源的種類

再生能源多為取之不竭、用之不盡的資源，例如風能、生物質能、太陽能、波能和潮汐能、水力發電以及地熱能等。以下簡述常用再生能源的種類與發展現況[1]。

1. **風能**：風能發電是藉由風推動馬達以產生電力，是一種機械能與電能之轉換型式。目前，風力發電之發電成本已下降至可與傳統燃油發電成本

相競爭，且低於天然氣發電成本。2008 年底，風力累積裝置容量已達 12,200 萬瓩。由於台灣為海島地形，許多沿海地區之年平均風速超過每秒 4 公尺，具有發展風能的潛力。

2. **太陽能**：太陽能再生能源包含：(1) 太陽熱能與 (2) 太陽電能的使用。太陽熱能是直接以集熱板收集太陽光的輻射熱，將水加熱以推動機械，是一種熱能、機械能與化學能之轉換型式。太陽能發電是藉由**光伏電池**（Photovoltaic, PV）或**太陽能電池**（Solar Cell）將太陽能轉換為電能，是一種光能與電能之轉換型式。隨著使用化石能源與環保衝突日趨嚴重，在美、日、歐等先進國家推動下，太陽光電產業蓬勃發展，且被認為是具發展潛力的再生能源。

3. **生質能**：生質能發電指藉由各種有機體轉換成電能，是一種生物質能與電能的轉換型式。有機體發電是由農村及都市地區產生的各種有機物，如糧食、含油植物、牲畜糞便、農作物殘渣及下水道廢水等，經各式自然或人為化學反應後，再萃取其能量應用。目前，台灣地區的生質能發電應用包括垃圾焚化發電、沼氣發電、農林廢棄物及一般事業廢棄物應用發電等。

4. **地熱**：地熱發電指藉由地底所產生的熱以推動發電機成電能，是一種熱能與電能的轉換型式。台灣位處環太平洋火山帶，多處山區顯示具有地熱蘊藏。根據台灣地熱資源初步評估結果，全台灣地區有近百處顯示具溫泉地熱徵兆，但大部分因係屬火山性地熱泉，酸性成分太高，較不具發電價值。因此，如能克服地熱酸性成分高與蒸氣含量少兩項瓶頸，則能使地熱發電具有較好的發展前景。

5. **海水溫差**：海水溫差發電係藉由自然界的海水或湖水將之冷卻成液體，再經幫浦加壓打回鍋爐，形成一個閉路循環以產生電能，是一種熱能、機械與電能的轉換型式。其中，若在此循環中的熱源與冷源之溫差到達攝氏數百度，其熱力效率可達 30~40%；然而，海洋溫差僅有 20℃~25℃，因此其效率僅 3% 左右。雖然如此，但是海洋的體積龐大，若善加設計利用，亦能產生可觀的電能。

6. **波浪**：波浪發電係藉由風吹過海洋時產生**波浪能**（Wave Energy），這種波浪能在寬廣的海面上以儲存於水中的方式進行發電機的能量轉移，是一種風能、機械能與電能的轉換型式。由於地球表面有超過 70 % 以上的面積是海洋，成為世界最大的太陽能收集器。太陽輻射照射在廣大的海洋面積,造成地表海水與深海海水之間的溫差,產生地球表面大氣間的壓力差,因此產生風而造成波浪能。所利用的裝置有許多種型式,操作原理可分為:
(1) 利用波峰到波谷的垂直運動來驅動水輪機或氣輪機;
(2) 利用波浪的前後來回運動,經由凸輪等機械元件來推動輪葉機;及
(3) 其他方法。例如,將波浪集中於水道,再以波浪淺化時的動量傳播效應,來維持一定的水位差以推動水輪機等。

7. **潮汐**:潮差發電是以潮差推動低水頭水輪機來發電,僅需一公尺的潮差即可供圍築潮池的地形作潮汐發電,是一種機械位能與電能的轉換型式。目前台灣沿海之潮汐中,最大潮差發生在金門、馬祖外島,其可達五公尺潮差。台灣西部海岸大多為平直沙岸,缺乏可供圍築潮池的優良地形,較不具發展潮差發電之優良條件。

雖然上述的再生能源各以不同的名稱出現,但是幾乎都與太陽提供的能量有關。在能量守恆的觀點上,太陽內部的質量變化所提供的光能量傳送至地球,形成諸多再生能源,例如風能、生質能、太陽能、波浪能、水力以及地熱能等之原動力。

1-3-3 發展再生能源的策略

因應「京都議定書」生效後之 CO_2 減量要求,2005 年的全國能源會議建議政府再生能源發電推廣目標,至 2025 年再生能源發電量應占全部發電量的 5~7%,並以裝置容量比達 10～12% 為目標。2008 年提出「永續能源政策綱領」宣示:修正至 2025 年再生能源發電量比達 8% 為目標。

圖 1-3 說明 2005～2011 年全球再生能源的材料和設備之產值與預估值[8,9]。2006～2011 年間將以 25.8% 年均復合增長率成長;預計到了 2011 年,市場規模將達到 75 億美元。而以目前的再生能源而言,風力發電似乎是現階段發展性較佳之再生能源。

台灣的電力公司也進行各類再生能源之應用評估,選擇其中較具發展潛力的水力、風力、太陽光電、海洋溫差以及波浪發電等項目,進行調查與研究。目前國內推動再生能源產業之具體措施包括:電價收購、設備補助、低利貸款、租稅減免、加速折舊等獎勵政策。未來應確立電力公司之電力供應須有一定比例來自再生能源,且光電併聯系統之使用者亦可將其剩餘電力回

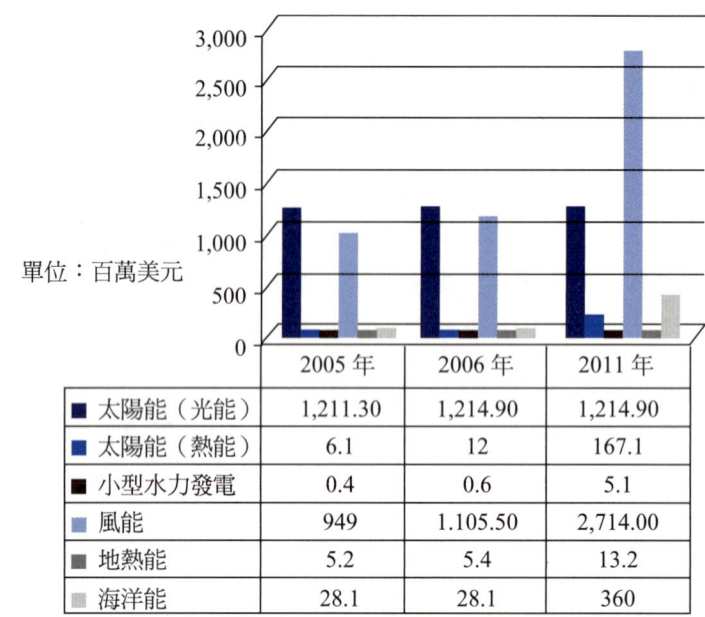

圖 1-3　2005~2011 年全球市場可再生能源的材料和設備之產值

售給電力公司。

1-3-4　發展太陽能電池的必要性

　　圖 1-4 所示為至 2040 年全球對各種再生能源的電力需求預估[9, 10]。由圖可知，再生能源的使用將有快速的成長，其中太陽能發電的成長更加明顯。整體來說，在發展中的替代性能源，風力及水力皆受到各國地理環境之影響，無法有效地普及應用。而生質能的部分，雖被認為是最有效及最有可能取代石油之替代性能源，卻由於世界各國的糧食危機，在糧食不夠充足的情況下，其發展性大大地受到拘束。美國能源部長朱棣文博士表示：「風能有風場問題，生質能有糧食議題。」因此，屬於綠色能源之太陽能電池被列為未來研究發展重點之一。

　　太陽能電池及其模組在使用上之優點為[4-6]：

1. 至少對人類的歷史而言，太陽能應該是取之不盡、用之不竭的；
2. 太陽能之提供不需能源運轉費、無需燃料、無廢棄物與污染、無轉動組件與噪音；
3. 太陽能電池模組較少機械破損，是半永久性的發電設備，使用壽命可以

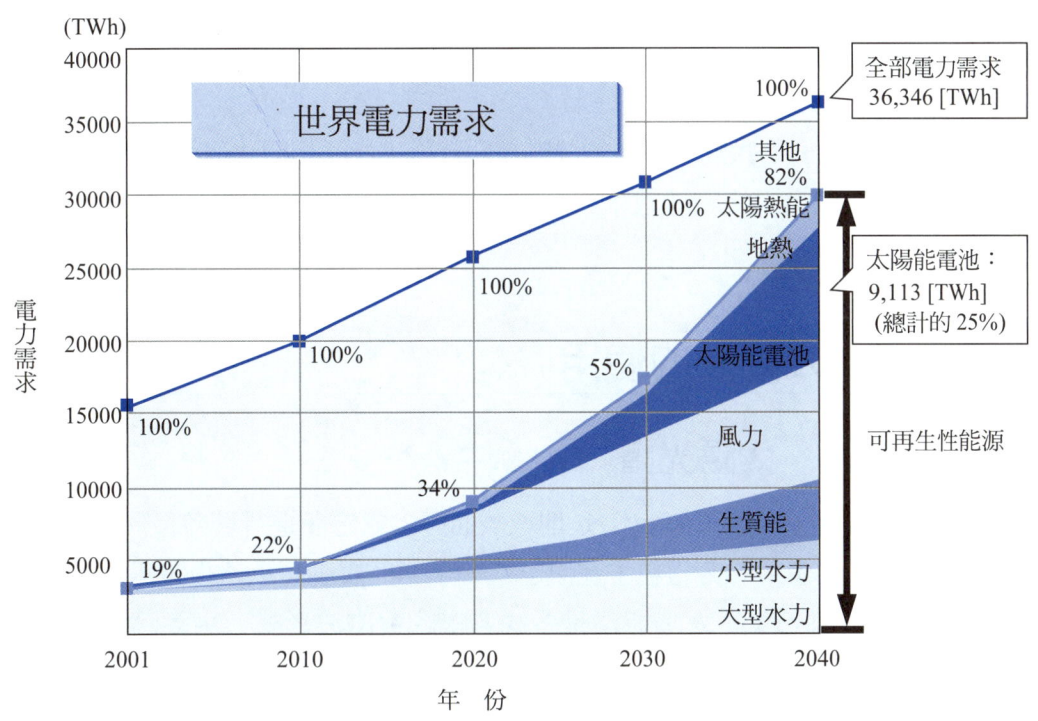

圖 1-4　全球對各種再生能源的電力需求預估

長達二十年以上；
4. 太陽能電池可將光能直接轉換為直流電能，且發電規模可依系統而定，大至發電廠、小至一般計算機皆可發電；
5. 太陽能電池種類眾多，外型、尺寸可隨意變化，應用廣泛；
6. 太陽能電池發電量大小隨日光強度而變，併聯型發電系統可以輔助尖峰電力；及
7. 薄膜型太陽能電池可設計為阻隔輻射熱或半透光，將可與建築物結合。

儘管太陽能電池在使用上具有諸多優點，但目前太陽能電池尚有一些缺點仍待改進[9-13]：

1. 就現階段的發展而言，太陽能電池的生產設備成本相對昂貴；
2. 太陽能電池的轉換效率約在 15~20%，大規模發電之太陽能電池模組需要很大的收集面積；
3. 目前的太陽能電池僅發電但不儲電，因此需要有充電之蓄電池；
4. 矽太陽能電池之機械強度低，需要其他的封裝材料加以補強；及

5. 結晶矽太陽能電池的發電受天候影響大，在弱光、晨昏與陰雨天時，發電量降低。

目前各國對太陽能電池的獎勵補助及再生能源相關法案相繼推動並實施，只要能突破太陽能電池效率與生產設備的技術問題，太陽能電池的需求將有極大的成長空間。

1-4 太陽光的使用

1-4-1 太陽光譜

太陽能（Solar Energy）是地球表面與大氣之間進行著各種形式運動的能量泉源。物體中的帶電粒子在原子或分子中的震動可以產生**電磁波**（Electromagnetic Wave）。太陽能便是各式各樣的電磁波形式，由太陽**輻射**（Radiation）到地球上。輻射是藉由放射或輸送能量，其傳播速度等於光速，且傳播不需介質。日常生活中可感受到的就如當我們坐在火爐邊，可以感受到火焰給我們的溫暖，這就是輻射能的作用。

氣象學所著重研究的是太陽、地球和大氣的熱輻射，其波長範圍大概在 0.15～120 μm，其中太陽輻射的主要波長範圍大約是 0.15～4 μm，地面輻射和大氣輻射的主要波長範圍是 3～120 μm。因此氣象學上習慣把太陽輻射稱為短波輻射，而把地面及大氣的輻射稱為長波輻射。我們可以理解的陽光是指可見光，其波長範圍約從 0.4～0.76 μm；可見光經三稜鏡分光後，成為紅、橙、黃、綠、藍、靛、紫的七色光帶，稱為光譜，如圖 1-5 所示。在可見光範圍之外的光譜是人眼所看不見的，但可用儀器測量出來 [2-5]。

1-4-2 太陽輻射與吸收

太陽為一個熾熱的氣態球體，其表面溫度為 6,000 K 左右，而內部的溫度據估計高達 40,000,000 K，不斷以電磁波的形式向四周發散光與熱。到達地球上的太陽輻射是非常巨大的，因此，大氣中所發生的各種物理過程和物理現象，都直接或間接地依靠太陽輻射的能量來進行，而太陽輻射可視為黑體輻射。

太陽輻射強度可以用來表示太陽輻射能強弱的物理量，即表示於單位時間內，垂直投射在單位面積上的太陽輻射能，亦以 I 表示（單位為卡／釐米

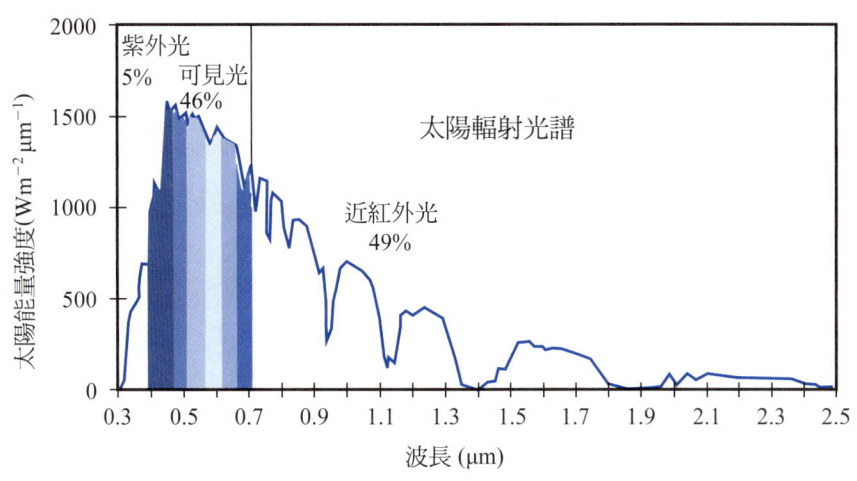

圖 1-5 於 AM1.5 照射下之太陽能光譜

分）；到達地球大氣頂端的太陽輻射強度，則是由以下因素決定 [5, 6]：

1. **日地距離**：地球繞太陽的軌道是橢圓形的，因此日地間的距離便以一年為週期來變化。地球上受到的太陽輻射的強弱與日地距離的平方成反比。當地球通過近日點時，地表單位面積上所獲得的太陽能，要比遠日點多 7%。但實際上，由於大氣中的熱量交換和海陸分布的影響，南、北半球的實際氣溫並沒有上述的情形。

2. **太陽高度**：太陽的高度愈高，其輻射強度愈大；反之，則輻射強度愈小。此乃因為太陽高度愈高，則陽光直射到地面的面積愈小，因此單位面積上，所吸收的熱量多；太陽高度愈低時，則因陽光為斜射，照到地面上的面積則變大，因此單位面積上所吸收的熱量便減少。

3. **日照時間**：太陽輻射強度也會與日照時間長短成正比，而日照時間會隨著季節和緯度的不同而更改。夏季時，晝長夜短，日照時間長；冬季時，晝短夜長，日照時間短。晝夜長短的差異隨緯度增高而增大。

圖 1-6 所示為太陽光入射地面時的情況 [5]。當太陽光照射到地球時，一部分光線被反射或散射，一部分光線被吸收，只有約 70% 的光線能夠透過大氣層，以直射光或散射光到達地球表面。到達地球表面的光線一部分被表面物體所吸收，另一部分又被反射回大氣層。從太陽表面所放射出來的能量，換算成電力約 3.8×10^{23} kW。其中，如以距離太陽一億五千萬公里之地球上換算所接收的太陽能量，以電力表示約為 1.77×10^{14} kW 左右，這個值大約

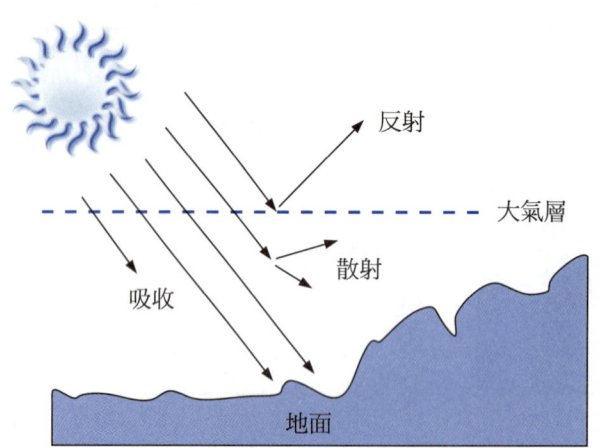

圖 1-6 太陽光照射地面時的情形，光線部分反射或散射，部分被吸收，約 70% 會到達地面

為全球平均年消耗電力的十萬倍大。儘管太陽提供地球如此豐富的能量來源，但以人類目前的科技尚無法完全充分有效地將其接收而加以利用，主要的原因之一即在於太陽能轉換成電能的效率仍有大幅提升的空間。

1-4-3　太陽光之光轉電

太陽能光譜照射到可吸收光譜的半導體光電材料後，光子（Photon）會以激發電子／電洞（Electron/Hole）的方式輸出。在光電轉換的過程中，事實上並非所有的入射光譜都能被太陽能電池所吸收，並完全轉成電流，有三成左右的光譜因能量太低（小於半導體的能隙），對電池的輸出沒有貢獻。在被吸收的光子中，除了產生電子／電洞對所需的能量外，約有一半左右的能量以熱的形式釋放掉。

太陽能電池是一種能量轉換的光電元件，經由太陽光照射後，可以把光的能量轉換成電能。從物理的角度來看，有人稱之為光伏電池（Photovoltaic），其中的 Photo 就是光，而 voltaic 就是電力（Electricity）。

1-5　太陽能電池種類

由於太陽能電池的種類繁多，若以材料的種類進行分類，其分類結果如圖 1-7 所示。本節大致說明各種電池的優缺點與目前效能，詳細資訊於後續章節中說明 [2-16]。

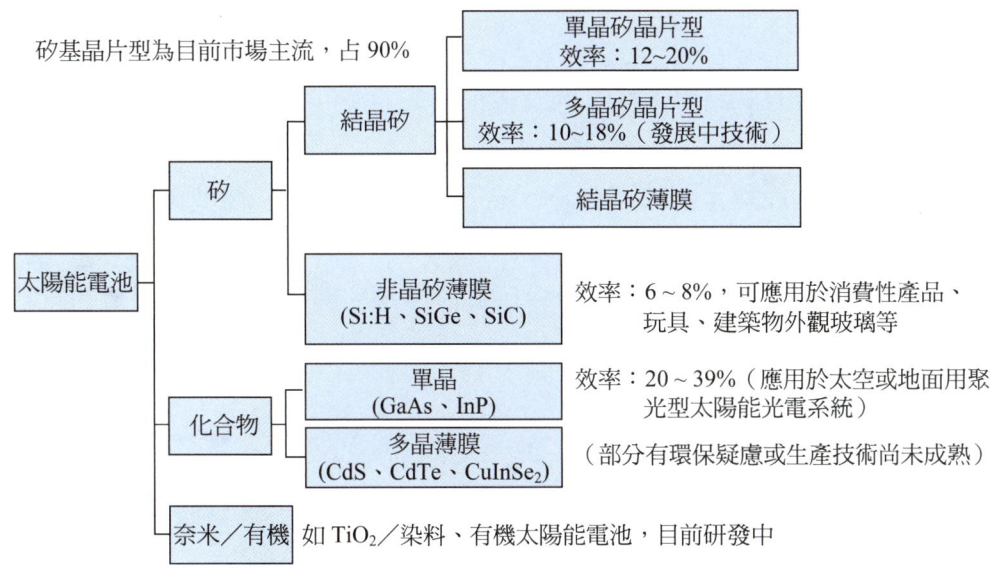

圖 1-7 以材料的種類進行太陽能電池的分類

矽基晶片型太陽能電池

主要可分為 (1) **單晶矽**（Single Crystal Silicon）以及 (2) **多晶矽**（Poly Crystal Silicon）晶片型太陽能電池兩大種類。

以單晶矽太陽能電池而言，完整的結晶使單晶矽太陽能電池能夠達到較高效率，且鍵結較為完全，不易受入射光子破壞而產生**懸鍵**（Dangling Bond），因此光電轉換效率不容易隨時間而衰退。

以多晶矽太陽能電池而言，由於具有晶界面，在切割和再加工的手續上，比單晶和非晶更困難，效率方面比單晶矽太陽能電池來得低。不過，簡單與低廉的長晶成本是它最大的特色。因此，在部分低功率的電力應用系統上，多採用這類的太陽能電池。詳細資訊將在第 4 章說明。

目前效能：單晶矽晶片型太陽能電池之模組效率約為 15～17%；多晶矽晶片型太陽能電池之模組效率約為 13～16%。

優點：

1. 矽基製程技術發展成熟，可大量生產，為目前太陽能電池之主流；
2. **整廠輸出**（Turn Key）設備價格低，25 MW 的產線約 5 億新台幣；及
3. 模組的效能穩定，使用期限長，一般可達 20 年。

潛在缺點：

1. 晶片原物料有缺料風險，且同瓦數模組的能源回收期比薄膜型太陽能電池長；
2. 因為矽基晶片型元件較不透光，較不適合作為建材一體型（玻璃外牆）電池模組應用；及
3. 技術門檻不高，極易整線跨入，因此許多國家在矽基晶片型電池的建廠速度快。

矽薄膜型太陽能電池

矽薄膜型太陽能電池可分為 (1) **非晶矽**（Amorphous Silicon）太陽能電池以及 (2) 結晶性矽薄膜太陽能電池。

以非晶矽太陽能電池而言，先天上的光劣化現象造成該種電池之效率約在 6～8% 左右。由於其光吸收係數（約 10^5 cm^{-1}）比起結晶矽太陽能電池之光吸收係數（約 10^3 cm^{-1}）高，使其具有較少的矽材料用量與較多的全年發電量，因此仍有存在的利基點[11]。詳細資訊將在第 5 章說明。

以結晶性矽薄膜太陽能電池而言，主要係利用疊接不同晶格結構與材料製成太陽能電池，並藉由不同的能隙變化吸收某特定波段之光譜能量以作光電轉換。詳細資訊將在第 6 章說明。

目前效能：非晶矽太陽能電池之模組效率約為 6%；結晶性矽薄膜太陽能電池之模組效率約為 10～13%。

優點：

1. 同一模組瓦數下，全年發電量勝過其他種類的太陽能電池；
2. 製程與模組一體成形，極適合建材一體型的玻璃應用；
3. 製程與設備技術類似面板產業發展，目前朝向 5 代大面板製程技術開發；及
4. 在所有太陽能電池皆可大面積且客製化生產，亦可製造於**可撓性**（Fexible）基板上。

潛在缺點：

1. 非晶矽薄膜太陽能電池之效率及穩定度差，有極大的改善空間；
2. 大面積（5 代面板以上）的鍍膜設備技術門檻甚高，需克服如高頻 CVD

駐波（Standing Wave）與電漿均勻度等問題，目前僅有少數幾家國際大廠具有技術能力；及

3. 目前整廠輸出設備價格高，非晶矽薄膜電池 25 MW 產線約 15 億新台幣，結晶矽薄膜電池 25 MW 產線約 20～40 億新台幣。

III-V 化合物太陽能電池

許多不同的化合物半導體材料皆可用於太陽能電池的光吸收層，主要的材料有砷化鎵 GaAs、GaInP 等。目前，III-V 系列太陽能電池之效率已遠超過矽基的太陽能電池，且由於 III-V 半導體電池的高效率、低重量以及更好的耐輻射特性，已使得 III-V 半導體逐漸在太空衛星與高效率太陽能電池的市場占有一席之地[15]。詳細資訊將在第 8 章說明。

目前效能：聚光型砷化鎵（GaAs）基太陽能電池是目前所有太陽能電池中效率最高者，其效率可超過 30%。

優點：

1. 砷化鎵基太陽能電池的效率大部分超過 20% 以上；及
2. 砷化鎵元件製程類似於發光二極體產業，因此發電與照明產業結合將有極大潛力。

缺點：

1. 砷化鎵基太陽能電池的生產設備與材料昂貴，大面積化製程困難度極高；及
2. 聚光型砷化鎵基太陽能電池之模組成本極高，因此每瓦的成本約是其他電池的百倍以上。

II-VI 化合物太陽能電池

許多不同的 II-VI 化合物半導體材料皆可用於太陽能電池的光吸收層，主要的材料有 CdTe、CuInSe$_2$（CIS）、CuInGaSe$_2$（CIGS）等。目前，生產 CdTe 薄膜太陽能電池的國際大廠獲利甚高，此外 CuInGaSe$_2$（CIGS）薄膜太陽能電池之實驗室效率也達到 17%，因此引起眾多廠商投入[16]。詳細資訊將在第 8 章說明。

目前效能：CdTe 之模組效率可達 10% 以上，CIGS 之模組效率達 12%。

優點：

1. CdTe 電池於次世代薄膜太陽能電池中效率較高；及
2. CIGS 可使用捲印製程於軟性基板生產。

潛在缺點：

1. CdTe 與 CIGS 的部分成分毒性高，有嚴重的環保疑慮；
2. CdTe 與 CIGS 的部分組成的原物料在地球之蘊藏量皆有限；及
3. CIGS 的大面積化製程困難度極高，並有靶材來源四元化合物的穩定性與材料毒性疑慮、材料控制等問題。

染料敏化太陽能電池

染料敏化太陽能電池（Dye-Sensitized Solar Cell, DSSC）是由 Gratazel 等人在 1991 年所發表的，其工作原理簡述如下：當染料（Dye）背光激發後，將激發的電子注入 TiO_2 導帶，而留下氧化（Oxidize）的染料分子，電子在 TiO_2 粒子間傳輸至電極，經過負載至另一電極，在此經由白金的催化下與電解質溶液產生氧化還原反應，反應完後的電子將氧化的染料分子還原，完成一個工作循環。其優點為製造簡易，模組具可撓性（Flexible），效率最高紀錄亦達到 11%。詳細資訊將在第 7 章說明。

目前效能：染料敏化太陽能電池的實驗室最高效率約為 11%，但大面積商用模組仍在開發中。

優點：

1. 染料敏化太陽能電池是次世代薄膜電池中成本較低且材料使用較少者；
2. 染料敏化太陽能電池之製程皆非常容易，亦不需昂貴真空設備；及
3. 染料敏化太陽能電池可大面積且客製化生產，亦可製造於可撓性基板上。

潛在缺點：

1. 染料敏化太陽能電池目前的大面積技術仍不夠成熟，且商用模組效率仍低；
2. 染料敏化太陽能電池之封裝過程較為複雜；及
3. 在 UV 照射和高溫下會出現嚴重光劣化現象。

有機太陽能電池

有機太陽能電池採用有機的材料，類似 *p-n* 接面的結構，有一施體層與

一受體層。與一般半導體不同的是，在有機半導體中，光子的吸收並非產生可自由移動的載子，而是產生束縛的電子／電洞對（亦稱作**激子**，Excitons）。其製造簡易，模組具可撓性，詳細資訊將在第 8 章說明。

目前效能：有機太陽能電池的實驗室最高效率約為 5～6%，但大面積商用模組也仍在開發中。

優點：

1. 有機太陽能電池是次世代薄膜電池中成本最低者；
2. 有機太陽能電池之製程皆非常容易，亦不需太多昂貴真空設備；及
3. 有機太陽能電池皆可製造於軟性基板，產品的重量輕，極適合整合於個人化與行動化的電子產品上。

潛在缺點：

1. 有機太陽能電池目前的技術仍不夠成熟，短時間內似乎不易商業化；
2. 有機太陽能電池之封裝過程較為複雜且模組的可靠度與穩定度差；及
3. 目前在次世代電池中轉換效率最差，須突破有機材料在電子傳導速率過慢的先天限制。

除了上述常用的太陽能電池外，更有許多研發中的太陽能電池是使用這些太陽能電池，在材料或結構上作變化[17]。表 1-2 說明目前實驗室研發中的各類太陽能電池的轉換效率、每瓦價格以及其在本書的對應章節[2-5]。需說明的是，以目前世界各國產學研對太陽能電池的積極研發態度，表中的數據在幾年內皆會被更新。

太陽能電池的另一種分類方式是以出現的世代作分類，如圖 1-8 所示。

第一代太陽能電池──以**晶片型**（Wafer Based）或**矽基**（Silicon Based）為主之太陽能電池，具有高價格與接近 20% 轉換效率的特性。

第二代太陽能電池──主要以薄膜型太陽能電池為主，其效率尚不及傳統的單晶矽太陽能電池，包含非晶矽／結晶矽薄膜太陽能電池、染料敏化太陽能電池、CIGS 等。

第三代太陽能電池──能超越目前矽基太陽能電池理論效率 28% 以上或採用奈米結構之太陽能電池，主要以奈米／多層／多能隙結構，包含量子點、熱載子頻譜朝上／下轉換或奈米結構太陽能電池為主。

表 1-2　太陽能電池依型態材料種類分類表

型態	種類	材料	地面用轉換效率（%）AM 1.5 在 25°C 量測 實驗室面積 (cm²)	地面用轉換效率（%）AM 1.5 在 25°C 量測 商業化面積 (cm²)	價格 (U.S/Wp)	本書對應章節
晶片型	III-V 族 砷化鎵	GaAs	25.1% (3.91 cm²)	—	100~2000	8.5
晶片型	III-V 族 砷化鎵	多接面 GaInP/GaAs/Ge	35.0% (3.989 cm²)	—	2.5~3.5	8.5
晶片型	矽基 單晶矽	Single-Crystalline Si	24.7% (4.00 cm²)	15~18% (直徑 = 4"~6")	2~3	4.5
晶片型	矽基 多晶矽	Poly-Crystalline Si	20.3% (1.002 cm²)	12~14% (直徑 = 4"~6")		4.5
晶片型	矽基 單/非晶矽混層	Heterojunction with Intrinsic Thin-layer	21.0% (101 cm²)	19.5% (101 cm²)		4.7.2
薄膜型	矽 非晶矽	Amorphous Si	10.1% (1.199 cm²)	7% (15400 cm²)		5.5
薄膜型	矽 非晶矽/微晶矽堆疊	Amorphous/Micro Crystalline Si Tandem	13% (1.0 cm²)	10% (15400 cm²)	2~3	6.4
薄膜型	II-VI 族	Cd-Te	16.5% (1.032 cm²)	10.7% (4874 cm²)		8.3
薄膜型	I-II-VI 族	CuInSe₂	19.5% (0.41 cm²)	13.4% (3459 cm²)	2~3	8.4
電化學	有機染料	Dye Sensitized TiO₂	8.2% (2.36 cm²)	—	—	7.3

1-6　太陽能電池發展

表 1-3 為太陽能發展的部分歷程，第一個太陽電池是在 1954 年由貝爾實驗室所製造出來的，當時研究的動機是希望能替偏遠地區的通訊系統提供電源，但其效率太低（只有 6%）且造價太高（357 美元／瓦），缺乏商業價值。從 1957 年蘇聯發射第一顆人造衛星開始，太陽能電池就肩負著太空飛行任務中一項重要的角色，到了 1969 年美國人登陸月球，太陽能電池的發展達到巔峰[2-6]。

1970 年代初期，由於中東發生戰爭、石油禁運，使得工業國家的石油供

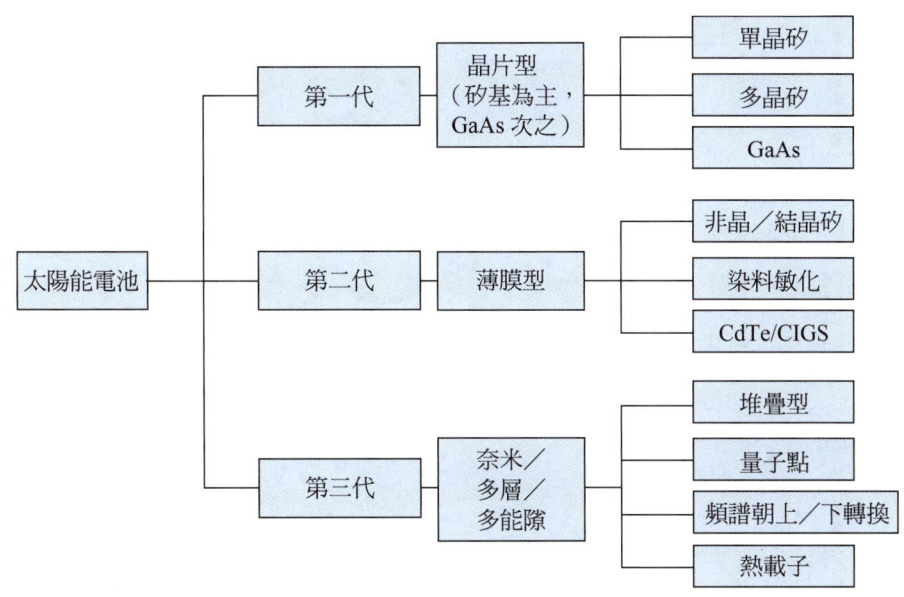

圖 1-8 太陽能電池依其世代分類

應中斷造成能源危機，迫使人們不得不再度重視將太陽能電池應用於電力系統的可行性。

1990 年以後，人們開始將太陽能電池發電與民生用電結合，於是**與市電併聯型太陽能電池發電系統**（Grid-connected Photovoltaic System）開始推廣，並與傳統的電力系統相連結，如此就可以從這兩種方式取得電力，除了減少尖峰用電的負荷外，剩餘的電力還可儲存或是回售給電力公司。此一發電系統的建立可以舒緩籌建大型發電廠的壓力，避免土地徵收的困難與環境的破壞。

圖 1-9 為國際主要太陽能電池的研究機構之最佳效率發展[2, 6]。目前結晶矽太陽能電池的最佳效率為 24.5%，由澳洲新南威爾斯大學（University of New South Wales, UNSW）在 1998 年得到。在薄膜太陽能電池中，美國再生能源實驗室（National Renewable Energy Laboratory, NREL）所研究之 CIGS 的最佳效率為 19%。表 1-4 為國際研究機構預估各主要之太陽能電池的轉換效率目標。當然，對太陽能電池而言，轉換效率應愈高愈好，但效率高並不是使用者的唯一考量。每瓦的價格是影響終端使用者選用太陽能電池的重要選項。由表 1-4 可知，太陽能電池之研發仍有一條漫長的路要走。

圖 1-10 為各主要太陽能電池市場占有率預測[8, 9]。未來的 10 到 20 年

表 1-3　太陽能電池元件與其應用發展年代表

年代	成就
1839	法國科學家 E. Becquerel 博士發現「光電效應」。
1876	W. G. Adams 和 R. E. Day 研究硒的光電效應研究。
1883	Charles Fritts 博士，製成第一個太陽能電池，是經由硒晶圓片製作的。
1904	Hallwachs 博士發現（Cu、Cu$_2$O）對光的敏感性研究。
1930	以研發出（Cu、Cu$_2$O）的新型光電電池。
1932	Audobert 和 Stora 博士發現（CdS）光電現象。
1940	p-n 接面理論的研究。
1954	單晶矽太陽能電池發明（美國貝爾實驗室），發現 4.5% 轉換效率；不久之後，轉換效率達到 6.0%。
1955	CdS 太陽能電池發明。
1956	GaAs 太陽能電池發明。
1958	在先驅者 1 號通信衛星上應用太陽能電池，能量轉換效率為 9%。
1963	日本裝設 242 Watt 光伏特陣列狀太陽能電池及其系統（世界最大）。
1972	美國制定新能源開發計畫。
1974	日本制定太陽能發電發展的「陽光計畫」。
1976	Carlson 和 Wronski 博士發明第一個非晶矽（a-Si）太陽能電池。
1978	日本推動「月光計畫」，繼續研究發展太陽能電池元件及系統開發。
1984	美國 7 MW 太陽能發電站建成。
1985	日本 1 MW 太陽能發電站建成。
1986	ARCO Solar 發布 G-4000（世界首例商用薄膜電池）動力組件。
1991	世界太陽能電池年產量超過 55.3 MW；瑞士 Gratzel 教授研全製的奈米電池。
1992	TiO$_2$ 染料敏化太陽能電池效率達到 7%。
1994	歐、美、日等各國，推動太陽能光電發電系統設置補助獎勵。
2000	住宅用太陽光發電系統技術規程（日本）。
2001	開發出可與建築材料一體成型的太陽能電池元件及其太陽能光電發電系統應用（稱為建材一體型化太陽能光電發電系統）。
2002	伊拉克戰爭，引發石油價格上升，喚起人類對再生能源以及太陽能電池研發和研究的重現。
2009	日本發表 5 代面板的結晶矽薄膜太陽能電池，效率可達 12% 以上。

間，結晶矽晶片型太陽能電池應該仍是市場主流，但就太陽能電池製程成本來說，薄膜型太陽能電池不需使用大量、價格昂貴的半導體材料，可省下許多材料的成本，使廠商投入資金進行研發，可朝向更普及性的發展。預期至 2020 年，太陽能電池市場中，利用薄膜技術之太陽能電池占有率將提升至 20% 以上，而至 2030 年矽基晶片型、薄膜型與第三代太陽能電池將有可能平分太陽能電池市場。

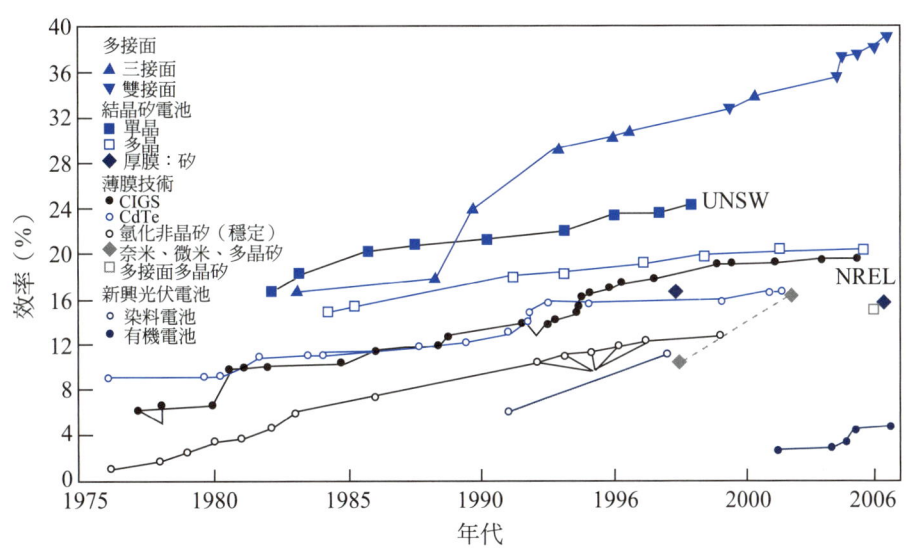

圖 1-9 國際主要太陽能電池的研究機構之最佳效率發展,其中多接面電池技術能獲得最高的轉換效率

表 1-4 國際大廠預估各主要太陽能電池的轉換效率目標

種 類	光電轉換效率目標(%)			
	目 前	2011 年	2020 年	2030 年
結晶矽太陽能電池	13~14.8 (18.4)	18 (20)	19 (25)	22 (25)
薄膜矽太陽能電池	10 (14.7)	12 (15)	14 (18)	18 (20)
CIS 太陽能電池	10~12 (18.9)	13 (19)	18 (25)	22 (25)
超高效率太陽能電池	聚光 (38.9)	28 (40)	34 (45)	40 (50)
染料敏化太陽能電池	3 (10)	6 (11)	10 (15)	15 (18)

註:未括號者為模組效率,括號者為元件效率。

1-7 各國政府對太陽能電池之補助政策

由於目前太陽能電池之製造成本仍高,在未達到每瓦 1 美元以下的目標時,太陽能電池之推廣仍需政府的政策協助。美國、歐洲及日本先後制定太陽能發展計畫,由政府負責提供部分研究開發資金和相關的產業扶持政策[8,9]。

1973 年,美國政府制定了陽光發電計畫,之後將太陽能光伏發電列入公共電力計畫;1997 年,美國又宣佈了太陽能百萬屋頂計畫,即在 2010 年以前,在 100 萬座建築物上安裝太陽能系統。

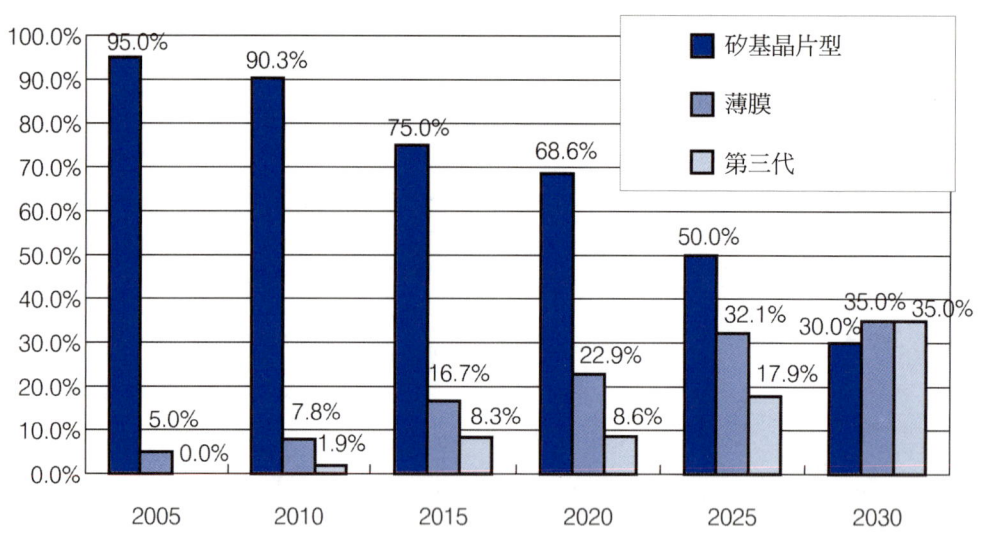

圖 1-10 各類型太陽電池市場占有率預測

　　日本在 20 世紀 70 年代也制定了陽光計畫，1993 年將陽光計畫、月光計畫和環境計畫組成新陽光計畫。

　　歐洲也早已發展太陽能光伏發電的研究與開發，瑞士在 20 世紀 90 年代提出能源 2000 計畫，目標是實現 50 MW 光伏產量，2000 年又提出後續的能源瑞士計畫。荷蘭能源與環境部在 1994 年制定了 NOZ-PV 計畫，希望到 2010 年實現 300 MW，2020 年實現 1400 MW；德國在 1991～1995 年實施了第一個全國性光伏計畫——一千屋頂計畫，1999 年起開始實施十萬屋頂計畫；義大利在 1998 年提出一萬屋頂計畫。西班牙在 1991~2000 年間實行了可再生能源方案，目標希望 2010 年達到安裝 135 MW 系統；芬蘭的國家氣候變化專案，計畫到 2010 年安裝 40 MW 光伏系統。

　　由此可見 20 世紀 70 年代以來，世界各國政府皆擴大了對太陽能光電研究和開發的投入，紛紛設立快速發展的屋頂計畫，制定各種減免稅政策、財政補貼政策，重點扶持太陽能光電工業，增加國際競爭力，期望在今後的國際市場中占據更大的份量。

1-8 國內太陽能電池發展

1-8-1 政府在綠色能源產業的規劃

目前，政府通過第三波新興產業發展計畫——「綠色能源產業旭升方案」，預計將投入新台幣 450 億元，目標在促使綠能產業的整體產值，由製造業的 1.2%（2008 年），提升至 6.6%（2015 年），並創造 11 萬個就業機會。經濟部亦提出「綠色能源產業旭升方案」，其中兩波發展重點分別為 [9, 10]：

第一波為「能源光電雙雄」，以**發光二極體**（Light Emitting Diode, LED）及太陽能光電產業作為主力，目標在使我國成為全球最大 LED 光源產量及模組供應國及全球前三大太陽能電池生產國。

第二波為發展「能源風火輪」為主軸，推動包括風力發電、生質燃料、氫能與燃料電池、能源資通訊及電動車輛等多項潛力產業，以期促使台灣成為全球風力發電系統供應商之一、亞太地區電動車輛主要生產基地、全球燃料電池系統組裝生產基地。

藉由綠色能源的政策推廣與廣泛運用，台灣將可轉化成為低碳國家。

多晶矽材料	矽錠與晶圓	太陽能電池	電池模組	太陽光發電系統與設備
太陽能電池級矽	單晶；多晶矽晶圓	1. 晶圓太陽能電池－單晶矽、多晶矽 2. 薄膜太陽能電池－非晶／結晶矽、CIGS、染料敏化太陽能電池	太陽能電池模組	太陽光發電系統 太陽能電池設備 太陽能電池產品
福聚太陽能、環球半導體、元晶、山陽科技	中美矽晶、綠能科技、合晶科技、茂迪、旺矽、統懋半導體、旭晶能源、峰毅光電	光華、茂迪、益通、旺能、昱晶、新日光、威士通奈米科技、茂矽、富陽光電、旭能光電、八陽、錸德、友達、宇通光能、樂福、聯相、鑫連、科冠	興達科技、永炬光電、日光能、中國電器、頂晶、立碁、千布、科風、共鑫、和鑫	系統電子、飛瑞、華城、碩升、茂迪、光華、冠宇宙、中國電器、東城科技、興達科技、永炬光電、中興電工、太陽動力、夏普光電、京瓷、永旭能源、奈米龍科技

圖 1-11 目前台灣太陽能光電廠商供應情形

1-8-2 國內太陽能光電產業分佈

由於矽基晶片型太陽能電池約占整個市場的 90%，太陽能光電產業的產業鏈多以矽基晶片型電池來分為：

- **上游材料**：以材料的處理為主，多半從國外大廠取得矽晶材料後，透過長晶爐，生成像鑄鐵一樣的晶棒或晶塊，然後透過精密切割機，切割成一片片的晶圓。
- **中游元件製造**：由基板到太陽能電池的製造，其次產業更包括半導體材料、導電漿（銀漿、鋁漿）、蝕刻用化學品（氫氧化鈉、氫氧化鉀）、鍍膜用化學品（氮化矽）與其對應設備等。
- **下游模組系統封裝**：太陽能光電系統、太陽能光電電力轉換器、太陽能光電通路／供應商。其他次產業包括封裝膠、玻璃、鋁框、電力轉換器、底架與電纜。

1-8-3 國內發展太陽能電池的現況與面臨問題

圖 1-12 為國內太陽能光電產業與技術發展之關聯[8-15]。國內的半導體產業有相當深厚的基礎，因此在太陽能光電元件製程上也有強大的研發能量。

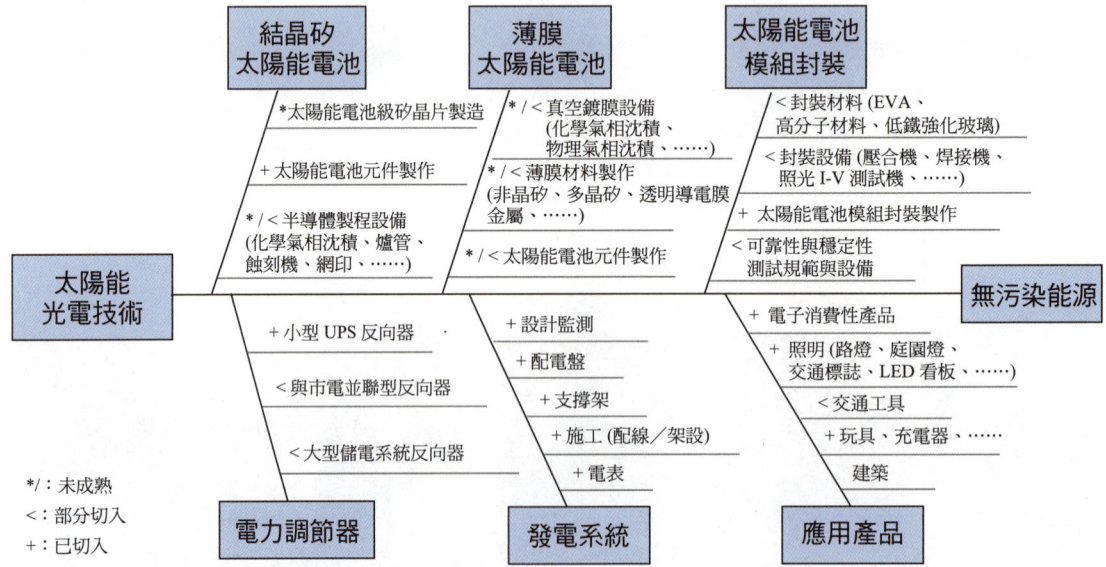

圖 1-12 國內太陽能光電產業與技術發展關聯圖，可看出國內已切入、部分切入或未成熟的各項次產業

但相對的，在其生財工具多採用國外設備廠的整廠輸出方案，亦即是設備的自主化程度尚有極大的提升空間。對矽基太陽能電池廠而言，由於開發矽晶圓製程所用的設備需要一段時間的經驗累積，且整廠輸出一條晶圓電池產線的設備投資約 3 到 4 億新台幣，相較於蓋一間八吋晶圓代工廠所需投資 200 億新台幣的資本或購買原物料動輒 30~40 億的成本支出來說，國外整廠輸出設備可以是一個選項。然而，由於目前以量產的矽晶太陽能電池的技術進入門檻不高，因此中國大陸與台灣廠商的條件並沒有太大的差異，關鍵原物料大多掌握在美、歐、日廠商中的情況下，設備的自主化程度仍應是發展的重點。此外，國內除了少數一兩家太陽能電池廠，大部分的電池廠商規模仍小，並缺少上、下游整合型大廠，面對其他國家廠商競爭，台灣廠商競爭力嚴重不足。此外，次世代的薄膜太陽能電池的整廠輸出設備價格甚高，因此設備的自主化程度是亟待國內業者解決的問題。

1-9　學習太陽能電池知識的方法

太陽能電池是一門跨領域的知識，圖 1-13 為太陽能電池知識的關聯性，其技術知識領域包含：

1. **電子**：p-n 接面、元件結構設計與模擬；
2. **光電**：抗反射層、透明導電膜、集光器等設計；
3. **材料**：各種半導體、陶瓷、高分子或金屬等材料的物理與化學特性；
4. **製程**：鍍膜技術與封裝技術；及
5. **機械**：生產設備、元件的熱、應力等設計。

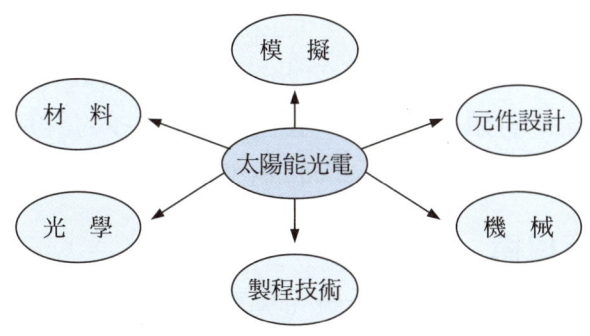

圖 1-13　太陽能電池技術知識間的關聯性

近年來,由於環保意識的抬頭,導致全球太陽能光電市場成長地相當迅速,太陽能電池之研發仍有一條漫長的路要走,因此太陽能電池研發相關人才的需求非常殷切,以下提供一些建議學習途徑供致力於研究太陽能電池技術之讀者參考。

國內研究機構與相關期刊網站

國內有許多與太陽能電池相關的政府單位或研究機構,如經濟部能源局、技術處、工業技術研究院、中山科學研究院、金屬工業研究發展中心或大專院校的光電中心等,皆提供了相當多太陽能電池的訊息。國內期刊也提供了許多太陽能電池的中文資料,致力於研究太陽能電池技術之讀者也可以由相關中文期刊所提供之訊息學到太陽能電池知識,是入門的一些選擇,以下僅列舉部分中文網站:

1. 經濟部能源局 http://www.moeaec.gov.tw/
2. 經濟部技術處 http://doit.moea.gov.tw/
3. 工業技術研究院 http://www.itri.org.tw/
4. 工業材料 http://www.materialsnet.com.tw/
5. 電子月刊 http://www.mmmpc.com.tw/yuehyin/
6. 機械資訊月刊 http://www.tami.org.tw/cindex.php/
7. 財團法人光電工業協進會 http://www.pida.org.tw/

全國碩博士論文網

全國碩博士論文網是由國家圖書館所提供的服務項目之一,其資料文獻之取得為歷年來各大專院校碩士與博士的畢業論文資料。論文皆是經由指導教授審核,且其內文中又充分地以過去國內外期刊文獻作為參考資料,所以含有相當豐富的資訊可供讀者參考,而且也比一般網路上所獲得之資料更具有可信度。過去 10 年間,已有許多的研究人員作了大量的太陽能電池相關研究,從上游到下游的各類主題都有,並且有愈來愈多的研究人員投入。可參考全國碩博士論文網:http://etds.ncl.edu.tw/theabs/index.html。

國外期刊與研究機構

國外期刊報導國際上許多優秀研究學者的最新作品,讓致力於研究太陽能電池技術之人員不必出國也可以獲得國際間的研究報告,以下列舉部分與太陽能電池相關之國外期刊與重要研究機構網站：

1. Applied Solar Energy　http://www.spingerlink.com/index.htm
2. Journal of Atmospheric and Solar-Terrestrial Physics　http://www.elsevier.com/
3. Solar Energy Materials and Solar Cells　http://www.elsevier.com/
4. Solar Photovoltaics Report　http://www.photovoltaics-reports.com/
5. EE Times Asia　http://www.eetasia.com/
6. IEEE　http://ieeexplore.ieee.org/Xplore/guesthome.jsp
7. NREL　http://www.nrel.gov
8. UNSW　http://www.unsw.edu.au

國內外專利

由於許多科技公司在發展一項技術後，不見得會發表成論文，但多會先申請專利，因此專利資料包含了世界上 90～95% 的研發成果。若能善加利用有效的專利資訊，不但可縮短 60% 的研發時間，更可節省將近 40% 的研究經費[18]。在專利文獻中，我們可以了解許多優秀研究學者在太陽能電池的最新發明。專利可以提供我們下一個發明的創意，也可以讓我們提早作好迴避設計的空間。在所有技術資訊中，專利資料是唯一一種能同時結合技術與法律地位的文件。以下介紹幾個常用的專利網站：

1. 經濟部智慧財產局　http://www.tipo.gov.tw/ch/
2. 美國專利網 USPTO　http://www.uspto.gov/
3. 歐洲專利網 EPO　http://ep.espacenet.com/
4. 日本專利網 JPO　http://www.jpo.go.jp/indexj.htm
5. 韓國專利網 KIPO　http://eng.kipris.or.kr/eng/main/main_eng.jsp
6. 中國專利網 SIPO　http://www.sipo.gov.cn/sipo2008/

國內外電池大廠

國內外太陽能電池大廠的網站也會提供其目前發展的近況與相關產品的規格，因此也是獲得太陽能電池知識的一個有用來源。在參考文獻中，列舉一些國際太陽能電池大廠的網站。

1-10 結　語

隨著全球暖化效應及化石燃料（如石油、煤、天然氣）等資源逐漸消耗，再生能源技術的開發成為當前主要的發展趨勢之一。經濟部亦提出「綠色能源產業旭升方案」，發展重點之「能源光電雙雄」將以太陽能光電及 LED 光電產業作為主力，目標在使我國成為全球前三大太陽能電池生產國及全球最大 LED 光源產量及模組供應國。太陽能電池在使用上具有諸多優點：太陽能應該是取之不盡、用之不竭的；能源運轉無需燃料、無廢棄物與污染、無轉動組件與噪音；模組使用壽命可以長達二十年以上；發電規模可依系統而定，大至發電廠、小至一般計算機皆可發電；電池種類眾多，外型、尺寸可隨意變化，應用廣泛；將來更可與建築物結合。未來，將是太陽能電池發光發熱的年代。

專有名詞

1. **再生能源**（Renewable Energy）：再生能源是自然界中已存在的能源，且在自然界中生生不息，具有與耗能同等速度之再生能力的能量源，因而不會造成能源的短缺，其再生以及再利用的可能性是存在的。
2. **替代能源**（Alternative Energy）：一般指非傳統、對環境影響少的能源及能源貯藏技術，且其並非來自於化石燃料。其中，多數的再生能源都是替代能源的一種。
3. **綠色能源**（Green Energy）：綠色能源具有減緩氣候變遷的效用，其包含風力、太陽能、地熱、潮汐、生質等。廣義來說，綠色能源係用以擴展節能能源生產、增加能源效益、減少溫室氣體排放、減少廢棄物與污染，節約用水與其他自然資源上。
4. **整廠輸出**（Turn Key）：成熟可用且已開發的技術，並可整廠設備輸出，其包含整廠設備的設計、製作、安裝、組合、試車以及實際操作時的技術知識教授，或派遣技術人員提供技術指導，使整廠設備可操作、可運轉與可生產。
5. **太陽能電池**（Solar Cell）：意指一般太陽能電池元件。通常，一個單一接面太陽能電池元件的輸出電壓是 0.5～0.9 伏特。
6. **太陽光發電系統**（Photovoltaic System）：利用太陽光所輻射出來的能量，

以及太陽能電池的效應,將光能轉換成電能的一種光電發電系統。
7. **太陽能**(Solar Energy):太陽光所輻射出來的能量。
8. **太陽能系統**(Solar Energy System):利用太陽的能源及其能量,作為動力源而產生不同功能性運用的一種設備。
9. **光伏特電池元件**(Photovoltaic Component):即是所謂的太陽能電池,將光能轉為電能的一種元件。
10. **光電效應**(Photoelectric Effect):可以將光能轉換成電能的一種物理現象。
11. **輻射**(Radiation):一種以波形式來表示的能量。
12. **吸收**(Absorption):在物理上,意指著光能或其他形式的能量,被其他物質包容於其內部,並轉換成其內部量子狀態的改變,再將其釋放出來的光或熱輻射的一種效應。
13. **電磁波**(Electromagnetic Wave):一種具有電場及磁場的行進波,且相互的垂直、同相以及交叉的傳播行進中。電磁波輻射的種類,可以依據其頻率,分為射頻波、微波、紅外線、可見光、紫外光以及 X 射線等。
14. **黑體輻射**(Black Body Radiation):黑體是一種可吸收所有入射於表面的輻射,並依其溫度而放射出輻射的理想物體。
15. **波浪能**(Wave Energy):當風吹過海洋時產生風波,這種風波在寬廣的海面上,風能以自然儲存於水中的方式進行能量轉移。
16. **單晶矽**(Single Crystal Silicon):單晶矽的組成原子均按照一定的規則週期性的排列。
17. **多晶矽**(Poly Crystal Silicon):它是由多種不同排列方向的單晶所組成,具有晶界面,缺陷較多,多晶矽以熔融的矽鑄造固化製成,因其製程簡單,所以成本較低。
18. **非晶矽**(Amorphous Silicon):非晶矽乃是指矽原子的排列紊亂,或僅有極短程(< 2 nm)的規則性。

本章習題

1. 說明為何需要發展再生能源?
2. 說明再生能源的種類及其能量間的轉換方式。
3. 說明發展綠色能源的意義。
4. 說明使用太陽能電池之優缺點。
5. 說明太陽能電池之種類及其效率。

6. 說明太陽能電池之上、中、下游產業的分類。
7. 列舉矽太陽能電池上、中、下游產業的三個國內廠商，並藉由網站了解該公司在太陽能電池的發展歷史與策略。
8. 簡述目前太陽能電池未來可能的發展趨勢及各類型太陽能電池的預期轉換效率。
9. 簡述目前國內太陽能光電產業可能面臨之問題，並提出你自己對該問題的解決方法的建議。
10. 除了文中介紹的學習管道，請提出你對於太陽能電池知識的學習方法。
11. 練習藉由專利網獲得目前國外大廠在台灣太陽能電池專利佈局的情況。
12. 練習藉由專利網，了解目前染料敏化太陽能電池在台灣專利的佈局情況。

參考文獻

[1] 華健、吳怡萱，《再生能源概論》，第二章，五南圖書出版公司。
[2] 戴寶通、鄭晃忠，《太陽能電池技術手冊》，第一章，台灣電子材料與元件協會發行出版。
[3] 黃惠良、曾百亨，《太陽電池》，第二章，五南圖書出版公司。
[4] 林明獻，《太陽能電池技術入門》，第一章，全華圖書股份有限公司。
[5] 莊嘉琛，《太陽能工程——太陽電池篇》，第一章，全華圖書股份有限公司。
[6] 顧鴻濤，《太陽能電池元件導論》，第一章，全威圖書股份有限公司。
[7] M. A. Green 著，曹昭陽、狄大衛、李秀文譯，《太陽電池工作原理——技術與系統應用》，第一章，五南圖書出版公司。
[8] 康志堅，〈全球太陽光電市場現況與發展趨勢〉，工業材料雜誌，274 期，2009 年 10 月刊。
[9] 2009 年太陽能光電市場與產業技術發展年鑑，光電科技工業協進會（PIDA）（2009）。
[10] 節能趨勢下之新照明光源及綠色能源發展，光電科工業協進會（PIDA）（2008）。
[11] 李雯雯，〈薄膜太陽電池發展趨勢分析〉，工業材料雜誌，255 期，2008 年 3 月刊。
[12] 楊茹媛、蘇炎坤、邱宥浦、洪政源、翁敏航，〈第三代太陽能電池與其專利分析初探〉，電子月刊，143 期，2007 年 6 月刊。

[13] 楊茹媛、翁敏航、陳皇宇、張育綺，〈由專利分析看染料敏化太陽能電池之技術發展趨勢〉，光連，75 期，2008 年 3 月刊。

[14] 楊茹媛、翁敏航、邱宥浦、張育綺，〈從美國專利看微晶矽薄膜太陽能電池之技術發展〉，電子月刊，158 期，2008 年 6 月刊。

[15] 王孟傑，〈化合物薄膜太陽電池產業現況〉，工業材料雜誌，268 期，2009 年 4 月刊。

[16] 張學信、黃瑜，〈太陽能產業近況－日本CIGS 薄膜太陽能電池的研發與量產〉，工業材料雜誌，264 期，2008 年 12 月刊。

[17] J. Zhao, A. Wang, M. A. Green and S. R. Wenham, 1991, "Improvements in silicon solar cell performance", IEEE, vol 90, pp. 399~401.

[18] Y. S. Tsuji, "Organizational behavior in the R&D process based on patent analysis: Strategic R&D management in a Japanese electronics firm", Technovation 22, pp. 417-425 (2002)。

部分太陽能電池廠商網站：

1. SHARP　http://sharp-world.com/　或　http://asia.sharp-solar.com/
2. SANYO　http://sanyo.com/solar/
3. KYOCERA　http://www.kyocerasolar.com/
4. BP SOLAR　http://www.bp.com/
5. SUN POWER　http://us.sunpowercorp.com/
6. FIRST SLOAR INC　http://www.firstsolar.com/
7. REC　http://www.recgroup.com/
8. SOLARWORLD　http://www.solarworld.de/
9. Q-CELL　http://www.q-cells.com/en/index.html
10. SUNTECH POWER　http://www.suntech-power.com/
11. JA SOLAR　http://www.jacell.com/
12. YINGLI Solar　http://www.yinglisolar.com/
13. MOTECH　http://www.motech.com.tw/
14. TRINASOLAR　http://www.trinasolar.com/
15. GINTECH　http://www.gintechenergy.com/
16. E-TON SOLAR　http://www.e-tonsolar.com/
17. NEO　http://www.neosolarpower.com/

第 2 章

太陽能電池之半導體物理基礎

- 2-1　章節重點與學習目標
- 2-2　半導體材料分類
- 2-3　晶體結構與能帶結構
- 2-4　載子傳輸性質
- 2-5　本質半導體及異質半導體
- 2-6　半導體中之電性行為
- 2-7　半導體的接面
- 2-8　半導體中的復合過程
- 2-9　半導體的光電性質
- 2-10　結　語

2-1　章節重點與學習目標

雖然太陽能電池種類甚多，但都可以看成是一個簡單的二極體元件。圖 2-1 所示為一矽基太陽能電池之基本構造圖。太陽能電池發電原理是基於光電效應的原理所產生，將太陽光子與材料相互作用所產生的電位勢變換成電流輸出，形成一基本電力的供應來源。我們可以看到太陽能電池的結構基本上包含了一個 p 型半導體層與一個 n 型半導體層的接合，此外還有一個上電極與一個下電極。因此學習相關的半導體知識有助於知道太陽能電池發電原理與提高其效率之元件設計方法。

本章將提供了解太陽能電池的基本半導體知識 [1-20]。半導體的種類包括元素半導體、化合物半導體、有機半導體與非晶質半導體四類，接下來介紹半導體的性質，包括晶體結構、能帶結構、載子的產生、復合及傳導現象，並介紹本質半導體及異質半導體。最後，討論半導體的各種接面及其光電特性。讀者在讀完本章後，應該能回答：

1. 半導體材料的簡單定義和分類。
2. 半導體材料的晶體結構與其電子能帶。
3. 半導體材料的載子傳輸性質。
4. 半導體材料的電子濃度與費米分佈。
5. 本質半導體中之電性行為及異質半導體的定義。
6. 半導體的接面包含 p-n 接面、蕭特基接面與異質接面。
7. 半導體的光電性質，以及簡單的光生電力原理。

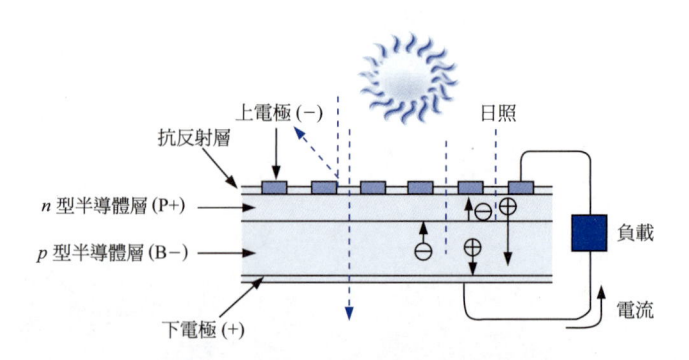

圖 2-1　太陽能電池之基本構造圖

2-2 半導體材料分類

半導體材料的簡單定義

自然界中的固態材料按照其導電能力的強弱，可分為三類。圖 2-2 將一些常見材料依其導電率（Conductivity）（下方橫軸）標出，上方橫軸所標示的是對應的電阻率（Resistivity）[1]。

1. **絕緣體**（Insulator）：導電能力弱，或基本上不導電的物體，如橡膠、塑膠等，其電阻率在 $10^8 \sim 10^{20}$ Ω-cm 的範圍內。
2. **半導體**（Semiconductor）：導電能力介於導體和絕緣體之間的物體，其電阻率為 $10^{-3} \sim 10^8$ Ω-cm。
3. **導體**（Conductor）：導電能力強的物體，如銀、銅、鋁等，其電阻率在 $10^{-8} \sim 10^{-3}$ Ω-cm 的範圍內。

半導體之導體性質介於絕緣體與金屬之間，傳導性可由外加的雜質，外加的電場而改變，所以易於製作成電的開關或放大器等有用的元件。此外，由於半導體的特殊能帶結構，使其亦可做成太陽能電池、光偵測器等等 [12-16]。

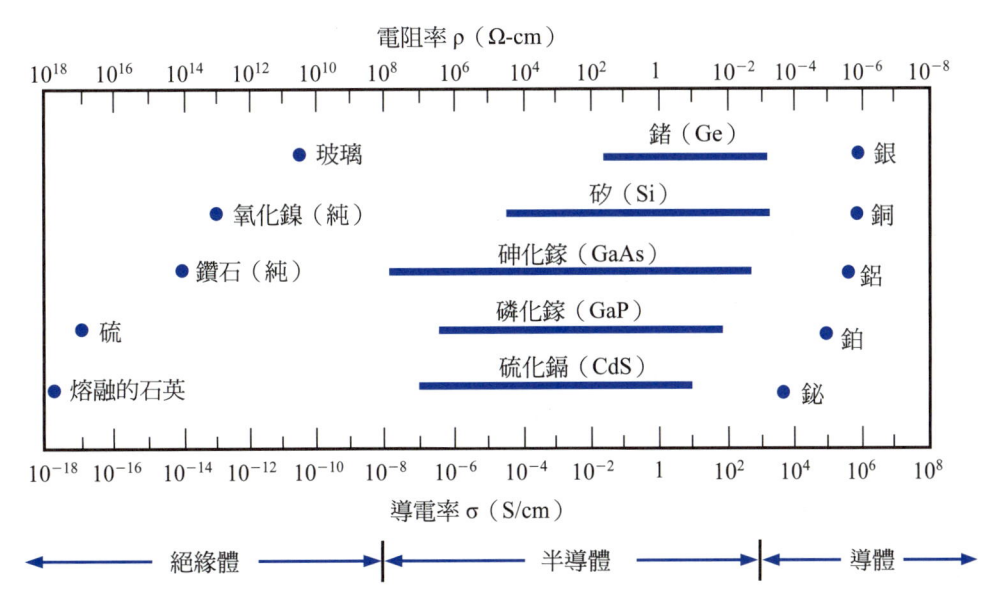

圖 2-2 絕緣體、半導體、導體的導電率與電阻率的範圍

半導體材料的種類

半導體的種類繁多，大致可分為 (1) 元素半導體、(2) 化合物半導體、(3) 有機半導體與 (4) 非晶質半導體 [4-5]。其中以元素半導體應用最廣，尤其是矽晶半導體，幾乎佔有大半以上的半導體市場。化合物半導體的砷化鎵（GaAs）急起直追，在光電、微波與雷射半導體上獨領風騷，是被看好具潛力的材料。另外兩類半導體材料，雖然目前尚無法像前兩類材料大量且廣泛的使用，但在某些特定領域中的應用極具開發潛力，是後勢看好的先進新材料。以下就這四類材料分別介紹。

2-2-1 元素半導體

週期表中有 12 種元素：矽（Si）、鍺（Ge）、硒（Se）、碲（Te）、砷（As）、銻（Sb）、錫（Sn）、硼（B）、碳（C）、磷（P）、碘（I）、硫（S）具有半導體性質。其中 S、P、As、Sb 和 I 不穩定，容易發揮；Sn 只有在某種固相下才具有半導體特性；B、C 的熔點太高，不易製成單晶；Te 則十分稀少。

因此，具有實際用途的元素半導體主要為週期表上第 IV 族的 Si 及 Ge，它們以共價鍵結合，具有**鑽石立方結構**（Diamond Cubic）。

在 1950 年代，元素鍺（Ge）是被廣泛應用的半導體材料。當電晶體尚未發明前，鍺主要是應用在整流子與感光二極體等兩端接腳的元件上。但是，鍺材料元件在高溫容易產生很大漏電流，以致應用範圍受到限制。此外，鍺氧化物為水溶性，製造也相當困難，因此在 1960 年代以後，逐漸被矽取代。

目前使用最多的半導體材料就是矽，它具有的優點有：

1. 價格便宜，取得容易；
2. 地球的含量多，矽存在於矽化物與矽烷中，含量佔地殼 28.2%，僅比氧略少；
3. 相較於鍺，矽具有較低的漏電流；
4. 做為電子元件中絕緣層的高品質氧化矽（SiO_2），可直接由元素矽加熱產生；
5. 製造極為容易，適合大規模積體電路的製作。

表 2-1　矽的物理性質表

晶體結構（Crystal structure）	鑽石立方結構（Diamond cubic）	
原子序（Atomic number）	14	
晶格常數（Lattice constant）	5.43（Å）	
原子量（Atomic weight）	28.086	
密度（Density）	2.33（g/cm^3）	
熔點（Melting point）	1410 ℃	
價數（Valence）	+4	
折射率（Refractive index）	3.3	
電阻率（Resistivity）	2500 Ω-cm	
沸點（Boiling point）	2355 ℃	
比熱（Specific heat）	700（J/kg-K）	16.7（10^{-2} Btu/lbm-℉）
熱膨脹係數（Coefficient of thermal expansion）	2.5×10^{-6}（℃）$^{-1}$	
熱傳導率（Thermal conductivity）	141（W/m-K）	
能隙（Energy gap）	1.1（eV）	
楊氏係數（Young's modulus）	在＜100＞方向	129 GPa
	在＜110＞方向	168 GPa
	在＜111＞方向	187 GPa

與其他半導體材料做比較，矽之價格相對低廉，是目前最廣泛的半導體材料。其他半導體則依其特性各有不同的用途，例如 III-V 族半導體有優良的發光特性以及快速的電子傳導特性，因此在光電產業及通訊電子方面就佔有非常重要的角色。表 2-1 所示為矽的物理性質表 [1, 2]。

● 2-2-2　化合物半導體

化合物半導體主要是週期表上第 III 族與第 V 族元素形成的 III-V 族化合物，以及第 II 族與第 VI 族元素形成的 II-VI 族化合物。大致上分類如下 [5]：

1. III-V 族化合物半導體：主要包括 GaAs、GaP、InSb、InP 等，此類材料具有**閃鋅礦結構**（Zincblende），鍵結方式以共價鍵為主。由於五價原子比三價原子具有更高的陰電性，因此有少許離子鍵成份。正因為如此，III-V 族材料置於電場中，晶格容易被極化，離子位移有助於介電係數的增加（若電場頻率在紅外線範圍內）。GaAs 材料的 n 型半導體中，電子遷移率（μ_n~8500 cm^2/s-V）遠大於 Si 的電子遷移率（μ_n~1450 cm^2/s-V），因此運動速度快，在高速數位積體電路上的應用，比 Si 半導體優越。但是由於 GaAs 材料的積體電路製程極為複雜，成本也較昂貴，且成品的不良率高，單晶缺陷比 Si 多。因此 GaAs 要如 Si 半導體普及應用，仍有待研發技術的努力。

2. II-VI 族化合物半導體：主要包括 CdS、CdTe、InSb、InP，其結構與 III-V 族同為閃鋅礦結構。其鍵結方式亦主要為共價鍵，並含離子鍵成份。其離子性比 III-V 族高。在應用上，以硫化鎘（CdS）在光敏阻器最為知名。此外，上述之 II-VI 族化合物半導體經常作為量子點半導體材料使用。

3. IV-IV 族化合物半導體：即由 IV 族元素間組成的化合物，如 SiC 或 SiGe 等。

4. IV-VI 族化合物半導體：主要包含硫化鉛（PbS）、硒化物與碲化物，常用於輻射偵測上。

5. V-VI 族化合物半導體：如 $AsSe_3$、$AsTe_3$、AsS_3、SbS_3 等。

6. 金屬氧化物半導體：主要有 In_2O_3、SnO_2、PbO_2 等。

7. 過渡金屬氧化物半導體：有 TiO_2、V_2O_5、Cr_2O_3、Mn_2O_3、FeO、CoO、NiO、ZnO 等。

8. 尖晶石型化合物（磁性）半導體：主要有 $CdCr_2S_4$、$CdCr_2Se_4$、$HgCr_2S_4$、$CuCr_2S_3Cl$、$HgCr_2Se_4$ 等。

9. 稀土氧、硫、硒、碲化合物半導體：主要有 EuO、EuS、EuSe、EuTe。

由於化合物材料的起步較慢，製程技術的困難度較高，雖然目前產能仍無法與矽（Si）元素半導體相提並論，但其優越的光電、雷射與微波特性，以及電子高遷移率，是矽半導體所欠缺。在可預見的未來，若製程技術突破，此類材料前景極被看好。表 2-2 列出了一些常見的元素半導體與化合物半導體[1, 2]，這些都是常用於太陽能電池的光吸收層的材料。

◆ 2-2-3　有機半導體

有機半導體材料通常可分為：(1) 富含 π 電子之分子晶體（π-electron-rich Molecular）、(2) 共軛型寡聚體（Conjugated Oligomers）和 (3) 高分子聚合物（Polymers）[6]。

有機半導體最早從 1940 年代晚期被研究，初期材料為酞菁類及一些多環、稠環化合物，而聚乙炔（Polyacetylene, PA）和聚化基吩（Poly-thiophene,

表 2-2　常見之元素半導體與化合物半導體

元素	IV-IV 族	III-IV 族	II-VI 族	IV-VI 族
Si	SiC	AlAs	CdS	PbS
Ge	SiGe	AlSb	CdSe	PbTe
		BN	CdTe	
		GaAs	ZnS	
		GaP	ZnSe	
		GaSb	ZnTe	
		InAs		
		InP		
		InSb		

PT）等具 π 鍵結構之導電高分子聚合物之提出，開啟有機半導體材料之研究熱潮。一些有機半導體材料具有良好的性能，如**聚乙烯咔唑**（Polyethyl Carbazole）衍生物，於照光後電導率可增加兩個數量級，**苯二甲素**（Phthalocyanines, Pcs）之熱安定性高達 400℃，**五環素**（Pentacene）則具有優異之場效遷移率及穩定性；**富勒烯**（Fullerence, C_{60}）是近年的重大發現之一，導電性較銅為佳，重量只有銅的六分之一，又可與其他高分子聚合物共軛進而得到更好的光電特性。這些有機半導體作成有機太陽能的光吸收層，可直接作在軟性基板上，是次世代太陽能電池相當熱門且值得投入研究的領域。

2-2-4　非晶半導體

非晶半導體是一種不具規則晶體結構的非晶體材料。這類材料無長程有序排列，但在短程內，原子排列仍然有些規律性。在目前半導體非晶體材料中，研究較多也最受重視的有下列兩類：

1. **四面體鍵型非晶半導體**：如非晶矽（a-Si）、鍺（a-Ge）等。特別是矽烷（SiH_4）輝光放電分解出的氫化非晶矽薄膜（a-Si:H），能摻入雜質，形成 p-n 接面，使得此材料能廉價提供作太陽能電池材料。此外，氫化非晶矽薄膜還可應用在場效**薄膜電晶體**（Thin-Film Transistor），以及在影像感測器中極為重要的**電荷耦合元件**（Charge Coupled Device, CCD），是一極具應用潛力的材料。

2. **硫系玻璃半導體**：如硫（S）、硒（Se）、碲（Te）等，以及它們與 As、

Ge、Si、Sb 等元素形成二元或多元化合物玻璃。這類材料的應用以影印機上的靜電複印感印膜最為有名，最常用的材料就是非晶硒。

2-3 晶體結構與能帶結構

前一節說明了自然界中的半導體材料的定義與種類，大部分的半導體材料是固態材料，亦即具有特定晶體結構[2, 4, 5]。了解晶體結構，將有助於了解太陽能電池晶片製作，以及不同半導體材料是否可以形成化合物結構的可能性。

◆ 2-3-1　晶體結構

結晶性的固體係指原子具有規則性排列所組成的固體。該結晶性的固體不僅因為其有序的排列使得其物理特質容易被理論計算外，更重要的是它較非結晶性的固體更容易被了解。一般日常生活中常見的材料，例如玻璃、木材以及骨頭等等，這些材料都因沒有高度規則性的原子排列，因此被視為非結晶性的固體。最近幾年才陸陸續續有研究團體進行非結晶性的固體之基本性質的研究。

晶體晶格

晶體晶格（Crystal Lattice）是具有規則性排列的原子所形成的空間結構。藉由例子的引述可使得該方面的概念容易表達出來。圖 2-3 所示為石墨單晶

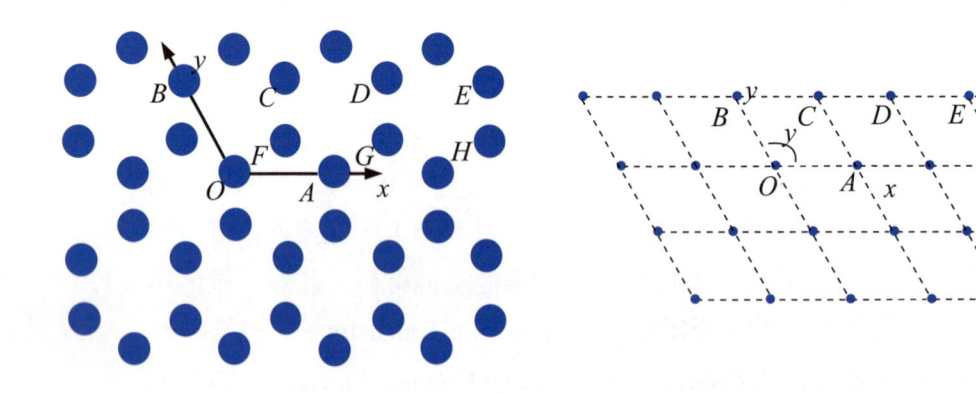

(a) 六角排列規則圖　　　　　　　(b) 根據 (a) 圖尋找出相同環境的原子而定出晶格點

圖 2-3　石墨單晶兩度空間之示意圖

兩度空間示意圖。石墨是一種屬於六角形排列的晶體結構，該排列在沿著某特定方向呈現出規則重複性的組合，雖說該圖形乃屬於二維空間，與實際晶體三度空間的排列少了一維空間的表態，但是對於大多數人而言，二度空間的顯示比較容易被接受，也較容易理解。

在開始描述石墨二度空間的結構時，通常我們先從座標軸的確立開始。原則上取任何一個原子所在的位置為座標原點都是被允許的。假設在圖 2-2(a) 中，我們取原子 O 所在的位置為原點，接下來的步驟則是尋找下一個原子的位置，其所在的位置相對於環繞四周的原子關係，完全對等於前者我們所選擇的原點位置，倘若該原子被定位出來，則將可決定該晶體之重複性。

從圖 2-3 可以很容易地說明原子 A、B、C、D 等所在的位置對等於原子 O 所在的位置。然而原子 F、G、H 等所在的位置則是不對等於原子 O。利用上述的方式所作出的相同關係的圖形點，稱之為晶體**晶格**（Lattice）。

在比較圖 2-3(a) 與圖 2-3(b)，我們可發現晶格點的形狀未必與晶體結構相同，此外在晶格點的圖形下，座標軸的決定只需取任何一點，然後沿著相鄰的晶格點取直線便可以將座標給予定位。

在圖 2-3(b) 中，習慣上將 OA 與 OB 的直線定為 X 軸與 Y 軸，該兩軸未必是相互垂直，換句話說不一定要符合笛卡爾座標系。沿著 X 軸以及 Y 軸晶格點的距離和方向，我們以**晶格向量**（Lattice Vectors）來表示，其單位的長度分別是 OA 以及 OB，而這兩個軸之間的夾角則以 γ 表示。有了晶格向量同時也知道兩晶格向量的夾角，則該晶格系統便可以很方便地被定義出來。以石墨的晶體為例，其 X 軸與 Y 軸的長度相等，其值為 2.46 Å，而其夾角 γ 為 120 度，由以上這樣的定義很快就可以得知石墨的晶格結構屬於一種六方晶系的結構。

為了表示晶格點上每一個點的位置，我們可以用下列的方程式加以表達。在一個具有週期性的晶格裡，取任一晶格點為原點，而其三個軸則是取與原點相鄰最近且不在同一平面的三個點為定點。每一個方向的單位長度則是指在該方向上點與點之間的距離為準，如圖 2-4，分別稱之 a、b、c 軸，而軸與軸之間的夾角分別為 α、β、γ，這六個變數可以說是決定晶格形狀最重要的參數，在一個三度空間中每一個晶格點的表示都可利用一向量方程式來表達，其向量方程式如下：

$$\vec{r} = l\vec{a} + m\vec{b} + n\vec{c} \qquad (2\text{-}1)$$

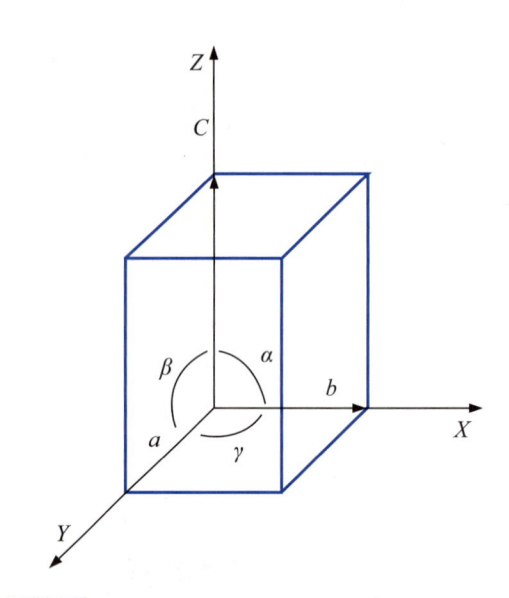

圖 2-4 單位晶胞之三個軸與其相互之夾角

其中，l、m 與 n 為整數。每一晶格由向量 $\vec{a}$、$\vec{b}$、$\vec{c}$ 構成之一小體積，稱之為**晶胞**（Unit Cell）。

相對於向量 $\vec{a}$、$\vec{b}$、$\vec{c}$ 之外，亦可藉由不同的線性組合得到額外的向量，該關係式如下表示：

$$\vec{G} = h\vec{a} + k\vec{b} + l\vec{c} \tag{2-2}$$

其中，h、k 與 l 為整數，且藉由不同的 $\vec{G}$ 可得到另一種晶格。該種晶格稱之為**反晶格**（Reciprocal Lattice），而 $\vec{G}$ 則稱為反晶格向量。

圖 2-5 [8] 中有五個二維空間之晶格點圖，每一個圖分別顯示其特有的對稱關係。圖 2-5(a) 為一個具有轉移對稱關係的晶格點圖，只不過其晶格向量不限於一種取法。至於圖 2-5(b)～(e) 則是具有高度對稱性的晶格點圖。例如圖 2-5(b) 是一種**長方形晶格點圖**（Rectangular Lattice），其 a 軸與 b 軸的長度並不相等，但是其兩軸的夾角為 90 度。圖 2-5(c) 為一種**菱形晶格點圖**（Rhombic Lattice），假如對此晶格點重新取軸 a' 與 b' 則發現它與長方形的晶格點圖雷同，只是在以 a' 與 b' 所組成的空間包含了兩個不同之晶格點。由於菱形晶格點具有如此之特性，我們也可稱菱形晶格點圖為**面心的長方形晶格圖**（Centred Rectangular Lattice）。

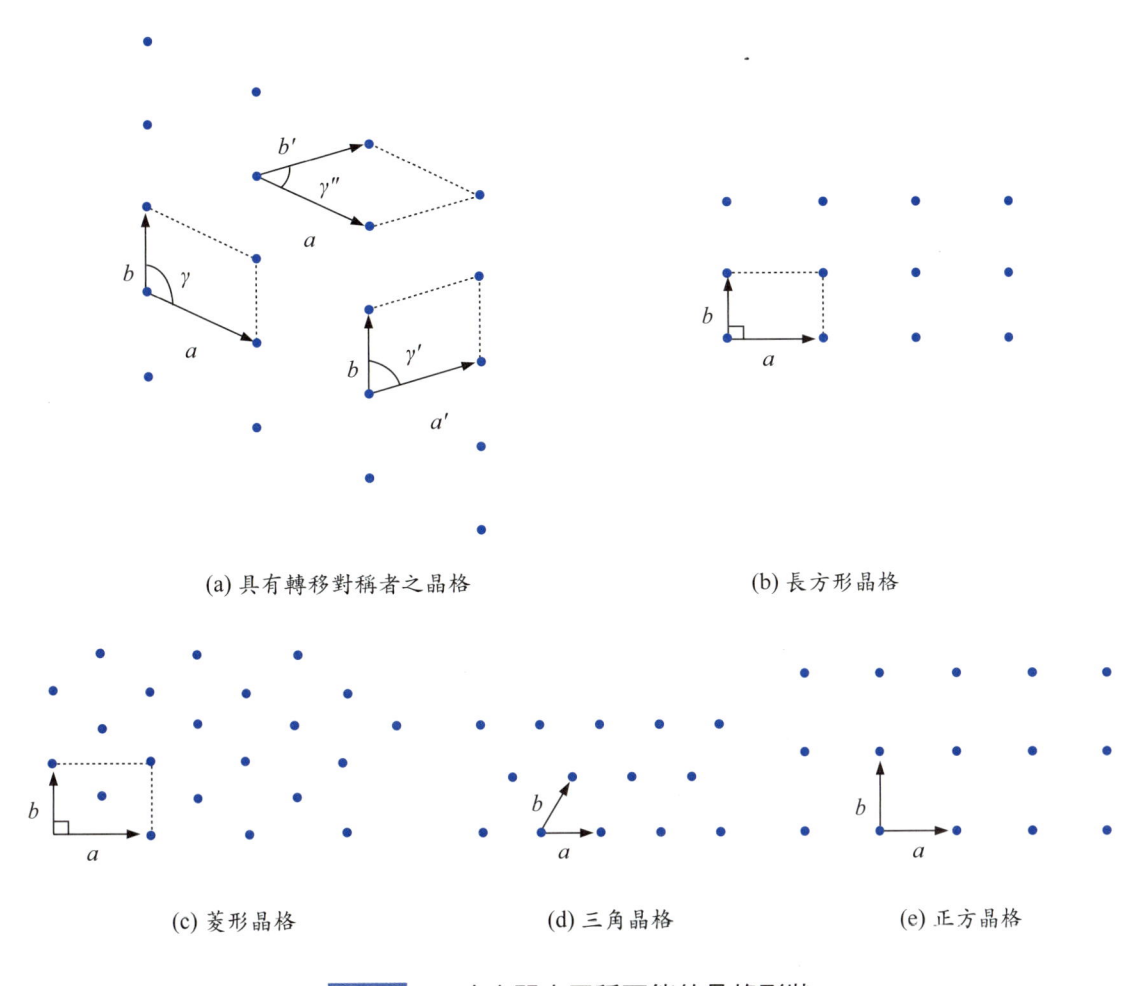

(a) 具有轉移對稱者之晶格　　　　　　　　(b) 長方形晶格

(c) 菱形晶格　　　　(d) 三角晶格　　　　(e) 正方晶格

圖 2-5 二度空間中五種可能的晶格形狀

原始晶胞

原始晶胞（Primitive Unit Cell）指擁有最小體積之晶胞者稱之。而凡是大於原始晶胞面積的晶胞者，則一併稱之**非原始晶胞**（Non-primitive Unit Cell）。圖 2-5(d) 為另一種晶格點圖，其 a、b 軸長度相同，而其夾角維持 60 度（或是 120 度），這種晶格點圖我們賦予**三角晶格**（Triangular Lattice）的名稱，至於圖 2-5(e) 則可以看出一個晶格點周圍被六個晶格點所環繞，其軸之夾角為 90 度，該晶格稱之為**正方晶格**（Square Lattice）。在先前的石墨晶格例子，可以判斷其晶格應該屬於三角晶格，如圖 2-3(b)。

晶格平面與米勒指數

在一般晶格之中，基於其晶格點的對稱與相似之特性，我們很容易可以規劃出相同距離的平面組，這也就是所謂晶格平面。若取不同方向的直線連接晶格點，將會形成不同之晶格平面，這些晶格平面的相互距離會有所不同。為了明確表達這些晶格面的不同以及快速確定晶格面的相互距離，我們必須定出一套描述晶格平面的方法。

米勒指數（Miller Indices）是用於描述一個晶體的晶面及其方向性，其定義如下所述：於一個正立方晶格中，若一晶面與 x、y 與 z 軸分別相交於 ma、na 與 pa，其中 a 為晶格常數。將 m、n 與 p 倒數後，取與該倒數最小整數比 h、k 與 l，其公式如下所示：

$$h:k:l = 1/m : 1/n : 1/p \qquad (2\text{-}3)$$

($h\ k\ l$) 即為該晶面的米勒指數，對於立方晶而言與該面垂直的方向可使用 [$h\ k\ l$] 表示之。圖 2-6 [8] 中分別為幾個三度空間米勒指數標示的例子。

七大晶系

一般來說，晶體可以區分為七大晶系，包括**三斜晶體**（Triclinic）、**單斜晶體**（Monoclinic）、**正交晶體**（Orthorhombic）、**正方晶體**（Tetragonal）、**立方晶體**（Cubic）、**三角晶體**（Trigonal）及**六角晶體**（Hexagonal）等七大晶系。根據原子的排列方式 7 大晶系又可細分為 14 種結構，其中立方晶系又可區分為**簡單立方**（Simple Cubic）、**體心立方**（Body-centered Cubic）及**面心立方**（Face-centered Cubic）三種結構。對半導體材料而言，面心立方晶體是最重要的結構之一，包括鑽石結構及閃鋅礦結構都屬於面心立方晶體，如圖 2-7 [2, 8, 10]。

2-3-2 能帶結構

晶體的電學性質與光學性質大部分是由其能帶結構所決定 [1, 2, 8, 10]。因此，可藉由能帶結構了解一個半導體的特性。太陽能電池的光電轉換效率受到能帶中能隙的影響，適當地選擇不同能隙的半導體材料能得到較高的轉換效率。

半導體中的電子所具有的能量被限制在**基態**（Ground State）與**自由電子**（Free Electron）之間的幾個**能帶**（Energy Band）裡，也就是電子所具備的能

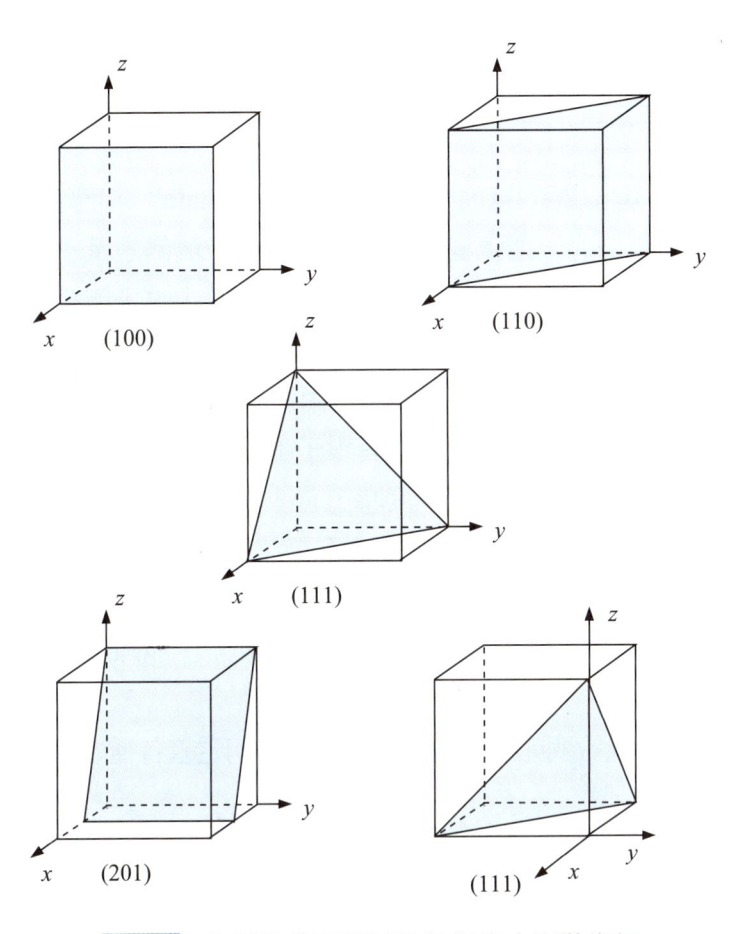

圖 2-6　各種晶格平面以及其對應之米勒指標

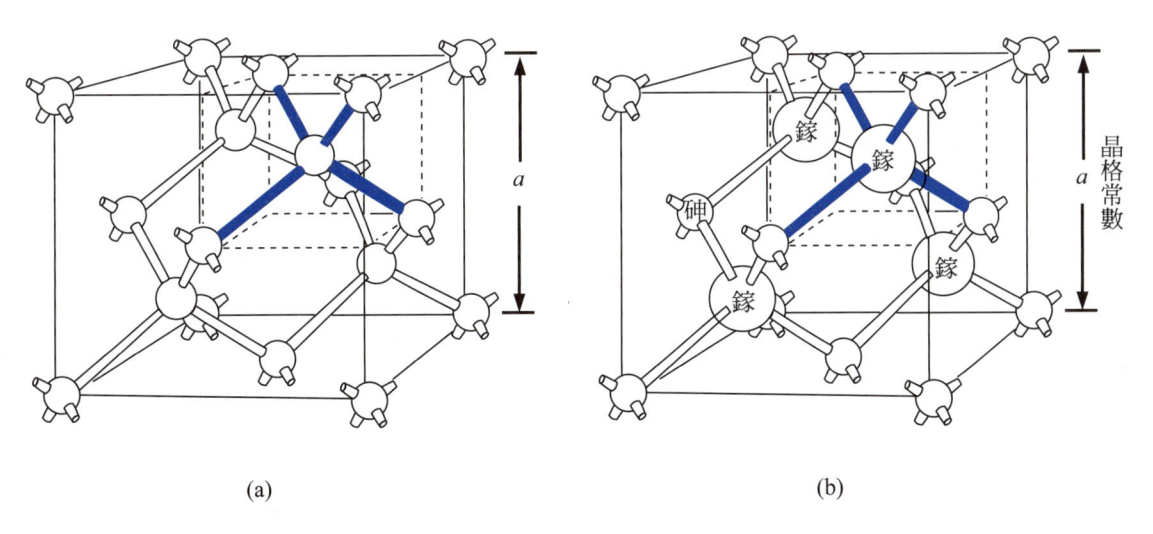

圖 2-7　(a) 矽（鑽石晶格）；(b) 砷化鎵（閃鋅礦晶格）的結晶結構

量為不連續的能階。當電子在基態時，相當於此電子被束縛在原子核附近；而相反地，如果電子具備了自由電子所需要的能量，那麼就能完全離開此材料。

每個能帶都有數個相對應的**量子態**（Quantum State），而這些量子態中，能量較低的都已經被電子所填滿。這些已經被電子填滿的量子態中，能量最高的能態就被稱為**價帶**（Valence Band, E_v），而自由電子所存在之最低能態稱之為**導帶**（Conduction Band, E_c）。絕緣體在正常情況下，幾乎所有電子都在價帶或是其下的量子態裡，因此沒有自由電子可供導電。

在絕對零度時，固體材料中的所有電子都在價帶中，而傳導帶為完全空置。當溫度開始上升，高於絕對零度時，有些電子可能會獲得能量而進入導帶中。導帶的位置位於價帶之上，而導帶和價帶之間的差距即是**能隙**（Energy Bandgap, E_g），E_g 是半導體物理中重要的參數之一，表 2-3 所示為常見之半導體材料的能隙與物理性質 [1, 9]。通常對半導體而言，能隙的大小約為 1~5 電子伏特左右。

關於能隙的形成說明如下：電子能量可以確切定義各種能階的能量狀態。

表 2-3 半導體材料的能隙與物理性質

半導體	能隙 E_g (300 K) / eV	光激發時的躍遷類型	折射率 n	（靜態）介電常數 δ_{1C}
Si	1.11	間接	3.44	11.7
Ge	0.67	間接	4.00	16.3
α-SiC	2.8~3.2	間接	2.69	10.2
Se	1.74	直接	5.56	8.5
GaP	2.25	間接	3.37	10
GaAs	1.43	直接	3.4	12
GaSb	0.69	直接	3.9	15
InP	1.28	直接	3.37	12.1
InAs	0.36	直接	3.42	12.5
InSb	0.17	直接	3.75	18
ZnO	3.2	直接	2.2	7.9
α-ZnS	3.8	直接	2.4	8.3
ZnSe	2.58	直接	2.89	8.1
ZnTe	2.28	直接	3.56	8.7
CdS	2.43	直接	2.5	8.9
CdSe	1.74	直接	–	10.6
CdTe	1.50	直接	2.75	10.9

在氣態時，一個孤立的原子其電子只能有分立的能階。但當多個原子互相靠近到發生交互作用時，原本孤立的電子能階將發生量子交互作用，但由於電子相互作用的情況不同，所以能階分裂的情況也不同，所形成的能帶寬窄也不一樣。

進一步來說，內殼層的**電子**（Core Electrons）原來處於低能階，與周圍原子之電子殼層交疊少，相互作用也少，分裂成的能帶也比較窄，稱為**鍵結軌域**（Bonding Orbital）；外殼層的電子原來處於高能階，特別是價電子，與周圍原子之相互作用比較顯著，由能階分裂成的能帶很寬，稱為**反鍵結軌域**（Antibonding Orbital）。但對於一確定晶體，其能帶寬窄是一定的，由晶體性質確定的，與晶體大小（即晶體包含的原子數 N）無關。N 增大，能帶中能階數的增加只能增加能帶中能階的密集程度，不改變能帶寬度。由於實際晶體中 N 是很大的數（一般晶體內的原子密度為 $10^{22} \sim 10^{23}\,\text{cm}^{-3}$），能帶能階已很密集，可幾乎認為它們是連續的。

圖 2-8 所示為能階位置及電子的波動函數[2, 8]。以下將藉由一維晶體結構來描述能帶的形成。若每個原子以一簡單的量子井來描述，當兩個相同的量子井彼此靠近時，原有的一階能階會因量子井彼此之間的作用形成兩個能階，其能階位置和波函數由圖 2-8(b) 所示。

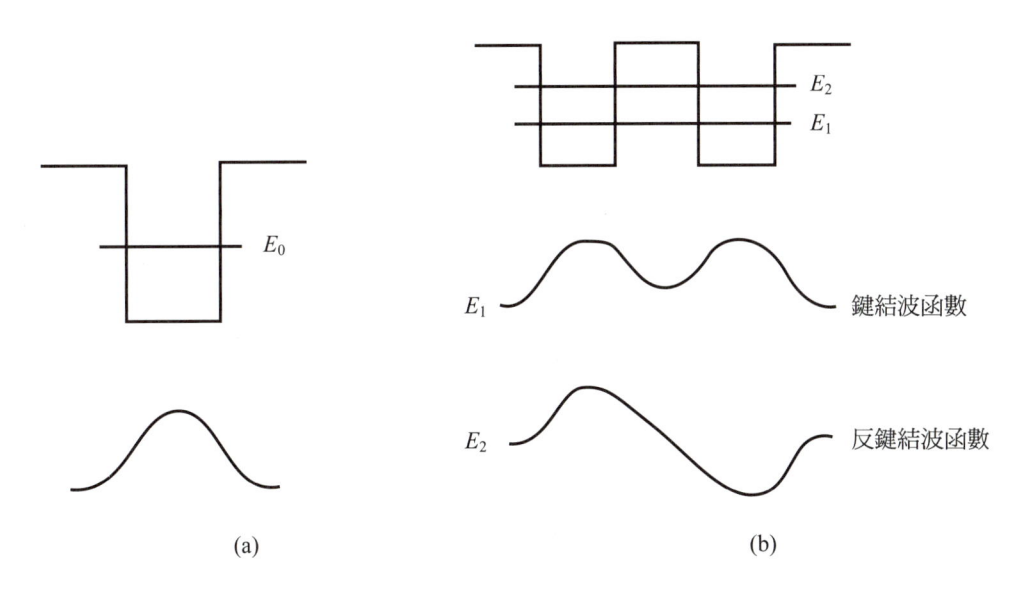

圖 2-8 (a) 單一能階之能階位置與波函數；
(b) 兩個能階之線性組合—鍵結波函數及反鍵結波函數

$$E = E_0 - 2A\cos ka$$

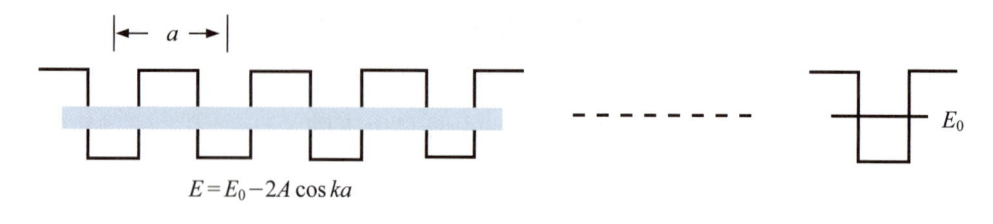

圖 2-9 一維晶體量子井之能階結構

在圖 2-9 中,該原子與原子間的距離為 a,且每個單獨量子井僅有一個能階,其能量為 E_0。若假設這個系統中有 N 個量子井,且該量子井首尾相接成一環形,即第 $N+1$ 個量子井與第一個量子井是一樣的[2,8]。當更多的原子排列聚集在一起時,原有的一階能階將變成多極的能階。當該多極能階因眾多的原子而靠得非常緊密時,在該能階範圍內的能量可視為連續。因此,原有的能階即成為能帶。

電子可視為在具有完美週期性之晶格中運動,考慮電子被侷限在一邊長為 a 的立方體內運動,則電子的波函數為具有含一傳播常數 k,又稱為波向量之平面波,圖 2-10 所示為能量與波向量 k 的關係圖。所得到的能量對 k 而言,是一個週期性的函數,意即 k 可侷限於 $\pm\dfrac{\pi}{a}$ 之間,藉由滿足週期性邊界波函數的有解條件為 $k = \dfrac{2\pi}{a}n$,由該關係式可知能量與 k 並非連續。然而,當原子數目很多時,每個 k 與其鄰近的 k 值之間距就變得非常小,在這種情況下的能量可視為連續[2,10]。

舉例來說,對於具有鑽石結構或閃鋅礦結構的半導體而言,每一晶胞包含兩個原子,且每個原子皆提供了四個價電子,因此,若一具有 N 個原子之

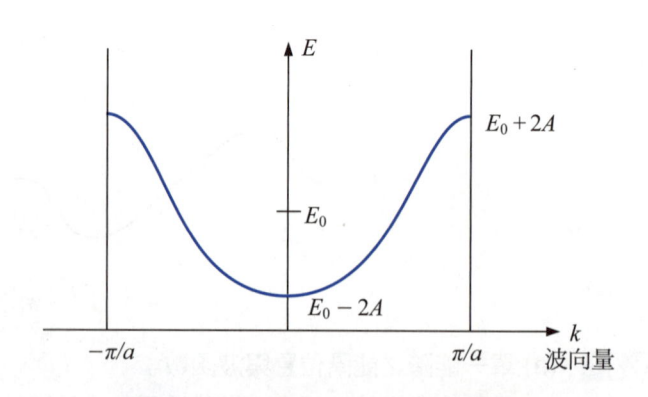

圖 2-10 能量與波向量 k 的關係圖

矽半導體則其電子的總數為 4N，如圖 2-11 [2, 8, 10, 14]所示。因此，若電子皆處於最低能量的狀態，最下面的四個能帶是填滿的，該能帶則被稱為價帶。反之，在上面的四個能態是空的，該能帶則被稱為導帶。其中，導帶與價帶間的間隙稱之為能隙。

在導帶中，和電流相關的電子通常稱為自由電子。在價帶內的電子獲得能量後便可躍升到導帶，而這便會在價帶內留下一個空缺，也就是所謂的電洞（Electron Hole）。導帶中的電子和價帶中的電洞都對電流傳遞有貢獻，電洞本身不會移動，但是其他電子可以移動到這個電洞上面，等效於電洞本身往反方向移動。相對於帶負電的電子，電洞的電性為正電。

由化學鍵結的觀點來看，獲得足夠能量、進入導帶的電子也等於有足夠能量可以打破電子與固體原子間的共價鍵（Covalent Bond），而變成自由電子，進而對電流傳導做出貢獻[1, 2]。圖 2-12(a) 表示在 A 位置的電子吸收足夠的能量，跳出共價鍵的位置，形成導電電子。在圖 2-12(a) 中我們同時可以看到，電子跳出後在 A 還留下了一個空位，其他共價鍵的電子，有可能去填充此空位，例如圖 2-12(b) 中之 B 位置的電子去填了 A 之空位，造成空位的位置由 A 移到 B。在沒有空位時，由於原子核的電荷和電子的電荷完全抵消，故不帶電，成電中性；而在空位附近由於少了個電子，等效上是帶了一個基本單位的正電。因此，我們可以將空位的移動看成是一個正電荷的移動，也可以導電。電子與電洞均可導電，都稱為載子（Carrier）。

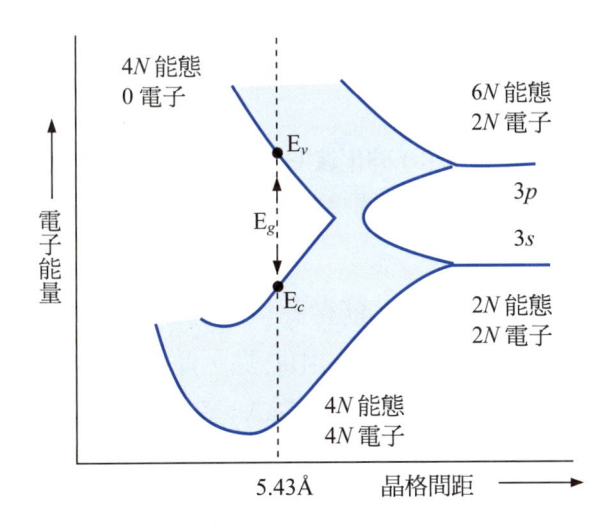

圖 2-11 半導體導帶及價帶的形成，以矽元素為例，N 個矽原子，可提供 4N 電子

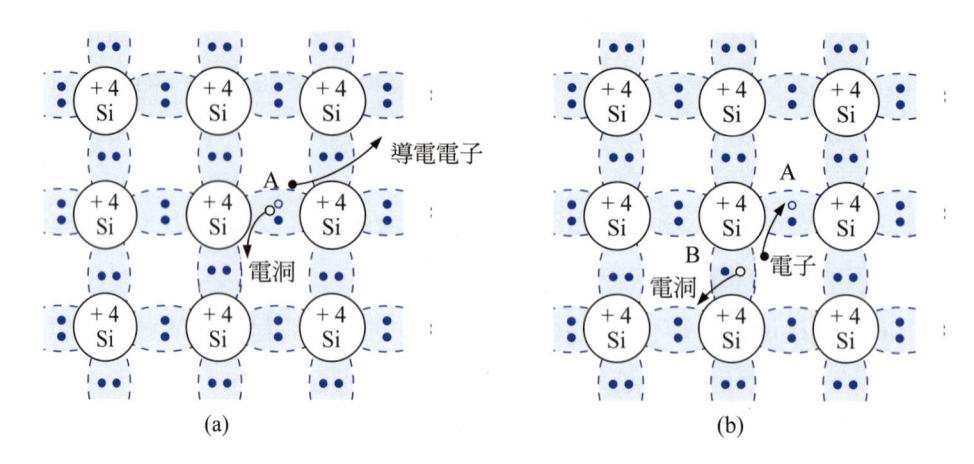

圖 2-12 (a) 在 A 位置的電子跳出共價鍵的位置形成導電電子，而 A 位置則多出一個電洞；
(b) B 位置的電子去填了 A 之空位，造成空位的位置由 A 移到 B

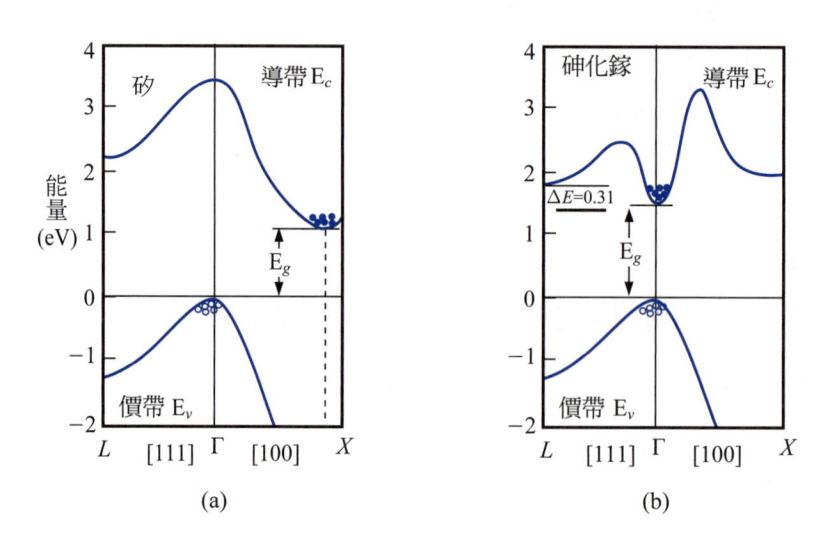

圖 2-13 (a) 矽 Si 及(b) 砷化鎵 GaAs 半導體的實際能帶結構，由圖可看出矽的間接能隙與砷化鎵的直接能隙的性質

圖 2-13 所示為 Si 及 GaAs 的能帶圖[1, 8]。該二種材料價帶的能量最高點位於 Γ 點，即所謂的第一布里彎區的中心點，並可從該圖看出二種材料導帶的最低能量點，其位置不相同。其中，GaAs 是在 Γ 點附近的一個圓球，而 Si 則是分別在靠近 X 點附近的橢圓球，其中 X 點與 L 點則分別表示為 [100] 與 [111] 之方向的布里彎區邊緣。由能帶的能量與動量關係，半導體材料可分為：

1. **直接能隙**（Direct Bandgap）半導體：GaAs 的導帶最低點與價帶最高點的位置皆位於 Γ 點，亦即在相同的晶體動量，當電子由價帶最高點躍遷到導帶時，只需要能量的轉換，不需要動量的交換。
2. **間接能隙**（Indirect Bandgap）半導體：如 Si 和 Ge 的導帶最低點和價帶最高點不位於同一點，亦即不具有相同的晶體動量，當電子由價帶最高點躍遷到導帶時，不僅要能量的轉換，也要動量的交換。

直接能隙與間接能隙半導體具有不同的光學性質。例如，直接能隙半導體可藉由電子與電洞復合所產生的光子來製作發光元件，而間接能隙半導體，例如：Si 和 Ge 就不適合製成發光元件，其主要原因為位於導帶最低能量的電子與位於價帶最高能量的電洞復合時，因該電子電洞不具相同之晶格動量，其復合就必須藉由一個聲子來滿足動量的守恆。上述的問題對直接能隙半導體而言並不存在，因其電子與電洞具有同樣的動量，因此可以很容易地復合在一起。

2-4　電子傳輸性質

電子在能帶最低或最高點附近運動時，由於電子與晶格之間的作用，其行為與自由電子並非完全一樣，此時電子像是一個具 m^* 質量的質點。

一個半導體的能帶結構決定了它的傳輸性質與光學性質，但電子在半導體中的運動則會受到其他雜質或聲子的影響而產生散射。在一穩定電流下，電子將由電場造成一**漂移速度**（Drift Velocity），表示如下：

$$\vec{v} = -\frac{e\tau}{m^*}\vec{\varepsilon} = -\mu\vec{\varepsilon} \quad (2\text{-}4)$$

其中，τ：平均碰撞時間或**平均自由期**（Mean Free Time）
　　　m^*：電子等效質量
　　　ε：電場強度
或
　　　$\mu = \dfrac{e\tau}{m^*}$，為載子**遷移率**（Mobility），或寫成

$$\mu = \left|\frac{\vec{v}}{\vec{\varepsilon}}\right| \; (\text{cm}^2/\text{S-V}) \quad (2\text{-}5)$$

遷移率即單位電場下，載子的移動速度，是衡量半導體材料或元件非常重要

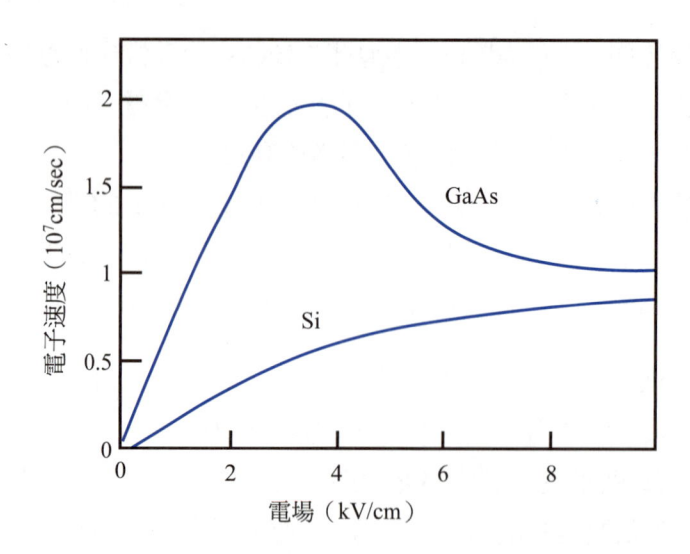

圖 2-14 矽與砷化鎵中，其電子速度與電場強度關係圖

的參數。半導體元件可以操作的速度將受到遷移率的直接影響。遷移率愈大，則該元件可操作的速度也就愈快。由上述公式可知遷移率與平均碰撞時間成正比，而與有效質量成反比。因此，平均碰撞時間愈長，或有效質量愈小，遷移率也就愈高。

電子或電洞在半導體運動時，會遇到數種不同的碰撞機制。例如，與雜質及聲子的碰撞。其中，雜質又可分為中性及帶電雜質，而聲子亦可分為聲波與光學聲子。在室溫或較高的溫度時，因聲子的數目較多，聲子的碰撞即成為決定載子遷移率最重要的因素。反之，在低溫時，雜質的碰撞則是決定載子遷移率最重要的決定因素。

圖 2-14 所示為電子在 GaAs 及 Si 中速度與電場強度的關係圖[10]。在低電場時，於 GaAs 中電子的速度是正比於電場。當電場到達 3 kV/cm 時，電子的速度達到頂點，值約為 2×10^7 cm/sec。對 Si 而言，電子的速度是隨著電場的強度不斷上升。然而，電子在高電場仍趨於飽和的原因是由於電子與光學聲子作用的關係[16-19]。

2-5 本質半導體及異質半導體

本質半導體

本質半導體（Intrinsic Semiconductor）是指沒有任何摻雜的半導體材料。

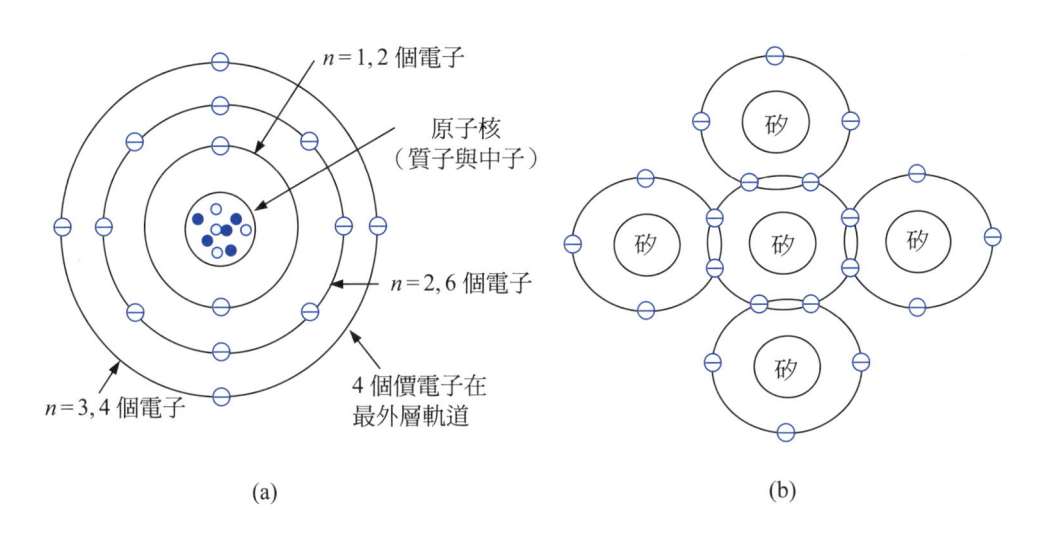

圖 2-15 (a) 矽原子之電子結構；(b) 二度空間中矽晶體之共價鍵結示意圖，可看出矽原子有 4 個價電子

以矽晶體為例，在單一的矽原子包含 14 個帶正電的質子與 14 個帶負電的電子。圖 2-15 (a) 所示為矽原子的結構，圖中說明原子本身之第一層軌道有 2 個電子，第二層有 8 個電子，其餘的 4 個電子分佈在最外層軌道，所以矽原子有 4 個價電子，是一個四價元素[8]。當許多矽原子組成一個規則形態的固體時，便形成矽晶體。矽晶體之形成是利用矽原子間之共價鍵結合，結合後之矽原子，其價電子被束縛在共價鍵之中。每一個價電子不只屬於某個單一原子，而是與相鄰的原子間形成共同擁有。故每一個矽原子最外層的 8 個價電子形成化學性穩定的狀態。圖 2-15(b) 所示為二度空間矽晶體的共價鍵結構圖示，說明矽原子之電子分佈與鍵結之形態。

在室溫下，半導體材料中價帶的某些電子仍有足夠的熱能或接受足夠的光能，從而跳過能隙進入空的導帶。溫度愈高或光強愈大，受激發通過能隙的電子數就愈多。然後這些被提高能量的電子便能自由地從外加電場接受電能穿過晶體。另外，價帶裡留下的電洞本身也變成載子。電洞附近的電子可躍入填充它，而這個電子原來占據的位置又成為新的電洞，它再被鄰近的電子充滿。因此，此時的電流實際上是由電子接力式的運動所形成，但把它想像成帶正電的電洞朝著反方向流動，兩者完全是等效的，所以導電是由電子和電洞共同完成的。當電流的傳導僅是由價帶激發到導帶的電子引起時，該材料就叫做本質半導體[4, 5, 7]。

在一個本質半導體內可以導電的電子與電洞的數目是相等的，其電子及電洞濃度稱之為本質載子濃度，受溫度、光照、壓力、電場、磁場及雜質等影響。然而，本質載子濃度對一個元件而言，其導電能力太低。因此，一個真正有用的半導體須加入雜質以提高電子或電洞的濃度。

異質半導體

異質半導體（Extrinsic Semiconductor）係指在本質半導體中加入其他雜質，依雜質提供之載子種類，分為 p 型半導體與 n 型半導體。

p 型半導體

p 型半導體指藉由摻雜其他種類（或價數）的原子，形成電洞數目遠多於電子數目的半導體材料。圖 2-16(a) 所示為 p 型半導體結構圖 [2]。當 Si 中加入三價的元素時，如 B 或 Al 等，該三價原子會從別處獲取一個電子形成共價鍵，並在別處產生一個電洞。因該三價的原子會接受一個電子，而被稱之為受體（Acceptor），半導體因加入受體雜質而產生電洞，形成 p 型半導體。

n 型半導體

n 型半導體指藉由摻雜其他種類（或價數）的原子，形成電子數目遠多於電洞數目的半導體材料。圖 2-16(b) 所示為 n 型半導體結構圖 [2]。在低溫下，Si 的價帶完全被電子填滿而導帶呈現空的狀態。若在 Si 的晶體中加入五價的元素如 P 或 As 等，該五價原子將佔據 Si 原子的位置，並使鄰近的 4 個 Si 原子形成共價鍵所需的 4 個電子外又多一個電子，其中，在 Si 中所摻雜的

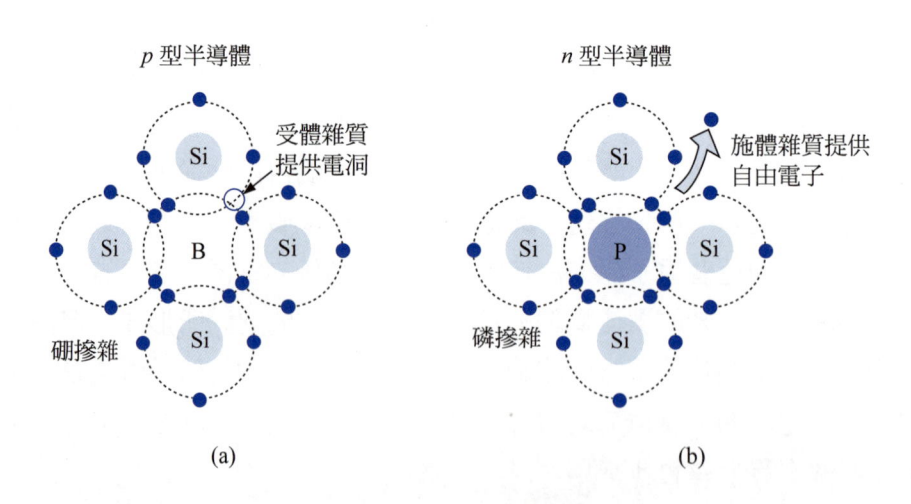

圖 2-16 (a) p 型半導體；(b) n 型半導體結構圖，以矽為例。

五價元素稱為**施體**（Donor）。從能帶的角度來看，所有多餘的電子將佔據導帶，電子在導帶中就能自由運動形成自由電子。

然而，在 III-V 族半導體中要形成 n 型或 p 型，可以有很多選擇。其中，若放入四價元素的雜質時，會有兩種情形發生：

1. 取代三價的原子成為施體。
2. 取代五價的原子成為受體。

這一類的雜質被稱為**雙性雜質**（Amphoteric），至於究竟會成為哪一型則要看摻雜的方式及條件而定。例如：

1. 放入二價元素取代三價的原子做為受體。
2. 放入六價元素取代五價的原子做為施體。

當半導體中加入施體或受體後，將會影響到電子與電洞的濃度以及費米能階的位置。

2-6　半導體中之電性行為

一個半導體在低溫時，其價帶完全被電子填滿，而導帶是空的。當逐漸升溫時，有部分的電子會從價帶躍遷至導帶。在價帶所遺留下來的空位就稱之為電洞，電洞的行為就像帶正電荷的電子。藉由以下式（2-6）可以求得在溫度 T 時，有多少電子存在於導帶 [1, 3, 14-17]：

$$n = \int_{E_c}^{E_{\text{top}}} D(E)\, f(E)\, dE \quad (2\text{-}6)$$

上述公式的積分範圍從導帶的最低點 E_c 到導帶的最高點 E_{top}，而 n 為電子濃度；$D(E)$ 為單位能量內的狀態密度，亦即可容納電子的狀態；$f(E)$ 則是在溫度 T 時，電子佔據在一個能量為 E 的狀態機率。

$f(E)$ 又被稱為**費米-迪拉克分佈函數**（Fermi-Dirac Distribution Function），其公式為：

$$f(E) = \frac{1}{\exp\left(\dfrac{E - E_f}{kT}\right) + 1} \quad (2\text{-}7)$$

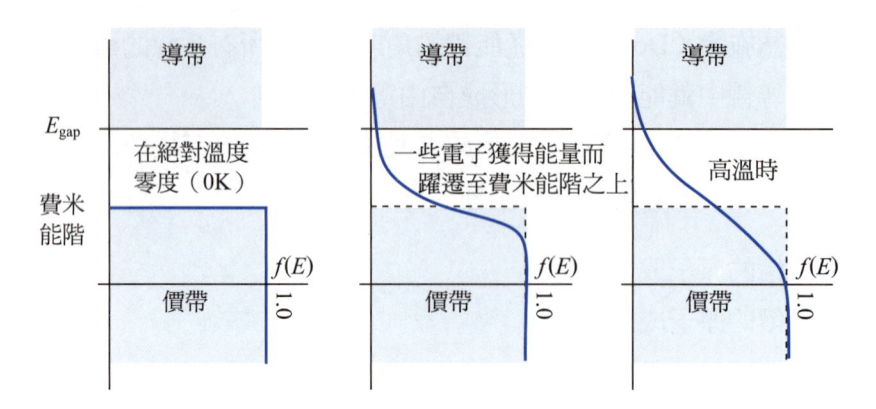

圖 2-17　費米分佈函數與溫度及能量的關係圖

其中，T 為絕對溫度，k 為波茲曼常數，E_f 為費米能階，其值的大小與電子濃度有關，該費米分佈函數與溫度及能量的關係圖如圖 2-17 所示 [1, 8]。

費米分佈函數 $f(E)$ 在不同能量與溫度時有不同的機率：

1. 在能量小於價帶能階的狀態，其被電子佔據的機率為 1；
2. 當溫度較高時，有部分高於費米能階的狀態也會被電子所佔據，但機率是小於 1/2；及
3. 在 $T = 0$ K 時，且能量小於 E_f 時，$f(E)$ 等於 1，而能量大於 E_f 時，$f(E)$ 等於 0。

狀態密度 $D(E)$ 的大小與能帶結構有關，電子與電洞聚集的位置分別接近於導帶最低點或價帶的最高點。

在沒有摻雜任何雜質的情況下，半導體內的自由電子與電洞是由熱效應所產生。電子因熱效應由價帶激發至導帶，所以電子的數目與電洞的數目是一樣的，亦即 [2, 9]

$$N_c \exp\left(-\frac{E_c - E_f}{kT}\right) = N_v\left(-\frac{E_c - E_v}{kT}\right) \quad (2\text{-}8)$$

其中，$N_c \equiv 2\left(\dfrac{2\pi m_n^* kT}{h^2}\right)^{\frac{3}{2}}$ 為導帶的有效狀態密度，m_n^*：電子有效質量

$N_v \equiv 2\left(\dfrac{2\pi m_p^* kT}{h^2}\right)^{\frac{3}{2}}$ 為價帶的有效狀態密度，m_p^*：電洞有效質量

在本質半導體中，電子與電洞的濃度相等，其濃度稱為本質載子濃度

（n_i），且滿足式（2-9）：

$$n_i^2 = np = N_c N_v \exp(-E_g/kT) \quad (2\text{-}9)$$

其中 $E_g = E_c - E_v$ 為能隙的大小，所以本質載子濃度（n_i）可表示為：

$$n_i = \sqrt{N_c N_v}\, e^{-E_g/2kT} \quad (2\text{-}10)$$

由式（2-10）可知，本質載子濃度與能隙及溫度的大小有密切的關係，能隙愈大，則 n_i 愈小。圖 2-18 所示為 Si、Ge 及 GaAs 的本質濃度與溫度的關係圖[1,2,8]。在該圖中，室溫下 GaAs 的本質載子濃度 n_i 值非常低，因此導電性差。而 Si 因其能隙較小，其本質濃度在室溫下即高於 $10^{10}\ cm^{-3}$。

對一個半導體元件而言，本質載子濃度（n_i）是因電子受熱或照光得到能量而由價帶激發至導帶所產生的，因此當本質載子濃度愈高時，元件的操作就會受到影響。所以，具有較低的本質載子濃度之半導體也較適合在高溫下操作。

以加入施體形成 n 型半導體的情形為例：當加入的施體雜質濃度是 N_D 時，有部分雜質會游離產生自由電子，為保持電中性，令：

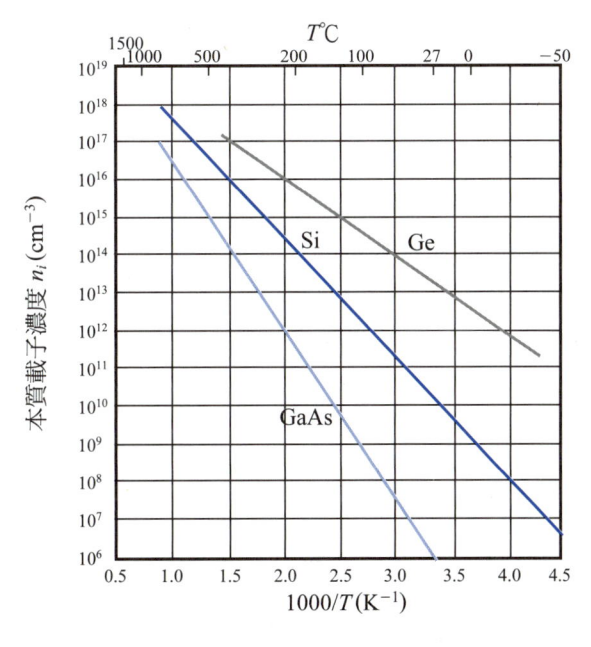

$$n = N_D^+ + p \quad (2\text{-}11)$$

圖 2-18　本質濃度與溫度的關係圖

其中，n 為自由電子的濃度，p 為自由電洞的濃度，而 N_D^+ 是游離的施體濃度。對於 Si 及 GaAs 而言，室溫下施體雜質可完全游離，因此電子濃度 n 等於施體濃度 N_D，經由式（2-12）可計算電子濃度 n：

$$n = N_D = N_c \exp\left(-\frac{E_c - E_f}{kT}\right) \qquad (2\text{-}12)$$

同樣地，對 p 型半導體而言，有部分雜質會游離產生自由電洞，為保持電中性，適用公式為：

$$n + N_A^- = p \qquad (2\text{-}13)$$

該 p 型半導體處於常溫時，電子數目甚少，若再假設所有受體已游離且忽略 n，可計算電洞濃度 p：

$$p = N_A = N_V \exp\left(-\frac{E_v - E_f}{kT}\right) \qquad (2\text{-}14)$$

然而，該種狀態在溫度很高或很低時並不成立。高溫時，由熱所造成的自由電子與電洞數目增多，不再能忽略電洞那一項，因此時之自由電子的濃度 n 與自由電洞的濃度 p 為本質載子濃度：

$$n = p = n_i = \sqrt{N_c N_v} \exp(-E_g / 2kT) \qquad (2\text{-}15)$$

其濃度與本質半導體類似，而費米能階也趨近於能隙的中間，該種高溫狀態又回到本質態。

由於式（2-12）與式（2-14）類似，可判斷出在溫度很高或溫度很低時，p 型半導體與 n 型半導體會成為本質態或凍結態。

特別注意的是，無論在半導體內有無外加的雜質，式（2-10）是永遠成立的，在 n 型半導體中，自由電子的數目很多，相對的自由電洞的數目就非常少。其中，有一部分的半導體存在著一種互補現象，該現象為半導體內同時存在施體與受體時，施體與受體的作用將會彼此抵消。此種現象亦表示為施體的電子會填到受體的能階上去，以至於不起作用。

由式（2-9）亦可得知，當半導體的能隙較大時，n 或 p 非常小，以至於半導體可以有絕緣的性質，例如 GaAs 其電阻係數可高達 10^7 Ω-cm 以上，呈現**半絕緣性**（Semi-insulating）。

2-7　半導體的接面

　　一個有用的半導體元件需利用不同形式的半導體材料形成接面。除了半導體之外，半導體與金屬或半導體與絕緣體結合，皆可取代原半導體與半導體形成的接面。然而最常使用的接面係由 p 型半導體與 n 型半導體所形成之 p-n 接面。

◉ 2-7-1　p-n 接面

　　圖 2-19[4] 所示為 p-n 二極體的基本結構及熱平衡下之能帶圖[1, 2, 4, 8, 19]。將 p 型半導體與 n 型半導體結合在一起，即形成一最簡單的整流二極體。其中，p-n 接面可簡單的視為一 p 型半導體和一 n 型半導體接在一起所形成，並在兩端各以一金屬電極（稱為歐姆接點）連結外界電路。該種結構即是各種電子與光電元件（包含太陽能電池）之基本組成。

p-n 接面的行為

1. 由於 p 型半導體中自由電洞較多，費米能階將接近價帶。
2. 由於 n 型半導體中自由電子較多，費米能階則比較接近導帶。
3. 在熱平衡的狀態下，費米能階在這兩種半導體內必須是水平的。
4. p-n 接面在形成時，由於空間中的載子分布不均勻，在 p 型半導體中的電洞會向 n 型半導體中擴散。
5. 同理，在 n 型半導體中的電子會向 p 型半導體中擴散。

空乏區形成

　　圖 2-20 介紹 p-n 接面之載子行為[1, 2, 8]。**空乏區**（Depletion Region）形成是由於 n 型區的多數電子因濃度梯度擴散進入 p 型區，但當電子因擴散離

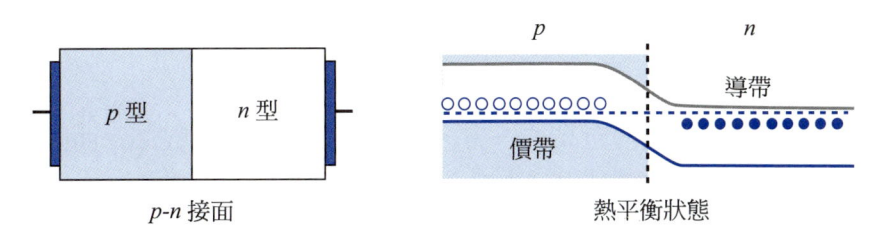

圖 2-19　p-n 二極體的基本結構及熱平衡下之能帶圖

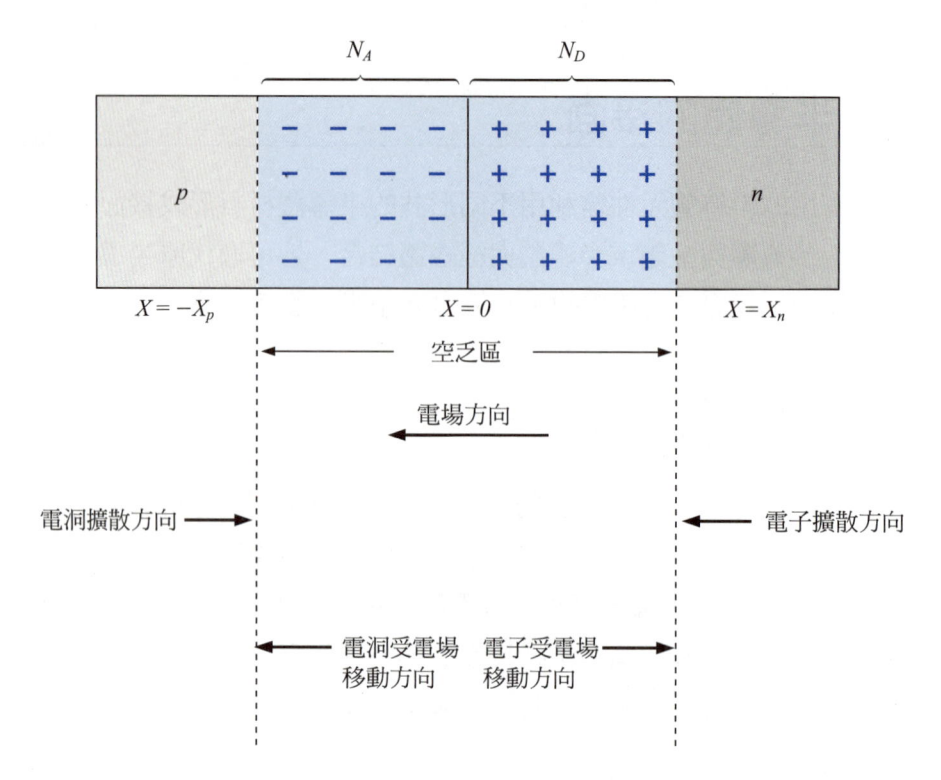

圖 2-20　p-n 接面形成之空乏區

開 n 型區時，會留下帶正帶之施體原子，形成淨正電荷區，同理 p 型區的多數電洞因濃度梯度擴散進入 n 型區，但當電洞因擴散離開 p 型區時，會留下帶負電之受體原子，形成淨負電荷區，此淨正負電荷區稱之為**空間電荷區**（Space Charge Region），因載子無法獨立存在於此區，因此又稱為空乏區。空乏區內部的電場分布可以利用**帕松方程式**（Poisson Equation）求得[9]：

$$\frac{dE}{dx}=\frac{\rho}{\varepsilon}，其中 \rho = \begin{cases} -qN_A & 當 -x_p<x<0 \\ qN_D & 當\ 0<x<x_n \end{cases} \quad (2\text{-}16)$$

該區域的範圍自 $-x_p$ 到 x_n，且在介面（$x=0$）時，電場應為連續的，所以

$$N_A x_p = N_D x_n \quad (2\text{-}17)$$

由上述公式可知摻雜濃度愈高的一方，空乏區寬度也相對較小。而因電場的關係，位能在空乏區也將急遽地變化。

內建電位

由於 p 型區的電位較高，而 n 型區的電位較低，其間的電位差稱之為內建電位，其大小為 [9]：

$$qV_{bi} = kT \ln\left(\frac{N_D N_A}{n_i^2}\right) \quad (2\text{-}18)$$

空乏區的寬度與 V_{bi} 的關係如下所示：

$$W = X_n + X_p = \left[\frac{2\varepsilon_s V_{bi}}{q}\left(\frac{N_A + N_D}{N_A N_D}\right)\right]^{\frac{1}{2}} \quad (2\text{-}19)$$

其中 ε_s 為半導體之介電係數。

以上運算求得的公式皆為熱平衡下的結果。若在接面的兩端加上一個**順向**（Forward）或**逆向**（Reverse）偏壓即會破壞原有的平衡，如圖 2-21 所示 [1, 2, 8]。

若順向偏壓外加的電壓為 V，因空乏區的電阻遠大於兩邊中性區的電阻，所以電壓將大部分落於空乏區內，而兩邊的費米能階因為外加電壓而分開。內建位能因而減低至：

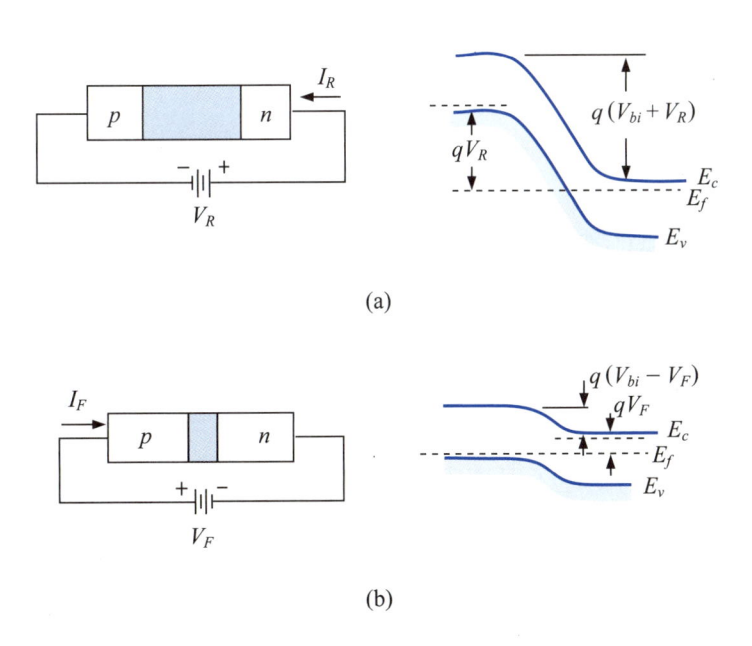

圖 2-21 (a) 逆向偏壓與 (b) 順向偏壓之能帶圖

$$V_b = V_{bi} - V \quad (2\text{-}20)$$

由於兩邊的費米能階不一樣高，電子將由 n 往 p 流，而電洞由 p 往 n 流。

在 p 型半導體內，電子會藉著與電洞的復合而回復到平衡狀態。其中，電子密度的大小可由**連續方程式**（Continuity Equation）得到：

$$D_n \frac{d^2 n_p}{dx^2} - \frac{n_p - n_{p0}}{\tau_n} = 0 \quad (2\text{-}21)$$

而式（2-21）的解如下所示：

$$n_p(x) = n_{p0} + n_{p0}(e^{\frac{qV}{kT}} - 1) \exp\left(\frac{x + x_p}{L_n}\right) \quad (2\text{-}22)$$

其中，n_{p0} 為電子在 p 型半導體內熱平衡時之平衡溫度，$L_n = \sqrt{D_n \tau_n}$ 為電子的**擴散長度**（Diffusion Length），當電子的生命週期 τ_n 愈長，其電子擴散長度愈長。

同理，在 n 型半導體內，電洞對位置的分佈如下所示：

$$p_n(x) = p_{n0} + p_{n0}(e^{\frac{qV}{kT}} - 1) \exp\left[\frac{-(x - x_n)}{L_p}\right] \quad (2\text{-}23)$$

其中，p_{n0} 為電洞在 n 型半導體內熱平衡時的平衡濃度，而 $L_p = \sqrt{D_p \tau_p}$ 為電洞的擴散長度。當電洞的生命週期 τ_p 愈長，其電洞擴散長度也愈長。須注意，電子與電洞的擴散長度對晶片型太陽能電池（如第四章）的晶片材料是很重要的一項指標。

p-n 接面的總電流

因載子濃度隨位置的變化產生擴散電流，因此，n 型半導體內由電洞產生的擴散電流 J_{pD} 為：

$$J_{pD}(x_n) = -qD_p \left.\frac{dP_n}{dx}\right|_{x_n} = \frac{qD_p p_{n0}}{L_p}(e^{\frac{qV}{kT}} - 1) \quad (2\text{-}24)$$

同理，p 型半導體內由電子所產生的擴散電流 J_{nD} 為：

$$J_{nD} = qD_n \left.\frac{dn_p}{dx}\right|_{-x_p} = \frac{qD_n n_{p0}}{L_n}(e^{\frac{qV}{kT}} - 1) \quad (2\text{-}25)$$

假設電洞與電子在空乏區內沒有任何的復合，通過整個元件的電流為定值。因此，該 p-n 接面的總電流可寫為：

$$J = J_{pD} + J_{nD} = J_s(e^{\frac{\varepsilon V}{kT}} - 1)$$ （2-26）

其中

$$J_s = \frac{qD_p p_{n0}}{L_p} + \frac{qD_n n_{p0}}{L_n}$$

J_s 稱之為逆向飽和電流密度，而式（2-26）稱之為**理想二極體方程式**（Ideal Diode Equation）。由式（2-26）可以得到 p-n 二極體的電流與電壓的關係，如圖 2-22 所示[1, 2, 4, 8]。逆向飽和電流密度對太陽能電池而言，就是其未照光時的暗電流密度。

2-7-2 蕭特基接面

蕭特基接面（Schottky Junction）是指一個半導體材料與金屬材料接觸形成之接面。

當一個電子需由導帶激發離開半導體時，其所需能量稱為**電子親和能**（Electron Affinity），而真空能階（電子在無限遠處時的能量（Vacuum Level））與費米能階的能量差則稱為**功函數**（Work Function）。當金屬的功函數（E_M）與半導體的功函數（E_s）不同時，為使其接觸時仍能保持一致的真空能階，因而得到如圖 2-23 所示的能帶圖 [1, 8]。從該圖中可看出因介面能障 $q\phi_B$ 的關係，使半導體形成一個介面空乏區，而空乏區的寬度則取決於能障的高低和半導體摻雜濃度的大小。

對金屬中的電子而言，一 $q\phi_B$ 大小的能障稱之為**蕭特基能障**（Schottky

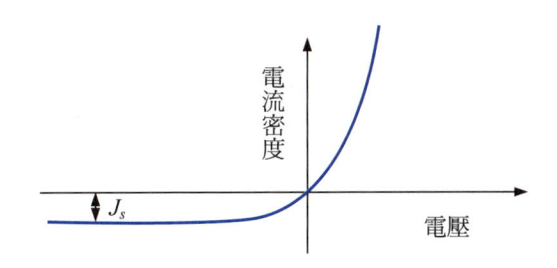

圖 2-22 *p-n* 二極體之電流與電壓曲線圖

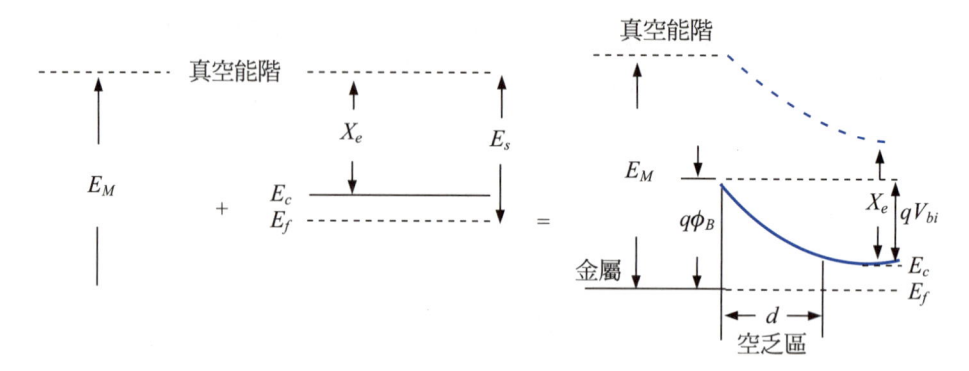

圖 2-23　真空能階比較圖

Barrier），為電子試圖由金屬進入半導體所見之障礙。同理，對半導體內的電子而言，其所遇到的則為一 qV_{bi} 大小的能障。在金屬半導體的介面除了具有半導體流向金屬的熱發射電子流，還有從金屬流向半導體的熱發射電子流。

當半導體含有施體濃度為 N_D 時，該空乏區的寬度如下所示：

$$d = \sqrt{\frac{2\varepsilon_s V_{bi}}{qN_D}} \qquad (2\text{-}27)$$

當一蕭特基二極體（金屬與半導體相接合）有外加一順向偏壓（V）時，其能障將變為

$$qV_b = qV_{bi} - qV \qquad (2\text{-}28)$$

2-7-3　異質接面

異質接面（Hetero Junction）係指兩種不一樣的半導體接觸在一起所形成[1, 8]。在許多半導體中，常有相同的晶體結構和類似的晶格常數，兩種不同的半導體接觸在一起，成為所謂的異質接面。異質接面元件在 III-V 族的半導體元件中非常常見，其利用磊晶成長的方式，將兩種不同材料的半導體成長在一起。由於半導體的物理性質並不一樣，在介面的部分產生許多應探討的現象。

圖 2-24 所示為兩個具有不同能隙之 n 型半導體之異質接面能隙圖[1, 2, 8]。其中，左側半導體的能隙較大為 E_{g1}，而右側半導體的能隙較小為 E_{g2}，且其親和能分別是 X_1 及 X_2，在接合後仍需滿足以下兩種條件：

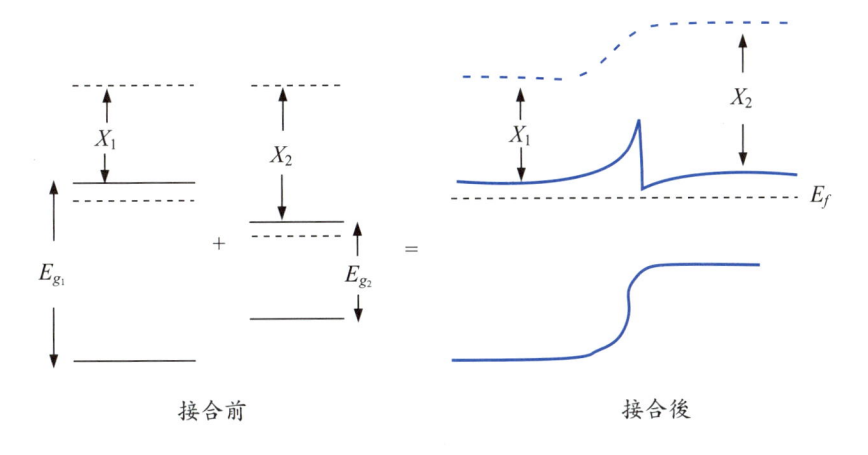

圖 2-24 兩個具有不同能隙之 n 型半導體接合後形成異質接面能隙圖

1. **真空能階**（Vacuum Level）必須連續；及
2. 平衡狀態下的費米能階必須一致。

異質接面的類型主要分為以下三種，如圖 2-25 所示[8, 10-14]：

1. **跨乘**（Straddling）：兩種半導體能隙中，其中之一的半導體能隙完全在另一半個導體的禁止能隙內，形成這樣接面的半導體材料包括 GaAs / AlGaAs。
2. **堆疊**（Staggered）：兩邊半導體的能隙僅有部分重疊，形成這樣接面的半導體材料包括 InAs / AlSb。
3. **裂隙**（Broken Gap）：兩邊半導體的能隙完全錯開沒有重疊，形成這樣接面的半導體材料包括 InAs / GaSb。

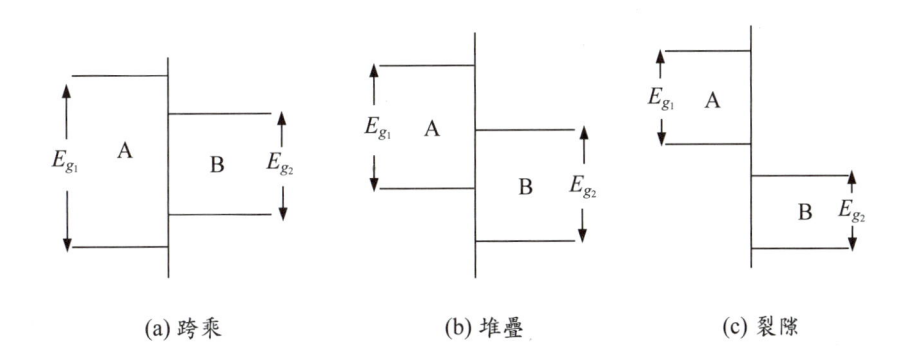

(a) 跨乘　　(b) 堆疊　　(c) 裂隙

圖 2-25 異質接面的類型

2-8　半導體中的復合過程

式（2-9）提及載子平衡時之關係，當外加一熱源或光源時，將使得超量的非平衡載子產生後。若除去熱源或切斷光源，非平衡之載子將逐漸達到平衡之載子濃度。這個衰減過程是藉由載子不斷的復合所形成。復合現象依電子／電洞結合的方式可分為：

1. **直接復合**（Direct Recombination）：即導帶電子與價帶電洞直接復合，又稱帶至帶復合；
2. **間接復合**（Indirect Recombination）：即電子和電洞藉由能隙中的復合中心進行復合，復合中心包含**深能階**（Deep Level, DL）及**缺陷**（Defect）。

復合可以發生在半導體體內，也可以發生在表面。載子復合時，一定要釋放出多餘的能量，依能量釋放的方法可分成：

1. **輻射復合**（Radiative Recombination）：復合過程中以輻射光子作為能量之釋放，常發生在直接能隙半導體材料中；
2. **非輻射復合**（Nonradiative Recombination）：復合過程中能量以產生聲子形式傳遞給晶格產生熱而釋放，常發生在間接能半導體材料中；
3. **歐傑復合**（Auger Recombination）：復合過程中將能量或動量先轉移至其他載子，得到能量之載子以熱形式回到原能量態。

參考圖 2-26，用以進一步說明各種復合機制的示意圖：

1. 輻射復合

輻射復合是光吸收的逆反應。導帶中的過剩電子躍遷回到價帶，與價帶中的過剩電洞復合消失；而兩能態間能量差的全部或大部分則以光的形式釋放出去。直接能隙半導體較間接能隙半導體更容易發生輻射復合，如圖 2-26 (a) 所示。

2. 復合中心的復合

半導體中的雜質或缺陷能在禁帶中形成特定之能階。其中，有些能階既可接受導帶電子，又可接受價帶電洞，因此，它們促進非平衡載子的復合，這類雜質和缺陷所形成之能階稱為復合中心,包括過度金屬或重金屬雜質形成之深能階,以及製程造成微結構缺陷,如晶界、差排、空位等。這種復合多為非輻射復合,如圖 2-26(b)。

3. 施體／受體復合

施體／受體復合是載子(電子或電洞)藉由施體或受體能階進行復合,如圖 2-26(c)。

4. 歐傑復合

電子和電洞復合後將能量傳給另一個載子,這種形式的復合並不伴隨發射光子。獲得能量的另一個載子再將能量以聲子的形式釋放出來,回復到原來的能量水平。以導帶電子復合時將多餘能量傳給另一個電子的情況為例,進行歐傑復合時,導帶中有兩個電子參與,價帶中有一個電洞參與,如圖 2-26(d) 所示。

5. 激子復合

價帶中之電子吸收了少於能帶能量之光子,雖脫離價帶,但未進入導帶之電子稱之為激子,因激子造成之復合稱之激子復合,如圖 2-26(e) 所示。

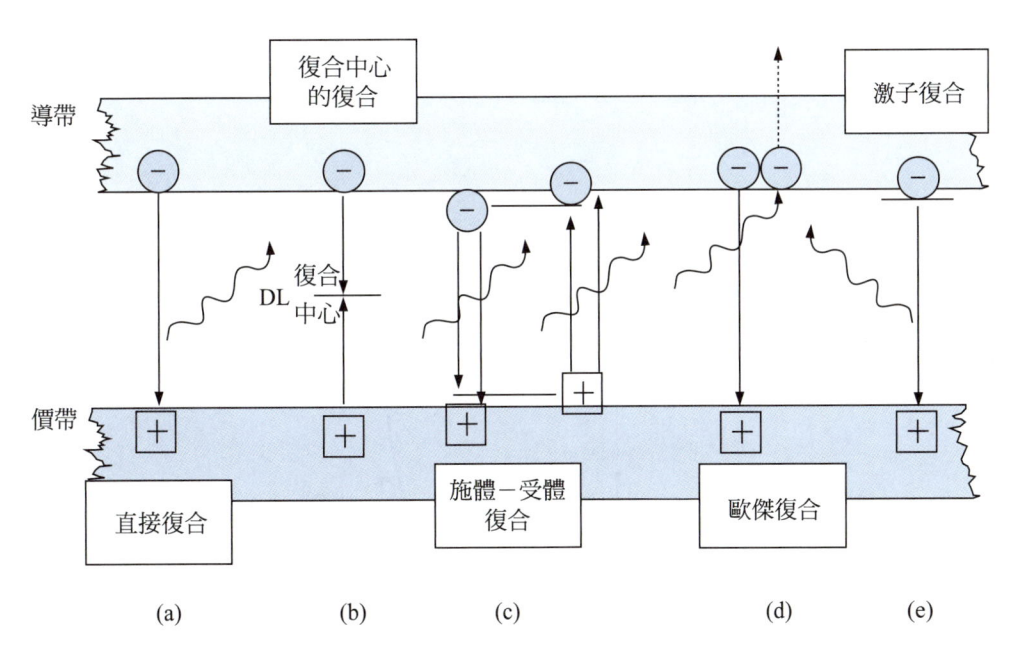

圖 2-26 各種典型的復合機制示意圖

2-9 半導體的光電性質

光電效應（Photovoltaic Effect）是在 1887 年由 Heinrich Hertzy 實驗發現，藉由轉換入射光子的能量形成輸出電壓。然而，這樣的定義並不是很精確。其中，半導體的登貝（Dember）效應（亦稱為光擴散（Photodiffusion）效應） 也能將入射光子的能量轉換為輸出電壓。但就一般而言，半導體的登貝效應並不是很顯著，若金屬接觸非良好的歐姆接觸（Ohmic Contact），則金屬－半導體形成之光電效應會超過純粹半導體的登貝效應[1, 10]。

1905 年，愛因斯坦使用光子（Photon）的概念在理論上成功的解釋光電效應。光電效應是描述光子照射到金屬表面，使金屬內的電子吸收足夠的光子能量離開金屬，形成真空中的自由電子。因此，當電子吸收足夠的光子能量至高能階時，電子與電子之間的碰撞就會提高整個金屬電子的化學勢（Chemical Potential）與溫度，形成有照光與無照光二金屬之間的電壓差[12]。

太陽能電池發電原理便是基於光電效應的原理所產生，將太陽光子與材料相互作用所產生的電位勢變換成電流輸出，形成一基本電力的供應來源[10-18]。

圖 2-27 所示為照光後與無照光後太陽能電池之電流－電壓示意圖。在太陽能電池不照光時，其就像一般 p-n 接面二極體一樣，會因內部載子濃度變化的關係而產生電流，稱之為暗電流（Dark Current）。

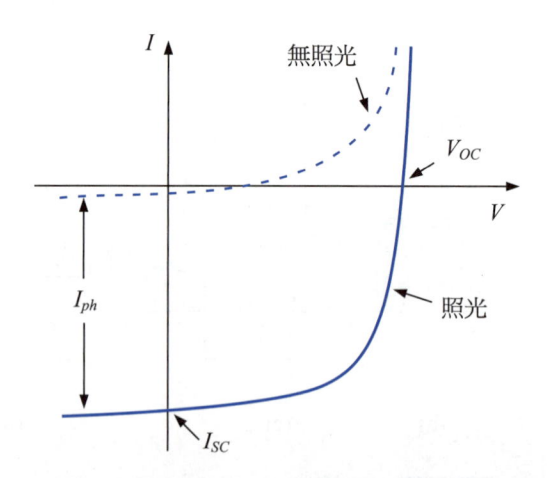

圖 2-27 為照光後與無照光後太陽能電池之電流－電壓示意圖

當適當波長的入射光照射太陽能電池時，在 p-n 接面處會產生電子－電洞對，且該電子－電洞對因內建電場的影響將產生從 n 區至 p 區的漂移電流，即稱為光電流（Photocurrent）。其中，光子在 p-n 二極體的準電中性（Quasineutral）區域，也能貢獻光電流。在準電中性區的光電流屬於擴散電流，而擴散電流則是由少數載子所決定的。因此，p-n 二極體光電效應中的光電流主要來自於三個物理機制：漂移電流、n 型與 p 型區之少數載子的擴散電流[19, 20]。其中，太陽輻射之光譜主要是以 0.3 微米（μm）之紫外光到數微米之紅外光為主，若換算成光子的能量，則約在 0.4 eV（電子伏特）到 4 eV 之間。如圖 2-28 [3] 所示，當光子的能量小於半導體的能隙時，光子將不被半導體吸收；當光子的能量大於半導體的能隙時，光子將被半導體吸收產生電子－電洞對，其餘的能量則以熱的形式消耗掉。因此，須仔細地選擇製作太陽能電池材料的能隙，才能有效地產生電子－電洞對。當光子入射到具有 p-n 接面的太陽能電池後，電子往 n 極輸出，電洞往 p 極輸出，因此，太陽能電池元件的運作須具有以下三個必要條件：

1. 入射光子被吸收以產生電子－電洞對；
2. 電子－電洞對在復合前被分開；及
3. 分開的電子和電洞分別傳輸至外部電路。

由此可知，步驟 3 所輸出之電子／電洞必須是未被復合的電子／電洞。為提高太陽能電池之輸出電流，減少各種狀況的復合現象是非常重要的。

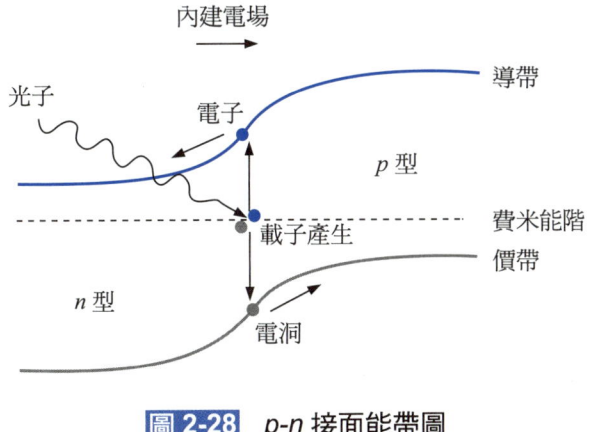

圖 2-28　p-n 接面能帶圖

2-10 結　語

　　發展更高效率的太陽能電池元件有賴於對光電的產生、復合、傳導過程與機制有充分的了解，才能從材料特性及元件結構著手，根本地提升太陽能電池之光電轉換效率。因此，希望透過本章之介紹能讓讀者對太陽能電池的相關半導體物理及工作原理知識有基本的了解與認識。

專有名詞

1. **光電效應**（Photovoltaic Effect）：當外來的光能量照射於 n 型半導體以及 p 型半導體接合處之空乏區內，經由激發而產生光衍生性的電子-電洞對，這些電子電洞對將因內部的電場效應，促使電荷向兩端移動，當外加電路連接於兩端時，即可利用到電池內所衍生的電力。這種光能轉換成電能的現象，稱之為「光電效應」。

2. **歐姆接觸**（Ohmic Contact）：在金屬與半導體之間，可以產生雙向傳輸特性的低電阻金屬與半導體接觸。

3. **單晶矽**（Single Crystal Si）：倘若矽材料的結晶體，是由單一個晶粒所組成的結晶性材料，而且有規則性以及週期性的排列，具有單一個結晶方向的結晶性材料，稱之為單晶矽。

4. **多晶矽**（Polycrystal Si）：倘若矽材料的結晶體，是由兩個或兩個以上晶粒所組成的結晶性材料，稱之為多晶矽。

5. **非晶矽**（Amorphous Silicon）：矽的原子排列沒有規則或僅具有極短程（< 2 nm）規則性，稱之為非晶矽。

6. **摻雜**（Doping）：將特定的原子加入半導體的結構中，以使其電性產生變化的一種製程技術。

7. **蕭特基能障**（Schottky Barrier）：在金屬與半導體接面處，由金屬傳輸至半導體所形成的電位能障壁，稱之為蕭特基能障。

8. **光電流**（Photocurrent）：因為光波的照射而衍生出來的電流，此一電流稱之為光電流。

9. **空乏區**（Depletion Region）：在接面附近，由於電荷密度分佈的不均勻，而產生內部的電場效應，並驅使電子及電洞移動至 n 型及 p 型半導體，進而促使接面附近沒有電子及電洞，此區域即為空乏區或**空間電荷區**（Space

Charge Region）。

10. **載子**（Carrier）：載有電荷的粒子，意指電子或電洞。就半導體而言，**電子**（Electron）是導電帶中的電子態，其行為模式於電場中，就如同負電荷載子。**電洞**（Hole）是價電帶中的電子態，其行為模式於電場中，就如同正電荷載子。

11. **電荷載子復合**（Charge Carrier Recombination）：當電子轉移至價帶的空缺位置，使得電子－電洞對消失的一種現象。

12. **費米能階**（Fermi Level）：就材料而言，在絕對零度時，價電帶最高填滿電子能態的能量，稱之為費米能階。

13. **自由電子**（Free Electron）：電子激發至高於費米能階，並進入導電帶能態，而可以參與導電效應。

14. **本質半導體**（Intrinsic Semiconductor）：當半導體中的雜質遠小於由熱產生的電子電洞時，此種半導體稱為本質半導體。此類型半導體的物性（電傳導率）是取決於溫度以及其能隙能量大小而定的，與所摻雜的物質無關。

15. **異質半導體**（Extrinsic Semiconductor）：當半導體被摻雜入雜質時，則半導體變成異質半導體，而且引入雜質能階。此類型半導體的物性是取決於所摻雜的物質而定。

16. ***p-n* 接面**（*p-n* Junction）：在 *pn* 接合型半導體元件內，*p* 型與 *n* 型區域之間所相交的介面。

17. **電子能帶**（Electron State）：在原子的電子結構之中，一組不連續性而量化的各個能量或能階，每一個電子態是由四個量子數來敘述其所在的能階位置。

18. **電子能帶**（Electron Energy Band）：一系列電子組態所構成的連續性能帶。

19. **導電帶**（Conduction Band）：它是一種不完全填滿電子的最低電子能帶，而且此一狀態下的電子是處於激發態。

20. **價電帶**（Valence Band）：含有價電子的電子能帶狀態。**價電子**（Valence Electron）則是位於電子軌域的最外層電子，並且是參與原子間鍵結的激發態電子。

本章習題

1. 說明半導體材料的簡單定義與其材料的分類。
2. 說明半導體材料的晶體結構與其電子能帶的關係。

3. 說明能帶形成的原因。
4. 說明直接能隙半導體與間接能隙半導體之差異。
5. 說明半導體材料的載子傳輸性質。
6. 說明費米能量的意義。
7. 說明半導體材料的電子濃度與費米分佈的關係。
8. 說明異質半導體的定義與形成方法。
9. 說明半導體的 p-n 接面形成的原因與空乏層的寬度。
10. 說明半導體的蕭特基接面的形成原因。
11. 說明半導體材料中的復合現象與種類。
12. 說明半導體材料中的直接復合與間接復合的差異。
13. 說明復合中心的復合現象。
14. 說明歐傑復合現象。
15. 說明半導體的光電性質，以及簡單的光生電力的原理。

參考文獻

[1] 施敏，黃調元譯《半導體元件物理與製作技術》，國立交通大學出版社。
[2] 吳孟奇、洪勝富、連振炘、龔正等人譯，《半導體元件》，東華書局。
[3] 林明獻，《太陽能電池技術入門》，第二章，全華圖書股份有限公司。
[4] 黃惠良、曾百享主編，《太陽電池》，第二章，五南圖書出版股份有限公司。
[5] 楊德仁，《太陽能電池材料》，第二章，五南圖書出版股份有限公司。
[6] 張正華、李陵嵐、葉楚平、楊平華，《有機與塑膠太陽能電池》，第二章，五南圖書出版股份有限公司。
[7] 顧鴻濤，《太陽能電池元件導論》，第二章，全威圖書有限公司。
[8] 楊賜麟譯，《半導體物理及元件》，第四、七章，滄海書局。
[9] S. M. Sze, *Physics of Semiconductor Devices*, 2nd Edition, John Wiley & Sons, New York, NY (1981).
[10] A. Luque and S. Hegedus, *Handbook of Photovoltaic Science and Engineering*, John Wiley & Sons, England (2003).
[11] A. S. Grove, *Physics and Technology of Semiconductor Devices*, Wiley, New York (1967).
[12] J. Pankove, *Optical Processes in Semiconductors*, Dover Publications, New York

(1971).

[13] A. Goetzberger, J. Knobloch, and B. Vob, *Crystalline Silicon Solar Cells*, John Wiley & Sons, England (1998).

[14] T. Markvart, and L. Castafier, *Practical Handbook of Photovoltaics: Fundamentals and Applications*, Elsevier Science Ltd., Oxford (2003).

[15] M. Green, *Solar Cell: Operating Principles, Technology, and System Applications*, Prentice Hall, Englewood Cliffs, NJ (1982).

[16] J. Singh, *Physics of Semiconductors and Their Heterostructures*, McGraw-Hill, New York (1993).

[17] J. Singh, *Electronic and Optoelectronic Properties of Semiconductor Structures*, Cambridge, New York (2003).

[18] A. Goetzberger and V. U. Hoffmann, *Photovoltaic Solar Energy Generation*, Springer, Berlin (2005).

[19] S. Chandra, S. L. Singh and N. Khare, "A Theoretical model of a photoelectrochemical solar cell", *J. Appl. Phys.*, 59, 1570 (1986).

[20] S. N. Mohammed and S. T. H. Abidi, "Theory of saturation photocurrent and photovoltage in p-n junction solar cells", *J. Appl. Phys.*, 61, 4909 (1987).

第 3 章

太陽能電池的基本原理、損失與測定

- 3-1 章節重點與學習目標
- 3-2 太陽能電池的基本原理
- 3-3 太陽能電池的效率損失
- 3-4 太陽能電池的電性參數
- 3-5 太陽能電池的等效電路
- 3-6 太陽能電池的測定環境
- 3-7 結　語

3-1 章節重點與學習目標

基本上，太陽能電池是一種利用吸收太陽光能轉換電能的光電半導體元件。了解各種太陽能電池之前，我們應該先知道太陽能電池基本的發電原理，以及為何目前太陽能電池轉換效率不高的原因，藉此提出改善效率之方法。此外，了解太陽能電池的轉換效率圖以及等效電路中的各種電性參數，亦有助於提出改善效率之方法。最後將說明太陽能電池的測試環境與光源。讀完本章，讀者應能了解並說明：

1. 太陽能電池基本的發電原理；
2. 太陽能電池效率的損失原因；
3. 提升太陽能電池轉換效率的方法；
4. 包含串聯電阻與並聯電阻的太陽能電池等效電路圖之各參數的意義；
5. 串聯電阻與並聯電阻的物理來源，以及其對太陽能電池轉換效率的影響；及
6. 檢測太陽能電池的環境以及光源的要求。

3-2 太陽能電池的基本原理

3-2-1 太陽光譜的基本特性

基本上，太陽輻射光就是電磁波的一種。圖 3-1 說明太陽輻射光譜主要能量之波長由深紫外光（約 200 nm）到遠紅外光（約 2500 nm）。在太陽輻射光譜中，長波長之太陽能光波是由於太陽黑點活動所照成的，其絕對溫度約 6000 K，而地表是以接近於 5700 K 溫度之黑體輻射光譜來表示。以太陽能表面所釋放出來的能量來說，換算成電力大約為 3.8×10^{23} KW 左右 [1-5]。

太陽輻射能量在太空經過 1 億 5000 萬公里距離傳送到達地球之大氣圈時，其輻射密度約為 $1.4\ \text{KW/m}^2$，這就是所謂的 **太陽常數**（Solar Constant）。該數值係使用外太空人造衛星所測得之實際值。然而，實際上抵達到地球表面上的太陽光線，隨著照射面的緯度、環境位置、時間、氣象狀況與季節的不同而改變。

空氣質量（Air Mass, AM）係指通過大氣圈之空氣質量。如圖 3-2 所示，

圖 3-1　太陽光譜圖

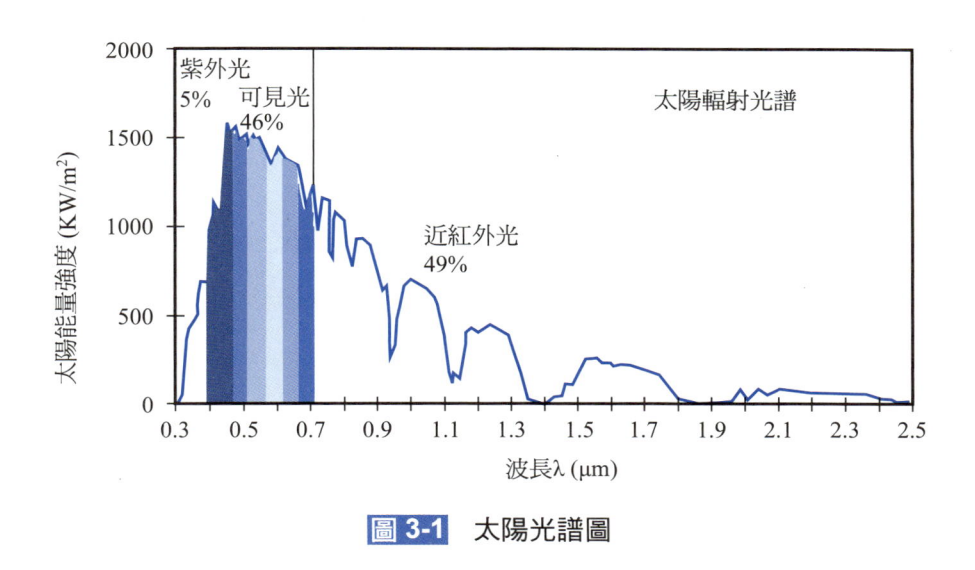

其單位是以大氣圈外光線沒有透過空氣質量作為 AM 0；而天頂垂直入射之透過空氣量為基準的 AM 1。定義空氣質量數值如式（3-1）：

$$\text{空氣質量（AM）數值} = 1/\cos\theta \tag{3-1}$$

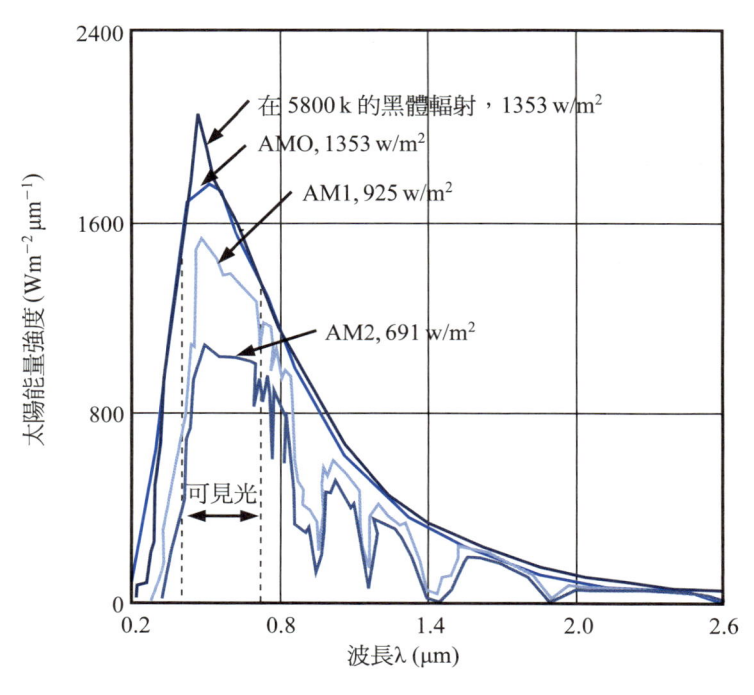

圖 3-2　不同條件下之空氣質量圖

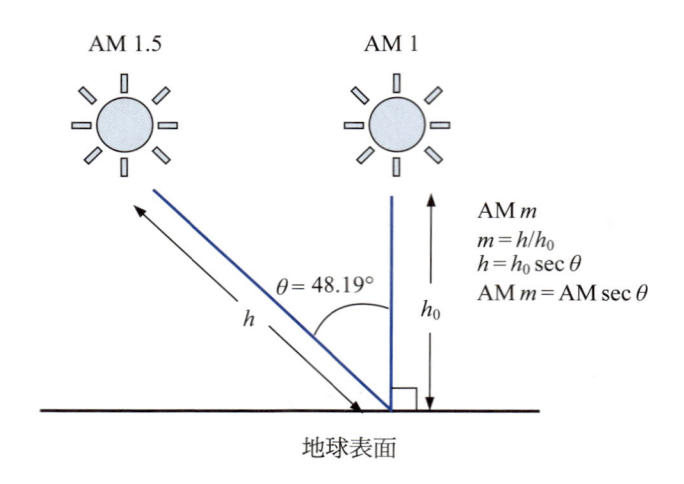

圖 3-3 AM 數值之示意圖，以 AM 1.5 的入射角為例

其中 θ 為太陽光照射到地球的方向與太陽光以垂直方向照射到地球的角度。舉例來說，當太陽光實際照射到地球的方向與垂直方向之夾角約為 48.19 度時，$\cos \theta = \cos \theta = \frac{2}{3}$。空氣質量為 AM 1.5，此時太陽光實際照射到地球的距離和太陽光以垂直角度照射到地球的距離兩者之間的比值也達 1.5。經由太陽光直接照射，與太陽能透過雲層而產生散射兩個部分的相加，作為在地球上測試太陽能電池所應用的光譜條件。

3-2-2 太陽能電池產生電力的基本原理

圖 3-4 為一太陽能電池之基本構造與其對應之發電原理。基本上，太陽能電池是一個具有 p 型及 n 型兩半導體相結合之 p-n 二極體。在第二章已提及，加入 III 族元素（如硼元素）可形成 p 型半導體，加入 V 族元素（如磷元素或砷元素）可形成 n 型半導體。將 p 型及 n 型兩半導體相結合後，形成一 p-n 接面。在這個具有 p-n 接面之半導體元件內，利用兩個內含不同載子性質物質之接面所產生的內建電位（Built in Potential）形成電場，在空乏區之電場方向由 n 區指向 p 區。

太陽能電池的發電原理簡述如下：

1. 當太陽光照射在太陽能電池時，太陽光能透過 p 型半導體及 n 型半導體產生自由電子（負極）及電洞（正極）；
2. 由於沒有外加電源，因此所產生之自由電子及電洞受到有 p-n 接面上之

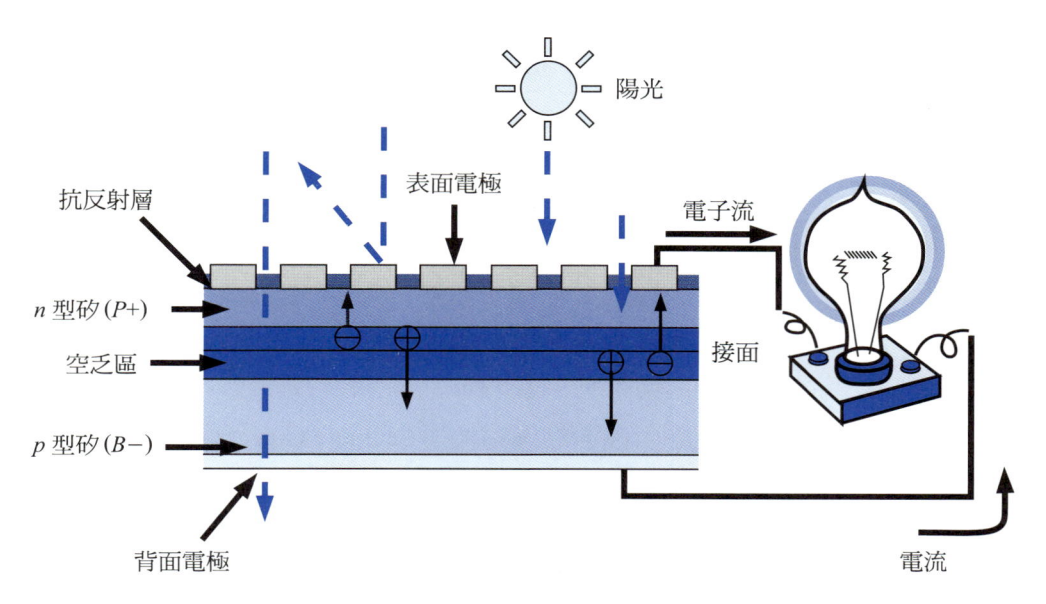

圖 3-4　太陽能電池發電原理，以矽基晶片型太陽能電池為例。
其中空乏區的內建電場方向是由 n 區指向 p 區。

內建電場影響而分離並移動，其中自由電子移向 n 區之電極，而電洞移向 p 區之電極；及

3. 移向 n 區電極之自由電子流向負載（燈泡）而形成電子流，移向 p 區電極之電洞流向負載（燈泡）而形成電流。

由於太陽能電池基本上就是一個具有 p 型及 n 型兩半導體相結合之 p-n 二極體，在不照光狀況下，其理想的電壓－電流曲線如圖 3-5 所示。

$$I_D = I_0 \left[\exp\left(\frac{qV}{kT}\right) - 1 \right]$$

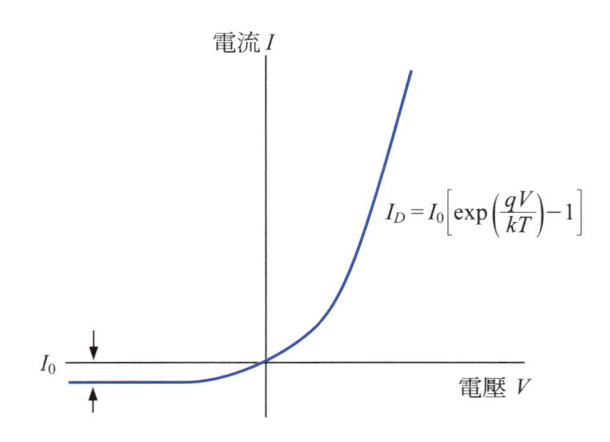

圖 3-5　在不照光時，太陽能電池的理想電壓－電流曲線

3-2-3 太陽能電池未照光之特性

太陽能電池在未照光之電流在不同偏壓條件下,可以分為以下三部分[1, 4]:

1. 因順向偏壓,電洞及電子注入另一形成主要載子的<u>注入電流</u>(Injection Current);
2. 在空乏區由電子電洞復合所產生的<u>復合電流</u>(Recombination Current);及
3. 由二極體或是電池邊緣所洩漏的<u>漏電流</u>(Leakage Current)。

理想的二極體之電壓-電流曲線電流,其 p-n 接面順向偏壓之電流 I_D 為

$$I_D = I_0 \left[\exp\left(\frac{qV}{kT}\right) - 1 \right] \quad (3\text{-}2)$$

其中 I_0 為 p-n 接面之逆向飽和電流,V 為 p-n 接面之外加偏壓,k 為波茲曼常數,T 為絕對溫度。在第二章已說明,逆向飽和電流 I_0 可寫成

$$I_0 = J_s \times A = \left[\frac{qD_p p_{n0}}{L_p} + \frac{qD_n n_{p0}}{L_n} \right] \times A \quad (3\text{-}3)$$

其中 A 為 p-n 接面面積,D_p、D_n 為電洞與電子之擴散係數,p_{n0}、n_{p0} 分別為在 n 區與 p 區的少數載子濃度,L_p、L_n 為電洞與電子之擴散長度。考慮到電洞與電子之<u>生命週期</u>(Lifetime)τ_p 與 τ_n 時,擴散長度可寫成下列兩式

$$L_n = \sqrt{D_n \tau_n} \quad (3\text{-}4)$$

$$L_p = \sqrt{D_p \tau_p} \quad (3\text{-}5)$$

由式(3-4)與(3-5)可知,電子和電洞的擴散長度和其生命週期之平方根成正比。將(3-4)、(3-5)兩式代入式(3-3),<u>逆向飽和電流密度</u>(Reverse Saturation Current Density)J_s 可重寫成

$$J_s = \frac{I_0}{A} = qn_i^2 \left[\frac{1}{N_a} \sqrt{\frac{D_n}{\tau_{n0}}} + \frac{1}{N_d} \sqrt{\frac{D_p}{\tau_{p0}}} \right] \quad (3\text{-}6)$$

其中 n_i 為本質濃度,N_a、N_d 分別為 P 區與 N 區之摻雜濃度。在未照光時,該逆向飽和電流即是<u>暗電流</u>(Dark Current)。

第 3 章　太陽能電池的基本原理、損失與測定　81

事實上，太陽光照射在太陽能電池時，並不一定會產生電子／電洞對，而是視太陽光子的能量 E_γ（$= h\nu$，h 是普朗克常數：6.63×10^{-34} J-s，ν 是頻率）與半導體材料之能隙 E_g (eV) 之相對大小決定。如圖 3-6 所示，理想上

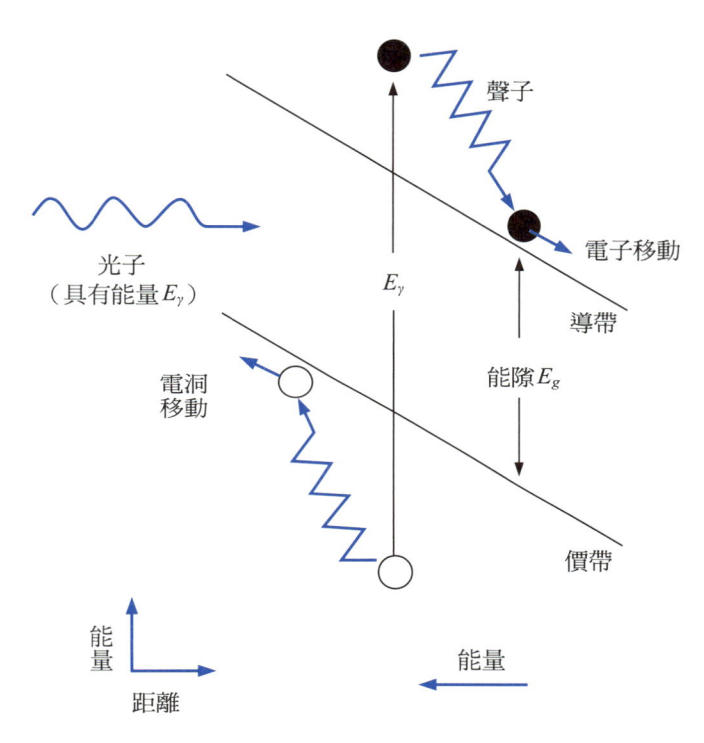

圖 3-6　光子能量與半導體材料之能隙作用

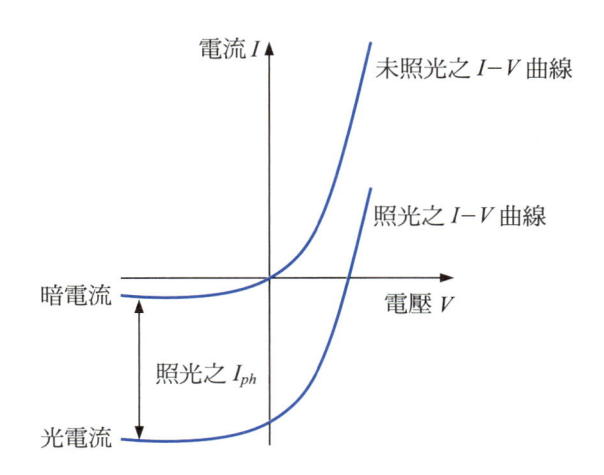

圖 3-7　照光狀況下，太陽能電池所產生光電流之電壓－電流曲線

1. 當 $E\gamma = h_v < E_g$，光子將直接穿透半導體材料而不產生電子／電洞對。
2. 當 $E_\gamma = hv \geq E_g$，半導體材料中之電子／電洞將吸收足夠之能量而分離產生。
3. 然而，比能隙多出的光子能量差（$E_\gamma - E_g$）將以**聲子**（Phonon），亦即是熱的方式釋放掉。

由於電磁波長 λ 與能量（eV）滿足 $\lambda\,(\text{nm}) = \dfrac{1240\text{ nm}}{E(\text{eV})}$ 的關係，舉例來說，典型結晶矽的能隙在 1.1 eV，換算其吸收波長約在 1100 nm（1240 nm/1.1）的光子，因此長於 1100 nm 波長的光子（紅外光部分）直接穿透半導體材料而不產生電子／電洞對。然而，波長短於 1100 nm 的光子雖然被吸收，但短波部分，如 600 nm（光子能量約 2 eV）的光子提供 1.1 eV 的能量給結晶矽材料，而將多餘的 0.9 eV 能量以熱能散失掉。該散失掉的熱能可能還會造成結晶矽材料溫度的上升而導致其能隙下降，進而影響到轉換效率。

3-2-4　太陽能電池照光之特性

前面提及，在 p-n 接面上，即使接面為零偏壓時，其接面處仍有一空乏區，存有內建電位及電場。參考圖 3-6，在吸收光子能量（$E_\gamma = h_v \geq E_g$）時，電子由價帶躍遷到導帶而產生一電子／電洞對。電子／電洞受到電場之牽引，電洞往電場方向移動至 p 區的電極，電子則朝電場反方向移動至 n 區的電極，並產生**光電流**（Photo Current）I_{ph} [3]。

半導體吸收能量 $E = hv$ 後，電子－電洞對**生成比率** $g(x)$（Generation Rate）為

$$g(x) = \frac{\alpha I_V(x)}{hv} \qquad (3\text{-}7)$$

其單位為 1/cm³-sec，即每秒在每一立方公分單位體積中所產生之電子／電洞對數。其中 α 為半導體**光吸收係數**（Optical Absorption Coefficient），$I_V(x)$ 為每秒在每一立方公分單位面積所吸收之能量，$I_V(x)/hv$ 表示**光子通量**（Intensity）。式（3-7）說明光吸收係數愈大，電子－電洞對生成比率愈高。

假設位在 n 型區域每秒所產生的電洞數量之擴散長度為 L_p，則 n 型區域內所產生之光電流為

$$I_{\text{ph}} = qAL_p\,g(x) \qquad (3\text{-}8)$$

A 為 p-n 接面之面積。同理，位於 p 型區中之電子及空乏區 W 中之載子所造成之光電流為

$$I_{ph} = qAL_n\, g(x) \qquad (3\text{-}9)$$
$$I_{ph} = qAW\, g(x) \qquad (3\text{-}10)$$

由式（3-8）、（3-9）與（3-10）可知，接收到光子之 p-n 接面所產生之總光電流為

$$I_{ph} = qA\, g(x)\, (L_p + L_n + W) \qquad (3\text{-}11)$$

太陽能電池是一個具有 p 型及 n 型兩半導體相結合之 p-n 二極體。在照光狀況下，太陽能電池產生了一個逆向的大光電流 I_{ph}，其電壓－電流曲線如圖 3-7 所示。而該逆向的光電流 I_{ph} 通過外部負載形成一個偏壓，而該偏壓對太陽能電池產生順向偏壓，因此其電壓－電流曲線類似未照光的電壓－電流曲線。

3-3 太陽能電池的效率損失

表 3-1 大致說明了目前典型的太陽能電池之理論限制效率，研究階段的實驗效率值與商業量產的模組效率值 [3]。如表中所示，目前的實驗級效率到理論效率都仍有改善的空間。要知道如何提升太陽能電池的轉換效率，應先了解太陽能電池的效率為何有一定的限制，方能盡量減少太陽能的損失。

圖 3-8 大致說明了太陽能電池效率的損失來源。假設入射到太陽能電池的光有 100%，該損失來源可分為五點 [3, 4]：

表 3-1 典型太陽能材料之轉換效率

太陽能材料	理論限制效率	轉換效率 實驗級	商業級
單晶矽	28%	17%	14~17%
多晶矽	20%	14%	11~18%
非晶矽	15%	7~10%	5~7%
III-V 族（GaAs、InP 等）	35%	25~35%	22%
II-VI 族（CdS、CdTe 等）	17~18%	15.8%	10~12%

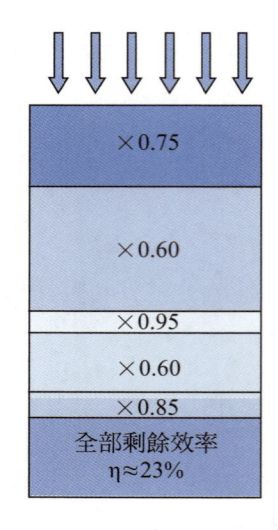

```
                    ↓ ↓ ↓ ↓ ↓ ↓ ↓   100% 入射光
        ┌─────────────────┐
        │     ×0.75       │   不足光子能量
        │                 │   （光子能量＜半導體能隙）
        ├─────────────────┤
        │                 │   過度光子能量
        │     ×0.60       │   接近表面之電子－電洞對重組
        │                 │   （光子能量＞半導體能隙）
        ├─────────────────┤
        │     ×0.95       │   吸收光子效率
        ├─────────────────┤                （0.6 半導體能隙）
        │     ×0.60       │   開路電壓≈ ─────────────────
        ├─────────────────┤                （電子量×普朗克常數）
        │     ×0.85       │   填充因子≈0.85
        ├─────────────────┤
        │  全部剩餘效率    │
        │     η≈23%       │
        └─────────────────┘
```

圖 3-8 太陽能電池效率損失的來源

1. **不足光子能量之損失**：當光子能量 $E_\gamma = h\nu$ 小於半導體之能隙 E_g，此時的光子將直接穿透半導體材料不被吸收而不產生電子／電洞對，該部分光的能量約降低了 26%。

2. **過度光子能量之損失**：當光子能量 $E_\gamma = h\nu$ 大於等於半導體之能隙 E_g，此時的光子將被半導體材料吸收，然而光子多過半導體之能隙的能量（$E_\gamma - E_g$）將以熱釋放出來，該部分光的能量約降低了 40%。

3. **吸收效率與反射之損失**：並非所有的半導體材料對光都有相同的吸收能力，參考圖 3-9，其為典型的光電半導體材料之光吸收係數。光吸收係數較大之半導體材料能以較薄的厚度所吸收到的光子量與光吸收係數較小之半導體材料能以較厚的厚度所吸收到的光子量相同。入射的光子雖屬於有效光，但卻因表面反射造成**反射損失**（Reflection Loss）。表面反射係由於：
   (1) 所在電極面積的直接反射；及
   (2) 因半導體材料與空氣折射率不同造成之反射。
   該部分光的能量約降低了 5% 至 7%。

4. **開路電壓之損失**：因光線所生成之載子，在 p-n 接面中受到空間電荷區的電場而移動，使得電荷兩極化，並產生電壓。在 p-n 接面接合中，由摻雜不純物濃度所限定之擴散電位所釋放電力無法被取出，這個損失稱電壓因子損失，約降低了 40%。

5. **填充因子之損失**：該部分之損失包含：
   (1) 由光生成的之電子－電洞對，在太陽能電池表面或背面電極之邊界的懸鍵所造成**表面復合損失**（Surface Recombination Loss）；及
   (2) 在太陽能電池材料內部缺陷之**電子電洞對復合損失**（Bulk Recombination Loss）；及
   (3) 太陽能電池供給電力給外部負載時，當電流流過半導體、材料接合面或電極之電阻所產生之焦耳熱之**串聯電阻損失**（Series Resistance Loss）。該部分的能量約降低了 15%。

對不同半導體材料與結構之太陽能電池，上述的五項損失比例不完全相同，但是其趨勢是大致相同的。將以上五項的損失去除，每個階段的光子能量相乘便可以知道一個典型太陽能電池的**理論限制效率**（Theoretical Efficiency Limit）。

藉由理解太陽能電池效率的損失機制，減少這些損失機制來提高轉換效率便是太陽能電池技術之研發重點。由圖 3-8 可得知 [4]，造成目前太陽能電池轉換效率不高的主要原因在於「不足光子能量」與「過度光子能量」之損失，兩者將太陽能電池的理論限制效率限制到 40% 左右。以下簡單說明降低各損失機制的改善方法：

1. **要降低不足光子能量損失**：需採用低能隙的光電半導體材料，舉例來說，典型結晶矽的能隙在 1.1 eV，因此僅能吸收短於 1100 nm 波長的光子。

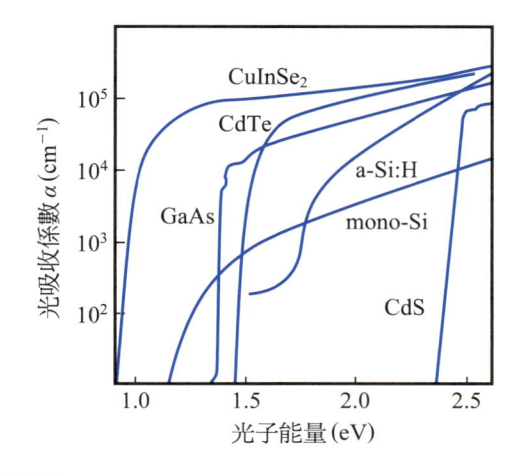

圖 3-9 典型的光電半導體材料之光吸收係數

2. **要降低過度光子能量損失**：需採用高能隙的光電半導體材料。綜合前兩點，採用多能隙半導體材料的組合可以有效提高不同能量光子的使用率。例如採用非晶矽（1.8 eV）與結晶矽（1.1 eV）的堆疊組合，可分段吸收更多的光子。

3. **要降低吸收效率與反射損失**：
   (1) 可盡量使用高光吸收係數之半導體材料；
   (2) 減少金屬電極面積，藉由透明導電電極來取代部分金屬電極面積；
   (3) 增加材料的表面粗糙結構與使用抗反射層材料來減低表面反射所造成的反射損失。

4. **要降低開路電壓損失**：調整摻雜不純物的濃度與原材料之費米能階位置。

5. **要降低填充因子損失**：
   (1) 在太陽能電池表面或背面電極之邊界使用表面披覆層（Passivation Layer）來減少懸鍵；
   (2) 使用高純度（低雜質）之太陽能電池材料與較佳之製程條件來減少元件內部之體復合；以及
   (3) 使用良好導體作為電極並作電極較佳化製程設計以減低串聯電阻。

量子效率

對許多光電轉換元件（如發光二極體或太陽能電池）而言，量子效率（Quantum Efficiency）係用於衡量電子／電洞能量轉換為光子或光子能量轉換成電子／電洞的效率。量子效率可分為外部量子效率（External Quantum Efficiency, EQE）及內部量子效率（Internal Quantum Efficiency, IQE）[6]。

1. **外部量子效率**：在一給定波長光線照射下，元件所能收集並輸出光電流的最大電子數目跟入射光子數目的比值，如式（3-12）所示。該式是波長函數對應到光子的損耗及載子復合損失的效應。

$$\text{EQE}(\lambda) = \frac{\text{最大可收集的電子數目}}{\text{給定波長之入射光子數目}}$$
$$= \frac{\text{最大可產生的光電流}／\text{電子電荷}}{\text{給定波長入射光子功率}／\text{光子能量}}$$
$$= \frac{I_{\text{sc}}(\lambda)/q}{p_{\text{inc}}(\lambda)/E_{\text{ph}}(\lambda)} \quad (3\text{-}12)$$

2. 內部量子效率定義為：在一給定波長光線照射下，元件所能收集並輸出光電流的最大電子數目跟所吸收光子數目的比值，如式（3-13）所示。該式反應出載子復合損失的效應。

$$\text{IQE}(\lambda) = \frac{\text{最大可收集的電子數目}}{\text{給定波長之吸收光子數目}}$$

$$= \frac{\text{最大可產生的光電流／電子電荷}}{\text{給定波長吸收率} \times \text{給定波長入射光子功率／光子能量}}$$

$$= \frac{I_{\text{sc}}(\lambda)/q}{\text{Abs}(\lambda)P_{\text{inc}}(\lambda)/E_{\text{ph}}(\lambda)} = \frac{\text{EQE}(\lambda)}{1-R(\lambda)-T(\lambda)} \quad （3\text{-}13）$$

其中，$\text{Abs}(\lambda)$、$R(\lambda)$、$T(\lambda)$ 分別為給定波長吸收率、反射率及穿透率。

由本節之說明了解到，影響太陽能電池轉換效率之主因在於光吸收層之半導體材料之選擇。因為半導體材料之吸收光譜特性與能隙大小皆不相同，在選擇半導體材料時，其轉換效率之最高理論值便已經大致決定，而未最佳化之製程與結構設計又更進一步降低了元件之轉換效率。

3-4 太陽能電池的電性參數

第 3-2-4 節提到，由於太陽能電池基本上就是一個具有 p 型及 n 型兩半導體相結合之 p-n 二極體。在照光狀況下，太陽能電池產生了一個逆向的大光電流 I_{ph} 如圖 3-7 所示。圖 3-10 說明太陽能電池在未照光與照光下之電壓－電流特性，及其對應的電性參數[2]。

3-4-1 短路電流

在未加外加偏壓時，光電流是在 p-n 接面之逆向偏壓方向，而太陽能電池之淨電流亦是指在逆向偏壓方向。在未加負載時，亦即負載電阻為零，太陽能電池處於短路情形，這種情形下之電流 I 稱為**短路電流**（Short Circuit Current, I_{sc}），即

$$I = I_{\text{sc}} = I_{\text{ph}} \quad （3\text{-}14）$$

I_{sc} 即為短路光電流，另一種常見的寫法是將 I_{sc} 除以當時元件之面積得到之短路光電流密度 J_{sc}，以去除面積的因素。

3-4-2 開路電壓

在加上負載後，亦即負載電阻不為零，電流對負載元件施加一電壓，該電壓同時對太陽能電池產生一順向偏壓作用，此時空間電荷區之電場強度會下降，但不會為零或是改變方向。此時，電池輸出電流 I 等於光電流 I_{ph} 減去電池順偏電流 I_D，亦即

$$I = I_{ph} - I_D$$

當負載電阻為無限大，其淨電流為零時，所產生的電壓即為**開路電壓**（Open Circuit Voltage, V_{oc}），即為

$$I = 0 = I_{sc} - I_0 \left[\exp\left(\frac{eV_{oc}}{kT}\right) - 1 \right] \tag{3-15}$$

其中 I_0 為 p-n 接面之逆向飽和電流，k 為波茲曼常數，T 為絕對溫度。

由式（3-15），開路電壓 V_{oc} 可表示成：

$$V_{oc} = \frac{kT}{q} \ln\left\{\frac{I_{ph}}{I_0} + 1\right\} \tag{3-16}$$

由式（3-16）可以理解，一個好的太陽能電池的光吸收層需具備很好的光／暗電流比值（I_{ph}/I_0）以得到其應有之開路電壓。當光吸收層材料有許多缺陷或雜質，常會造成其光／暗電流比值降低而無法得到適當的開路電壓值。

3-4-3 填充因子與轉換效率

參考圖 3-10，最大功率點 P_{max} 定義為最大電壓輸出點（V_{max}）與最大電流輸出點（I_{max}）之乘積。兩點所圍成之面積為

$$P_{max} = V_{max} \times I_{max} = V_{max} \times \left\{ I_{sc} - I_0 \left[\exp\left(\frac{eV}{kT}\right) - 1 \right] \right\} \tag{3-17}$$

要找到最大功率點 P_{max}，可以電壓 V_{max} 為變數，將式（3-17）微分得到：

$$\frac{dP}{dV} = 0 = I_{sc} - I_0 \left[\exp\left(\frac{eV_{max}}{kT}\right) - 1 \right] - I_0 V_{max} \left(\frac{e}{kT}\right) \exp\left(\frac{eV_{max}}{kT}\right) \tag{3-18}$$

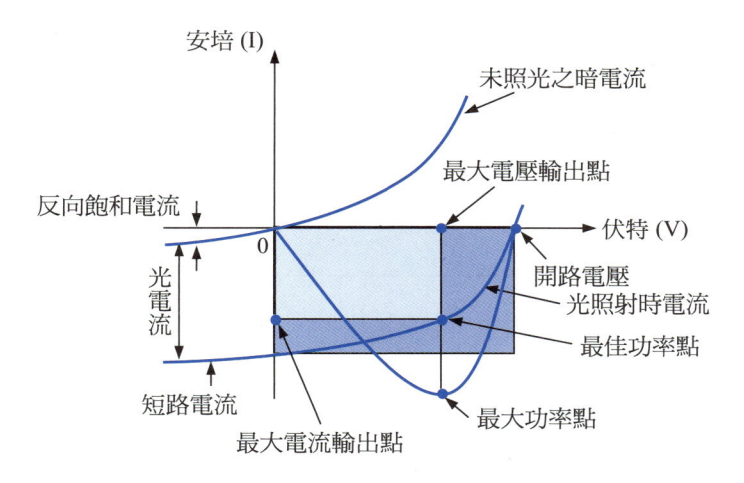

圖 3-10　太陽能電池在未照光與照光下之電壓－電流特性與其對應的電性參數

令式（3-17）$\dfrac{dP}{dV}$ 之值為零，可以得到最大輸出電流 I_{max} 為

$$I_{max} = \dfrac{(I_{sc} + I_0)\left(\dfrac{eV_{max}}{kT}\right)}{1 + \left(\dfrac{eV_{max}}{kT}\right)} \qquad (3\text{-}19)$$

且最大電壓為

$$V_{max} = \left(1 + \dfrac{eV_{max}}{kT}\right) \exp\left(\dfrac{eV_{max}}{kT}\right) \qquad (3\text{-}20)$$

在得到最大電壓輸出點（V_{max}）與最大電流輸出點（I_{max}）後，可以定義一個新的參數：**填充因子**（Fill Factor, FF），該參數用以表示最大功率點 P_{max} 與 $V_{oc} I_{sc}$ 的比值。

$$FF = \dfrac{P_{max}}{V_{oc} \times I_{sc}} = \dfrac{V_{max} \cdot I_{max}}{V_{oc} \cdot I_{sc}} \qquad (3\text{-}21)$$

填充因子 FF 的數值會隨著不同的太陽能電池種類而有不同，但一般約落在 0.5～0.85 之間。這個參數的意義說明：當太陽能電池的電壓－電流曲線愈接近理想的二極體時，亦即電壓－電流曲線愈接近直角時，FF 的比值愈高。

求得最大負荷點 P_{max}、V_{oc}、I_{sc} 及 FF 就可得到太陽能電池之**能源轉換效率** η_e（Energy Conversion Efficiency）。按照國際電力規格委員會對於地面上採用之太陽能電池效率，以 η_e 表示，其定義範圍為太陽輻射之空氣質量在 AM

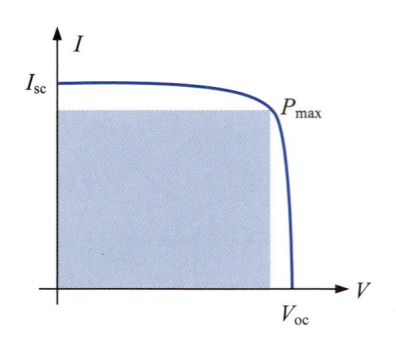

圖 3-11 太陽能電池量測時顯示之電壓－電流特性

1.5 及 25℃ 時，此時入射光強度 P_in 為 100 mW/cm²，改變負荷條件所得之最大輸出功率之比值：

$$\eta_e = \frac{V_\text{max} \cdot I_\text{max}}{P_\text{in}} \times 100\% = \frac{V_\text{oc} \cdot J_\text{sc} \cdot \text{FF}}{100\left(\frac{\text{mW}}{\text{cm}^2}\right)} \times 100\% \quad (3\text{-}22)$$

以式（3-22）來看，要提高太陽能電池效率就是設法提高太陽能電池的開路電壓 V_oc、短路電流 I_sc 及填充因子 FF 的數值。而 V_oc、I_sc 及 FF 值反應出太陽能電池的半導體材料、電池結構與製程是否最佳化。

雖然實際的太陽能電池之電壓－電流特性在第四象限，但為了方便觀看，於量測時，太陽能電池之電壓－電流特性會反轉在第一象限，如圖 3-11 所示。

3-5　太陽能電池的等效電路

在作電子電路的設計時，元件的**模型**（Model）之建立是非常重要的。太陽能電池作為一個光電轉換元件，並輸出功率於負載上，所以必須考量其等效電路。該模型可以事先模擬在不同操作狀況下太陽能電池的輸出特性。

3-5-1　理想太陽能電池的等效電路

理想 p-n 接面太陽能電池的等效電路如圖 3-12 所示[3]。在該電路中，太陽能電池以一理想 p-n 接面的二極體來表示，這個二極體的電壓－電流操作特性如式（3-2）所表示。由於只要光照射太陽能電池，該電池就會源源不絕地產生電流，因此，照光產生的電流以一個電流源 I_ph 來表示，該電流源之輸出並非定值，而是受到照光條件與元件特性影響。外部不論接上多少負載，

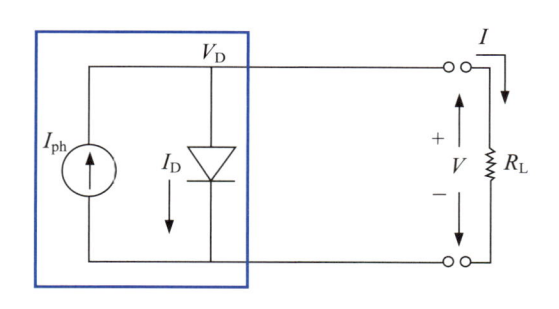

圖 3-12 理想 p-n 接面太陽能電池的等效電路圖

都以 R_L 表示。當外部接上負載時，該電路形成一電流迴路。在太陽照射之下，太陽能電池所產生的電流為外加負載提供電流，其中 I_{ph} 為太陽光照射產生之電流，I_D 為 p-n 接面太陽能電池之正向注入電流，V_D 為偏壓在太陽能電池上之電壓，而 V 與 I 分別為作用在負載之電壓與電流。

3-5-2　考量的串聯電阻及並聯電阻的等效電路

實際的太陽電池內尚有**串聯電阻**（Series Resistance）R_s 及**並聯電阻**（Shunt Resistance）R_{sh} 的效應必須考慮[8]。

串聯電阻（R_s）

參考圖 3-13，串聯電阻（R_s）的組成包含：

$R_1 + R_3$：金屬與半導體的接觸電阻；
R_2：半導體層電阻；及
$R_4 + R_5$：正面輸出到外部用的導電電極電阻。

因此，要降低串聯電阻，即是設法降低每一個串聯電阻的組成成分。例如，

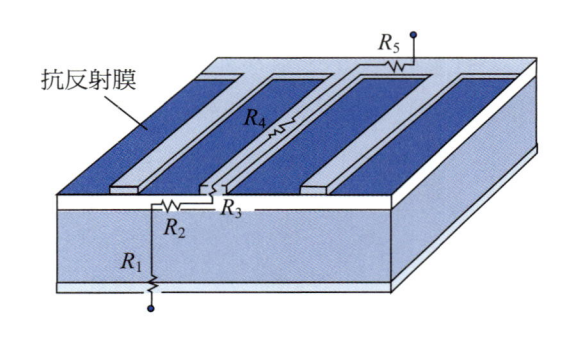

圖 3-13 太陽能電池結構中產生串聯電阻的來源

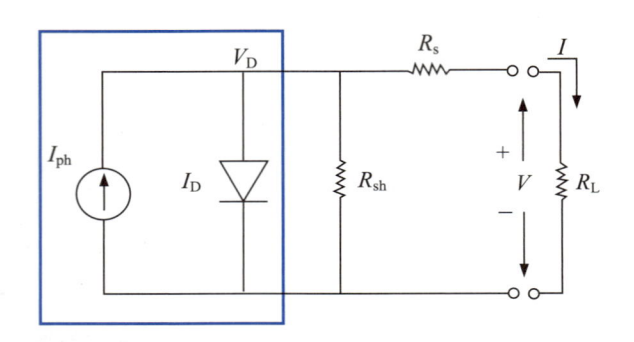

圖 3-14 考量元件其他影響的太陽能電池的等效電路圖

採用高導電率的金屬導體材料可以有效地降低 R_4 與 R_5 值。通常，金屬導體材料係藉由印刷或鍍膜的方式製作於元件表面，因此製程的條件也會影響到金屬導體材料的導電度。例如燒結溫度為最佳化時，在金屬導體材料漿料未被完全去除，則會增加導體電極的整體電阻率。一般而言，一個可用的太陽能電池串聯電阻約在 0.5 Ω 左右。

並聯電阻（R_{sh}）

並聯電阻的主要來源是太陽能電池所使用的半導體材料與其組成結構所形成，包含太陽能電池的 *p-n* 接面處、太陽能電池的邊緣與表面缺陷、摻雜不純物的濃度以及材料的缺陷等造成的載子復合或捕捉等，如第 2-8 節所述。

故實際太陽能電池的等效電路如圖 3-14 所示，其輸出的電流 I 表示為：

$$I = I_{ph} - I_D - \frac{V+IR_s}{R_{sh}}$$

$$= I_{ph} - I_0 \left\{ \exp\left[\frac{q(V+IR_s)}{nKT}\right] - 1 \right\} - \frac{V+IR_s}{R_{sh}} \quad （n \text{ 通常為 } 1） \quad \text{（3-23）}$$

串聯電阻 R_s 與並聯電阻 R_{sh} 對太陽能電池的電壓－電流曲線會產生影響，如圖 3-15 所示。當串聯電阻值愈接近於零或並聯電阻值愈接近無限大時，則太陽能電池的電壓－電流曲線愈接近理想二極體的電壓－電流曲線，亦即 FF 值愈接近 100%。接下來兩小節說明串聯電阻值對短路電流的影響，以及並聯電阻值對開路電壓的影響。

◉ 3-5-3 串聯電阻（R_s）對電性之影響

假設並聯電阻 R_{sh} 大到可以忽略，僅考慮串聯電阻 R_s，如圖 3-16 所示。

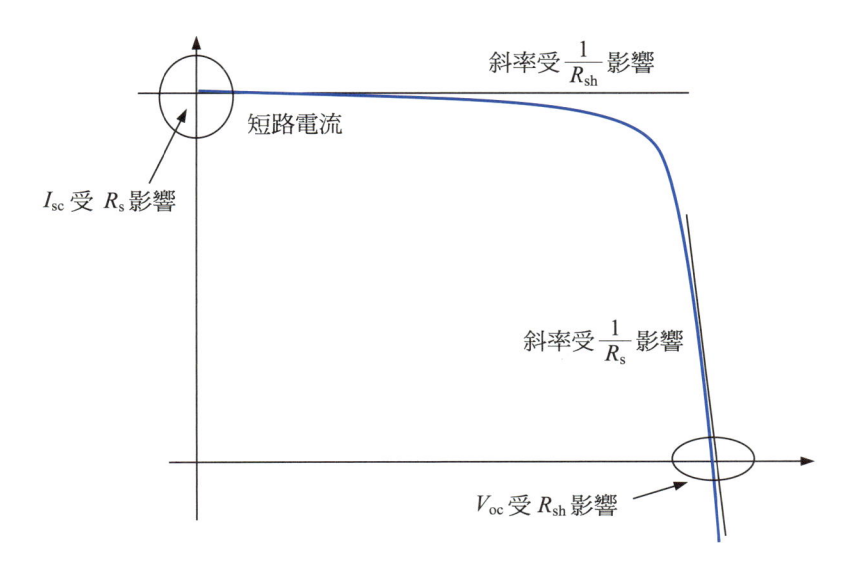

圖 3-15 串聯電阻 R_s 與並聯電阻 R_{sh} 對太陽能電池的電壓－電流曲線的影響

其輸出的電流 I 可以表示為：

$$I = I_{ph} - I_0 \left\{ \exp\left[\frac{q(V+IR_s)}{nKT}\right] - 1 \right\} \tag{3-24}$$

1. 令 $V = 0$，短路電流 I_{sc} 為

$$I_{sc} = I_{ph} - I_D = I_{ph} - I_0 \left(\exp\frac{qR_sI}{KT} - 1 \right) \tag{3-25}$$

2. 令 $I = 0$，則式（3-24）寫成

$$0 = I_{ph} - I_0 \left(\exp\frac{q(V_{oc})}{KT} - 1 \right) \tag{3-26}$$

因此得到開路電壓 V_{oc} 為

$$V_{oc} = \frac{KT}{q} \cdot \ln\left(\frac{I_{ph}}{I_0} + 1\right) \tag{3-27}$$

在式（3-27）中，開路電壓與串聯電阻無關，亦即在不考慮並聯電阻時，串聯電阻的大小對開路電壓沒有影響。但由式（3-25）得知，串聯電阻會影響短路電流及填充因子的大小。因此，利用數值分析之方式代入式（3-25），可描繪出串聯電阻對太陽能電池電流電壓特性之影響，如圖 3-17 所示。明顯地，當串聯電阻增大時，短路電流會變小，而填充因子也將變小。實際上太

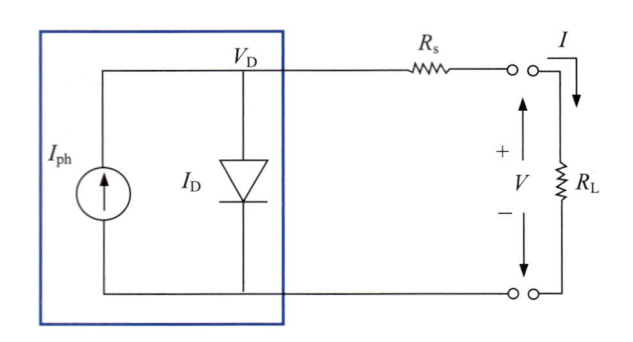

圖 3-16 不考慮並聯電阻，只考慮並聯電阻之太陽能電池之等效電路圖

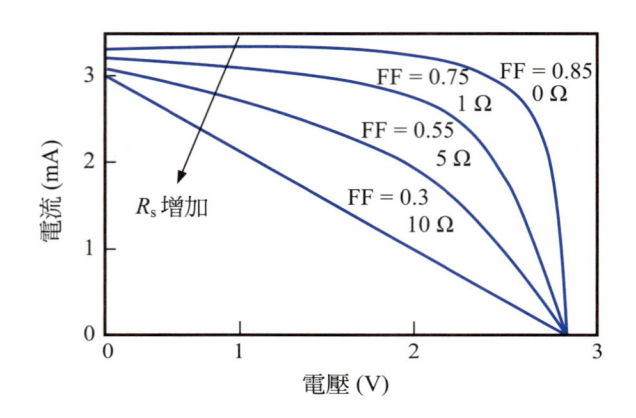

圖 3-17 串聯電阻對電壓－電流曲線的影響

陽能電池之串聯電阻約在 0.5 Ω，商業用模組約 0.5~3 Ω，然而太空衛星用的太陽能電池之串聯電阻多在 0.01 Ω 以下，亦即，串聯電阻對太空衛星用的太陽能電池影響很小，除非太陽光照射強度很大，如在聚光型太陽能電池之環境下，才會有明顯的影響[7, 8]。

3-5-4 並聯電阻（R_{sh}）對電性之影響

假設串聯電阻 R_s 小到可以忽略，僅考慮並聯電阻，如圖 3-18 所示。其輸出的電流 I 可以表示為：

$$I = I_{ph} - I_0 \left\{ \exp\left[\frac{q(V)}{KT}\right] - 1 \right\} - \frac{V}{R_{sh}} \tag{3-28}$$

1. 令 $V = 0$，短路電流 I_{sc} 為

$$I_{sc} = I_{ph} \tag{3-29}$$

2. 令 $I = 0$,則式(3-28)可寫成

$$0 = I_{ph} - I_0 \left(\exp \frac{q(V_{oc})}{KT} - 1 \right) - \frac{V}{R_{sh}} \qquad (3\text{-}30)$$

因此得到開路電壓 V_{oc} 為

$$V_{oc} = \left(\frac{kT}{q} \right) \ln \left[\left(\frac{I_{ph}}{I_0} \right) - \left(\frac{V_{oc}}{I_0 R_{sh}} \right) + 1 \right] \qquad (3\text{-}31)$$

在式(3-29)中,短路電流與並聯電阻無關,亦即在不考慮串聯電阻時,並聯電阻的大小對短路電流沒有影響。但由在式(3-31)得知,並聯電阻會影響開路電壓及填充因子的大小。因此,利用數值分析之方式代入式(3-31),可描繪出並聯電阻對太陽能電池電流電壓特性之影響,如圖 3-19 所示。明顯地,當並聯電阻減少時,開路電壓流會變小,而填充因子也將變小。實際上,並聯電阻必須小於 500 Ω 以下才會有明顯的影響。正常情形下,

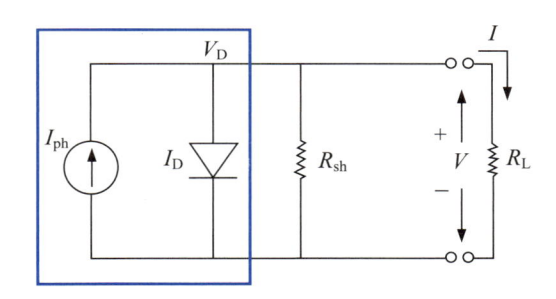

圖 3-18 不考慮串聯電阻,只考慮並聯電阻之太陽能電池之等效電路圖

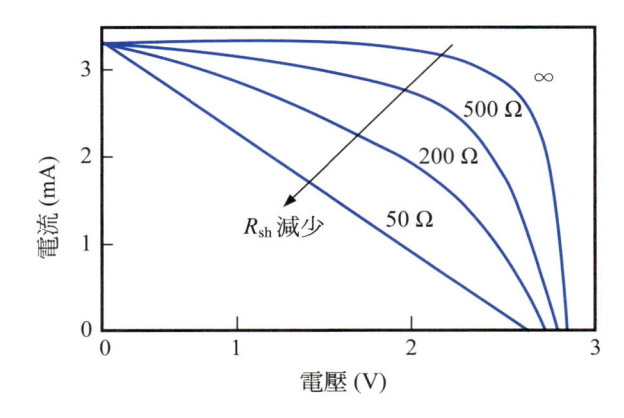

圖 3-19 並聯電阻對電壓－電流曲線的影響

並聯電阻多半大於 1 KΩ，一般可視為無限大 [7, 8]。

3-5-5　照度對電性的影響

在完全不照光的情況之下，一個太陽能電池就如同一般的二極體。太陽光的照度大小，將影響太陽能電池元件的電流－電壓特性。由圖 3-19 可知，太陽能電池的電壓電流特性亦隨著光強度的不同而改變 [3, 4]。隨著光強度的變化，短路電流密度也明顯地增加，光強度愈弱，短路電流密度愈小。一般而言，太陽能電池元件的效率必須在一個標準的陽光下（1 sun）測試，其日照量是 100 mW/cm^2（1 kW/m^2）。太陽能電池模組也是在一個陽光下（1 sun）使用，而特殊的太陽能電池模組藉由反射鏡組的設計，可以達到 100 個陽光的日照量，例如聚光型太陽能電池模組可能在 100 個陽光，甚至 500 個陽光的日照量下照射。

通常日照量的最大程度是 100 mW/cm^2（1 kW/m^2），因此，在真實量測時，一個太陽（1 sun）之光強度矯正在 100 mW/cm^2 的附近。太陽能電池對光電流的回應必須是線性的，這樣才能夠校正，若為非線性的情況，則產生無法校正的情況產生，因此校正多使用短路電流密度的校正法。

3-5-6　溫度對電性的影響

一般而言，當環境溫度上升的時候，短路電流僅有些微的變動，但溫度上升將造成半導體材料的能隙下降，導致暗電流上升而使得開路電壓減少，

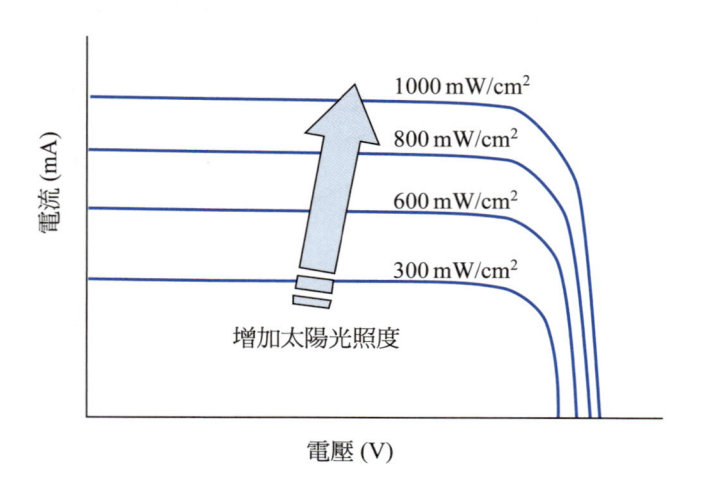

圖 3-20　太陽光照度對轉換效率的影響

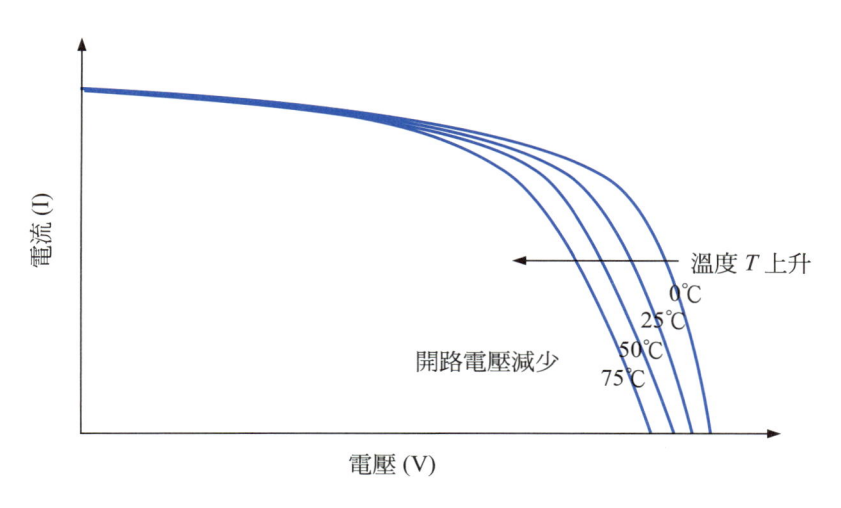

圖 3-21 元件溫度對轉換效率的影響

進而影響到元件之轉換效率。因此，若入射光的能量，不能順利地轉換成電能的時候，它將會轉換成熱能，而使得此一元件內部的溫度上升。若要預防能量轉移效率的降低，則所產生的熱能必須充份地使其散射出去。此外，根據溫度規範為 25℃，受測之太陽能電池必須維持在 25℃ ±1℃，避免溫度不會隨著照光時間的增加而造成量測不準確的困擾[8]。

圖 3-22 是非晶矽薄膜太陽能電池的輸出特性隨溫度變化的一個實際例子。隨著溫度的上升，短路電流些微上升，開路電壓明顯下降，整體的轉換效率降低。

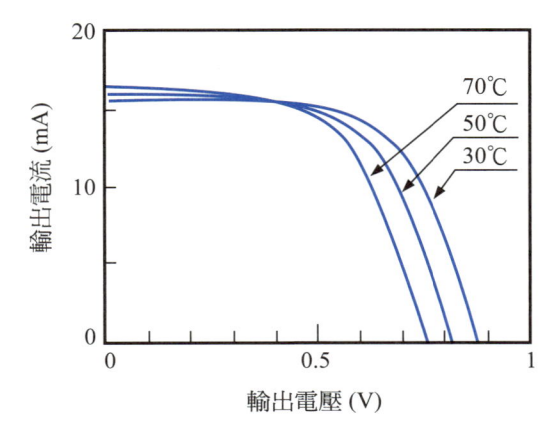

圖 3-22 不同測試溫度時，單接面非晶矽薄膜太陽能電池的電流－電壓特性

3-5-7　串聯電阻（R_s）與並聯電阻（R_{sh}）的萃取

串聯電阻（R_s）的萃取

R_s 的計算可根據兩組不同光強度照射所得到的 I-V 曲線求得，如圖 3-23 所示。在兩條曲線與 I_{sc} 相同差距 δI（$\delta I = I_{sc1} - I'_1 = I_{sc2} - I'_2$）各取一點，其對應的值分別為（$V'_1, I'_1$）、（$V'_2, I'_2$）。由於一般製作良好的太陽能電池漏電流很小（$R_{sh}$ 值大，並聯電阻可以被忽略），將 δI 代回公式（3-32）可得串聯電阻 R_s [4, 6]。

$$R_s = \frac{(V'_1 - V'_2)}{(I'_2 - I'_1)} \qquad (3\text{-}32)$$

並聯電阻（R_{sh}）的萃取

太陽能電池在零電壓的情況下就有電流輸出。參考圖 3-23，在 $V = 0$ 情況下，式（3-23）可以改寫為：

$$I = I_{sc} = I_{ph} - \frac{IR_s}{R_{sh}} \qquad (3\text{-}33)$$

在臨近 $V = 0$ 的一點則可表示成：

$$I + \Delta I = I_{ph} - \frac{(\Delta V + (I + \Delta I)R_s)}{R_{sh}} \qquad (3\text{-}34)$$

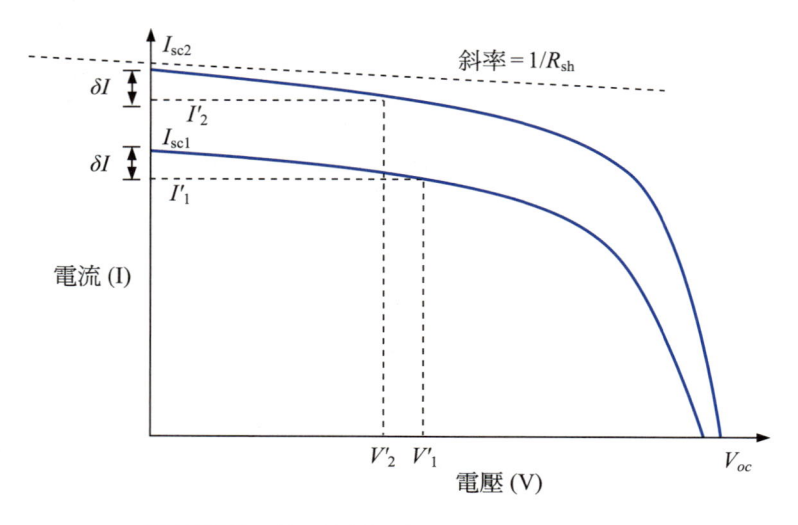

圖 3-23　使用斜率測定法得到 R_s 與 R_{sh}

且

$$\Delta I = \left(\frac{\Delta V + \Delta I R_\text{s}}{R_\text{sh}}\right)$$

由於太陽能電池特性在 $V \sim 0$ 處 $\Delta I R_\text{s} << \Delta V$，所以 R_sh 可表示為特性斜率的倒數[4, 6]：

$$R_\text{sh} = \frac{\Delta V}{\Delta I} \quad (3\text{-}35)$$

3-6 太陽能電池的測定環境

根據 IEC（International Electrotechnical Commission）的檢測規範，太陽能電池元件或模組之測試環境為傾斜角度與水平成 48.19 度、總照射光 1000 W/m²（或 100 mW/cm²）、周圍溫度 25℃、風速 1 m/sec。表 3-2 為用於太陽能電池之光源。理論上，測定太陽能電池需利用太陽光來做測定。然而自然的太陽光受地理環境、天氣條件、季節及太陽出現位置等因素影響，使得入射角度與照度有所而不同，無法利用太陽光來做標準的測試光源。為達一致標準，目前評估太陽能電池效率多使用類比太陽光之**人工光源**（Solar Simulator）[4]。但是人工光源之光譜對使用電路性質、溫度及照度特性也很敏感。因此本節介紹人工光源的種類，同時介紹其溫度及照度的相關特性。

3-6-1 人工光源

類比太陽光源（或稱人工光源）可以使用類似像氙燈（Xe 燈）及濾光鏡這類之組合，包括短弧氙燈、反射鏡、空氣質量濾光器、積分器、石英透鏡等裝置。其動作原理如下[4, 6]：

表 3-2 用於太陽能電池之光源

自然光（太陽光）	AM 0	大氣層（地球平均公轉軌道上的太陽光）
	AM 1	太陽正中（太陽在南面正中時赤道海平面上的垂直日照）
	AM 1.5	一定的天頂角（設正中為 0°，太陽光的入射角 48° 時的日照）
	其他	AM 2（天頂角 60° 時的日照）等
人工光源	螢光燈	日光色、白色、溫白色等
	白熾燈	普通白熾燈、鹵鎢燈、A-D 光源等
	各種放電燈	水銀燈、鈉燈、氙燈等

1. 由氙燈發出的光經過反射鏡（蒸鍍鋁的凹面鏡）而聚焦；
2. 接著透過空氣質量濾光鏡除去氙燈在 800～1000 nm 的特有光譜，並使整個光譜接近於 AM 1 或 AM 1.5 的太陽光；及
3. 利用積分器和石英透鏡形成面分佈均勻的平行光，使得在測量平面上的太陽能電池受到均勻類比太陽光的照射。

但是，由於類比太陽光不可能得到與 AM 1 或 AM 1.5 一樣嚴格的光譜，所以要準確地測量，必須對光譜靈敏度進行控制。此外，在太陽光下進行測量時，強光照射引起太陽能電池本身的溫度上升以及大的輸出電流時，電路的串聯電阻影響會比較明顯，需要進行校正。

測定用光源－人工光源，其光的強度用勒克司（l x）來表示。勒克司的單位不是描述光的能量強度，而是描述人眼感覺的亮度單位，所以不能直接代入計算公式求出轉換效率，可以用與太陽光測量時一樣的方法，用功率計來測量光的光能。要準確測量較低的光能是困難的，此時計算轉換效率較無意義，而應該在一定照度與單位面積下量測太陽能電池的最大輸出功率。

測量室內照明燈光下的太陽能電池特性時，需要注意的事項包含：雜散光和測量儀器（電壓表）的內阻。

1. 雜散光，係指測量用光源以外的光，準確的測量必須在暗室，使雜散光的影響減到最小的情況下進行；及
2. 電壓表的內阻，由於輸出電流很小，如果測量儀器的內阻小，則有較多的電流消耗在測量儀器的內部，這在測量時也要注意。

不論哪一種光源，因為人工光源是接近自然太陽光光源但不完全符合，所以皆含有光學系統及光譜補正濾波器來做矯正，使其與地面上太陽光之基準光譜可以互相比較依其偏差值、照射強度的均勻性與安定性。可分為 A 到 C 級，請參照表 3-3。

表 3-3　人工光源特性要求與其對應的等級

性　能	等　級		
	Class A	Class B	Class C
與基準光譜之偏差	±25%	±40%	±60%
照射強度面均勻性	± 2%	± 5%	±10%
照射強度安定性	± 2%	± 5%	±10%

定型光源（連續光源）人工光源

現今所常用之定型人工光源，主要以短弧氙燈泡作為光源，其特徵包括[4]：

1. 其色溫度為 6000 K，與太陽表面溫度（5762 K）非常接近；及
2. 亮度高，適用於光學裝置即可得到平行性很好的光束。

但是氙燈也有不足之處，主要是在近紅外光色域（800～1000 nm）存在著較強的發光線，為了要抑制它，必須使用補正過濾器。

使用色溫度與太陽溫度相似之短弧氙燈係為了要得到與自然太陽光靠近之分光放線分佈，如圖 3-24 所示。除了要使用能夠抑制近紅外光之亮線的過濾器外，同時也需要有大氣之透過特性的等價過濾器。

氙燈泡以外之人工光源

鹵素－鎢絲燈泡可作為氙燈泡以外之人工光源。將溴（Br）或碘（I）等元素注入到鎢絲燈泡內以得到高溫放射，其最高溫度僅能達到 3000～3400 K 左右，比太陽溫度還要低，因此其光譜分佈偏向於長波長，如圖 3-25 所示。此時，這類光源不適合當做測試用的人工光源，藉由將鹵素燈泡掛上適當的 Dichroic 鏡或是將鹵化金屬封入電燈內來調整發光光譜，使鹵素燈泡的分光放射特性能夠更接近太陽光源。

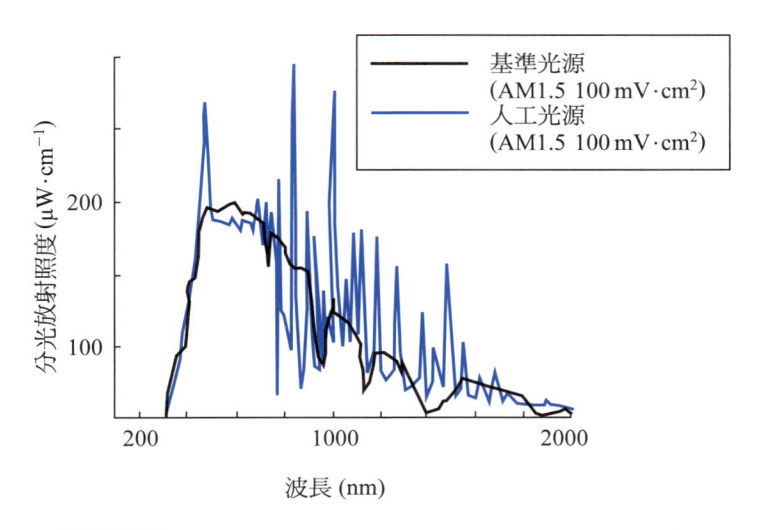

圖 3-24 AM 1.5 太陽光源及人工光源分光放射特性

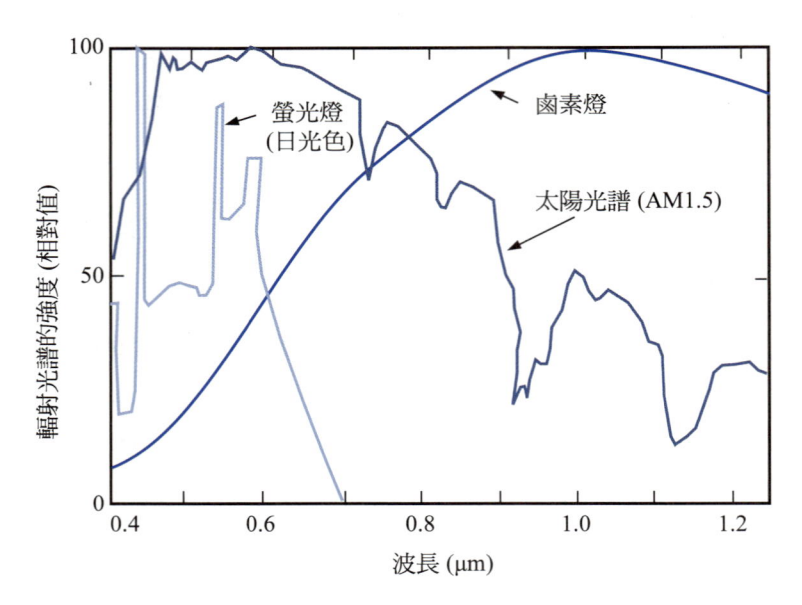

圖 3-25　太陽光譜、鹵素燈泡與螢光燈泡光源分光放射特性

3-6-2　溫度測定

表 3-4 提出單晶矽、多晶矽和非晶矽太陽能電池輸出特性的溫度係數[6]。由表中得知，隨著溫度變化，開路電壓明顯變小而短路電流略微增大，導致整體轉換效率的降低。因為單晶矽與多晶矽的能隙相似，約在 1.1~1.2 eV，其轉換效率的溫度係數幾乎相同。非晶矽的能隙較大，約 1.7~1.8 eV，因而溫度係數較低。

在太陽能電池實際應用時，就必須考慮到它的輸出受到溫度的影響。特別是室外使用的太陽能電池，由於陽光的作用，太陽能電池在使用過程中溫度可能會變得較高。在這方面，能隙大的材料做成的電池之溫度效應就小於帶隙窄的材料，如圖 3-26 所示。因砷化鎵（GaAs）太陽能電池的溫度效應較小，有利於做成高聚光型太陽能電池。

表 3-4　太陽能電池輸出特性溫度係數實例（在一個太陽光下）

種　類	V_{oc}	I_{sc}	FF	η_e
單晶矽太陽能電池	−0.32	+0.09	−0.10	−0.33
多晶矽太陽能電池	−0.30	+0.07	−0.10	−0.33
非晶矽太陽能電池	−0.36	+0.10	+0.03	−0.23

表中的數值表示溫度變化 1℃ 的變化率（%/℃）

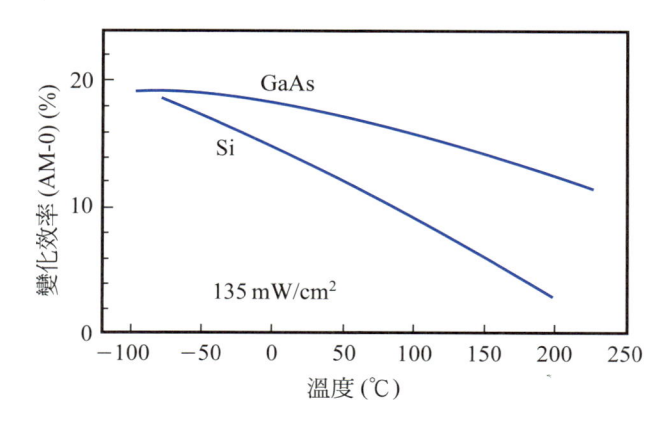

圖 3-26　砷化鎵與矽基太陽能電池在不同溫度時之效率變化

3-6-3　模組測定

　　1970 年之後，以國際電氣標準協會 IEC 之 IECEE（IEC System for Con Conformity Testing to Standards for Safe of Electrical Equipment）制定的標準規範作為太陽能電池模組測試之基準在國際間已有共識 [9, 10]。各國實驗室都會依據相同的標準做檢測實驗，此標準規範可以讓各單位的檢測結果交互承認，模組生產廠只需要通過其標準檢驗認證過後即可獲得全球的承認。因此，模組生產廠必須要讓產品通過檢測驗證，將來才能夠把產品銷往全球各地。相反地，沒有通過驗證的模組產品，將無法被市場認同。

　　例如，檢測矽結晶陸上太陽光電模組之設計驗證的 IEC 61215 包含以下檢測項目：(1) 目視檢查、(2) 最大功率的測定、(3) 絕緣測試、(4) 溫度係數的測量、(5) 標稱工作電池溫度的測量、(6) 在標準測試環境下的性能、(7) 在低照射光下的性能、(8) 室外暴露測試、(9) 熱斑耐久試驗、(10) 紫外線（UV）前處理測試、(11) 熱循環測試、(12) 濕冷凍測試、(13) 濕熱測試、(14) 引線端強度測試、(15) 濕漏電流測試、(16) 機械負荷測試、(17) 冰雹測試及(18) 旁路二極體熱測試。

3-7　結　論

　　太陽能電池模組測試需有一定的基準。各國實驗室都會依據相同的標準做檢測實驗，以讓各單位的檢測結果交互承認。

　　唯有了解太陽能電池的發電原理，我們才能知道如何設計太陽能電池的結構。也只有知道太陽能電池的效率損失機制，才能提出其改善方法。並且要了解太陽能電池的轉換效率圖以及等效電路中的各種電性參數，才能針對量測後效率誤差提出下一步的改善方法。

因此，本章說明了太陽能電池的基本原理、效率損失機制與其改善方法。為了理解太陽能電池測試的數據意義，本章亦說明太陽能電池的電性參數，其等效電路與測定方法。

專有名詞

1. **太陽常數**（Solar Constant）：太陽輻射能量在太空經過 1 億 5000 萬公里距離傳送到達地球之大氣圈時，其輻射密度約為 $1.4\ KW/m^2$。
2. **空氣質量**（Air Mass, AM）：係指通過大氣圈之空氣質量稱之，其單位是以大氣圈外光線沒有透過空氣質量作為 AM 0；而天頂垂直入射之透過空氣量為基準的 AM 1。空氣質量（AM）數值 $= 1/\cos\theta$。
3. **短路電流**（Short Circuit Current, I_{sc}）：在未加外加偏壓，未加負載時，太陽能電池處於短路時之最大電流稱之。
4. **開路電壓**（Open Circuit Voltage, V_{oc}）：當太陽能電池之外部負載電阻為無限大，其淨電流為零時，所產生的電壓即為開路電壓。
5. **填充因子**（Fill Factor, FF）：該參數用以表示最大功率點 P_{max} 與 $V_{oc} I_{sc}$ 的比值。

$$FF = \frac{P_{max}}{V_{oc} \times I_{sc}} = \frac{V_{max} \cdot I_{max}}{V_{oc} \cdot I_{sc}}$$

6. **能源轉換效率**（Energy Conversion Efficiency）η_e：求得最大負荷點 P_{max}，V_{oc}、I_{sc} 及 FF 就可得到，其定義範圍為太陽輻射之空氣質量透過條件為 AM 1.5 及入射光強度 P_{in} 為 $100\ mW/cm^2$ 時，改變負荷條件所得之最大輸出功率之比值：

$$\eta_e = \frac{V_{max} \times I_{max}}{P_{in} A} \times 100\% = \frac{V_{oc} \cdot J_{sc} \cdot FF}{100 \left(\frac{mW}{cm^2}\right)} \times 100\%$$

7. **理論限制效率**（Theoretical Efficiency Limit）：去除「不足光子能量」、「過度光子能量」、「吸收效率與反射」、「開路電壓」以及「填充因子」等五項損失，太陽能電池所能得到之最大轉換效率。

本章習題

1. 說明空氣質量（Air Mass, AM）的意義。
2. 說明太陽能電池之基本的發電原理。
3. 暗電流為一太陽電池在未照光下之電流，說明有哪三種狀態會形成暗電流。
4. 說明太陽能電池效率的損失來源。
5. 由太陽能電池效率的損失來源，說明提升太陽能電池轉換效率的改善方法。
6. 繪出太陽能電池的轉換效率圖，並寫出最大功率點（P_{max}）及能源轉換效率（η_e）兩個方程式。
7. 繪出包含串聯電阻與並聯電阻的太陽能電池等效電路圖，並說明各參數的意義。
8. 說明串聯電阻與並聯電阻的物理來源。
9. 說明串聯電阻對太陽能電池電壓－電流曲線的影響。
10. 說明並聯電阻對太陽能電池電壓－電流曲線的影響。
11. 說明檢測太陽能電池的標準環境。
12. 說明檢測太陽能電池之光源的要求。
13. 在標準測試下，若一電池測得 J_{sc} = 20 mA/cm^2、V_{oc} = 0.7 V、FF = 0.75，試估算其轉換效應？
14. 若一太陽能電池使用一段時間後，其短路電流減少，可能是什麼原因造成？

參考文獻

[1] 黃惠良、曾百亨，《太陽電池》，第二章，五南圖書出版公司。
[2] 林明獻，《太陽能電池技術入門》，第二章，全華圖書股份有限公司。
[3] 戴寶通、鄭晃忠，《太陽能電池技術手冊》，第一章，台灣電子材料與元件協會發行出版。
[4] 莊嘉琛，《太陽能工程－太陽電池篇》，第三章，全華圖書股份有限公司。
[5] 顧鴻濤，《太陽能電池元件導論》，第二章，全威圖書股份有限公司。
[6] 沈輝、曾祖勤主編，《太陽能光電技術》，第二章，五南圖書出版公司。
[7] 葉文昌、連水養，〈量產型單晶太陽電池製作〉，國立雲林科技大學碩士論文，2003 年。
[8] 黃家華、楊鈞凱，〈太陽能電池之效率量測系統與元件表現參數之分析〉，國立東華大學碩士論文，2005 年。

[9] 林敬傑、葉芳耀、黃振隆，〈矽晶太陽電池模組檢測國際標準〉，工業材料雜誌，231 期，2006 年 3 月刊。

[10] 黃政隆、葉芳耀，〈太陽光電模組之構造、應用與封裝製程〉，工業材料雜誌，203 期，2004 年 2 月刊。

第 4 章

矽基晶片型太陽能電池元件與製造

- 4-1　章節重點與學習目標
- 4-2　多晶矽原料製造技術
- 4-3　矽單晶片製造技術
- 4-4　多晶矽晶片製造技術
- 4-5　矽基晶片型太陽能電池種類與結構
- 4-6　矽基晶片型太陽能電池製造技術
- 4-7　前瞻性製造技術
- 4-8　結　語

4-1 章節重點與學習目標

　　矽基晶片型太陽能電池是目前太陽能電池產業的主流產品,約占整個產業八成以上的產值。儘管其他薄膜型或次世代太陽能電池的開發如火如荼,矽基晶片型太陽能電池作為太陽能電池產業主流產品的地位在未來十年應該不會受到影響。矽基晶片型太陽能電池的技術受惠於半導體工業的高度發展,加上現今自動化技術的創新,讓矽基晶片型太陽能電池的效率與產率也逐年提升。圖 4-1 說明由矽砂、晶片、太陽能電池到其模組之產業鏈。各個大廠藉由垂直整合或水平分工的方式來擴大產品的市占率。在產業鏈的每一個環節,每一種技術都可以形成獨立的次產業。本章將介紹這些次產業技術的發展。矽基晶片型太陽能電池的最上游是矽砂的純化,經過**多晶矽原料**(Poly-Silicon)而製成單晶矽/多晶矽晶圓。透過類似半導體元件的製程技術形成 p-n 接面,並配合電極製作等步驟製備成太陽能電池,接著串/並聯組合個別的矽基晶片型太陽能電池單元以得到所需要的電壓或電流要求之模組。過去國際矽基晶片型太陽能電池大廠多在日本、德國,其國內系統市場大,皆是從上游做到下游,從晶片做到模組。台灣的新太陽能電池廠大部分不做晶片,傾向專業分工,但近幾年受到矽晶片價格波動的影響,亦開始投資晶片廠。

　　如圖 4-2 所示,將矽材料以純度劃分,可以分為**冶金級矽**(Metallurgical Grade Silicon, MG-S)和半導體矽;若以結晶型態劃分,可以分為非晶矽、多晶矽和單晶矽。其中單晶矽又可以分成區熔單晶矽和直拉單晶矽;多晶矽又可以分成高純度多晶矽、薄膜多晶矽、帶狀多晶矽和**鑄造**(Casting)多晶矽。以成本或特性的觀點,它們各有優缺點,且已經廣泛使用於太陽能電池產業。為了節省成本,太陽能電池使用**太陽能級**(Solar Grade, SOG)的矽,其純度較電子級的矽低,因為它省略了一些製造步驟。過去用於太陽能電池的多晶矽主要來自於**電子級矽**(Electronic Grade Silicon, EGS)的次級品、單晶矽棒

矽原料　→　矽晶圓　→　太陽能電池　→　太陽能模組

圖 4-1　由矽砂、晶片、太陽能電池到其模組之產業鏈

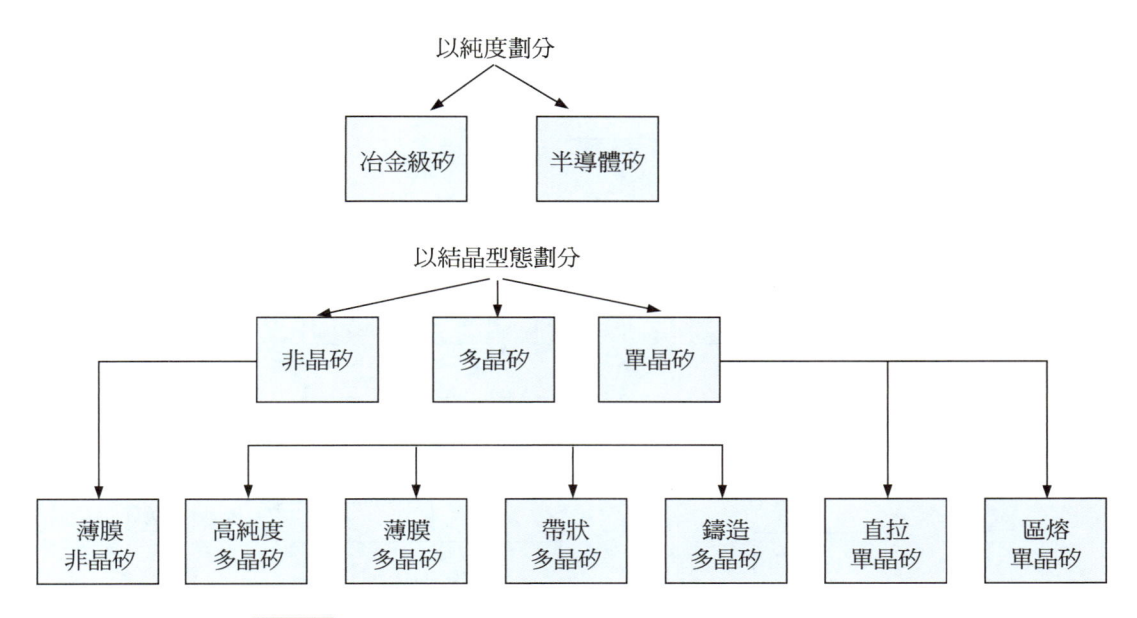

圖 4-2　依照材料純度與結晶狀態劃分之矽材料分類

的頭尾料、矽晶圓回收料等，需求量很小。但隨著太陽能光電產業的迅速發展，對多晶矽的需求量迅速增長。以太陽能光電產業年成長率超過 30% 的情形，未來太陽能級矽的需求量勢必超過電子級矽。

本章首先介紹冶金級矽材料、高純度多晶矽、單晶矽的製備技術。接著介紹典型的矽基晶片型太陽能電池的製程技術與相關製程設備，最後也略述最新製程技術及低成本技術之展望[1-6]。讀者在閱讀過本章後，應能了解到：

1. 多晶矽原料的各種製造技術；
2. 太陽能級矽單晶片製造技術；
3. 多晶矽塊材的生長方法及其原理；
4. 晶圓的加工成型步驟；
5. 矽基晶片型太陽能電池的製程技術；
6. 目前太陽能電池的前瞻性製造技術；及
7. 目前產業降低成本的技術趨勢。

4-2　多晶矽原料製造技術

圖 4-3 說明由矽砂變成多晶矽原料到單／多晶矽晶片的製作過程。製造

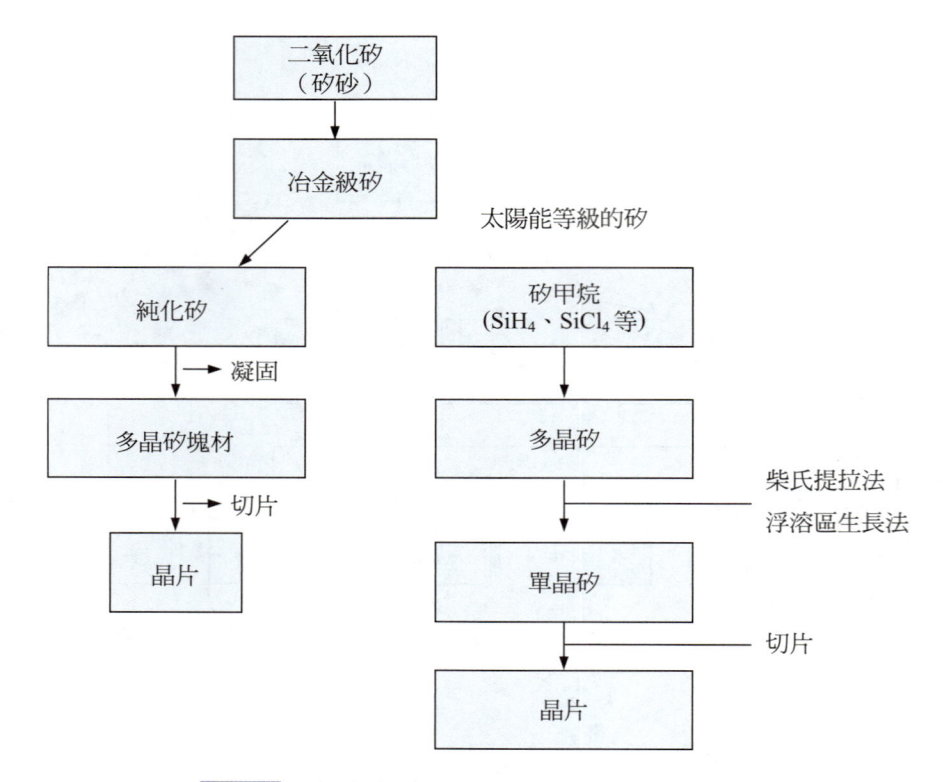

```
┌─────────────┐
│  二氧化矽   │
│   (矽砂)    │
└──────┬──────┘
       ↓
┌─────────────┐
│   冶金級矽  │                    太陽能等級的矽
└──────┬──────┘
       ↓                     ┌──────────────────┐
┌─────────────┐              │     矽甲烷       │
│    純化矽   │              │ (SiH₄、SiCl₄ 等) │
└──────┬──────┘              └─────────┬────────┘
       │→ 凝固                         ↓
       ↓                     ┌──────────────────┐
┌─────────────┐              │     多晶矽       │
│  多晶矽塊材 │              └─────────┬────────┘
└──────┬──────┘                        │────柴氏提拉法
       │→ 切片                         │    浮溶區生長法
       ↓                               ↓
┌─────────────┐              ┌──────────────────┐
│     晶片    │              │     單晶矽       │
└─────────────┘              └─────────┬────────┘
                                       │────切片
                                       ↓
                             ┌──────────────────┐
                             │      晶片        │
                             └──────────────────┘
```

圖 4-3　由矽砂到單／多晶矽晶片的製作過程

多晶矽原料的原料來自矽砂，或稱為石英砂（SiO₂）。**冶金級矽**（Metallurgical Grade Silicon, MGS）原料之純度約在 98.5% 左右。在每年數百公噸的矽原料中，只有約 1% 的原料被用來轉換為高純度的**電子級矽**（Electronic Grode Silicon, EGS）或半導體級多晶矽原料。一般而言，半導體級多晶矽原料的純度要求到 9 N 以上，亦即 99.9999999%，亦即**雜質**（Impurity）含量要降到 10^{-9} 以下。而太陽能級多晶矽原料的純度亦要求到 7 N 以上，亦即 99.99999%，亦即雜質含量要降到 10^{-7} 以下。由於對原料中的雜質含量有很嚴格的要求，因此並非所有的石英砂都能作為矽材料的原料 [7-10]。

製作高純度多晶矽原料主要以**碳熱還原製程**（Carbothermic Reduction Process）為主 [7]，步驟說明如下：

1. **矽砂還原**：係將純度 99% 以上的石英砂與含碳的物質原料混合，並置於石墨電弧之加熱還原爐中，如圖 4-4 所示。含碳的物質如**焦碳**（Coke）、**煤**（Cal）、**木屑**（Wood）及其他型態，係用來當作還原劑使用。該加熱還原爐中以 2000℃ 左右的溫度進行還原反應，可以生成液態多晶矽，簡

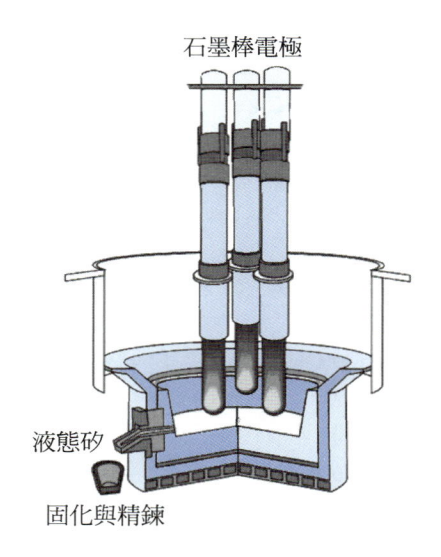

圖 4-4　冶金級矽原料加熱還原爐示意圖，採用碳熱還原製程

單化學方程式如式（4-1）：

$$SiO_2 + 3C \rightarrow SiC + 2CO \quad (4\text{-}1a)$$
$$2SiC + SiO_2 \rightarrow 3Si + 2CO \quad (4\text{-}1b)$$

其中所產生的一氧化碳氣體會與氧氣反應產生二氧化碳，如式（4-2），之後才排到空氣中。

$$2CO + O_2 \rightarrow 2CO_2 \quad (4\text{-}2)$$

2. **冶金級矽形成**：液態多晶矽產生後，其內約含有 1~3% 的雜質，如鐵、鋁、鈣、鈦、碳等。要減少這些雜質的含量，可在凝固之前加入氧化性氣體，使得活性比矽強的元素被氧化而移除。凝固之後的多晶矽純度約在 95~99%，稱為金屬級矽或冶金級矽。此時，多晶矽尚含有如碳、硼、磷等非金屬雜質和鐵、鋁等金屬雜質。

3. **冶金級矽再純化**：冶金矽中過多金屬與非金屬雜質的矽材料，只能作為冶金工業中的添加劑。在半導體級或是太陽能級矽產業應用，必須採用化學方法或物理方法對冶金級矽作進一步的再純化，或稱**精煉製程**（Refining Process）。經過化學純化的半導體級高純度多晶矽，其硼濃度小於 0.05×10^{-9}、磷濃度小於 0.15×10^{-9}、碳濃度小於 0.1×10^{-9} 以及金屬雜

表 4-1 冶金級、高級冶金級和太陽能級多晶矽的雜質含量

單位：ppm

	冶金級	高級冶金級	太陽能級
鐵	2000	< 150	< 10
鋁	100~5000	< 50	< 2
鈣	20~2000	< 500	< 2
鈦	200	< 5	1
鉻	50	< 15	1
碳	50~1500	–	< 4
氧	100~5000	–	< 5
硼	15~50	< 30	< 1
磷	15~50	< 15	< 5

質的濃度小於 1.0×10^{-9}。表 4-1 比較各種多晶矽材料的化學組成，主要金屬雜質為鐵、鋁、鈣、鈦。

化學純化（Chemical Purify）係指透過化學反應，將矽轉為中間化合物，再利用精餾等技術提純中間化合物，使之達到高純度[8]；然後再將中間化合物還原成矽，此時的高純矽為多晶狀態，可以達到半導體工業的要求。以下介紹幾種在工業應用上之技術，常見的有：(1) 三氯矽烷（$SiHCl_3$）法；(2) 矽烷熱分解法；與 (3) 四氯化矽還原法。

● 4-2-1　三氯矽烷的製造與提純

三氯矽烷還原法是用於生產塊狀多晶矽原料，其中間原料為三氯矽烷，主要是利用金屬矽與氯化氫（HCl）反應，生成中間化合物三氯矽烷，反應式為[4]：

$$Si(s) + 3HCl(g) \rightarrow SiHCl_3(g) + H_2(g) \qquad (4\text{-}3a)$$

$$Si(s) + 4HCl(g) \rightarrow SiHCl_4(g) + 2H_2(g) \qquad (4\text{-}3b)$$

該化學反應的生成比率與反應溫度有關。當反應溫度愈高，$SiHCl_3$ 的比例愈低。一般可以產生約 90% 的 $SiHCl_3$。需注意的是，反應除了生成中間產物 $SiHCl_3$ 外，還有附加的化合物，如 $SiCl_4$、SiH_2Cl_2 氣體，以及 $FeCl_3$、BCl_3、PCl_3 等氯化物雜質。經由粗餾與精餾兩道技術，可使得三氯矽烷中間化合物的雜質含量降低到 $10^{-10}\sim10^{-7}$ 數量級。而附加的化合物 $SiCl_4$ 亦可利用以下

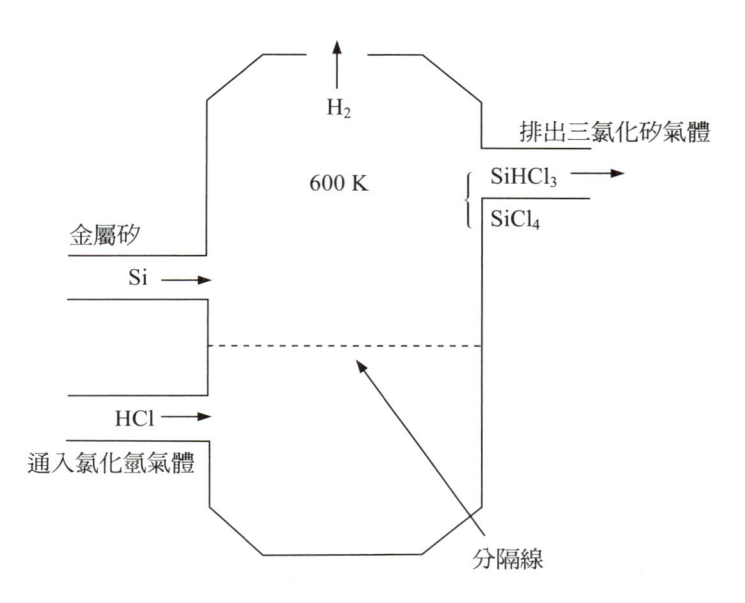

圖 4-5 三氯矽烷還原法之氫氯化反應

兩種方法將其轉換為 SiHCl₃：

1. **添加 Cu 觸媒**：SiCl₄ 可以進一步轉換成 SiHCl₃，反應式如下：

$$Si(s) + 3SiCl_4(g) + 2H_2(g) \rightarrow 4SiHCl_3(g) \qquad (4\text{-}4)$$

2. **直接 H₂ 反應加熱**：藉由在 1000～1200℃ 溫度下，將 SiCl₄ 直接與 H₂ 反應，生成 SiHCl₃，反應式如下：

$$SiCl_4(g) + H_2(g) \rightarrow SiHCl_3(g) + HCl(g) \qquad (4\text{-}5a)$$

三氯矽烷還原法之氫氯化反應環境如圖 4-5 所示。當生成 SiHCl₃ 氣體後，將置於反應器內的矽晶種垂直固定在電極上，通電加熱至 1100℃ 以上，通入高純度的氫氣充當 SiHCl₃ 的**運輸氣體**（Carrier Gas），使產生還原反應。氫氣的使用量為實際反應量的 10~20 倍。

三氯矽烷還原法是德國西門子（Siemens）公司於 1954 年發明的，又稱為西門子法，為目前國際主要大公司製造高純度多晶矽製程的方法。依反應爐的不同，三氯矽烷法可分為**鐘罩式**（Bell Jar）和**流體化床**（Fluidized-Bed）兩類。Hemlock 公司進一步改良西門子法的系統，如圖 4-6 所示[7]。

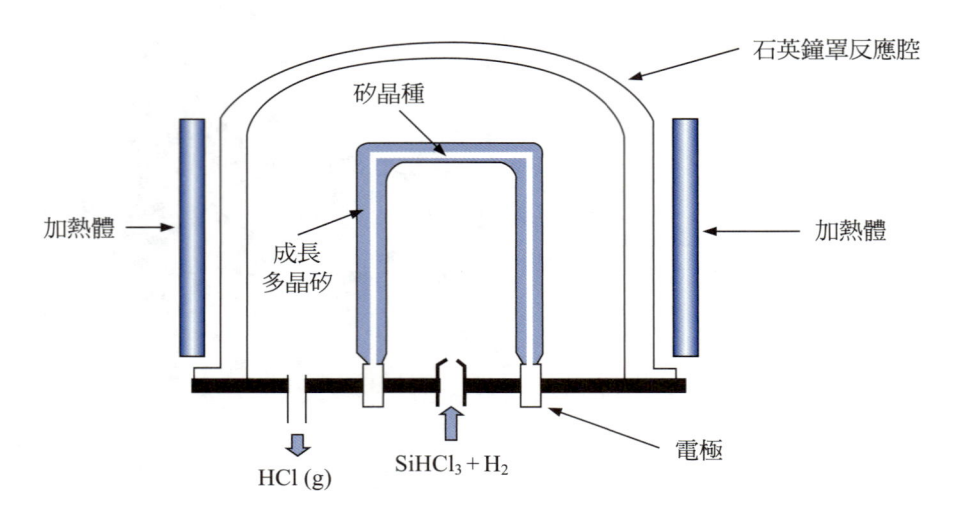

圖 4-6 Hemlock 公司改良式西門子法系統圖

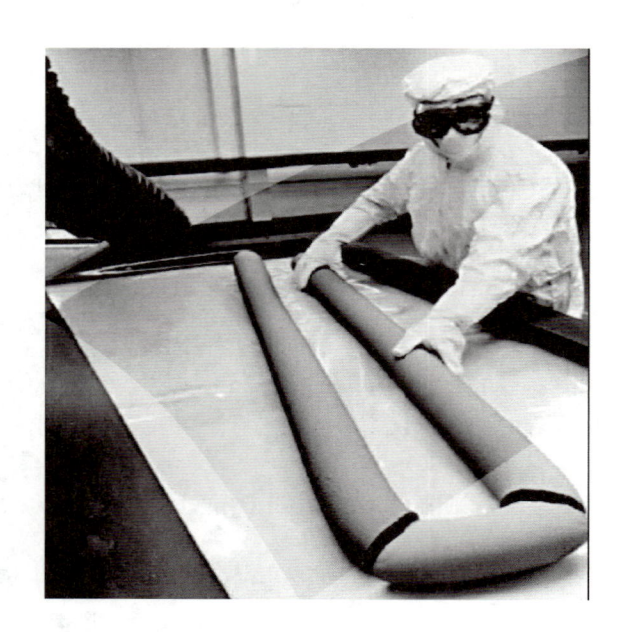

圖 4-7 西門子式反應爐沈積之多晶矽外觀
（圖片來源：http://w1.siemens.com/answers/tw/zh/）

反應後使得生成的矽慢慢沈積於矽細棒，成長至直徑 150~200 mm 的ㄇ字形高純度多晶矽棒，如圖 4-7 所示，其反應式為：

$$SiHCl_3(g) + 2H(g) \rightarrow Si(s) + 3HCl(g) \tag{4-5b}$$

需提及的是，該製造方式的操作溫度約在 1100°C 左右，每小時消耗數千立方英呎的氣體與數百萬瓦的能量，每次可生產數千公斤的多晶矽原料。由於 90% 以上的電力會被水冷式的爐壁所消耗，該方式需要消耗相當大的電力，也因此矽基太陽能電池之**能源回收期**（Energy Pay-Back time）高居不下。

4-2-2　矽烷熱分解法

矽烷（SiH_4）熱分解法亦可用於生產塊狀多晶矽原料，在 1960 年代由 ASiMi（Advanced Silicon Materials Inc.）公司所提出。該方法主要將 SiH_4 加熱至高溫，使之分解產生 Si 與 H_2，產生的矽同樣沈積在晶種上形成高純度的多晶矽棒。由於西門子法製備多晶矽原料消耗的電力太高，因此採用 SiH_4 作為中間化合物之優點包含：

1. 可以在較低的溫度沈積產生純度更高的多晶矽原料，以節省電力。
2. 矽烷易於純化，矽中的金屬雜質在矽烷的製備過程中，不易形成揮發性的金屬氫化物氣體。當矽烷形成，其剩餘的雜質只剩下硼和磷等非金屬，因此較容易去除。

以下進一步介紹三種常見的 SiH_4 原料製造技術。

Union Carbide 方法

該法利用 SiH_4 與金屬矽反應生成 $SiHCl_3$，$SiHCl_3$ 進一步裂解反應生成 SiH_2Cl_2，SiH_2Cl_2 再一次裂解反應生成 SiH_4，主要反應式為

$$Si(s) + 2H_2(g) + 3SiCl_3(g) \rightarrow 4SiHCl_3(g) \tag{4-6a}$$

$$2SiHCl_3(g) \rightarrow SiH_2Cl_2(g) + SiCl_4(g) \tag{4-6b}$$

$$3SiH_2Cl_2(g) \rightarrow SiH_4(g) + 2SiHCl_3(g) \tag{4-6c}$$

目前世界上規模較大的矽烷熱分解法廠商係美國聯合碳化合物公司（Union Carbide）。依反應爐形式，矽烷法也可分為鐘罩式和流體化床兩類[11]。

目前採用鐘罩式之矽烷熱分解法廠商以 REC Silicon 公司為主。鐘罩式利用四氯化矽和金屬矽反應，生成三氯氫矽，再使其進行裂解反應生成矽烷，然後將矽烷氣純化後，在鐘罩式熱分解爐中生產純度較高的棒狀多晶矽，流程如圖 4-8 所示[7]。

利用流體化床反應器來純化多晶矽的技術以四氟化矽（Silicon Tetrafluor-

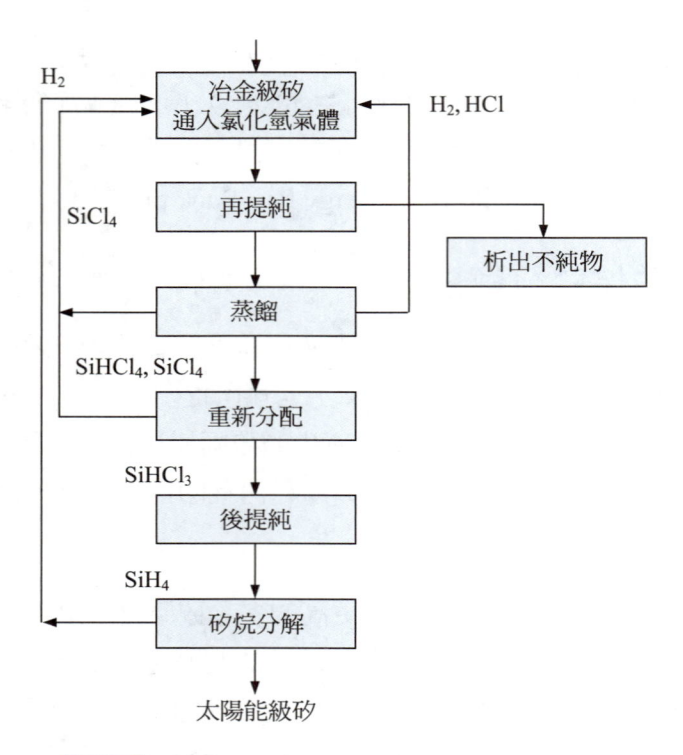

```
                    H₂ ┐    ┌─────────────┐  ┌── H₂, HCl
                       └──→ │ 冶金級矽      │ ←┘
                            │ 通入氯化氫氣體 │
                            └──────┬──────┘
                                   ↓
                       SiCl₄       │
                       ↑    ┌──────┴──────┐         ┌──────────┐
                       │    │   再提純     │────────→│ 析出不純物 │
                       │    └──────┬──────┘         └──────────┘
                       │           ↓
                       │    ┌──────┴──────┐
                       └────│   蒸餾      │
                            └──────┬──────┘
                       SiHCl₄, SiCl₄
                       ↑           ↓
                       │    ┌──────┴──────┐
                       └────│   重新分配   │
                            └──────┬──────┘
                                SiHCl₃
                                   ↓
                            ┌──────┴──────┐
                            │   後提純    │
                            └──────┬──────┘
                                 SiH₄
                                   ↓
                            ┌──────┴──────┐
                            │  矽烷分解    │
                            └──────┬──────┘
                                   ↓
                                太陽能級矽
```

圖 4-8 鐘罩式矽烷熱分解法生產多晶矽流程

ide）為原料，採用無氯化技術生產矽烷，經過純化的高純矽烷以液體的形態被貯存在貯槽內。然後將矽烷及氫氣按一定比例通入流體化床熱分解反應器，如圖 4-9 所示[11]，矽烷在流體化床上的矽晶周圍進行熱分解反應，此時矽晶顆粒將逐漸長大到平均尺寸 1000 μm 左右為止。

Ethyl 方法

Ethyl 方法係用於生產粒狀多晶矽的原料。該方法使用磷酸鹽肥料的副產品氫氟矽酸（H_2SiF_6），配合與濃硫酸的反應來生成 SiH_4，接著在溫度 250°C 下，進一步利用 LiH 將 SiF_4 還原成 SiH_4，其反應式為

$$H_2SiF_6 + H_2SO_4 \rightarrow SiF_4 + 2HF + 副產物 \qquad (4\text{-}7a)$$

$$4LiH + SiF_4 \rightarrow SiH_4 + 4LiF \quad (250°C) \qquad (4\text{-}7b)$$

Johnson's 方法

該方法由日本小松（Komatsu）公司所發明，在 500°C 的氫氣中，使矽粉與鎂生成矽化鎂（Mg_2Si），進一步與氯化銨（NH_4Cl）在 0°C 以下反應，其

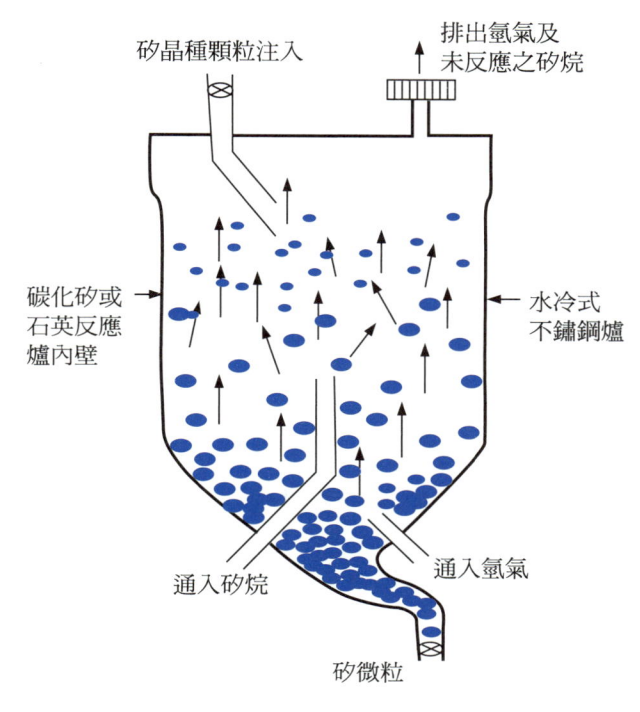

圖 4-9　典型的流體化床反應爐

反應式為

$$Mg_2Si + 4NH_4Cl \rightarrow 2MgCl_2 + 4NH_3 + SiH_4 \qquad (4\text{-}8)$$

4-2-3　四氯化矽還原法

　　四氯化矽還原法現在比較少使用，主要原因係材料之利用率低且能量損耗大。該方法利用矽和氯氣反應，生成中間合成物四氯化矽，藉由精餾技術，亦即利用高純度之氫氣於 1100~1200℃ 還原達到純化並生成多晶矽的目的，其反應式為：

$$Si + 2Cl_2 \rightarrow SiCl_4 \qquad (4\text{-}9a)$$

$$SiCl_4 + 2H_2 \rightarrow Si + 4HCl \quad (1100\text{~}1200℃) \qquad (4\text{-}9b)$$

4-3　矽單晶片製造技術

　　目前生長**矽晶圓**（Silicon Wafer）晶體的方式主要有[3]：

1. **柴式提拉法**（Czochralski Pulling Technique, CZ）。
2. **浮熔區生長法**（Floating Zone Technique, FZ）。

雖使用浮熔區生長法長晶之品質較佳，但柴式提拉法具有低製造成本及較強之機械強度，且較容易生產大尺寸晶體，目前在矽晶太陽能電池應用上多採用柴式提拉法來生產太陽電池級矽晶圓。以下介紹其關鍵設備與相對製程。

4-3-1　單晶成長之關鍵設備及製程

石英坩堝

矽晶圓成長用來盛裝原料的坩堝是由**玻璃質**（Vitreous）二氧化矽製成。傳統的坩堝是用天然純度較高的矽砂所製成。其流程如下：

1. 高純度的二氧化矽可由四氯化矽與水氣反應生成，如下式：

$$SiCl_4 + 2H_2O \rightarrow SiO_2 + 4HCl \quad (4\text{-}10)$$

2. 浮選篩檢後的矽砂，置放於水冷式的坩堝型金屬模內壁上，模具慢速旋轉以刮出適當的矽砂層厚度及高度，然後送入電弧爐中。
3. 電弧由模具中心放出，坩堝內壁因高溫融化之後又快速冷卻，而形成透明的非結晶質二氧化矽。
4. 外壁因接觸水冷金屬模壁部分，矽砂未完全融化，而形成非透明且含氣泡的白色層。
5. 坩堝再經由高溫電漿處理，以讓鹼金屬擴散而離開坩堝內壁，以降低鹼金屬含量。
6. 再浸渡一層可與二氧化矽在高溫下形成**玻璃陶瓷**（Glass Ceramic）的氧化物，以增強坩堝抗熱潛變特性，及降低二氧化矽結晶成**白矽石**（Cristobalite）（石英的同素異形體，在 1470~1710℃ 之間的穩定態）從坩堝內壁表面脫落的可能。

一般而言，坩堝的壽命受坩堝氣孔大小、熱傳性質、內壁表面白矽石結晶化速率之影響。該製作方式成本較為昂貴，且有高含量的 OH 鍵，並不適於大型坩堝的製作。

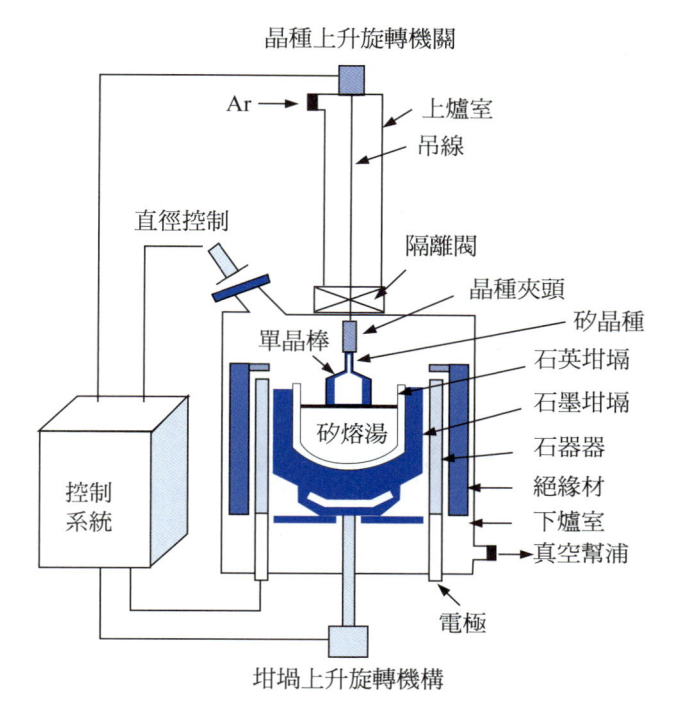

圖 4-10 典型長晶爐示意圖[1]

長晶爐及生長環境

圖 4-10 顯示長晶爐示意圖。如圖所示之長晶爐內，電阻式石墨加熱器與水冷雙層爐壁間有石墨製的低密度熱保溫材料。長晶爐分為上爐室與下爐室，以隔離閥為界。上爐室係用於冷卻生長完成之單晶矽棒，下爐室之關鍵零組件即上述之石英坩堝。為避免石英坩堝受熱而造成破裂，石英坩堝被兩片（或三片）組合式石墨坩堝所托著。石墨坩堝的材質、熱傳係數及其形狀會決定長晶爐的**熱場**（Thermal Field）分佈狀況，進而影響長晶製程條件及品質。

4-3-2 柴式生長法

柴式生長法（CZ 法）之發展歷史

該法係 Czochralski 在 1918 年所發明，藉由提拉的方式生長出低熔點的金屬材料（如 Pb、Zn 等），可生長的晶體直徑大約在 0.2、0.5 及 1 mm。當時熔體生長方面並不被重視，因此該法不受人注意。直到 1950 年貝爾實驗室（Bell Lab）的 Teal 和 Little 利用此種方法生長出 Ge 及 Si，改變了半導體元件產業後，該法才開始受到注意。

柴式生長法之原理

柴式生長法是**熔液生長法**（Melting Growth）的一種，其原理與固體與液體的相轉變有關。在固定的條件下，熔液是以定向凝固的方式來生長，透過固液界面的移動方式逐漸形成有規則的原子堆積，而得到高品質的單晶。長晶時，為維持晶核的生長，固液介面必須處於過冷的環境，而熔體其他部分是處於過熱的環境，因此結晶所釋放出的**潛熱**（Latent Heat）會經由晶體的傳導及表面熱輻射帶走熱量。

柴式生長法的製造流程

柴式生長法之製造可以分為下列七個步驟[3]：

1. **起始物加料**（Stacking Charge）：起始物加料係指將前述高純度之多晶矽原料和**摻雜物**（Dopant）置入石英坩堝內的步驟。加入摻雜物之目的係為了改變所生長單晶矽棒之電性。依不同摻雜物的種類使得矽單晶成為 n 型或 p 型晶體。例如，加入 III A 族（如：硼）則形成 p 型晶體；加入 V A 族（如：磷），則形成 n 型晶體。

2. **熔化**（Meltdown）：由於單晶矽棒係藉由熔化再結晶的方式形成。步驟一之後，長晶爐將抽真空使其維持在一定壓力範圍，藉由石墨加熱器提供加熱功率以熔化多晶矽原料。熔化溫度需高於矽的熔點 1413℃。低加熱功率將使整個熔化時間過長，產能降低。高加熱功率可以減短原料熔化的時間，但卻可能造成石英坩堝壁的過度損傷。

3. **均勻與穩定化**（Stabilization）：由於熱傳導關係，石英坩堝之內外一開始受熱是不均勻穩定的。為了得到高品質之單晶矽晶體，當熔湯完全熔化後，熔湯溫度需調整至一熱均勻且穩定的狀態。

4. **晶頸生長**（Neck Growth）：在熔湯冷卻時，成核點會是均勻的。為了得到某一個方向性，單晶矽晶體需藉由一晶種來提供其成長的方向指示。因此，當熔湯溫度穩定後，將具有某一高指向性之**晶種**（Seed），如 <100> 方向，浸入矽熔湯中。晶頸生長係指晶種快速提升，使長出的晶體直徑縮小到一定的大小（約在 3~6 mm）。由於晶種與矽熔湯接觸時所產生之熱應力常會造成晶種之**差排**（Dislocations）產生，這些差排便是利用夠長的晶頸生長來消除。

5. **晶冠生長**（Crown Growth）：晶冠成長係指完成晶頸成長後，需降低拉晶速度（約 1.5 mm/hr）與生長溫度（約 0.1℃/6 min）。藉由晶冠生長，晶體的直徑將可達到所需的大小。在該步驟有兩個互為因果的參數需注意：

(1) 晶體直徑的增加速率，若是增加速率過快，會影響到晶棒頭端的固液界面形狀，產生熱應力進而產生差排，使得晶體失去單晶的特性。

(2) 生長（冷卻）溫度的控制，若降溫速率太快，液面呈現過冷的狀態，晶冠的形狀會因直徑快速增大而變成方形。

6. **晶身成長**（Body Growth）：晶身成長係指藉著調整拉速與溫度以控制晶棒的直徑在一定範圍，該段固定直徑稱為晶身。有兩個重要的因素會影響晶體矽的無差排生長：

(1) 晶體在直徑方向的熱應力，該熱應力來自坩堝邊緣和坩堝中央存在的溫度差，如果熱應力超過了差排形成的臨界應力，就會形成新的差排。

(2) 單晶爐內的細小顆粒，來自晶體矽表面揮發的 SiO_2 氣體，在爐體的壁上冷卻形成 SiO_2 顆粒，若不能及時排出爐體而掉入矽熔體，將破壞晶體晶格的週期性生長，而導致差排的產生。

7. **尾部生長**（Tail Growth）：尾部生長係指晶體矽生長結束時，其生長速度與矽熔體的溫度需再次提升，以使晶體矽的直徑縮小成一個圓錐形，最終離開液面。長完的晶棒被升至上爐室，參見圖 4-11，冷卻一段時間後取出。

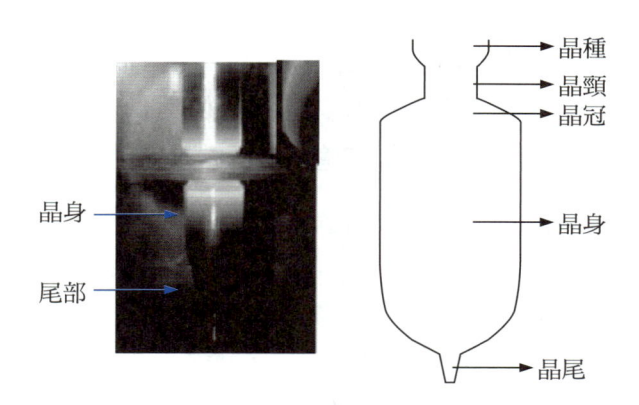

圖 4-11 柴式生長法之矽單晶製造與示意圖

（其中圖片來源：http://www.q-cells.com/en/index.html）

柴式生長法之較佳化參數

原料加入坩堝以加熱方式熔解成液態，上方為放置晶種的地方，加入旋轉及拉伸的作動。在晶種與液面間讓原子緩慢地堆積，可生長出單晶。該生長法的品質關鍵在於晶體生長時之溫度環境與轉速及拉速參數。

1. 當拉速過快時，晶體成長快，但內部會存在較多的缺陷，因此其晶體品質會較差；
2. 當拉速過慢時，晶體可以緩慢結晶，但所耗的時間較多，造成較高製造成本；
3. 當轉速太快時，液體供給的能量大於晶體散失的能量，晶體成長之直徑會較小；及
4. 當轉速慢時，液體供給的能量小於晶體散失的能量，晶體的直徑會漸大。

上述僅是一種定性說法，每一種材料適合的生長條件不同，必須配合本身材料的特性，才能找出最適合的長晶條件。

4-3-3　浮區生長法

浮區生長法（FZ 法）的優點為可生長高純度且無缺陷的單晶矽，其氧、碳和其他過度金屬的含量可小於 10^{11} cm^{-3}，電阻可輕易達到 300 Ω-m [7]。

然而浮區生長法所生長的矽晶體亦有缺點：

1. 雖然浮區生長法所生長的矽晶體缺陷密度較低，但其生命週期亦僅 0.5 ms，主要原因為高純度的矽晶有許多因生長和冷卻過程中所產生的微觀缺陷；
2. 由於熔區域僅在晶棒的頂端，因此只可生長直徑較小的晶體；及
3. 浮區生長法的生產成本高，導致其晶片價格昂貴，所以並不適合應用於太陽能電池的大規模生產上，僅適合作為高效率太陽能的材料。

因此，本小節僅簡單介紹其製備原理。

浮區生長法的製造方法

以高純度多晶矽作為原料製成棒狀，並將多晶矽棒垂直固定；在多晶矽棒的下端放置矽單晶晶種（晶向一般為 <111> 或 <100>），置於無痕之多晶矽晶棒下方，多晶矽晶棒受到高頻感應線圈加熱多晶矽棒而使得溫度逐漸升

高,當其底部開始熔化時,同時下降原料棒及射頻(RF)加熱線圈使得熔區內的摻雜物分佈均勻,同時以緩慢的速度往上拉引,使多晶矽逐步轉換成單晶矽。

浮區生長法之關鍵技術

精準控制矽熔區,透過高頻感應線圈的設計和輔助線圈的利用,來達到控制熔區形狀和溫度梯度的目的。但是,由於熔區的表面張力是有限的,浮熔單晶矽的直徑增大,熔區上端的多晶矽棒的重量增加,熔區也會增大,最終熔區的表面張力將不能支撐熔區上端的多晶矽棒,導致多晶矽棒的跌落和晶體生長的失敗。

4-3-4　單晶矽晶圓的加工成型

單晶矽晶圓加工成型係指將單晶矽棒製造成矽晶圓片之製程。各家晶圓生產廠商之晶圓成形製程步驟不見得相同。典型晶圓加工成型製程主要包括:(1) 結晶定位(Orientation);(2) 修邊(Ingot Squaring);(3) 切片(Slicing);(4) 晶面研磨(Lapping);(5) 化學蝕刻(Etching);(6) 去疵法(Gettering)以及各步驟間所需之潔淨製程(Cleaning Process)。以下僅就重要的步驟說明。

由於常用的柴式生長法所生長之單晶棒為圓柱形,所以早期用在太陽能電池的矽晶片也是圓形的。然而,圓形矽晶片在鋪設模組時面積上無法達到最大利用,如圖 4-12 所示,因此現在的晶圓係將柴式生長法單晶棒切片與修邊成近似四方柱形(Quasi Square)。圖 4-13 說明矽晶棒切割過程。而被修邊下來的邊緣部分,可以回收利用當作拉晶時的原料。

修　邊

切片前,先用金剛石砂輪磨削晶體矽的表面,使得整根單晶矽的直徑統一,而且能達到所需直徑。方形矽片則需要在切斷晶體矽後,進行切片處理。沿著晶體棒的縱向方向(即晶體的生長方向),利用外圓切割機將晶體矽錠切成一定尺寸的長方形,其截面為正方形,通常尺寸為 100 mm×100 mm、125 mm×125 mm 以及 150 mm×150 mm。

切　片

傳統的切片處理係使用線切割機的細鋼線對矽晶體棒進行切片。因此近

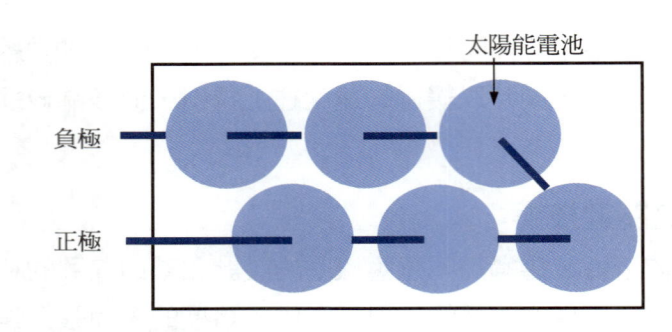

圖 4-12　早期圓形矽晶片太陽能電池鋪設成模組示意圖

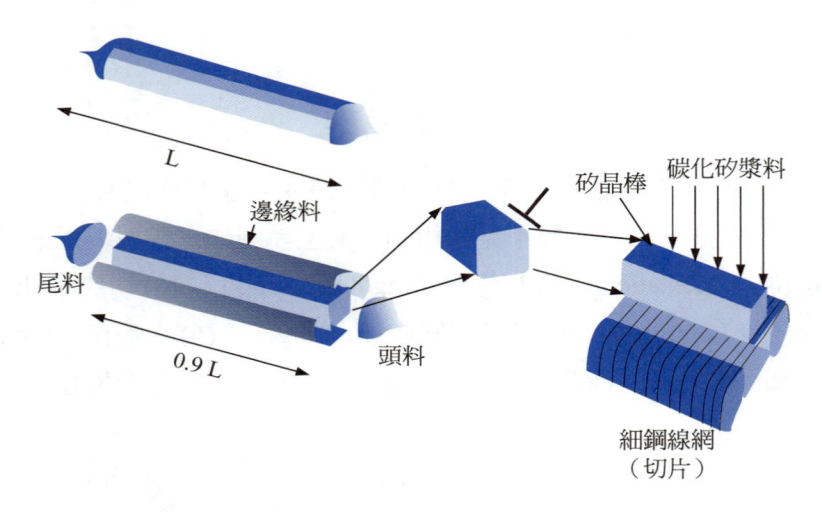

圖 4-13　矽晶棒修邊與切片過程，其中頭尾料與邊緣料皆可回收為矽原料

幾年來都是使用多線切割機，它的設計是於固定架上放置 100 km 長的鋼絲捲線裝置，加入滾動的研磨液體，幫助減少切割所造成的損傷。於切片時，鋼線上會塗上具有切削能力之滾動研磨漿料。常見的研磨漿料係將含有微米級（約 10~30 μm）的碳化矽顆粒分散在油性或水溶性液體，必須具有研磨與散熱作用。目前晶片所切出之厚度約在 200~250 μm。由於鋼線具有一定直徑（約 100~200 μm），在切片過程會使矽晶體棒產生約 200 μm 的**切損**（Kerf Loss）。

晶面研磨與蝕刻

切片後之晶圓表面會有殘存的機械應力與汙染物，必須藉由研磨與進一步的清洗去除，否則機械應力會在後續退火或加工時使得晶圓破裂，而汙染物（特別是金屬雜質）會對晶圓的電性造成影響。常用的清洗係指化學蝕刻方式，藉由硝酸（HNO₃）去除粗糙與受汙染的晶圓表面，再藉由稀釋過的氫氟酸（HF）去除硝酸清洗過程中所產生的氧化層。

在晶圓成形加工的製程中，有幾個要求目前仍是業界改善的重點：

1. **提高單晶矽棒的回收率**：由於矽材料生產技術複雜，且矽晶片廣泛用於半導體工業，因此單晶矽棒的價格昂貴。要降低其生產本，可藉由降低單晶矽材料 20% 的切損與降低晶圓厚度兩者來達到。欲同時降低切損與晶圓厚度，需要有更好的切割技術與對應工具。
2. **維持晶圓表面與其內層材料之一致性**：晶矽是一種脆性材料，在加工製程（切磨）中，會在晶圓表面造成許多微觀缺陷（Micro Defect），例如：差排、微裂縫（Micro-Crack）、應力（Stress）。這些晶體上之缺陷會影響半導體中載子之行為，因此可能會造成晶圓表面與其內層材料在結晶、化學與電性等之不一致性。

◎ 4-3-5　單晶矽中的雜質

目前，在太陽能電池用的單晶矽中，主要的雜質是氧、碳和金屬雜質。這些雜質會造成復合中心，降低並聯電阻 R_{sh} 之阻值，進而降低轉換效率，因此單晶矽中的雜質要精確控制。該雜質之來源簡單來說有兩個[3, 5]：

1. 由於太陽能電池的附加價值比半導體元件低很多，過去為了降低成本，用於太陽能電池的晶體生長技術的控制要求相對較低，生長設備相對簡單，且晶體生長速度快，會引起較多的雜質；及
2. 由於生長太陽能電池用的直拉單晶矽的原料來源複雜，有電子級高純多晶矽的廢、次料，又有電子級直拉單晶矽的頭尾料、堝底料，甚至有太陽能電池用直拉單晶矽的頭尾料，導致較多雜質的引入。

很明顯地，太陽能電池用直拉單晶矽比積體電路用直拉單晶矽具有更多的雜質。以下進一步說明雜質是氧、碳和金屬雜質之成因與與相對影響。

單晶矽中的氧

1. **成因**：氧是直拉單晶矽中的主要雜質，來自於晶體生長過程中石英坩堝的汙染，屬於直拉單晶矽中不可避免的輕元素雜質。由於單晶矽的生長需要利用高純的石英坩堝，雖然石英的熔點須高於矽材料之熔點

（1413℃）。但是在如此的高溫過程中，熔融的液態矽會侵蝕石英坩堝，導致少量的氧進入熔矽，最終進入直拉單晶矽。此外，為了節約成本，太陽能電池用直拉單晶矽時常使用品質相對較差的石英坩堝，更加導致氧的進入。直拉單晶矽中的氧一般在 $5\times10^{17} \sim 2\times10^{18}\,cm^{-3}$ 範圍內，以過飽和間隙狀態存在於晶體矽中，它與周圍的兩個矽原子以共價鍵結合，所以間隙態的氧原子在矽中是中性的。

為了減少熔融的液態矽與石英坩堝的作用，工業界經常在石英坩堝內壁塗上 SiN 層，以阻礙熔矽與石英坩堝的直接作用，從而降低鑄造多晶矽中的氧濃度。氧濃度表現為頭部高、尾部低，從頭部開始到尾部逐漸降低，在收尾處氧濃度有所上升，然其頭高尾低的趨勢是不變的。

2. **影響**：氧可以與空位結合，形成微缺陷；也可以團聚形成氧團簇，而產生不可預期之電性；還可以形成氧沈澱而導致誘發缺陷。這些缺陷可能對最後產品的矽太陽能電池的性能產生影響。過去利用氧的沈澱性質所設計之內吸雜技術，可以達到吸除直拉單晶矽中的金屬雜質。但是，太陽能電池並不像積體電路，其元件工作區域是矽片的整個橫截面，而不是僅在矽表面。因此，太陽能電池不能利用所謂的內吸雜技術。幸運的是，太陽能電池用直拉單晶矽的生長速度快，太陽能電池製備技術經歷的熱過程時間短，因此，氧沈澱和相關缺陷形成的機會和數量都較少，對太陽能電池性能的影響也小。

單晶矽中的碳

1. **成因**：碳是直拉單晶矽中的另一種重要雜質。由於碳是四價元素，在矽中會取代矽造成替代位置，但不會引入具有電性的缺陷，也不會影響單晶矽的載流子濃度。但是，碳可以與氧作用，也可以與間隙矽原子或空位結合而存在於晶體中。
2. **影響**：碳濃度在直拉晶體矽研究和生產的早期階段較高。目前碳雜質已能被控制在 $5\times10^{15}\,cm^{-3}$ 以下，對元件性能的影響幾乎可以忽略。但是，對於太陽能電池用直拉單晶矽通常碳濃度較高，因而可能對氧沈澱以及矽太陽能電池的性能產生影響。

單晶矽中的金屬雜質

1. **成因**：金屬（特別是過渡金屬）是矽材料中重要的雜質。對於太陽能電

池用直拉單晶矽,金屬雜質之成因係由於:

(1) 最初多晶矽原料來源複雜,本身可能含有一定量的金屬雜質。

(2) 在矽晶片加工或元件製備過程中,矽材料直接與金屬加工工具接觸。

(3) 在矽片清洗或濕化學拋光過程中,使用不夠純的化學試劑或使用不鏽鋼等金屬設備。

2. **影響**:金屬雜質不論以何種形式(間隙態、替位態、復合體或沈澱)存在於矽中,它們都很可能會導致矽元件的性能降低,甚至失效。因此對於太陽能電池用直拉單晶矽,金屬的影響就不能輕易地忽略了。它們存在的形式主要取決於矽中過渡族金屬的固溶度、擴散速率等基本的物理性質和材料或元件的熱處理過程,特別是熱處理溫度和冷卻方式。

當金屬原子以單個形式存在於晶體矽中時,它們具有電學的活性,同時也是深能階復合中心,所以原子態的金屬從兩方面影響矽材料和元件的性能:

(1) 影響載子的濃度;及

(2) 影響少數載子的壽命。

就金屬原子具有電活性而言,當其濃度很高時,就會與晶體中的摻雜劑發生補償作用,影響總載子濃度。原子態的金屬對元件性能的影響在於造成矽產生深能階復合中心。金屬雜質濃度對少數載子壽命;或稱生命周期,影響為:

$$\tau_0 = 1/v\sigma N \qquad (4\text{-}11)$$

式中,τ_0 為少數載子壽命;v 為載子的熱擴散速率;σ 為少數載子的俘獲截面;N 為金屬雜質濃度。室溫時,p 型晶體矽中電子的熱擴散速率為 2×10^7 cm/s,n 型晶體矽中電洞的擴散速率為 1.6×10^7 cm/s。(4-11)式清楚說明矽中少數載子壽命與金屬雜質的濃度成反比。原子態的金屬對矽中少數載子有較大的捕獲截面,因此導致少數載流子壽命大幅度降低,並且金屬雜質濃度愈高,其影響愈大。

4-4 多晶矽晶片製造技術

以現況來說,由於單晶矽晶圓在大量量產化可行性、晶片品質及成型速度等關鍵問題上遲遲無法有所突破，因此採用鑄造成型、切片、拋光等程序製造之多晶矽晶片之市場幾乎占了目前八成以上太陽能電池市場。鑑於過去幾年，多晶矽材料曾發生嚴重短缺，目前各大晶片廠商除了紛紛擴產和新建外，全球相關產學研機構也致力於研發低成本與低耗能的太陽能級矽材料技術，如提高多晶矽錠製作尺寸。儘管如此，鑄造成型的多晶矽晶片仍然存在許多成本降低之改善空間，如加快成型速度、降低切片厚度等問題。

在 2000 年之後，因矽原料短缺，多晶矽材料生長技術發展出定向凝固法及澆鑄法，可降低矽基晶片型太陽能電池的成本。圖 4-14 所示為典型多晶矽製作示意圖[1, 3, 5]。降低成本一直是太陽能產業所面臨的挑戰之一。鑄造多晶矽錠的優點在於它可以直接鑄造出長方體形的矽錠，不像圓柱形的矽單晶棒需先將外徑切方並研磨成長方體，因此材料的損耗可以比較小，但缺點是效率會比單晶矽太陽能電池稍低。

常見的多晶矽塊材生長方法包含：

1. 方向性凝固技術。
2. 坩堝下降法。
3. 澆鑄法。

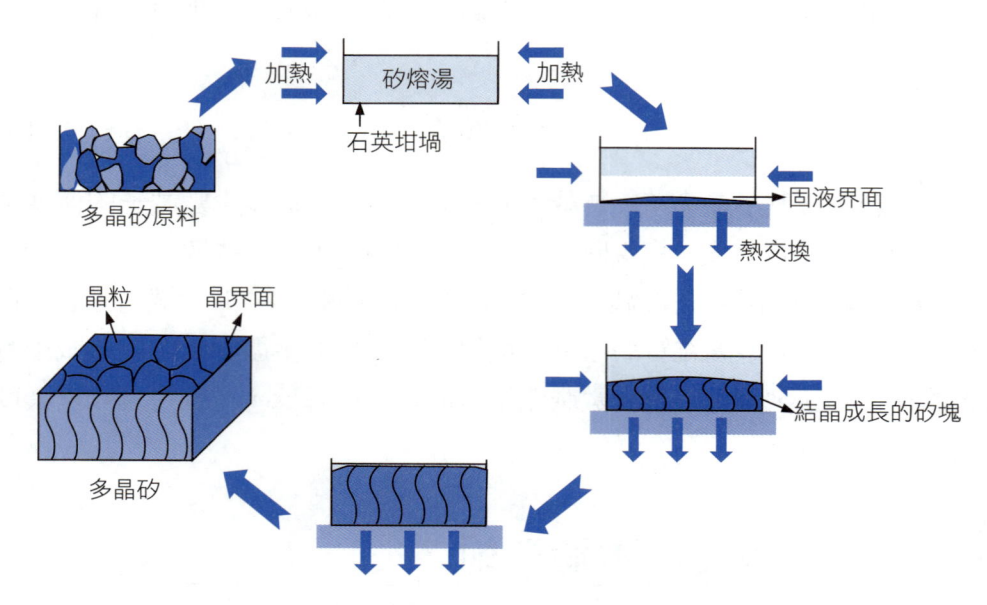

圖 4-14　多晶矽原料到多晶矽晶片之製作流程圖

（參考資料：Renewable Energy Corporation AS.）

4. 熱交換法。
5. 京都陶瓷磁浮鑄造法。

4-4-1　多晶矽塊材

方向性凝固技術

　　方向性凝固技術（Directional Solidification, DS）是一個最早被用來製作多晶（柱狀晶）鑄錠的方法。該方法除了可以控制鑄錠之品質外，更可進行矽純化之效果。在製程上係使用上下**雙腔體**（Double Chamber）、上下加熱方式進行。上腔體進行多晶矽原料之熔煉，通常腔體之加熱可使用感應或電阻式加熱，其耗電率約為 8~15 kWh/kg，經由上腔體下方之澆口注入下腔體進行緩慢由下而上之方向凝固過程。典型的凝固速度為 0.06 mm/min、鑄錠產率為 4.3 kg/hr。

坩堝下降法

　　坩堝下降法（Bridgman Method）的特點為讓熔體在坩堝中冷卻而凝固。自 2004 年起，已有公司開始利用坩堝下降法生長多晶矽塊材，生長速度可達 10 kg/hr。圖 4-15 所示為坩堝下降法的示意圖 [3]，其多晶矽生長方式為：

1. 採用石墨電阻加熱溫度使矽原料熔化；
2. 將坩堝或加熱線圈移動，讓坩堝底部通過較高溫度梯度的區域；及
3. 藉由凝固過程，由坩堝的底端開始逐漸擴展到整個熔體。

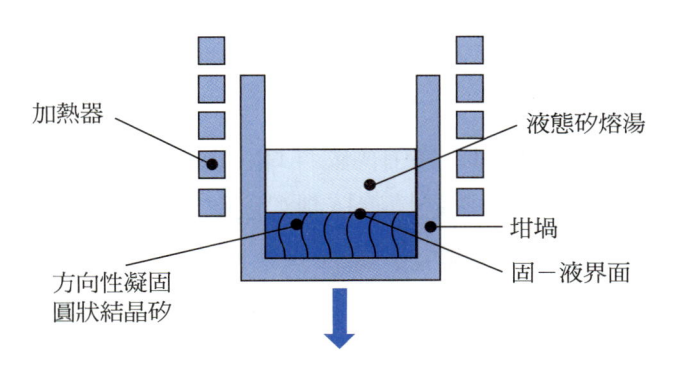

圖 4-15　坩堝下降法示意圖。典型的石英坩堝大小約為 70 cm×70 cm，介面的移動方式是移動坩堝或加熱線圈均可

（資料來源：http://www.mindomo.com/）

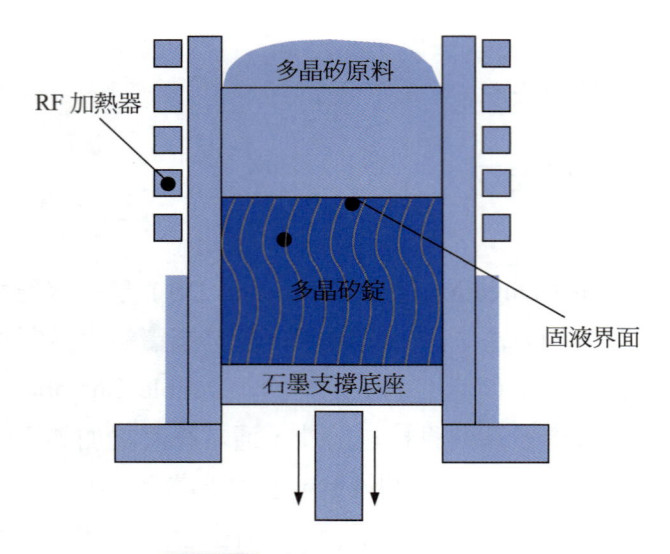

圖 4-16　電磁鑄造法示意圖
（資料來源：U.S Patent 4,572,812, 1986）

　　矽在結晶固化的過程中，體積會膨脹而使多晶矽錠與坩堝間形成黏著現象，甚至造成多晶矽錠的破裂損傷。一般可在坩堝內壁鍍上一層氮化矽（Si_3N_4）薄膜來減低這種現象。

　　坩堝下降法的優點是製程簡單，但其缺點係反應較耗時，完成一次鑄造的時間較長，產率也比澆鑄法來得低。典型的凝固速率約 1 cm/hr。

　　另一個改良的方法為**電磁鑄造法**（Electromagnetic Casting Method），其技術揭示在美國專利 U.S Patent 4,572,812 號中。圖 4-16 所示為電磁鑄造法示意圖。與坩堝下降法之差異為該方法藉由電磁感應控制電流的方式加熱，而非使用一般電阻加熱器。

澆鑄法

　　澆鑄法（Casting Method）係由德國拜耳（Bayer）公司於 1985 年提出並申請專利，其主要特點在於透過精確控制溫度改良傳統之單方向凝固鑄造技術，將高純度矽之**熔煉**（Melting）製程與**凝固**（Solidification）製程分開處理，如圖 4-17 所示[7]。澆鑄法與坩堝下降法的製程概念大致相同，皆是方向性的凝固，可形成柱狀式的晶體生長。主要的差別在於：

1. 坩堝下降法之原料與結晶過程都在同一石英坩堝內進行；而澆鑄法的熔料過程在第一個坩堝，結晶則在第二個坩堝。矽原料是在第一個未鍍膜

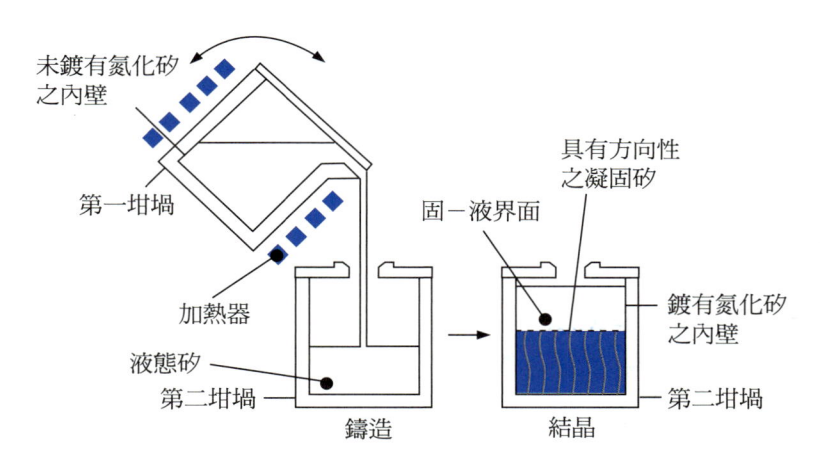

圖 4-17　德國拜耳 SOPLIN 鑄造法
（資料來源：http://www.bayer.com/）

的石英坩堝內熔化，再將矽熔湯倒入內壁鍍氮化矽（SiN）薄膜的第二個石英坩堝中，使矽熔湯結晶。

2. 坩堝下降法是將含矽熔湯的坩堝透過加熱線圈加熱，而澆鑄法則是藉由調整加熱線圈功率來控制溫度。

3. 結晶過程中，澆鑄法之坩堝本身不需移動，由於固－液界面在熔液底下，因此溫度波動與機械的不穩定性所造成的影響可降到最低。

因此，比其他方式，澆鑄法之優點有：

1. 鑄造過程中熱應力降低；
2. 坩堝引起之汙染降低；及
3. 生產成本大幅降低。

多晶矽太陽能電池鑄錠，經過後續的鑽石線鋸切塊、切片、清洗後，即可得到方形的多晶矽晶片，可作出轉換速率超過 15% 的多晶矽太陽能電池。

熱交換法

熱交換法（Heat Exchange Method, HEM）由美國 Crystal System 公司所發展，自 1970 年代末期起開始使用在多晶矽鑄錠的製程上。該方法主要特徵在於：

1. 材料於熔融狀態時之固液相介面可被精確控制，且不需移動坩堝、加熱

器或鑄錠材料本身；及

2. 在凝固過程中，透過加熱器溫度的控制緩慢移動固液相界面，可同時將凝固區域之溫度保持在凝固點溫度以下，以便進行爐內之直接**臨場退火**（in Situ Annealing）。

目前典型的鑄造速度約為 0.08~0.1 mm/min、鑄錠產率約為 5 kg/hr。

京都陶瓷磁浮鑄造法

日本京都陶瓷使用電磁浮鑄造多晶矽塊，係利基於避免鑄造時坩堝直接與熔融矽接觸造成雜質的汙染和坩堝耗損問題。如圖 4-18 的方式，該方法的特徵在於凝固鑄造時固－液界面平整度與溫度分布的控制，並避免熔融矽與模壁直接接觸[7]。目前典型的鑄造速度為 5 mm/min，大量生產時，估計其鑄造成本只有其他鑄錠製程的一半。

4-4-2 多晶矽晶片加工成型

多晶矽晶圓加工成型指將多晶矽塊製造成多晶矽晶圓片之製程。圖 4-19 為多晶矽塊經切片成多晶矽晶片之過程示意圖，多晶矽晶圓加工成型製程和單晶矽晶圓加工成型技術大致相同，必須依據規格將其切成不同大小的長方

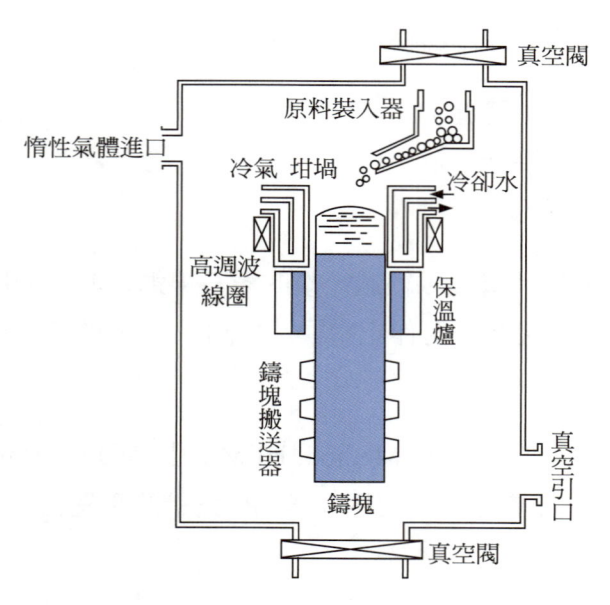

圖 4-18 京都陶瓷磁浮鑄造示意圖

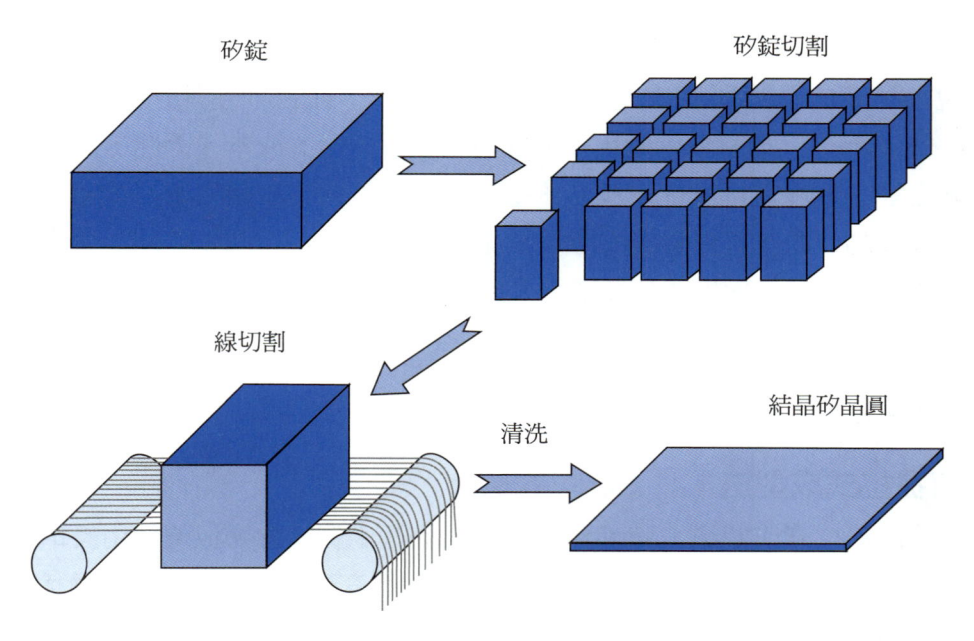

圖 4-19 多晶矽塊經切片成多晶矽晶片之過程
（參考資料：Renewable Energy Corporation AS.）

體，主要差別是：

1. 多晶矽塊多為長方體，因此不需有單晶矽棒的修邊步驟；
2. 由於多晶矽塊本質上的多晶特性，**晶界面**（Qrain Poundary）具有許多未完全的鍵結或差排面，在切片過程，很容易造成沿著晶界的破裂，亦即比單晶矽晶片的加工更具困難性；及
3. 在經過蝕刻清洗處理後，多晶矽晶片表面上可以清楚看到晶界結構，晶界面會對光線造成折射，因此多晶矽晶片的色澤較為鮮豔，和單晶矽晶片有明顯不同。

對相同的太陽能電池的製造步驟，多晶矽晶片之尺寸愈大，則其電池單位面積的製造成本愈低。在目前朝向薄片化的趨勢下，過大的尺寸會在電池的製造過程中增加破片率，如此反而增加電池單位面積的製造成本。目前常見的多晶矽晶片之尺寸規格為 150 mm×150 mm 或 210 mm×210 mm 等。

4-4-3 多晶矽薄片

在目前太陽能電池的效率未提高之前，降低生產成本一直是太陽能電池

產業發展的驅動力。要降低生產成本,降低晶圓的厚度是直接的作法。舉例來說,早期的晶片所切出之厚度約在 500 μm,而目前所切出之厚度約在 200~250 μm,在矽材料的使用上便節省了接近一半的成本。因此,除了上述以鑄造多晶矽塊進行切片之多晶矽晶片外,國際上的晶圓大廠亦積極開發由高純度多晶矽原料直接製作成**薄板(片)型**(Silicon Ribbon / Foil)多晶矽晶片之技術。多晶矽薄板成型技術可大致分為:

1. 垂直提拉式成型法。
2. 水平提拉式成型法。

垂直提拉式成型法

垂直提拉式成型法(Vertical Pulling)製程上的概念類似傳統用於單晶矽棒之柴式提拉法,亦即是將高純度的多晶矽原料在一坩堝中加熱至熔融狀態,給予一晶種而生成多晶矽薄片(圖 4-20)。

典型的垂直提拉式的成型法有 [3, 4]:

1. **邊緣定義薄片成長法**(Edge-defined Film-fed Growth, EFG):發展歷史最久、技術最成熟,同時也已開始進行商業化之生產。其特徵係給予類似片型的晶種,利用一向上提拉的夾板,則矽熔湯因表面張力上升到夾板之間而生成多晶矽薄片。
2. **樹枝網狀法**(Dendritic Web):其概念與四緣定義薄片成長法類似,特徵是不需向上提拉的夾板,而是讓晶種放入過冷的矽熔湯中形成樹枝狀結構晶體,多晶矽薄片便沿著樹枝狀結構晶體成長。

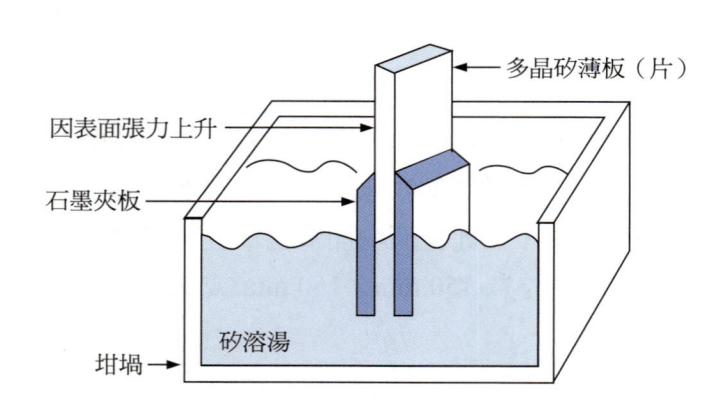

圖 4-20 生成多晶矽薄片之邊緣定義薄片成長法製程示意圖

3. **線捲帶法**（String Ribbon）：其特徵係使用一相對向上提拉的兩條纖維線，讓矽熔湯沿兩條纖維線向上冷卻而生成多晶矽薄片。

由於生長速度較慢，目前約為 1~2 cm/min，以垂直提拉法製作多晶矽晶片之品質較高，但成本也較貴。未來在結晶品質與生長速度仍有進一步發展空間。

水平提拉式成型法

水平提拉式成型法（Horizontal Pulling）係將經過熔融狀態之液態矽塗佈在一事先準備好之**基板**（Substrate），生沾黏、冷卻後，多晶矽薄片亦可成型。成型後矽晶片之晶粒成長模式與基板之表面性質、材質及純度息息相關。

典型的水平提拉式成型法有：

1. **捲式成長法**（Ribbon Grown on Substrate, RGS）：在基板上的捲式成長法技術，由德國拜耳公司的專利所揭示，其成型速度約為 6 m/min。
2. **矽薄片法**（Silicon Sheet from Powder, SSP）：德國 Fraunhofer 公司亦提出來自粉體之矽薄片法技術。如圖 4-21 所示，該技術係將粒徑在 10~300 μm 的冶金級矽粉末調製成糊狀物，塗佈於石英基板上，在惰性氣氛下燒結成多晶矽薄片。

4-4-4 多晶矽中的雜質

由於鑄造多晶矽的晶體製備方法與直拉單晶矽不同，因此晶體中含有的雜質和缺陷的結構、形態和性質也與直拉單晶矽不盡相同。但由於鑄造多晶矽的製備技術相對較簡單，控制雜質和缺陷的能力也較弱，因此與直拉單晶

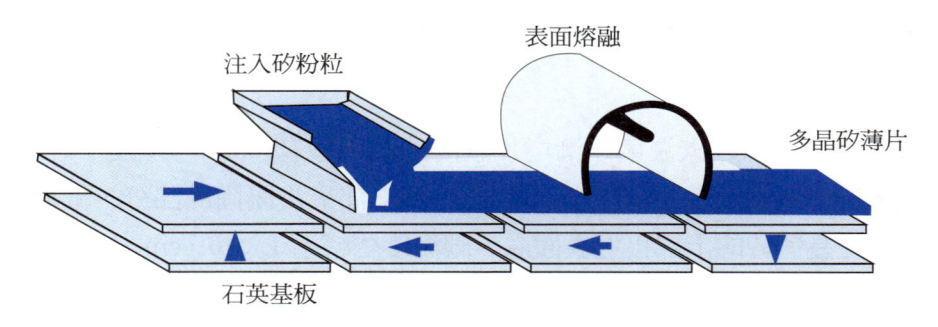

圖 4-21 德國 Fraunhofer 公司之粉體矽薄片法製程示意圖

（資料來源：http://www.ise.fhg.de/）

矽相比，鑄造多晶矽含有相對較多的雜質和缺陷，這些雜質與多晶矽本身的晶界或差排造成復合中心，進而降低了並聯電阻 R_{sh} 的阻值，使用鑄造多晶矽製備之太陽能電池的效率始終低於使用直拉單晶矽製備之太陽能電池的效率。

在鑄造多晶矽中，其雜質有氧、碳、氮、氫和金屬等雜質，但主要還是以氧、碳和金屬雜質為主。

多晶矽中的氧

氧是鑄造多晶矽中的主要雜質之一，其濃度範圍為 1×10^{17}~1×10^{18} cm^{-3}，成因大致為[3, 6]：

1. **來自於原料**：因為鑄造多晶矽的原料經常是微電子工業中的頭尾料與鍋底料等，本身就含有一定量的氧雜質；及
2. **來自於結晶體生長過程**：熔矽和石英坩堝的作用，其原理與直拉單晶矽中熔矽與氧的作用很相似。

氧濃度的分佈與直拉單晶矽相同，氧在鑄造多晶矽中也有一個濃度分佈，即先凝固部分的氧濃度高，後凝固部分的氧濃度低。亦即，氧濃度隨著先凝固的晶錠底部到最後凝固的晶錠上部逐漸降低。其氧濃度在晶錠底部約為 1.3×10^{18} cm^{-3}，而在上部之氧濃度降低至 3×10^{17} cm^{-3} 左右。

多晶矽中的碳

碳是鑄造多晶矽中一種重要雜質，其基本性質（包括分凝係數、固溶度、擴散速率、測量等）與直拉單晶矽中相同，其成因大致為：

1. **來自於原料**：由於鑄造多晶矽複雜的來源比較，其原料中的碳含量可能比較高；及
2. **來自於結晶體生長過程**：由於石墨加熱器的蒸發，造成碳雜質會汙染到鑄造多晶矽。

碳濃度的分佈，碳濃度逐漸增加碳的分凝係數為 0.07，遠小於 1。在鑄造多晶矽時，從底部首先凝固的部分開始到上部最後凝固的部分，碳濃度逐漸增加。在晶體矽的上部接近表面處，碳濃度約超過 1×10^{17} cm^{-3}，甚至可以超過碳在矽中的固溶度（4×10^{17} cm^{-3}）。

多晶矽中的金屬雜質

金屬雜質（特別是過渡金屬雜質）在原生鑄造多晶矽中的濃度一般都低於 $1\times 10^{15}\ cm^{-3}$，該值甚小，即使使用兩次離子質譜儀都很難探測到。它們是以單個原子形式，或者以沈澱形式出現。特別是鑄造多晶矽中含有晶界、差排等大量缺陷，使得金屬雜質易於在這些缺陷處形成金屬沈澱，對太陽能電池的效率的劣化產生重要影響。

4-5 矽基晶片型太陽能電池種類與結構

結晶矽太陽能電池的發展早在 1973 年的石油危機時就有商業產品。比起其他直接能隙（如第八章的一些化合物半導體）之光吸收材料，結晶矽材料屬於間接能階，因此在太陽光譜主要吸收範圍內，其光吸收係數相當小，只有 $10^3\ cm^{-1}$，如圖 4-22 所示。為提高光子的吸收數目，結晶矽材料需具有一定厚度，現今所需要之厚度約為 200 μm。

4-5-1 結晶矽太陽能電池的種類

結晶矽太陽能電池可分為**單晶矽**（Single Crystalline Silicon）太陽能電池與**多晶矽**（Polysilicon）太陽能電池[9]。

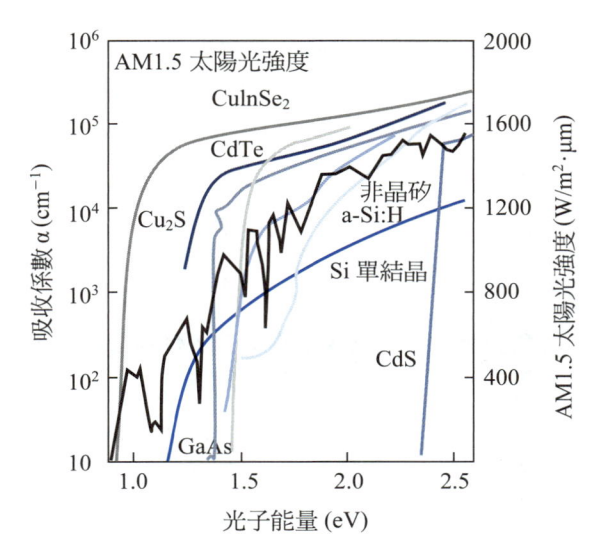

圖 4-22 各種光吸收材料於不同光子能量下之吸收係數

單晶矽太陽能電池

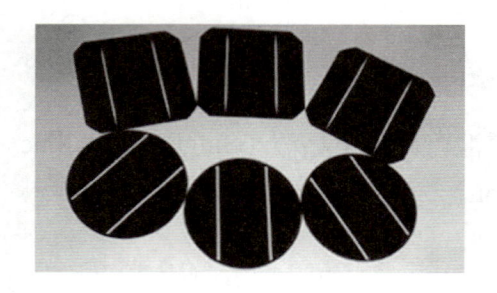

圖 4-23 所示為單晶矽太陽能電池。雖然單晶矽太陽能電池之理論極限效率可達 28% 左右，但扣除一些非理想的製程與結構因素，如第三章所提及之反射、串並聯電阻造成的損失（如圖 4-24 所示）[1]，目前市面上單晶矽太陽能電池效率可達到 16~18%。

單晶矽太陽能電池特點如下：

1. 完整的結晶可讓單晶矽太陽光電池達到較高效率；
2. 因為鍵結較為完全，不易受入射光子破壞而產生**懸鍵**（Dangling Bond），因此光電轉換效率不容易隨時間光衰退，這就是單晶矽太陽能電池最大的優點；
3. 單晶矽太陽能電池之發電特性非常安定，約有 20 年之耐久性等優點，因此可廣泛地適用於商業與民生，甚至發電廠等；

圖 4-23 單晶矽太陽能電池
（圖片來源：http://www.solarworld-usa.com/）

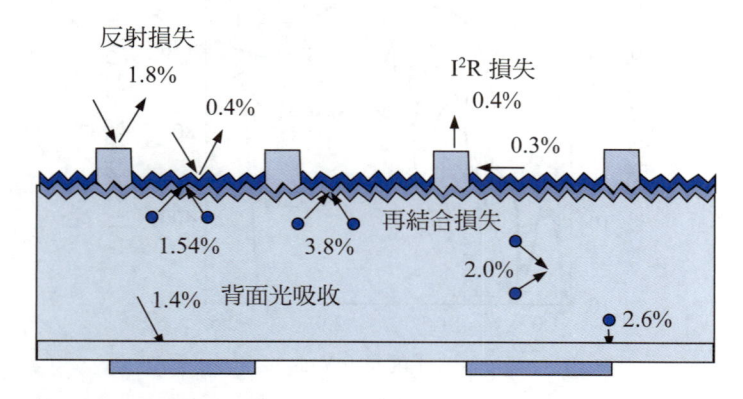

圖 4-24 晶片型矽太陽能電池非理想的製程與結構因素造成之效率損失示意圖

4. 矽原料藏量豐富，且矽工業的製造技術成熟度高；及
5. 雖然矽之密度低材料也輕，但是承受應力強，即使厚度 50 μm 以下之矽薄板也有相當足夠的強度。

多晶矽太陽能電池

圖 4-25 所示為多晶矽太陽能電池，目前市面上多晶矽太陽能電池效率可達到 13~16%。經歷了 50 多年的發展歷程，美國再生能源實驗室提出在 4 cm² 之多晶矽太陽能電池之轉換效率可得 17% 以上。單晶矽太陽能電池雖有較好的優勢，但因為價格昂貴，使得單晶矽太陽能電池在低價市場上的發展較為不易。而多晶矽太陽能電池則是以降低成本為優先考量，其次才是考慮效率。由於多晶矽太陽能電池在原矽材料純度與結晶化的程度比單晶矽低，因此能夠有效地降低成本。此外多晶矽太陽能電池的效率已經逐漸逼近單晶矽太陽能電池，故多晶矽太陽能電池是目前業界製造的主流產品，在矽基太陽能電池的市場占有率超過 50% 以上。

比起單晶矽太陽能電池，多晶矽太陽能電池結晶構造效率較差的主要原因有 [10, 11]：

1. 晶粒與晶粒間存在**結晶界面**（Grain Boundary），該界面上有許多的懸鍵會形成**載子復合中心**（Carrier Recombination Center），會減少自由電子數量而降低電流。因此，理論上結晶顆粒愈大，則效率與單晶矽太陽能電池愈趨接近；
2. 晶界的矽原子鍵結較差，易受紫外線破壞而產生更多的懸鍵。且隨著使

圖 4-25 多晶矽太陽能電池，圖中很明顯可以看到晶界面
（圖片來源：http://www.solarworld-usa.com/）

用時間的增加，懸鍵的數目也會隨著增加，造成光電轉換效率劣化；及
3. 本身含有雜質較單晶矽材料高，且多半聚集在結晶界面雜質之存在使得自由電子與電洞不易移動。

◉ 4-5-2　結晶矽太陽能電池的結構

晶片型單／多晶矽太陽能電池之結構示意如圖 4-26 所示。簡單來說，其結構就是一個具有 p-n 接面的光電元件。其包含有一矽基板、一 p-n 接面結構、一**粗糙面**（Texture）、一**抗反射層**（Anti-Reflection Coating, ARC）、一些導電電極與背面電極 [12, 13]。以下分別簡單說明各組成之功用：

基　板

基板之功用係作為太陽能電池之承載。矽太陽能電池是以矽半導體材料為底材基板，典型基板的厚度約 200 μm，是面積 12.5 cm × 12.5 cm 的 p 型基板。未來的基板厚度將有機會降低至 150 μm 以下，如此可減少材料重量與成本及因吸收紅外線所導致的溫度上升。其實，基板也可以是 n 型，但由於 p 型基板中的少數載子是電子，其擴散係數與擴散距離比 n 型中之少數載子電洞要長，如表 4-2 所示 [2]，因此一般使用 p 型預期可以得到較佳的光電流。

p-n 接面結構

n^+/p 接面之功用係為了形成一最簡單的半導體元件。第二章與第三章提

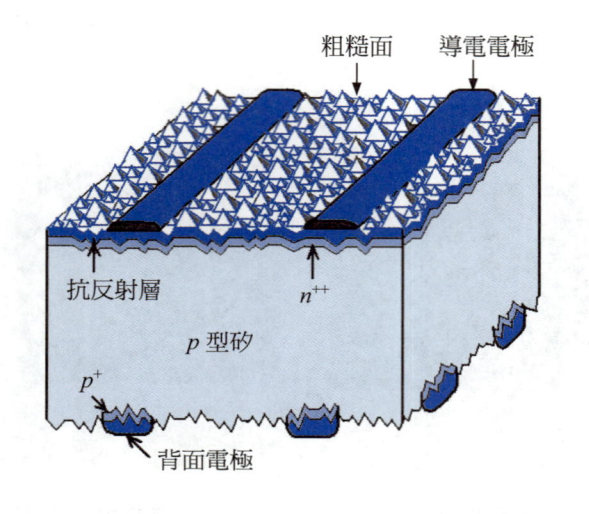

圖 4-26　矽基晶片型太陽能電池示意圖

表 4-2　單晶矽材料的載子物理參數

	n 型	p 型
少數載子	電洞	電子
擴散係數（cm^{-2}/S-V）	~1.5	~35
生命週期（μs）	~1	~350
擴散長度（μm）	~12	~1000

及，在照光下，電子／電洞的形成與移動與該 n^+/p 接面的特性有極大關係。高能量（亦即短波長）的光對矽半導體材料有比較大的光吸收係數，因此可以在元件的表面被吸收而生成電子電洞。但若表面之再結合速率大，則生成之電子電洞對將被消滅。因此要增大光電流，需要降低接面深度在 0.3 μm 以內，並盡量使表面再結合速率小。n 與 p 層的摻雜量是很重要的元件設計參數：

1. n^+ 與 p 層的摻雜量會決定空乏層的大小與其電場強度；
2. 若 n^+ 與 p 層的摻雜量小，則表面再結合速率可以減小，但與電極之接觸電阻會變大而增加串聯電阻；及
3. 若 n^+ 與 p 層的摻雜量大，與電極之接觸電阻會變小而降低串聯電阻值，但表面再結合速率會變大。

典型的 n 型摻雜濃度 N_D 約 10^{20} cm^{-3}，p 型摻雜量 N_A 約 10^{15} cm^{-3}。因此 n 型半導體做為**射極**（Emitter），p 型半導體做為**基極**（Base），且空乏層多在 p 型區域。

粗糙面

粗糙面之功用係藉由光的散射與多重反射，提供光有更長的光路徑。藉此，光子的吸收數目可以增多，以提供更多的電子／電洞的形成。若太陽能電池之光入射面是平坦的鏡面，即使表面已經具有抗反射層，仍無法完全避免光之反射。因此，需配合表面粗糙化結構之設計來增加光子進入元件的數目。粗糙化通常藉由在矽表面以化學侵蝕液所形成（111）面微小四面體金字塔所構成的組織構造。如圖 4-27 所示，因光的行程變長，相當於使用較厚的矽晶片來達到更多的光子吸收。

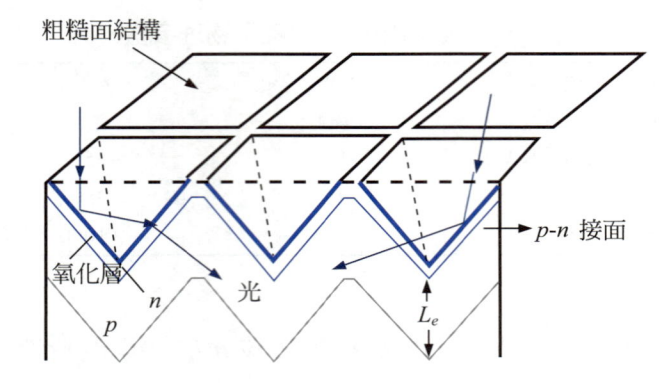

圖 4-27 藉由光的散射，粗糙面結構提供光有較長的光路徑，其中氧化層為二氧化矽，用於表面鈍化，以減少載子之表面復合

抗反射層

抗反射層之功能係減少入射之可見光在矽元件的表面反射。光在不同折射率之面上，通常都會有反射現象，且折射率相差愈大之介面，其反射率也愈大。需要抗反射層之原因係由於矽材料在可見光到紅外線波段 400~1100 nm 之區域內有相對於空氣甚大之折射率 3.5~6.00。亦即在可見光區域有接近 50%，紅外光區域內有 30% 之反射損失。如圖 4-28 所示，在三層物質的界面之電磁波反射係數 R 為 [2]：

$$R = \frac{(n^2 - n_0 \cdot n_{si})^2}{(n^2 + n_0 \cdot n_{si})^2} \quad (4\text{-}12)$$

因此，藉由在空氣與矽表面間置入一特定折射率之介電層做為抗反射層，能有效降低介面反射損失。抗反射層之最佳折射率 n 及厚度 d，滿足：

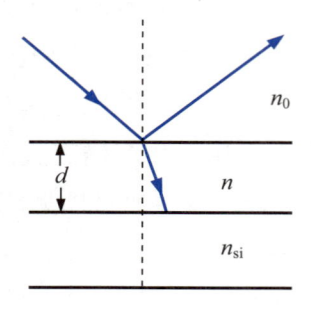

圖 4-28 三層的物質界面之電磁波反射現象

$$n = \sqrt{n_{si} n_0} \qquad (4\text{-}13a)$$
$$\lambda = 4nd \qquad (4\text{-}13b)$$

亦即 $d = \lambda/4n$，其中，n_{si} 為矽之折射率，n_0 為環境之折射率。

由於空氣之 $n_0 = 1$，而矽之 $n_{si} = 3.5$~6，因此適當的抗反射層之 n 為 1.8~2.5。而所需厚度與擬抗反射之光波長有關，由於光的強度在 500 nm 最強，因此可將入射光選為 500 nm，其厚度即可得知。需注意的是，該抗反射層僅是針對某一光波長作抗反射處理，亦即其為一窄頻帶之抗反射匹配。若要得到窄頻帶之抗反射匹配，一般可藉由多層不同抗反射層或週期性結構來達到，但該法會增加製程上的困難度。常見的抗反射層多半是絕緣性的介電材料，如氮化矽（SiN，$n = 2.1$）、二氧化鈦（TiO_2，$n = 2.3$）、氧化鋁（Al_2O_3，$n = 1.86$）、二氧化矽（SiO_2，$n = 1.44$）等 [1, 4]。

圖 4-29 說明單晶矽太陽能電池在各角度與不同抗反射材質之光反射率。一般而言，入射角在 70° 以內，反射率多為定值。僅在矽表面沈積抗反射層，光之反射率一般在 10% 左右。在表面經過粗糙化處理得到組織化構造後，若再增加折射率為 2.25 抗反射層之太陽能電池，其光之反射率一般可降至 5% 以下。

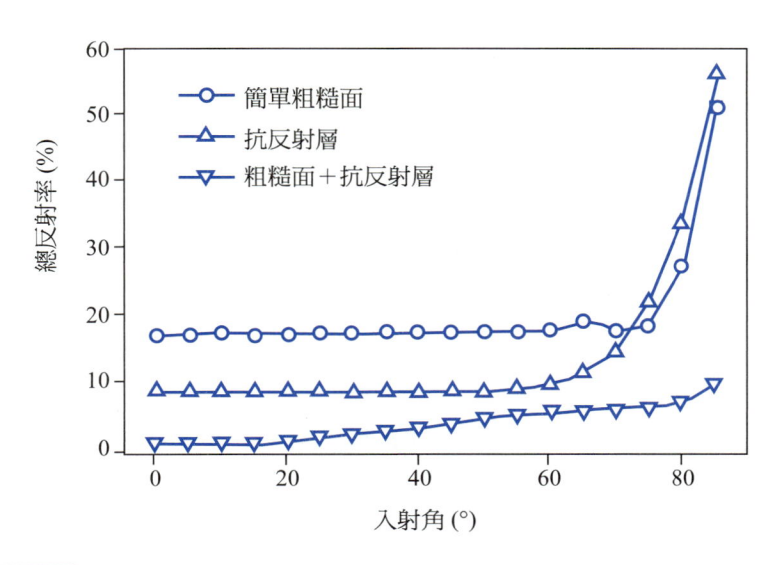

圖 4-29 單晶矽太陽能電池在各角度與不同抗反射材質之光反射率（波長為 633 nm）

上電極

上電極之功用是用於將移動至表面之電子／電洞取出，以形成外部電流提供給外部負載。由於電極與矽材料接觸，為了降低串聯電阻，電極與矽材料必須是良好的歐姆性接觸，亦即是電壓與電流的線性關係。此外，電極在矽材料需有高接著強度與良好之焊接性，以避免當模組照光使用時，電極因為熱漲冷縮而與矽材料表面剝離造成串聯電阻增加。

在上表面，照光面之電極多由數條主要的**主線**（Busbar）所組成。設計電極有兩個考量是互相衝突的：

1. 為了讓移動至表面之電子／電洞愈容易到達電極端，以減少電子／電洞在表面再復合之機率，理論上電極面積需愈大；及
2. 為了避免典型金屬電極阻擋光之入射並造成光之反射，電極所占面積應愈小愈好。

為了將電極設計最佳化，典型作法是在主線電極附近，增加多條次電極線作為手指（Finger）電極。其形狀樣式與面積，由最小的光損失及串聯電阻之雙重因素來決定。一般而言，電極占照光表面面積的 5~7%。目前，典型的矽基太陽能電池之大小約 10 cm×10 cm，其主線電極大致上是 2 條寬度約 1~2 mm 的銀線。

背面電極

背面電極（或稱下電極或底電極），主要功用是將移動至下表面之電子／電洞取出，以形成外部電流提供給外部負載。背面電極的另一功用係用於提供**背向表面電場**（Back Surface Filed, BSF）。由於背面電極多為鋁金屬，在燒結過程中，鋁原子會進入到矽材料中作為摻雜，因此造成矽材料在接面處為重摻雜結構，其能帶圖分佈如圖 4-30 所示。由圖可知，在 p^+ 區形成的高阻障區將可防止方向錯誤之電子進入到底電極，因此可提高開路電壓 V_{oc}。

4-6　矽基晶片型太陽能電池製造技術

太陽能電池的製造可分為前段的元件製程與後段的封裝技術。這兩個技術可以是個別的產業，以供應鏈的方式互相支援。太陽能電池也可以在同一家製造廠直接進行封裝，以太陽能電池模組的方式輸出。

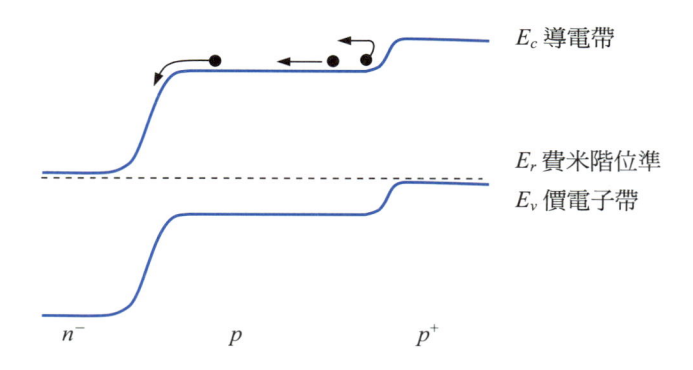

圖 4-30 具有背向表面電場之矽基晶片型太陽能電池的能帶示意圖

4-6-1 前段元件製程

晶片（不論是單晶片或多晶矽）經由切片與蝕刻後，便可以進行太陽能電池元件之製程，製程步驟可以簡單分為七個步驟，每一個步驟都需精確掌握，以避免降低轉換效率。如圖 4-31 所示 [1-4]：

1. **清洗／粗糙面蝕刻**：用去離子水把晶圓表面的雜質汙染物去除；藉由在矽表面以化學侵蝕液所形成（111）面微小四面體金字塔所構成的組織構造來增加光子進入元件的數目。
2. **擴散／射極形成**：利用 5 價元素之高溫熱擴散處理，p 型的基板上形成一層薄的 n 型半導體層，並藉由高溫活化處理以形成 p-n 接面。
3. **磷玻璃去除**：使用氫氟酸（Hydrofluoric Acid, HA）去除磷擴散過程中加熱所造成的磷玻璃。
4. **抗反射層形成**：利用電漿製程沈積一適當厚度之氮化矽層作為抗反射層。

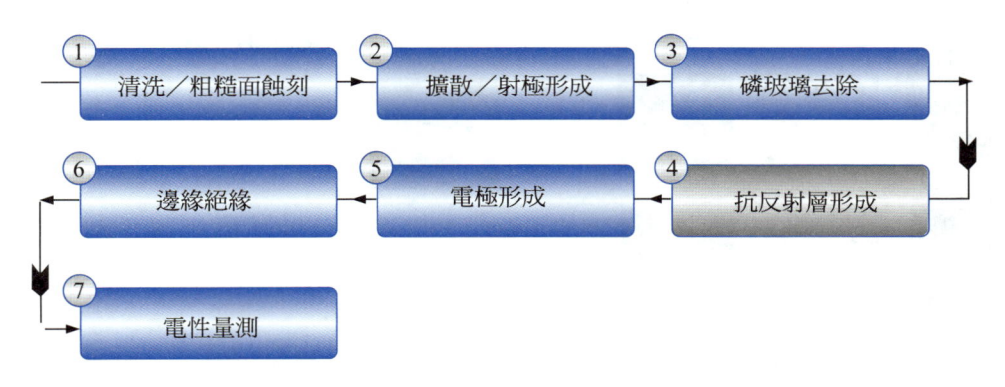

圖 4-31 典型矽基晶片型太陽能電池製程規劃

5. **電極形成**：將完成 p-n 接面的晶圓，用網版印刷銀膠或是用蒸鍍銀的方法，在晶圓的表面形成適當尺寸之銀導體；藉由高溫燒結的過程，銀金屬與矽材料接觸形成導電電極。
6. **邊緣絕緣**：使用機械或雷射在整個基板上將 n 層絕緣，防止短路。
7. **電性量測**：量測電池之開路電壓、短路電流、填充因子與轉換效率等電池特性參數。

需注意的是，各家廠商的製程隨其自動化的設備程度而略有差異，圖 4-31 中的（步驟 6）邊緣絕緣亦可在（步驟 4）抗反射層形成之前完成。如圖 4-32 所示為另一種製程規劃，其係將邊緣絕緣的步驟在磷玻璃去除後進行。以下更進一步說明各步驟的關鍵細節：

1. 清洗處理（cleaning）

該步驟之參數為清洗溶液的濃度、溶液加熱溫度和反應時間。而所使用的容器、外加的氮氣泡泡都會影響晶片的清洗結果。由於暴露於大氣中之矽

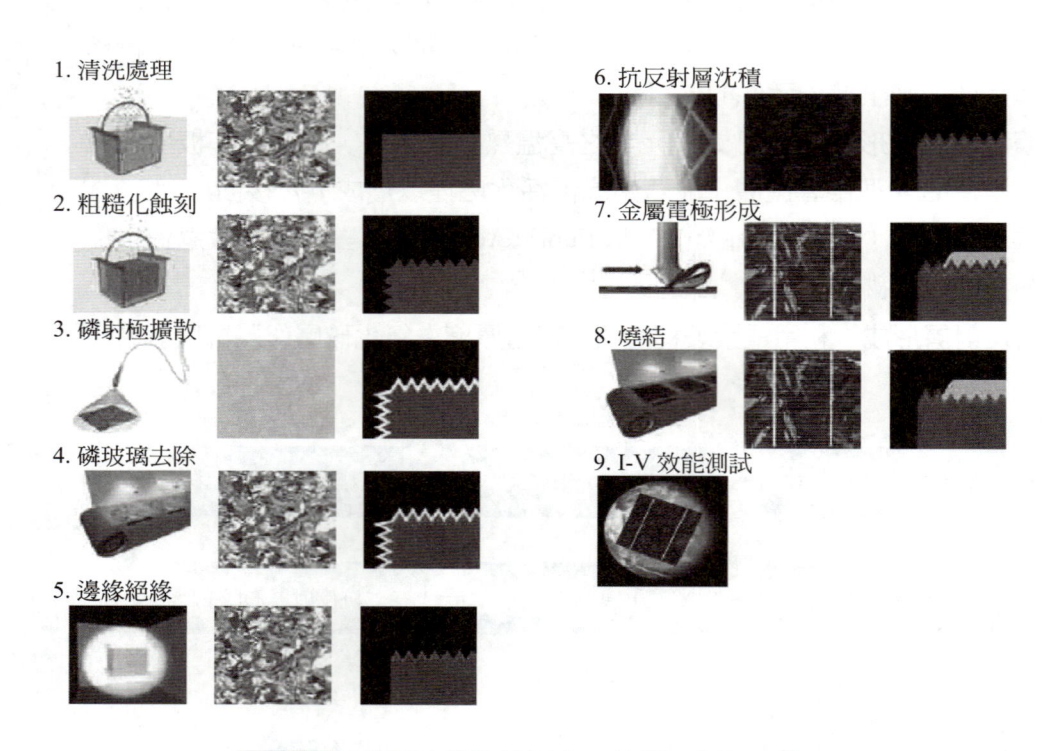

1. 清洗處理
2. 粗糙化蝕刻
3. 磷射極擴散
4. 磷玻璃去除
5. 邊緣絕緣
6. 抗反射層沈積
7. 金屬電極形成
8. 燒結
9. I-V 效能測試

圖 4-32 典型矽基晶片型太陽能電池製程示意圖
（圖片來源：http://www.solarworld.usa.com/.）

晶圓表面會和空氣之氧氣或是水氣反應生成**原生氧化層**（Native Oxide），處理安置晶片的過程也可能會影響晶片的清洗的結果。

2. 粗糙化蝕刻（texturing）

晶片清洗後，其表面要做粗糙面處理以降低入射光之反射率。這個步驟可使用**方向性蝕刻**（Anisotropic Etching）來完成。常用的 NaOH 加異丙醇（Isopropyl Alcohol, IPA）的溶液，對矽晶片（100）表面產生具有 54.74 角度之方向性蝕刻，如式（4-14），而產生大小不一的金字塔形狀表面，如圖 4-27 所示。該步驟之參數為一開始晶片的潔淨程度、NaOH 和 IPA 的濃度及其比例、溶液溫度和反應時間。而所使用的容器、IPA 揮發程度、殘餘的矽酸鈉都會影響到表面粗糙化的結果。

$$Si + 2OH^- + 4H_2O \rightarrow Si(OH)^{2+} + 2H_2 + 4OH^- \quad (4\text{-}14)$$

3. 磷擴散（diffusion, forming the PN junction）

以擴散法在晶片上形成 $p\text{-}n$ 二極體接面。由於考量到少數載子擴散長度，通常使用使電洞較多的 p 型矽晶片，而作 n 型磷擴散，形成一光電轉換效應所需的 $p\text{-}n$ 接面。在高溫擴散爐管中，一般是使用 $POCl_3$ 加上氧氣與氮氣進行擴散反應，一般在 900°C 左右，擴散約 20~50 分鐘，其反應式為：

$$4POCl_3 + 3O_2 \rightarrow 2P_2O_5 + 6Cl_2 \quad (4\text{-}15a)$$
$$2P_2O_5 + 5Si \rightarrow 4P + 5SiO_2 \quad (4\text{-}15b)$$

其中式（4-15b）產生的磷原子經由高溫擴散方式進入到矽晶格內，其擴散濃度約 $1\sim10^{19} \sim 2\times10^{20}$ cm^{-3}，而擴散深度約 0.3~0.5 μm。該步驟之參數為磷的濃度、氧氣和氮氣的流量、爐管中對時間的溫度曲線等因素決定。而擴散結果決定擴散接面的深度、擴散面的**片電阻**（Sheet Resistance）等，其中擴散面的片電阻可由**四點探針量測儀**（Four-point Probe）得知，一般值約 40 Ω/□。

4. 磷玻璃蝕刻（phosphorus glass etching）

磷擴散過程中加熱所造成的**熱氧化反應**（Thermal Oxidation），加速矽晶圓表面氧化反應，並形成二氧化矽（Silicon Dioxide），一般稱為磷玻璃。該步驟也可以使用電漿或化學蝕刻製程進行。一般使用氫氟酸進行酸洗去除磷玻璃，其化學反應式為：

$$SiO_2 + 6HF \rightarrow H_2SiF_6 + 2H_2O \qquad (4\text{-}16)$$

其中產物 H_2SiF_6 可溶於水而被移除。

若以電漿蝕刻處理，其通常將晶片堆疊放置，使用 CF_4 加上 O_2 形成蝕刻氣體以去除二氧化矽。其參數為晶片堆疊放置的方式、作用時間、RF 的頻率與功率、CF_4 與 O_2 氣體的流量以及兩者的成份比例。

5. 抗反射層沈積（anti-reflective coating）

理論上，作為抗反射層的材料可以有許多選擇，如第 4-5-2 節所述，但目前仍常用氮化矽（Silicon Nitride, SiN）作為抗反射層，其原因為[6]：

1. 氮化矽與矽材料互為製程相容的材料；及
2. 氮化矽之製程氣體來源中的氫氣具有修復或**鈍化**（Passivation）矽材料表面懸鍵的功用，可適度減少表面復合的現象，如圖 4-33 所示。

為了降低矽基晶片型太陽能電池的製造成本，製程盡量不採用真空設備。然而，為了氮化矽做為抗反射層，一般常用**電漿增強化學氣相沈積**（Plasma Enhanced Chemical Vapor Deposition, PECVD）的方法，在矽晶片上沈積一層氮化矽。如圖 4-34 所示，製程設備為一連續式腔體，晶片經由預熱區進入製程腔體，腔體中通入氣體為矽烷（Silane, SiH_4）和氨氣（Ammonia, NH_3），其化學反應式為：

$$SiH_4 + NH_3 \xrightarrow{\sim 300^\circ C} SiN:H + 3H_2 \qquad (4\text{-}17a)$$

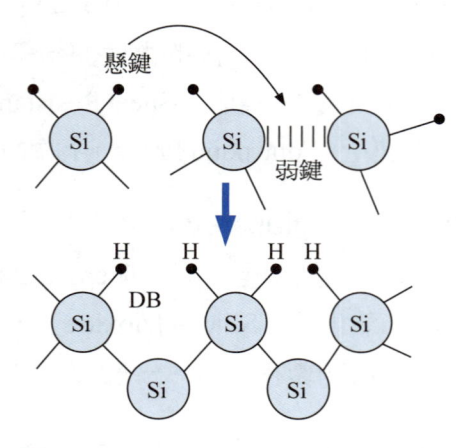

圖 4-33　氫氣具有修復矽材料表面懸鍵的功用

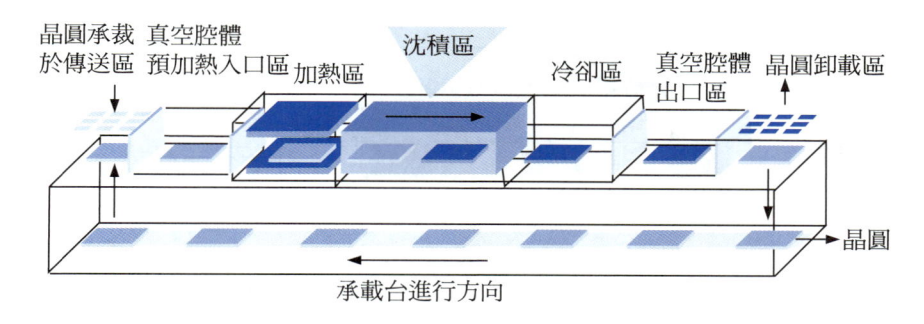

圖 4-34 電漿增強化學氣相沉積方法製備氮化矽之設備示意圖

也可使用 SiH_4 和 N_2，其化學反應可表示為：

$$2SiH_4 + N_2 \xrightarrow{\sim 300°C} 2SiN:H + 3H_2 \qquad (4\text{-}17b)$$

其中電漿增強化學氣相沉積的 SiN 實際上是一富含氫的非晶結構，一般表示為 a-SiN:H，其顏色以藍色為主。若鍍層厚度不同，也可能呈藍紫色或淺藍色，如表 4-3 所示[9]。

該步驟之製程參數為鍍膜腔體工作壓力、工作功率、腔體電極之形狀、反應時間、基板溫度、氣體流量與其成份比例等因素。該製程結果決定所鍍膜之成份組成、矽／氮比例、氫含量、光學能隙、密度、折射係數、介電常數、介電強度、片電阻和應力。

6. 金屬電極

太陽能電池於晶片正反面具有粗細電極。雖然導電電極可以用網版印刷或用蒸鍍方法來製作，但為了成本與大量生產的製程需求，網版印刷銀導體是目前較合理的技術。

圖 4-35 所示為**網版印刷**（Screen Printing）的過程，可區分為**接觸式**（Contact Mode）與**無接觸式**（Off-Contact Mode）兩種。目前較常使用的網

表 4-3 矽基晶片型太陽能電池不同氮化矽（抗反射層）厚度之顏色

厚度（nm）	顏色
~400	綠
~200	紅
~150	金
~80	藍

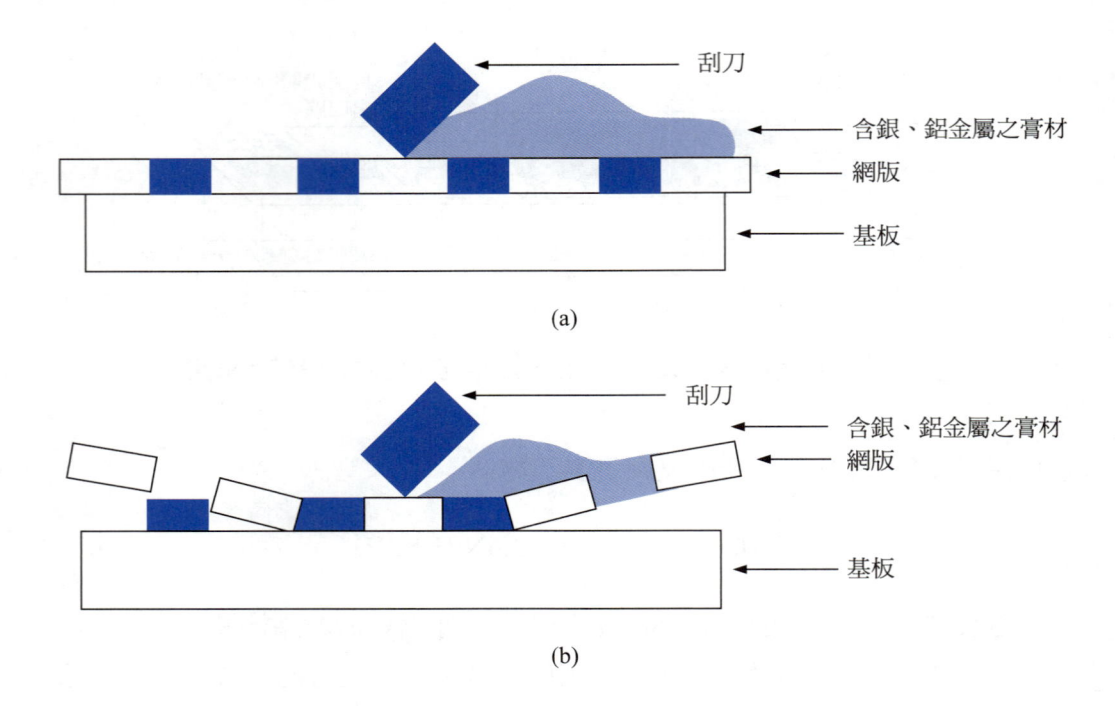

圖 4-35　(a) 接觸式網印；(b) 無接觸式網印

印技術，其解析度大約可以達到 50 μm，相當於一根頭髮的寬度。網印技術為使用刮刀將**膏材**（Paste）刷過具有電路圖形的網版或金屬板，用以在基板表面形成所需之圖示。經由烘烤將其中的高分子**載劑**（Vehicle）除去。常見的網版是不鏽鋼絲製成的網布，在膏材可以透過的情形下，網布上的孔必須盡可能的密集。網印過程中所使用的膏材，其顆粒都必須能透過細小的網孔。因此，製作的環境需加以管制，以免灰塵雜質的污染。其中，網印的膏材由導電粒子、樹脂、溶劑、黏結劑與微量添加劑組成，藉由樹脂和溶劑形成了類似麥芽糖的黏稠載體，將導電粒子及玻璃粉均勻分散其中。

　　電極製作係使用網印將金屬膏印製在晶片上，其中金屬膏的成份一般使用含銀、含鋁之漿料。如圖 4-36 所示[9]，該製程分三段進行，第一段印製正面之上電極，第二段印製背面粗電極，第三段則以鋁漿印滿反面其餘面積。各段之間均需經過烘乾爐將金屬膏硬化，並使用光學檢測系統確保定位之正確。

7. 燒結（firing, metallization）

　　如圖 4-37 所示，金屬漿料經過網印、烘乾之步驟，需經過高溫燒結製程

圖 4-36 正反面粗細電極之形成

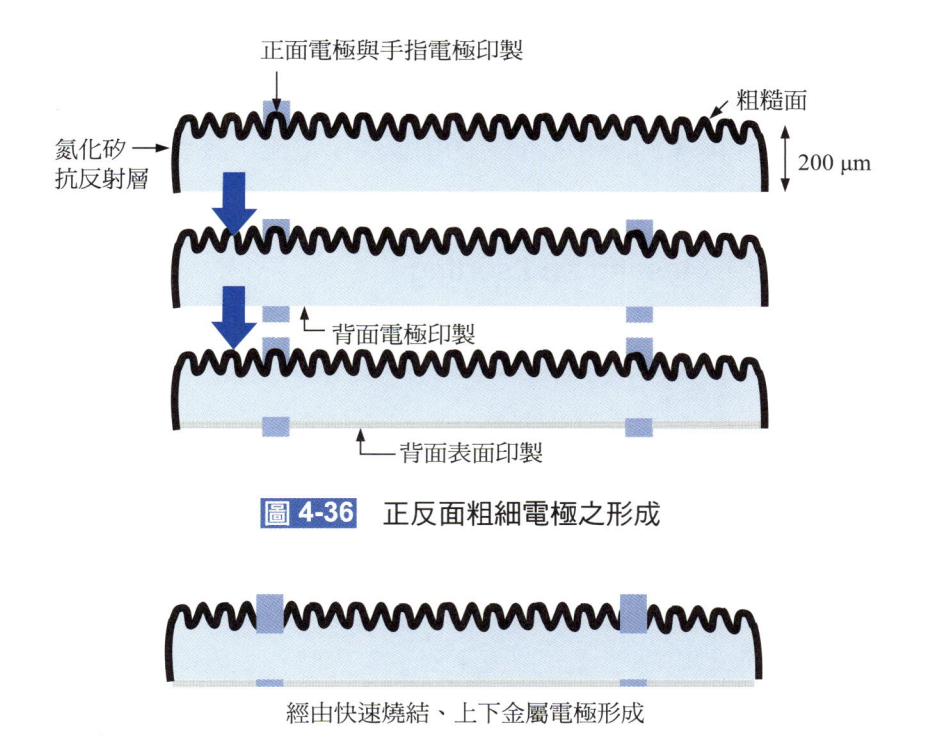

圖 4-37 經過高溫燒結，金屬膏材能穿透正面氮化矽鍍層並滲入矽晶片表層，上下電極得以形成

才能穿透正面氮化矽鍍層，並滲入矽晶片表層形成金屬間之**歐姆接觸**（Ohmic Contact），以緊密結合將電子／電洞所產生之光電流導出。然而，金屬膏燒結過程時，溫度的控制是影響歐姆接觸效果最重要的一個因素。此外，燒結時晶片放置方式與傳送速率，對於產品效率以及粗電極可焊性、焊接強度皆有影響。

燒結主要目的為除去金屬膏中之有機成分，並將其中的無機粉體燒結成堅固且緻密的結構。在燒結的過程中，溶劑會揮發，存留下的少許玻璃會將導電粒子彼此黏結形成導電通路。在經過攝氏 500℃ 的燒結後，銀金屬依舊能保有良好的導電性。燒結步驟雖然簡單，但若燒結條件（包含燒結溫度、持溫時間與降溫速率）未掌握好，會導致電極阻值上升，增加串聯電阻 R_s 的阻值，而降低了短路電流密度與效率。

8. 晶片邊緣絕緣（edge isolation）

在擴散製程後，整個 p 型晶片就會被一層 n 型 doping 層包覆。以 p 型矽晶片製作之太陽能電池正面為負極（－），背面為正極（＋）。如圖 4-38 所示，為避免正負兩極之間在晶片邊緣有短路之現象，需以雷射光束沿晶片邊緣處切割出一道深度超過 p-n 接面之凹槽以導出電流。該步驟也可以使用電漿或化學蝕刻製程進行。

9. 效能測試分類（testing and sorting）

生產線上的太陽能電池完成後，需以自動化設備檢測正反面外觀、量測光電轉換效率等電性資料，再依據各公司設定之產品分類定義進行篩選分類。

4-6-2　後段封裝與模組

矽基太陽能電池的典型輸出電壓約為 0.6～0.7 V，輸出電流密度為 20~35 mA/cm^2。如圖 4-39 所示，為了得到特定使用之高電壓或高電流模組，太陽能電池需依據各公司設定之產品規格進行串聯或並聯的組合以形成一模組。串聯時，太陽能電池的電壓加成而電流不變。並聯時，太陽能電池的電流加成而電壓不變。

圖 4-40 所示，太陽能電池模組的製造過程主要有以下步驟：銅箔接線→層壓→固化→裝邊框→接端子線盒→性能測試 [4, 12]。

1. 銅箔接線：太陽能電池在串並聯時，模組需要將其連接起來。串聯時，

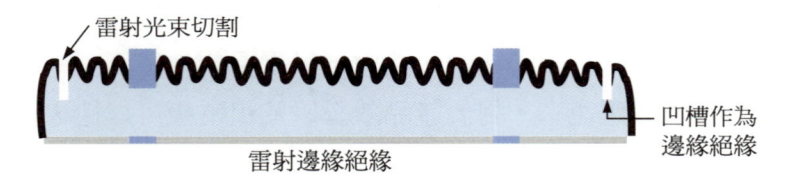

圖 4-38 以雷射光束沿晶片邊緣處切割出一道凹槽作為邊緣絕緣

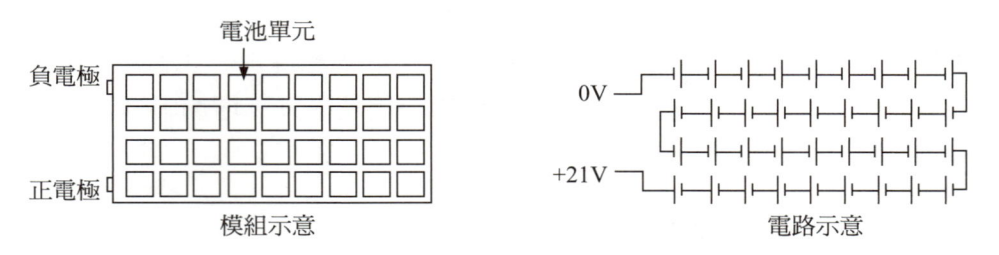

圖 4-39 太陽能電池模組的串聯以得到大電壓輸出示意圖

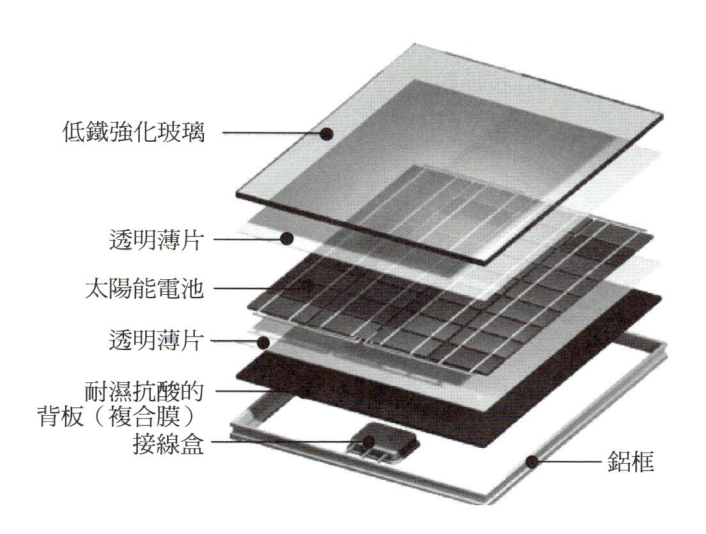

圖 4-40 矽基晶片型太陽能電池模組中的次組成結構

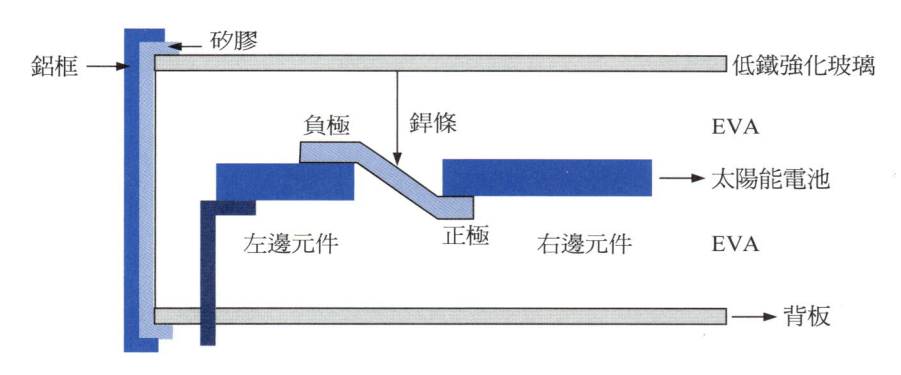

圖 4-41 晶片型太陽能電池模組的串聯連接示意圖

係將第一電池之負極接到第二電池之正極,如圖 4-41 所示。接線方法就是利用**焊條**（Ribbon）按需要的太陽能模組並聯好,最後匯出一條正電極與一條負電極。

為符合環保規範 RoHS,焊條選用包覆之無鉛錫料,將太陽能板所產生之電力由端電極傳導至**接線盒**（Junction Box）,以供利用。接線時需注意以下幾點:

(1) **電流匹配**：太陽能電池串聯後,總電流與最小電池模組產生的電流需一致,因此每片太陽能電池的品質也需一致;

(2) **良好的焊點強度**：焊接時需把握好焊點接觸時間,盡量一次焊成。若反覆焊接,模組上之電極容易脫落。此外,焊點表面若不平整會影響

後續電池封裝，提高封裝失敗率；以及

(3) **溫度匹配**：在實際使用時，太陽能電池的溫度上升，導電電極與焊條的溫度係數若相差太多，將造成焊條自電極上脫落，一般可在兩者之間使用導電高分子材料來作為緩衝，減少導電電極與焊條的溫度係數不同的影響。

2. **層壓**：層壓功用在將太陽能電池與背部封裝材料緊密貼合。電池模組焊接好後，層壓前一般先檢查焊接好的太陽能電池有無短路、斷路，然後按照比玻璃面積大的尺寸裁製 EVA 膠（Ethylene Vinyl Acetate, EVA），依序將低鐵強化玻璃－ EVA －電池－ EVA －**背板**（Back Sheet）層疊好，放入層壓機層壓。EVA 是乙烯和醋酸乙烯酯的共聚物，由於分子鏈上加了乙酸乙烯單體，可降低共聚物的結晶度，提高其透明度與密封性。固化後之 EVA 膠之透光率需大於 90%，與玻璃之剝離強度需大於 30 N/cm。其供應廠商有 Mitsui（日本）、Bridgestone（美國）、Krempel（德國）、Coveme（義大利）……等，可依膠合強度、硬化時間等進行選擇。

　　低鐵強化玻璃之厚度約 3~3.5 mm，在 320~1100 nm 光波長之透光率達到 90% 以上。背板之功用在提供太陽能板上鍍膜層有效之保護，其特性要求高防水、防燃性與高阻氣性，以使太陽能板能達到使用 20 年以上之目標。目前較常見背板組成結構為聚氟乙烯（Tedlar）復合薄膜，背板也可以使用低鐵強化玻璃，達到透光功效。

　　層壓過程中需注意事項[12]：

(1) **消除 EVA 中的氣泡**：消除 EVA 中的氣泡是封裝成敗的關鍵，層疊時進入的空氣與 EVA 互相反應產生的氧氣是形成氣泡的主要原因，應該重新設置工作抽氣與層壓時間；及

(2) **避免 EVA 的高溫老化**：EVA 係有機高分子材料，在高溫中易加速其老化，應在 EVA 可以良好封裝的條件下，避免工作溫度過高。

3. **固化**：從層壓機取出的太陽能電池之 EVA 與玻璃附著度不佳，需藉由烘箱進行固化。固化條件主要是烘箱溫度（約 135℃ 至 145℃）與固化時間（15 分鐘至 30 分鐘）。部分層壓機設備可以讓 EVA 在層壓機內直接固化。

4. **模組系統化**：太陽能電池模組在組成一系統時，各模組間須並聯一**旁路**（Bypass）二極體，如圖 4-42 所示。若系統中有某模組無法發電或斷路

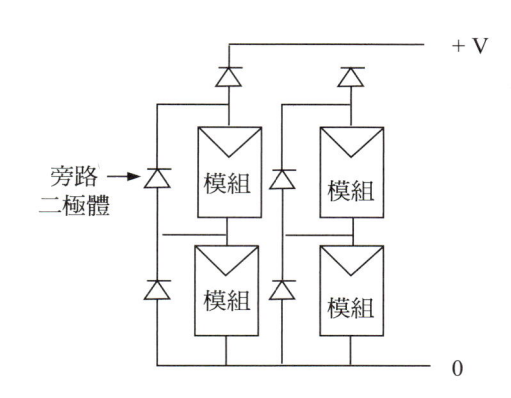

圖 4-42　並聯旁路二極體之太陽能電池系統

時，電流將由旁路二極體流過，而不至於造成系統的溫度上升，並影響整個系統之使用。

4-7　前瞻性製造技術

雖然矽基晶片型太陽能電池已經量產數十年，但提升太陽電池的轉換效率仍一直是產學研界努力的目標，許多建議方向如下：

1. 將金屬電極埋入基板中或將金屬電極作成手指狀，以減少串聯電阻並增加入射光的面積；
2. 將表面製成週期性組織結構，並加入多層抗反射層，以減少光的反射量；及
3. 在金屬與矽的接合處加入保護層（典型為薄二氧化矽），降低金屬與矽接合處之缺陷，可有效降低表面復合現象。

為了提升太陽能電池的轉換效率，有許多前瞻的製程方法或其構造的改良被提出，常見如下 [13-27]：

1. **射極保護型**（Passivated Emitter Solar Cell, PESC）。
2. **微孔洞射極保護型**（Micro Grooved Passicated Emitter Solar Cell, μg-PESC）。
3. **射極保護背面全面擴散型**（Passivated Emitter, Rear Totally Diffused, PERT）。
4. **射極保護背面局部擴散型**（Passivated Emitter Rear Locallly Diffused,

PERL）。
5. **點接觸式太陽能電池**（Point Contact Cells）。
6. **埋入式電極**（Buried Contact）。
7. 具有本質薄膜之**異質接面太陽能電池**（Heterojunction with Intrinsic Thin Layer, HIT）。
8. **球狀矽太陽能電池**（Spherical Silicon Solar Cell）。

以下簡單說明數種典型高效率矽基太陽能電池元件之結構與效能。

4-7-1 高效率單晶矽太陽能電池

高效率矽基太陽能電池多採用單晶矽作為基板，早期將射極鈍化以提高效率，例如射極保護型元件，在未使用逆金字塔結構之設計下，該電池結構簡單與製成容易，且效率可達到 20% 左右。點接觸式太陽能電池將電極均做在同一面，如此可增加入射光的面積，且易於焊線。

埋入式電極式太陽能電池如圖 4-43 所示。其特徵為利用雷射光於金屬電極接觸位置蝕刻出約 20~50 μm 深之溝槽結構，將金屬電極利用電鍍方式埋入溝槽之中以減少金屬電極的遮蔽效應，亦可以降低串聯電阻，效率可達到 21.3%，其大面積模組效率可達 17.5~18%。

射極保護背面全面擴散型（PERT）結構開發已久，至今日仍有研究探討

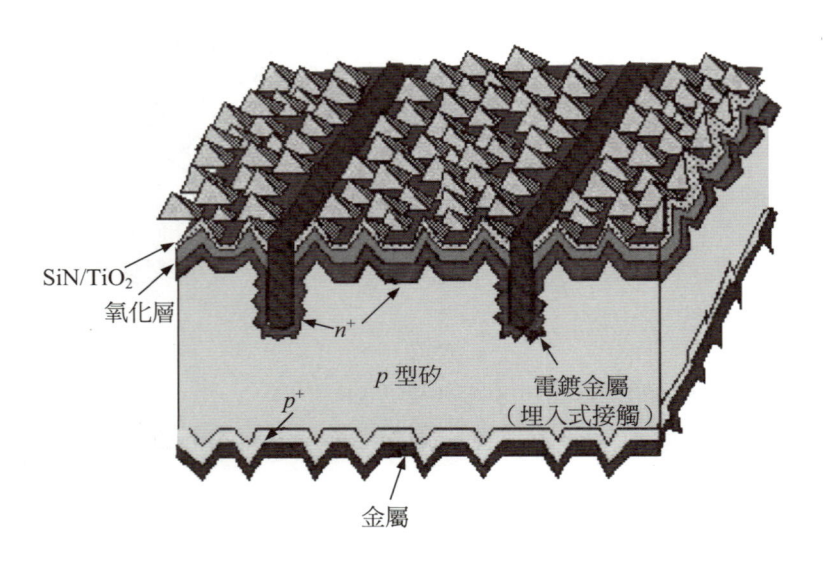

圖 4-43 埋入式接點太陽能電池結構

之價值，與 PERL 結構上的不同在於背部之表面電場為全部擴散，此項結構的缺點在於多數載子在邊界上會有復合的問題，如圖 4-44 所示，在經過局部及全部之雙重擴散後，有明顯改善。利用浮區生長法等級製造之矽晶片所製成的矽基太陽能電池，效率可達到 24.2% [14, 15]。

高效率單晶矽太陽能電池以澳洲新南威爾斯大學（University of New South Wales, UNSW）所開發之射極鈍化背後局部擴散元件最著名，其結構如圖 4-45 所示 [6, 14, 15]。

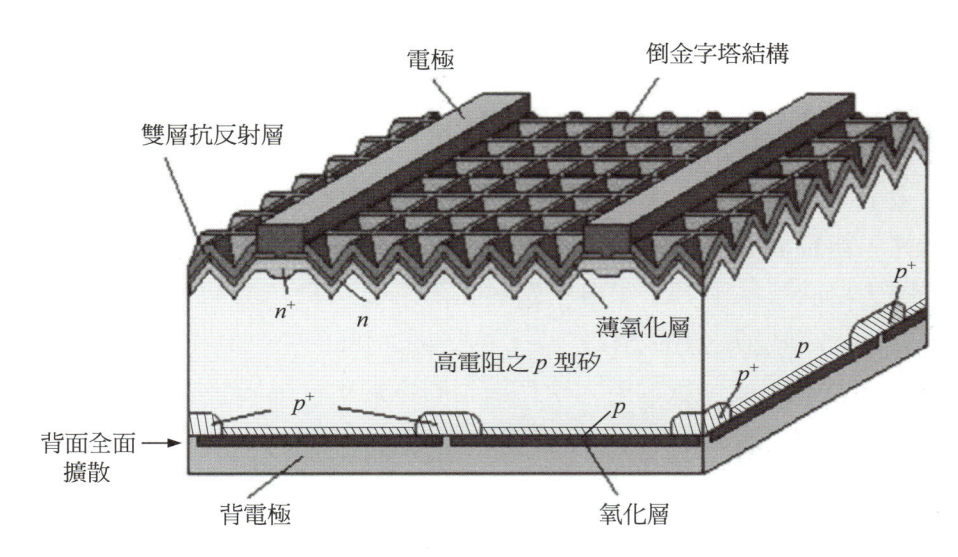

圖 4-44 射極保護背面全面擴散型結構之矽基太陽能電池

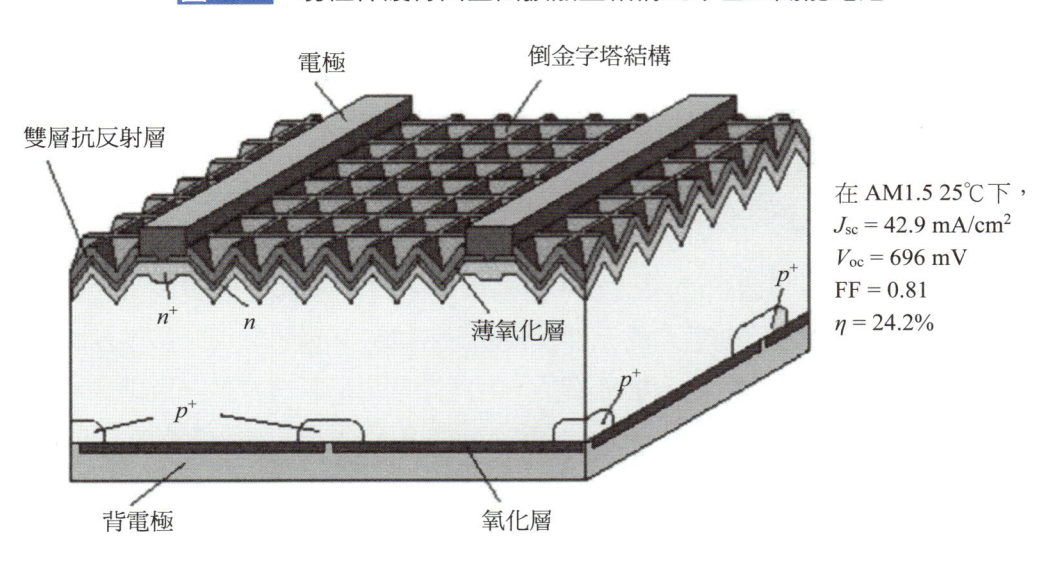

在 AM1.5 25℃下，
J_{sc} = 42.9 mA/cm^2
V_{oc} = 696 mV
FF = 0.81
η = 24.2%

圖 4-45 射極鈍化背後局部擴散太陽能電池

與傳統矽基電池太陽能電池比較，其特徵如下：

1. 該結構係採用**逆金字塔構造**（Inverted Pyramids Texture）來增加吸收光線，搭配氟化鎂（MgF_2, $n = 1.38$）與硫化鋅（ZnS, $n = 2.4$）雙重抗反射層的塗佈來增加光線吸收，可增加 3% 的電流；
2. 利用熱氧化鈍化矽表面邊界，以避免移動載子於邊界復合。背後局部擴散的設計形成了後表面電場（參考圖 4-30），反彈少數載子與增加多數載子；及
3. 於接觸位置使用硼摻雜以降低接觸電阻，但早期的固體摻雜使得載子的生命週期下降，所以使用 BBr3 液態源摻雜，更由於局部擴散的設計，避免了多數載子在邊界上的復合。

逆金字塔結構在接近 90° 之光線反射率，遠低於其他各種結構。接近 90° 之入射光，粗糙表面多形成逆金塔結構。但其在矽表面邊界之鈍化是需要克服之難題。目前可採用 KrF 準分子雷射脈衝系統（$\lambda = 248$ nm）沈積鈍化之抗反射層以提高載子之生命週期。

1990 年代後，新南威爾斯大學持續對射極鈍化背後局部擴散太陽能電池做出以下的研究與改良：

1. **氫原子鈍化**（Atomic Hydrogen Passivation），以避免移動載子於矽表面邊界復合，其係採用鋁與二氧化矽中之氫原子，進行 370°C 之熱退火處理；
2. 改變線寬以提供低的遮光比例，也減少了接觸所造成的復合情形，並且提供高的開路電壓；
3. 使用 PBr3 作射極端之擴散，提升開路的電壓；及
4. 改善手指狀電極的配置位置，以減少側面電阻。

目前實驗室所製造出的超高效率矽基太陽能電池，其元件與模組之轉換效率幾乎都可以超過目前量產的元件與模組效率 15~16%。然而，這些前瞻結構的製造過程多半過於複雜，量產不易，因此商業化仍有待降低其製造成本。

4-7-2　具有本質薄膜之異質接面太陽能電池

圖 4-46 所示為日本三洋電機開發出的非晶矽／單晶矽異質太陽能電池，其具有單晶矽的穩定性與高效率，更具備了全程以低溫製作（< 250°C）之

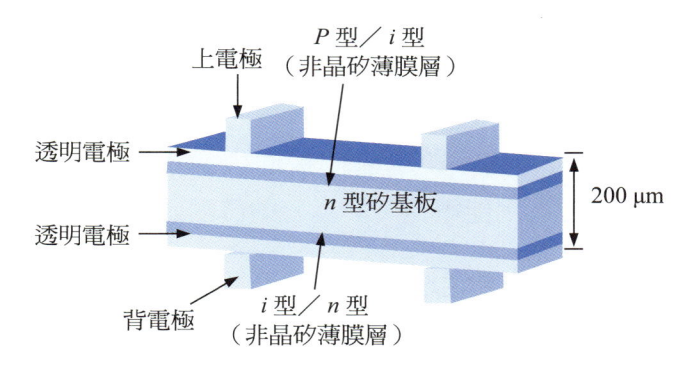

圖 4-46　具有本質薄膜之異質接面（非晶矽／單晶矽）太陽能電池結構

優點[25]。

主要電池結構與製程如圖 4-47 所示：

1. 與傳統製程不同的是以 PECVD 製程取代高溫摻雜製程以製作 *p-n* 接面；
2. 利用表面有金字塔構造之柴式法晶片，以電漿輔助式化學氣相沈積於正

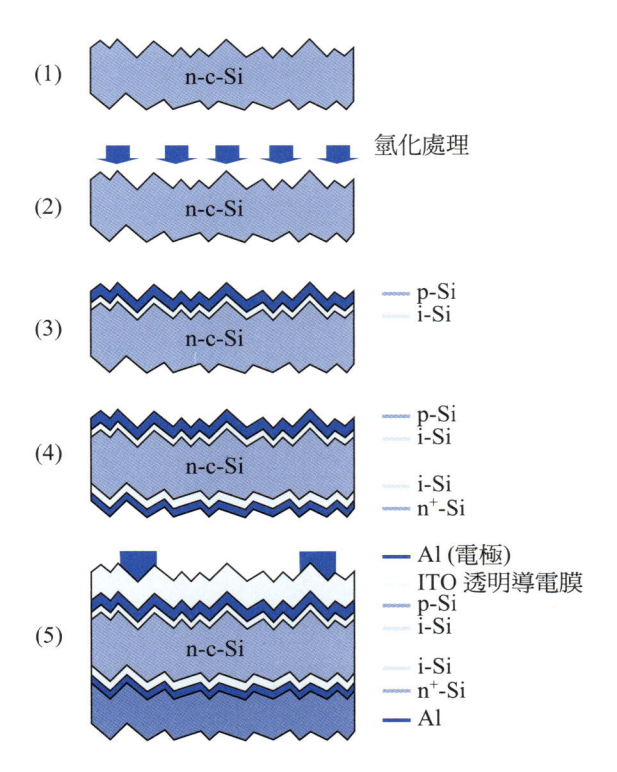

圖 4-47　具有本質薄膜之異質接面（非晶矽／單晶矽）太陽能電池結構

面製作一層 i 層與重摻雜 p 層以形成 p-i-n 接面；及
3. 於背面成長一層 i 層與重摻雜 n^+ 層以形成後表面電場的效果。

其中，i 層可用以填補非晶矽與單晶矽接面處發生之缺陷，以增加轉換效率。相較於傳統單晶矽太陽能電池，其具有的優點如下：

1. 矽異質太陽能電池無須高溫爐管製程，可降低生產耗能並縮短製程時間；
2. 藉由非晶矽材料之高能隙特性，可有效增加短波長光的利用；及
3. 與傳統單晶矽太陽能電池相比，其具有較高之轉換效率。

效率改善趨勢

矽異質太陽能電池開發至今，結構經過數次修正，圖 4-48 為具有本質薄膜之異質接面（非晶矽／單晶矽）太陽能電池的效率改善之發展沿革，由左至右演進，效率由 12.3% 提升至高於 21.5%，過程主要分為四階段：

1. 第一階段——p-n 基本結構：僅用 n 型矽晶片鍍上 p 型非晶矽膜以形成 p-n 接面，以 ITO 當做輔助電極，再加上電極便告完成，但因為此結構的非晶矽膜與單晶矽接面的缺陷過多，導致元件效率不佳。
2. 第二階段——非晶矽本質層之引入：採用一層薄 i 層安插在單晶矽與非晶矽層間，藉此減少介面處的缺陷，可使元件效率改善至 14.8%，但該

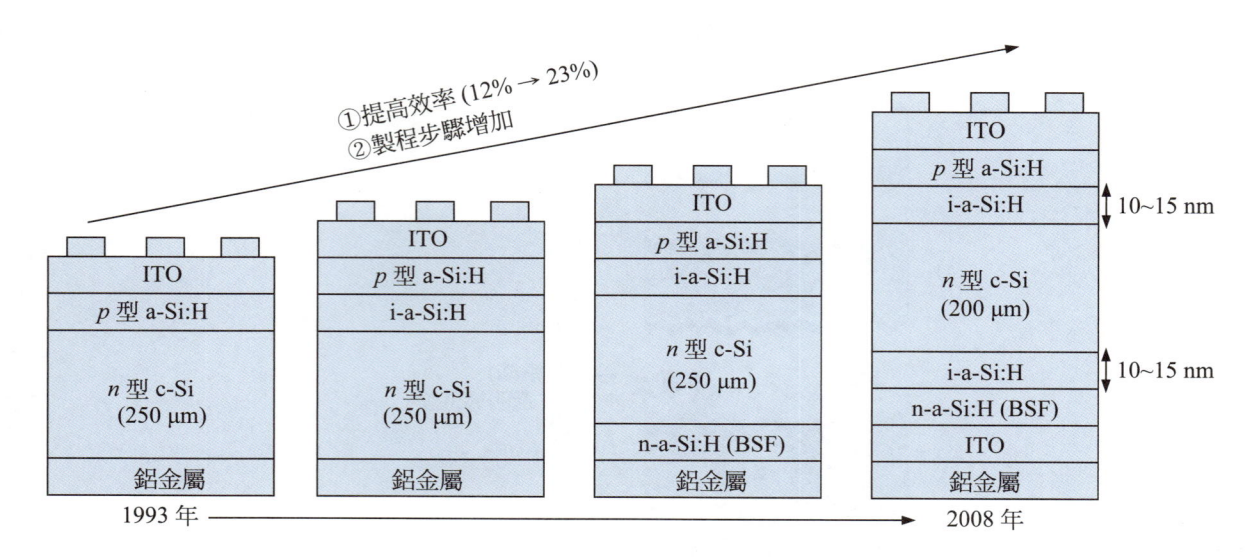

圖 4-48 具有本質薄膜之異質接面（非晶矽／單晶矽）太陽能電池提高效率之發展沿革

階段元件尚無晶片表面粗糙結構化。
3. 第三階段──雙面非晶矽本質層之引入：除了正面薄 i 層的引入外，更在元件背面鍍上一層 n^+ 層當作背面表面電場（BSF），並且晶片的表面有經過濕蝕刻形成表面粗糙的光捕捉結構，如此可將效率提昇至 19.5%。
4. 第四階段──背面透明導電層之引入：除了正面有 i 層，背面的 BSF 與矽晶片間也有 i 層當緩衝，並且在背面也鍍上一層 ITO 當作鹼金屬擴散阻障層，如此可將效率再更進一步提升至 21.5%。

關鍵技術

將效率由原本的 12.3 % 提高至 23.0%，其關鍵技術在於採取了以下措施：

1. 改善製程條件來降低單結晶矽電池形成非晶矽薄膜時的損傷，以減少載子的再復合，開路電壓（V_{oc}）即可從原來的 0.725 V 提高到 0.729 V；
2. 抑制非晶矽薄膜和透明導電膜各自的光吸收，減少了光吸收損失，短路電流密度（J_{sc}）從原來的 39.2 mA/cm^2 提高到 39.5 mA/cm^2；及
3. 降低電極材料的電阻，以減少了電阻損耗，填充因子從原來的 0.791 提高到了 0.80。

至目前為止，日本三洋電機在具有本質薄膜之異質接面（非晶矽／單晶矽）太陽能電池申請了 13 件以上之美國專利以鞏固其商業價值。因此，日本三洋電機提出使本質薄膜之異質接面（非晶矽／單晶矽）太陽能電池具有競爭利的策略，包含：

1. 延伸現有的技術，在微結矽膜中摻入微量的鍺或結合量子點及波長轉換材料等新一代技術，將電池單元轉換效率提高至 24%；
2. 提高量產能力方面，開發了局部存在的電漿法，提高原料氣體的濃度，並讓均勻的高密度電漿存在於大型基板附近，進而提高鍍率到 4 nm/ sec；
3. 降低晶片厚度，將目前約 180 μm 持續減至 150 μm 以下；
4. 採用多晶矽晶圓，製作更低成本之多晶本質薄膜之異質接面（非晶矽／單晶矽）太陽能電池；及
5. 增加投資與擴大業務規模，至 2010 年累計投資 400 億日元以上，並將該公司的太陽能電池業務規模擴大至目前的 3 倍以上。

4-7-3　球狀矽基太陽能電池

由於矽晶圓材料占據整個矽基太陽能電池模組成本結構約 45%，且多晶矽原料有發生短缺的風險，解決之道就是減少矽晶圓材料的使用。因此藉由減少矽晶圓的厚度來降低矽晶圓材料成本被視為一重要研發，其中球形矽太陽電池便是以這個動力出發之次世代矽基太陽能電池技術。若進一步提升其轉換效率，該技術應可達到實用化產品。

圖 4-49 為球狀矽基太陽電池之結構[26]。典型與新型球狀矽基太陽電池主要包含有一 p 型球狀矽、一 p-n 接面、一對 p 電極與 n 電極。而新型球狀矽基太陽電池結構更包含一組高倍率聚光反射鏡（Concentration Reflector）。該結構與傳統矽基太陽電池類似，差異即在於非平面之球狀矽基接面，其特點是 [4]：

1. 球狀矽基太陽能電池使用的矽材料量大約為矽晶圓材料的 1/5；
2. 新式的球形矽基太陽能電池加上反射鏡（Reflector Cup），矽材料使用量可進一步降低到 1/10；及
3. Ritsumeikan University 模擬指出，在無抗反射層條件下，附有四倍聚光反射鏡之球狀矽基太陽電池經理論計算：開路電壓 V_{oc} = 709 mV，短路電流密度 J_{sc} = 40.9 mA/cm^2，填充因子 FF 達到 82.7%，效率約在 12.4%，如圖 4-50 所示。

球狀矽基太陽電池的製作

典型製作流程與步驟如圖 4-51 所示 [4, 26]：

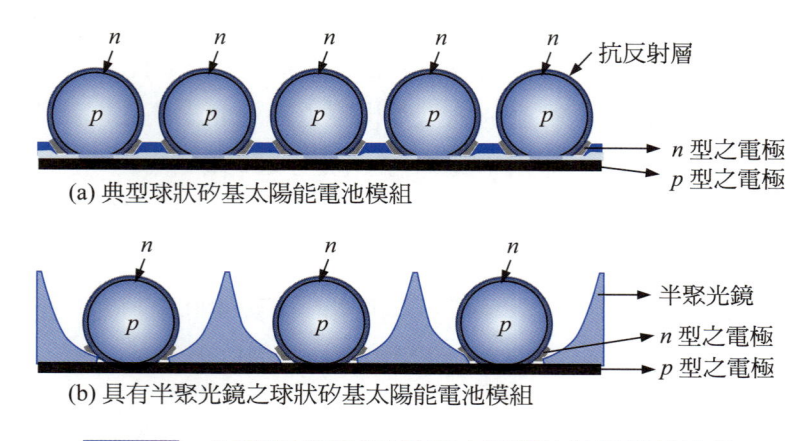

圖 4-49　典型與新型球狀矽基太陽電池結構與其模組

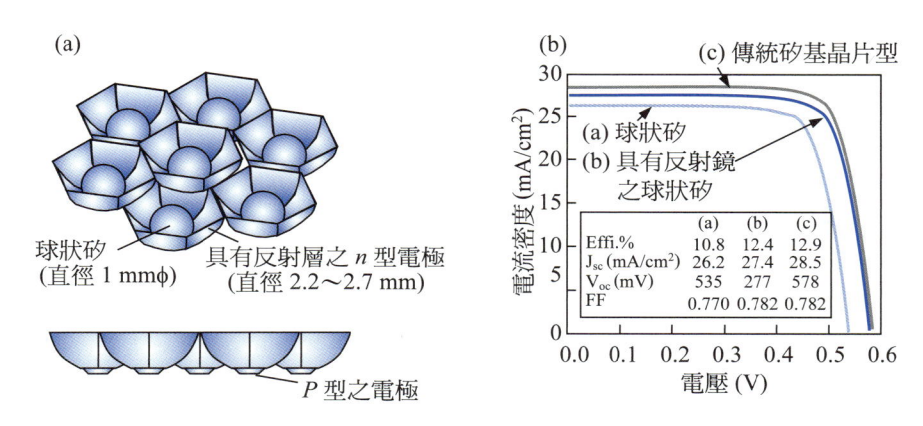

圖 4-50 (a) 理論計算所使用之球狀矽基太陽能電池結構；
(b) 理論計算所得之球狀矽基太陽能電池之電流－電壓曲線

（資料來源：Ritsumeikan University）

圖 4-51 半聚光系統球狀矽基太陽能電池之製作流程

1. **p 型 矽球之製作**：主要藉由將 p 型矽晶粒加熱到 1420~1450℃ 使其熔融，並通入 Ar 氣體進行約 120 kPa 壓力加壓，經由一**自由落體塔**（Free-Fall Tower）之**噴嘴**（Dropping Nozzle，直徑約 0.3~0.4 mm）落到一**軟性鋁板**（Flexible Alumina Sheet）來冷卻形成直徑約 1 mm 的矽球。

2. **p-n 接面之製作**：在約 900℃ 將 $POCl_3$ 氣氛擴散至矽球表面以形成 n 型半導體。

3. **p-n 接面之分離**：藉由將矽球部分磨平，使得 p 型與 n 型半導體能分離。
4. **電極之製作**：網印 Ag 膠和 Ag/Al 膠於 p-n 接面上，藉由燒結形成 n 電極與 p 電極。
5. **缺陷之鈍化保護**：典型利用氫電漿作矽表面懸鍵之鈍化，可以降低電子電洞對在表面再復合之機率。
6. **抗反射層的製作**：可藉由物理氣相沈積、化學氣相沈積或**液相沈積**（Liquid Phase Deposition, LPD）方法實現。典型常用於球狀矽之抗反射層為 CdS、ZnO 與 SnO_2。
7. **反射鏡之製作**：使用鋁板電鍍銀做成之反射鏡中放入矽球，可以減少矽球與矽球間之面積與光損失，並達到高聚光之**半聚光系統**（Semi-Light-Concentration System）如圖 4-52 所示。

即使鍍上抗反射層，目前實際所製造之球狀矽基太陽能電池的效率為 10.4%，與理論計算所得的 12.4% 相比仍有一段改善空間。參考圖 4-52，問題的改善與問題的產生是對等的，多半是實際製程上的問題，簡單說明如下 [26]：

1. **矽球的結晶與品質**：藉由冷卻的技術較難控制矽球的結晶特性，此外形成之矽球為多晶特性，晶界與缺陷的控制與鈍化需進一步改善；
2. **更接近完美的球狀矽之製作**：在步驟一時，熔融矽低落的距離、加壓壓力與接觸的基板的性質差異等，造成矽球並非完美的球體；及
3. **更基準的矽球定位組裝**：矽球需放置反射鏡的正中央方能得到理想的聚光效果，反之將造成聚光的偏差，導致光電流的降低。

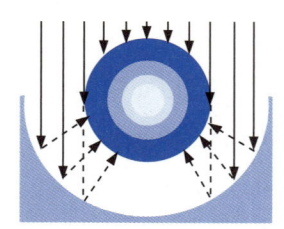

具有半聚光鏡之
球狀矽基太陽能電池

圖 4-52 球狀矽基太陽能電池要得到高聚光之示意圖

4-7-4 六邊形晶圓封裝模組

圖 4-53 介紹具有降低切損之六邊形晶圓封裝模組，這是 2008 年 9 月在西班牙舉辦的第 23 屆太陽能電池展覽會上，日本三洋公司提出的新單晶封裝模組 [9]。該模組特徵是電池排列方式類似蜂巢狀的配置，而非以往常見的矩陣，其具有以下優點：

1. **較高的封裝密度**：再次參考圖 4-12，單晶矽圓形矽晶片鋪設成模組示意圖。傳統單晶矽太陽能電池多是圓形結構，在模組上排列的電池也就是圓形，因此封裝的密度太低。而六邊形晶圓封裝模組幾乎填滿整個模組面積，因此更能減少應用太陽能電池時所需要之面積；
2. **較少的切損**：即使目前多數矽基太陽能電池的矽晶片都是切成四邊後使用，雖然可以填滿整個模組，但切邊造成的比例仍高。而六邊形晶圓需要切下的晶圓面積比例大幅降低；及
3. **更高的效率**：此外，由於可以使用圓形單晶圓，因此該模組技術適用於利用單晶片具有本質薄膜之異質接面太陽能電池，效率將可高於一般標準模組。

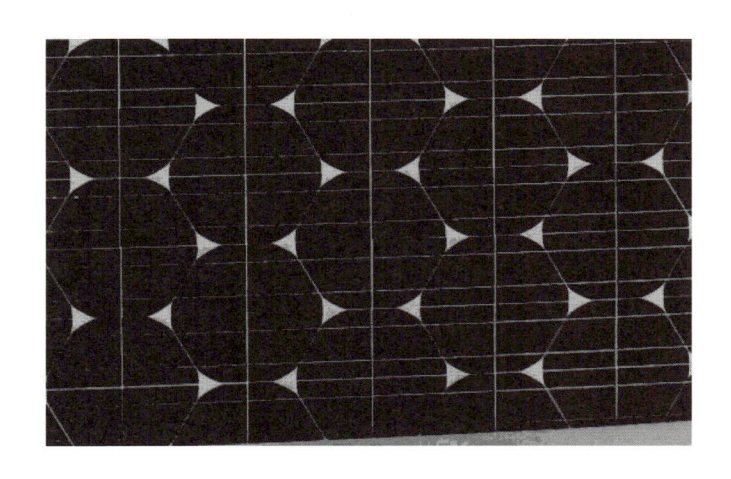

圖 4-53 具有降低切損之六邊形晶圓封裝模組

4-8 結　語

　　雖然矽基太陽能電池已量產多年，但生產成本仍有很大的降幅空間。從產業鏈的觀點來看，每一個環節都有降低成本的作法。

在晶圓製造端

1. **持續降低矽晶圓厚度**：由 250 μm 降至 120 μm，但也必須注意到後續製成過薄晶片的翹曲與破片的問題；
2. **切割技術的提升與切損的降低**：將切損由 200 μm 至 130 μm；
3. **增加矽晶圓尺寸**：由 5 吋增至 8 吋，並提升晶片生產速率與製程良率等；
4. **結晶成長技術的改良**：多晶矽晶片微結構控制與缺陷改善，降低雜質含量、差排密度、增大晶粒尺寸以提升轉換效率；
5. **大型鑄錠的量產**：降低鑄錠生產之循環時間；及
6. **建立太陽能電池級高純度矽原料之製造線**：將太陽能電池級及半導體級高純度矽原料之製造線脫勾，並增加生產來源之彈性。

在元件製造端

1. **改善製程技術並提升製程良率**：工廠高度的自動化與穩定化將有助於製程良率的提升；
2. **提高電池的轉換效率**：效率由 17% 增至 21%。以一個面積 10×10 cm^2 且轉換效率為 16% 的元件來說，在標準照度下約有 1.6 W 的發電量，若轉換效率提高到 17%，則其 1.7 W 的發電量，亦即發電增量率高達 7%（0.1/1.6）；及
3. **提高工廠產能**：例如由 200 MW/yr 增至 500 MW/yr 是降低整體成本之作法。

在模組端

1. **提升模組的使用期限**：將模組的使用期限由 20 年繼續提高，使用期限愈久，所產生的發電量愈多，亦即每瓦的成本可以降低；及
2. **上中游的產業與產商形成策略聯盟**：與上中游的產業與產商形成策略聯盟，將有助於穩定整個模組的下游自動化生產，以降低生產成本。

太陽能電池生產成本往往深受生產規模影響，目前以太陽能電池占地面積來估算，模組效率 12.5% 的結晶矽產生 1 kW 需要 10 平方公尺（125 W/m²）面積，將工廠產能由 200 MW/yr 增至 500 MW/yr 將有助降低量產成本。

專有名詞

1. **結晶邊界**（Grain Boundary）：材料於結晶時，晶體會有線缺陷或者破裂面，使得電子傳輸時產生損耗，影響光電流效率。
2. **懸鍵**（Dangling Bond）：一種未鍵結的化學鍵，並具有相當的活性值，容易與其他原子產生鍵結作用。
3. **冶金級矽**（Metallurgical Hrade Silicon, MGS）：一般冶金製程部分所製作的矽材，其純度大約是 99.9% 的範圍，不適用於半導體及電子級產業。
4. **電子級矽**（Electronic Grade Silicon, EGS）：將純度 99.9% 的冶金級矽材經過再精練處理，而獲得超高純度的矽材，其純度大約是 99.9999999% 的範圍，極適用於半導體及電子級產業。
5. **精練製程**（Refining Process）：一種將純度不高的材料，經由化學方法去除而獲得較高純度與超純度材料製程方法。
6. **西門子製程法**（Siemens Process）：一種製作冶金級矽材的方法，由德國西門子公司所發展出來的方法，亦是目前用於生產太陽能電池用的矽晶圓片的主要製程。
7. **光電轉換效率**（Photo-electron Conversion Efficiency）：太陽能電池的最大輸出功率以及其輸入功率的比值，稱之為光電轉換效率。
8. **摻雜**（Dopant）：添加施體或受體等雜質於基板材料，藉由所添加的量來控制其電性的一種方法，稱為摻雜。
9. **差排**（Dislocations）：一種線性的晶體結構缺陷，圍繞此一缺陷附近的原子是不對齊性的，當施加剪應力而產生的塑性變形。
10. **方向性蝕刻**（Anisotropic Etching）：於製程蝕刻時，若蝕刻方向為單一方向，則為等向蝕刻（如乾蝕刻）；在無特定蝕刻方向時，則為非等向蝕刻（如濕蝕刻）。
11. **表面粗化**（Texture）：太陽能電池表面使用酸鹼溶液使表面產生非平坦型態，使入射光照射表面時，經由折射或反射使光能夠再次被吸收。
12. **片電阻**（Sheet Resistance）：片電阻值 ＝ 電阻率／厚度（ohm ／單位面積），可利用四點探針儀器量得。

13. 原生氧化層（Native Oxide）：矽原子非常容易在含氧氣及水的環境下氧化，所形成之原生氧化物稱為原生氧化層。

14. 熱氧化反應（Thermal Oxidation）：將矽表面暴露於氧化劑下，升溫生成二氧化矽之過程。

15. 網版印刷（Screen Printing）：利用印刷技術製程電極或其他結構的一種方法。

16. 歐姆接觸（Ohmic Contact）：一種低電阻型態的金屬與半導體接觸，可以產生雙向性的導通狀態於金屬以及半導體之間。

17. 雷射晶片邊絕緣（Laser Edge Isolation）：以 p 型矽晶片製作之太陽能電池，正面為負極（－），背面為正極（＋），為避免正負兩極之間在晶片邊緣有短路之現象，需以雷射光束沿晶片邊緣處切割出一道深度超過 p-n 接面之凹槽，如此電流才能正確導出。

18. 射極保護型（Passivated Emitter Solar Cell, PESC）：使光進入提升之方法及其構造的改良型態。

19. 點接觸式太陽能電池（Point Contact Cells）：將電極均做在同一面，如此可增加入射光的面積，且易於焊線。

20. 逆金字塔構造（Inverted Pyramids Texture）：利用逆金字塔構造增加光吸收率。

21. 後表面電場（Back Surface Field, BSF）：在太陽能電池元件結構體的背面植入高濃度摻雜物而形成電位差，進而造成電場的一種效應。

本章習題

1. 試簡單說明多晶矽原料製造技術分類以及過程。
2. 試簡單說明太陽能級矽單晶片製造技術。
3. 敘述多晶矽塊材的生長方法及其原理。
4. 敘述多晶矽薄片的生長方法及其原理。
5. 簡單說明單晶矽太陽能電池結構與特點。
6. 說明依照材料純度與結晶狀態之矽材料分類。
7. 敘述以柴式法製作單晶棒的主要流程。
8. 影響單晶棒拉晶過程中品質的主要因素有哪些？
9. 敘述晶圓的加工成型步驟。
10. 簡單敘述目前太陽能電池前瞻性製造技術。

11. 敘述目前矽基晶片型太陽能電池產業降低成本技術趨勢。
12. 說明矽基晶片型太陽能電池的模組製程。
13. 若一矽基晶片型太陽能電池的轉換效率由 16% 改善到 17%，則其功率增加的比例有多大？
14. 請估算一下，在正常的生活作息下，一個人每天的用電量大概需要多少瓦數？10 平方公尺的太陽能電池模組（以 15% 來計算）夠用嗎？
15. 有一家庭需要 8 kW 的用電量，若要使用矽基晶片型太陽能電池模組（效率為 15%），估算該模組需要多大面積？需要多少裝設成本（只計模組費用）？

參考文獻

[1] 戴寶通、鄭晃忠，《太陽能電池技術手冊》，第二與三章，台灣電子材料與元件協會發行出版。

[2] 黃惠良、曾百亨，《太陽能電池》，第三、四與五章，五南圖書出版公司。

[3] 林明獻，《太陽能電池技術入門》，第三，四與五章，全華圖書股份有限公司。

[4] 顧鴻濤，《太陽能電池元件導論》，第五章，全威圖書股份有限公司。

[5] 莊嘉琛，《太陽能工程——太陽電池篇》，第三章，全華圖書股份有限公司。

[6] M. A. Green 著，曹昭陽、狄大衛、李秀文譯，《太陽電池工作原理，技術與系統應用》，第七章，五南圖書出版公司。

[7] 林明獻，《矽晶圓半導體材料技術》，全華圖書股份有限公司。

[8] 晁成虎，〈太陽能多晶矽的化學純化技術發展〉，電子月刊，154 期，2008年 5 月刊。

[9] 郭華軒，〈矽晶太陽能電池設計與應用〉，電子月刊，145 期，2009 年 4 月刊。

[10] C. HaBier, W. Koch, W. Krumbe, S. Thurm, "Multicrystalline baysix silicon for hign-efficient solar cells from the new freiberg production facility", znd world conference and exhibition on photo vltaic solar energy conrersion.

[11] 李顯光，2009，〈太陽能電池多晶矽材料及密閉迴路連續式流體化床製程〉，工業材料雜誌，270 期，2009 年，6 月刊。

[12] 沈輝、曾祖勤主編，《太陽能光電技術》，第二與三章，五南圖書出版公

司。

[13] 葉文昌、連水養，〈量產型單晶太陽能電池製作〉，國立雲林科技大學碩士論文，2003 年。

[14] J. Zhao, A. Wang, M. A. Green, "24% efficient PERL structure silicon solar cells", IEEE, vol 91, pp.333-335 (1990).

[15] J. Zhao, A. Wang, M. A. Green, "24.5% efficiency PERT silicon solar cells on SEH MCZ substrates and cell performance on other SEH CZ and FZ substrates", Solar Energy Material and solar cells, vol 66, pp. 27-36 (2001).

[16] J. Zhao, A. Wang, R. Wenham and M. A. Green, "24% efficient PERL silicon solar cell: Recent improvements in high efficiency silicon cell research", Solar Energy Material and solar cells, vol 41/42, pp. 87-99 (1996).

[17] M. A. Green, J. Zhao, "24% efficiency silicon solar cells", Appl. Phys, vol.57, pp. 602-604 (1990).

[18] L. M. Doeswijk, H. H. C. de Moor, D. H. A. Blank, H. Rogalla, "Passivating TiO_2 coating for silicon solar cells by pulsed laser deposition", phys, pp.409-411 (1999).

[19] C. T. Sah, "Reduction of Solar Cell Efficiency Across the Back surface Field Junction", Solid State Electronics, vol. 31, pp. 451-457 (1984).

[20] M. A. Green, Prog. Photovolt: Res. Appl., 8, 127 (2000).

[21] M. A. Green, Prog. Photovolt: Res. Appl., 8, 443 (2000).

[22] T. Minemoto et al., Proc. Rewnewable Energy, Chiba (2006).

[23] J. Zhao, A. Wang, M. A. Green and S. R. Wenham, "Improvements in silicon solar cell performance", IEEE, vol 90, pp. 399-401 (1991).

[24] 陳興華、李文錦，2008，〈太陽光聚光器於綠色照明之應用與發展〉，工業材料雜誌，262 期，2008 年，10 月刊。

[25] 武東星，〈高效率矽異質接面太陽能電池之技術發展〉，電子月刊，161 期，2008 年 12 月刊。

[26] 吳建樹、翁得期、陳麒麟，2007，〈球狀矽及矽薄膜太陽能電池未來發展方向〉，工業材料雜誌，241 期，2007 年，1 月刊。

[27] 〈矽基太陽能光電產業低成本化技術展望〉，光電工業科技協進會（PIDA），2009 年。

第 5 章

非晶矽薄膜太陽能電池

- 5-1　章節重點與學習目標
- 5-2　非晶矽薄膜太陽能電池的發展背景
- 5-3　非晶矽材料的結構與特性
- 5-4　非晶矽材料的光劣化與改善
- 5-5　非晶矽薄膜太陽能電池結構
- 5-6　非晶矽薄膜太陽能電池製程
- 5-7　非晶矽薄膜太陽能電池之封裝技術
- 5-8　研發趨勢
- 5-9　結　語

5-1　章節重點與學習目標

在本章中，我們將依序對非晶矽薄膜太陽能電池之發展背景、非晶矽材料特性與其光劣化現象作一說明，接著介紹非晶矽薄膜太陽能電池之結構、製程與模組，並提供目前非晶矽薄膜太陽能電池之雷射切割技術及其對應於未來之解決方式，最後針對目前非晶矽薄膜太陽能電池之發展趨勢作一簡單說明[1-5]。

藉由本章之介紹，讀者能對於非晶矽薄膜太陽能電池的操作原理、元件結構及未來的發展趨勢有一初步之認識。讀者在讀完本章後應該可以理解：

1. 發展非晶矽薄膜太陽能電池的背景；
2. 非晶矽薄膜太陽能電池之光劣化效應；
3. 非晶矽薄膜太陽能電池之結構與動作原理；
4. 非晶矽薄膜太陽能電池之模組化製程；及
5. 大面積非晶矽薄膜太陽能電池之發展趨勢。

5-2　非晶矽薄膜太陽能電池的發展背景

非晶矽薄膜太陽能電池於 1976 年即被卡爾松（D. E. Carlson）等人提出，其藉由射頻**輝光放電**（Glow Discharge）沈積出非晶矽薄膜太陽能電池之轉換效率為 2.4%；在 1978 年，非晶矽薄膜太陽能電池的電轉換效率即可達到 4%[2]。接下來的幾十年間，雖然非晶矽薄膜太陽能電池的相關研究一直沒有中斷過，但由於非晶矽薄膜先天上的光劣化現象，造成該種電池之效率約在 6% 左右，始終無法達到大幅突破。在 20 世紀末，結晶矽基太陽能電池的前景一片看好，但上游提供之矽源材料供貨不足導致矽晶片價格飛漲。儘管近來矽晶片價格已下降並回穩，然而在結晶矽基太陽能電池之外再找一條出路的想法應該已經在產學界裡成型。

簡單地歸類矽薄膜太陽能電池及其模組的優點[6, 7]：

1. **材料的用料少**：傳統結晶矽基晶片型太陽能電池所使用之矽晶片厚度約 200~250 μm，且切割過程中仍須消耗 40% 以上之原料。而典型的矽薄膜太陽能電池的矽材料厚度約 0.5 μm，亦即是矽用量僅傳統矽基太陽能電池的 1/50。

2. **較少的能源回收期**（Energy Payback Time, EPT）：能源回收期＝生產單位瓦數電池模組所浪費之能量／單位瓦數電池模組每年所生產之瓦數。由於傳統矽基太陽能電池之多晶矽源材料在純化過程中，需要規模龐大的廠房及耗費大量的電力。因此，對同樣 30 MW 的模組來說，非晶矽薄膜太陽能電池只要約 1.5 年即可回收，但傳統結晶矽基晶片型太陽能電池約 2.5 年方可回收。

3. **元件與模組一體成型**：相較於傳統結晶矽基晶片型太陽能電池的元件製程與模組製程分屬兩個獨立產業，非晶矽薄膜太陽能電池的元件製程與模組在鍍膜與切割製程中一體成型，一次完成。但此項優點亦表示非晶矽薄膜太陽能電池的矽薄膜必須具有極高的均勻度，否則所得到之各電池單元輸出電流便無法一致。一般要求厚度的均勻度必須在 ± 10% 以內。

4. **客製化模組**：非晶矽薄膜太陽能電池除了可跟建築物做一整合外，其基材更可以使用大面積、彈性且便宜之材質，例如不銹鋼、塑膠材料等，所搭配之製程主要採取滾筒式（Roll-to-Roll）的方式。

5. **外表美觀與透光性**：做在玻璃上之非晶矽薄膜太陽能電池可以具有光穿透性，因此可以和建築物整合成為建材一體型的光伏電池（Building Integrated Photovoltaics, BIPV）。

6. **較多的全年發電量**：在同一瓦數的模組中，非晶矽薄膜太陽能電池全年的發電量比起結晶矽太陽能電池高出 6~8%，如圖 5-1 所示。即使比起其他薄膜太陽能電池，非晶矽薄膜太陽能電池的全年發電量仍有較佳表現[3-6]。這個優點讓非晶矽薄膜太陽能電池比起其他種薄膜太陽能電池更有競爭力。

相較於結晶矽太陽能電池，其擁有較多全年發電量的原因如下：

1. 非晶矽薄膜能隙在 1.7 eV、在可見光區的光吸收係數（約 10^5 cm^{-1}），比起結晶矽太陽能電池之光吸收係數（約 10^3 cm^{-1}）高，亦即是非晶矽薄膜在有光（即使弱光、晨昏光、陰雨天）的地方就能發電，並不像結晶矽太陽能電池需在陽光充足的狀況下發電；及

2. 非晶矽薄膜能隙的溫度係數約 −0.25%，比起結晶矽太陽能電池能隙的溫度係數約小 −0.5%。若能隙降低，則暗電流上升，開路電壓下降，進而

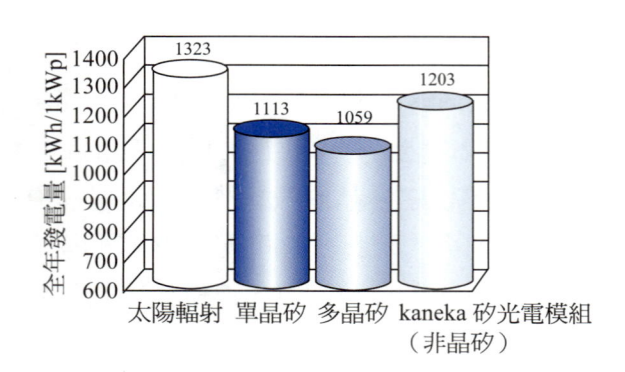

圖 5-1 非晶矽薄膜太陽能電池與其他太陽能電池之發電量比較

轉換效率降低。如圖 5-2，在照光而造成模組溫度上升時，非晶矽薄膜太陽能電池模組的效率降低會比結晶矽太陽能電池模組小[2]。

5-3 非晶矽材料的結構與特性

在上個世紀的 60 年代，人們開始了**非晶矽薄膜**（Amorphous Silicon, a-Si）的基礎研究。其中，非晶矽薄膜所具有之獨特的物理與光學性能，例如可大面積加工、可低溫製程以及較大的光吸收係數等，使其於 70 年代開始即被應用於太陽能光電材料。至今，非晶矽薄膜確實已發展成為實用且廉價的太陽能電池種類之一，且具有相當的工業規模；同時，非晶矽薄膜更在大螢幕液晶顯示器、感測器、攝影機等領域具有相當的市場。

非晶矽材料具有短程有序（< 2 nm）、長程無序的特點，是一種共價無

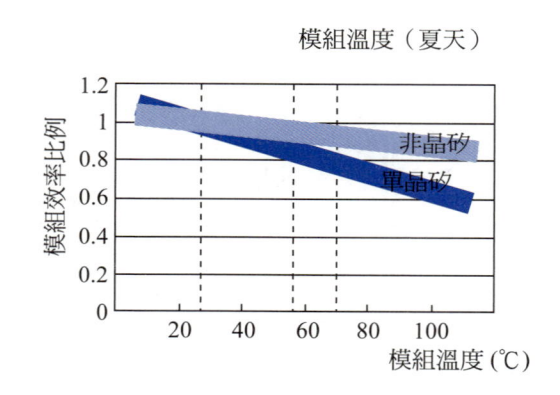

圖 5-2 結晶矽與非晶矽薄膜太陽能電池模組的效率受溫度之影響圖

序的網路原子結構。對一個單獨的矽原子而言,其由 4 個矽原子所組成的共價鍵,鄰近的原子可視為規則排列;但對較遠的矽原子而言,其排列係呈現沒有規律的排列特性。

由於非晶矽的原子排列方式與晶體矽不同,兩者能帶結構亦不太相同。關於非晶矽材料的能帶理論,多年來人們已經做了相當多的研究,但仍然存在爭議。於 2003 年,由學者 Mot 所提出之 Mott-CFO 模型指出:非晶矽材料的原子是短程有序,即表示在一個原子的最鄰近處,原子依然排列整齊,與結晶矽材料相同;其亦意味著,可以應用結晶矽材料之能帶理論於解釋非晶矽材料之短程有序的結構中;反之,於次鄰近與稍遠處,由於原子排列有所差異,其亦可表示為晶格混亂對晶體能帶中電子態密度的一種微擾,進而使得能帶出現**帶尾**(Band Tail)結構,其示意圖如圖 5-3(a) 所示 [3]。

然而,當非晶矽材料具有摻雜時,Mott-CFO 能隙模型是無效的。其原因如下:在 Mott-CFO 模型中,由於非晶矽材料的能隙內係由晶格混亂和晶格缺陷所引起較高的態位密度,進而使得費米能階被固定住;即表示為費米能階無法隨摻雜原子、缺陷類型與濃度的變化而有所改變。

為了克服這個缺陷,學者 Mot 等人修正了 Mott-CFO 模型,提出了 Mott-Davis 能帶模型,其示意圖如圖 5-3(b) 所示。在該理論模型中,非晶矽材料的帶尾被認為很窄,無法形成任何交疊結構,即表示帶尾並未延伸到能隙的內

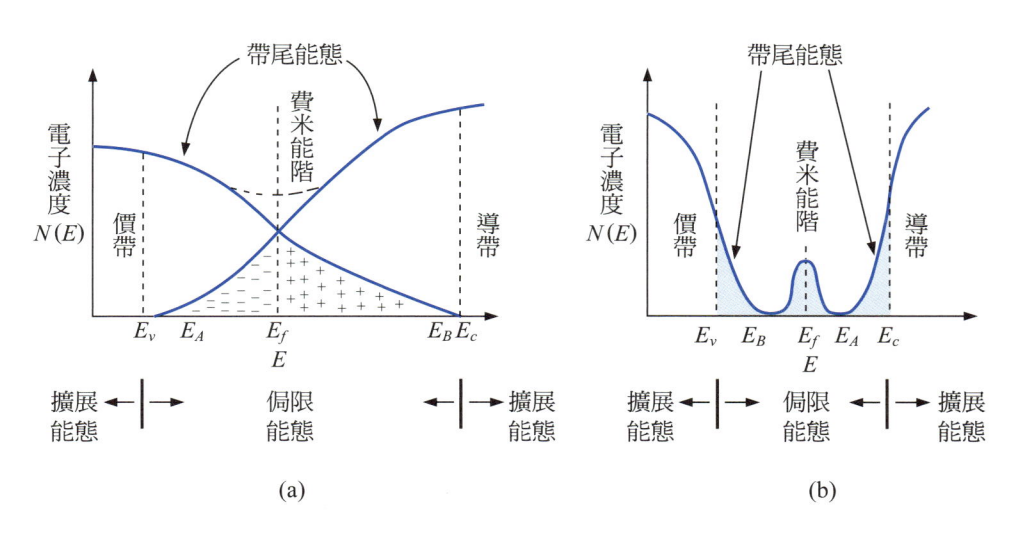

圖 5-3 非晶矽材料之 (a) Mott-CFO 能帶模型與 (b) Mott-Davis 能帶模型 [3]。其中 E_A 為類受體能態,為電子陷阱,E_B 為類施體能態,為電洞陷阱。

部。然而，由於大量的晶格缺陷存在於非晶矽材料中。因此，於能隙的中間需引入一個缺陷**侷限能態**（Localized States），電子－電洞無法自由移動。而在擴展能態中，電子－電洞之波函數未被侷限，因此可以自由移動傳導。

表 5-1 所示為非晶矽材料與單晶矽材料之特性比較表 [3]。非晶矽材料雖具有較高的能階密度、較差的電性以及較小的載子遷移率，但以對光的敏感性、光吸收性及光吸收係數而言，非晶矽材料優於單晶矽材料。此外，非晶矽材料更具有以下優點：

1. 成本低廉，矽蘊藏豐富，非晶矽製程溫度低（~250℃）；
2. 可大面積化，形狀可任意設計；
3. 可成長於不同基板上，如玻璃、陶瓷、金屬、高分子膜等；
4. 對光感應靈敏，光／暗導電度比值高，光響應時間短；
5. 對光的吸收範圍接近人眼感視範圍，且吸收係數高；及
6. 熱穩定性高，受溫度影響變化小。

其中光／暗導電度比值係指該薄膜在照光前／後所產生的光／暗電流或其導電度的比值。在理想情況下，該比值愈高，可得到愈高的開路電壓。

非晶矽材料主要是由鍵結的矽原子、氫原子和一些沒有鍵結的矽原子所構成。一般而言，通過矽烷分解所得到之非晶矽薄膜，其內部含有大量的結構缺陷，主要可分為兩大類：

表 5-1 非晶矽材料與單晶矽材料之特性比較表

物性常數（300K）		非晶矽	單晶矽
局部能階密度	Ns (cm^{-3} eV^{-1})	10^{16}~10^{17}	~10^{12}
電子遷移率	μ_e (cm^2 V^{-1} sec^{-1})	1~10^2	1500
電洞遷移率	μ_p (cm^2 V^{-1} sec^{-1})	10^{-2}~10^{-1}	500
電子擴散長度	Ln (μm)	1~2	1000
電洞擴散長度	Lp (μm)	0.1~0.5	20
電子壽命時間	τ_e (sec)	~10^{-5}	3.5×10^{-4}
電洞壽命時間	τ_p (Ω^{-1} cm^{-1})	~10^{-6}	~10^{-5}~10^{-6}
暗電導率（p.n 層）	σ_d (Ω^{-1} cm^{-1})	1~10	10^3~10^4
暗電導率（i 層）	σ_d (Ω^{-1} cm^{-1})	10^{-8}~10^{-10}	4×10^{-5}
光電導率	σ_{ph} (Ω^{-1} cm^{-1})	10^{-3}~10^{-4}	~10^0
光學能帶隙	Eopl (eV)	1.5~1.8	1.1
光吸收係數	α (cm^{-1})	10^4~10^5	5×10^3

1. 矽的**懸鍵**（Dangling Bond）。
2. 矽－矽間的**弱鍵**（Weaken Bond）。

非晶矽材料中產生過多的懸鍵會造成極高的缺陷密度，使其電性變差。矽的懸鍵具有電學活性，亦即可於非晶矽材料的能隙中引入較高密度的深能階，進而影響材料的電特性；另一方面，由於矽的懸鍵非常不穩定，使其於後續處理中造成密度與結構的改變，促使非晶矽材料具有不易控制的電特性。

為解決上述問題，目前常使用摻氫的技術，以使非晶矽中的矽懸鍵鈍化，如圖 5-4。在非晶矽材料中，氫原子扮演著很重要的角色，鈍化後的矽材料缺陷密度會降低，並改善電性。

當利用摻氫的技術引入氫於非晶矽時可形成：Si-H、SiH_2、SiH_3、$(SiH_2)_n$ 等根團。這些根團可藉由紅外線光譜儀之分析，驗證 Si-H 根團的存在。其中，表 5-2 所示為 Si-H 根團的振動模態和紅外線波數的關係圖，其主要的振動吸收模態係位於 600~2200 cm^{-1} 之間。$(SiH_2)_n$ 根團是粉塵的來源，一般要求 $(SiH_2)_n$ 佔非晶矽薄膜結構的比例要儘量少於 10%。

5-4 非晶矽材料之光劣化與改善

在上世紀的 65 年代，非晶矽薄膜型太陽能電池是以射頻輝光放電製成[8]。然而，以上述方法製備之非晶矽材料因含有大量的缺陷，使其因光劣化

表 5-2　Si-H 根團的振動模態和紅外線波數

鍵的類型	振動模態	波數/cm^{-1}
SiH	伸縮	2000
	變角	630
SiH_2	伸縮	2090
	變角剪切	880
	橫向擺動	630
SiH_3	伸縮	2140
	衰減	907
SiH_3	對稱	862
	橫向擺動	630
$(SiH_2)_n$	伸縮	2090~2100
	變角剪切	890
	縱向擺動	845
	橫向擺動	630

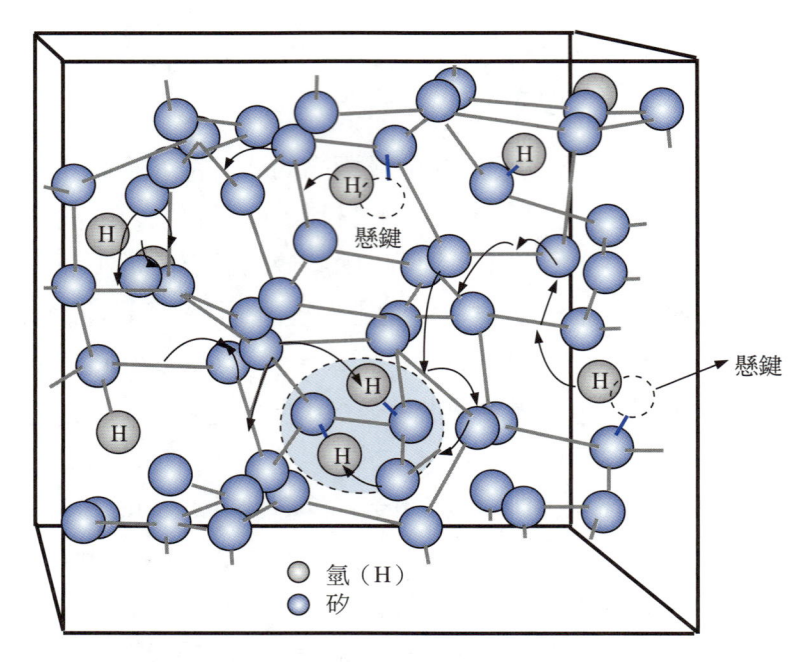

圖 5-4　含氫非晶矽材料之鍵結示意圖

效應而發展受限。光劣化效應是指非晶矽材料經照光後，導致其光電導和暗電導值同時下降，以保持其穩定性，即所謂的**史塔伯勃－勞斯基效應**（Stabler-Wronski Effect，簡稱 S-W 效應）[1]。其原因為當非晶矽在四面體結構為非晶質的狀態下，會呈現過剩的束縛結構。然而，非晶材料內部為了能緩和具堅固網目中的內應力，其將會誘發產生具懸鍵結構之缺陷，即造成光誘發**非穩定性**（Light-induced Instability）問題。所謂的懸鍵，是存在於材料中的不穩定未鍵結鍵，這些鍵結因無任何電子與其做鍵結，進而處於不穩定的狀態，意指該些懸鍵非常容易與材料中額外的電子作結合。

當於**非熱平衡**（Non-thermal Equilibrium）的條件下形成薄膜時，這些因懸鍵所造成的缺陷結構亦會伴隨或組合而進入薄膜中。除了懸鍵之外，其亦會因熱力學上所生成的結構缺陷形成所謂的**再結合中心**（Recombination Center），於能隙中的**禁止帶**（Forbidden Gap）中形成局部準位，阻礙載子的移動。當再結合中心出現於材料結構中時，會結合部分移動中的自由載子，使部分自由載子無法順利加以利用進而轉換成電能，因而降低了原有的理論效能。

經由 150~200℃ 之熱處理後，非晶矽材料之電特性即可回復至原來的狀態。受限於所謂的 S-W 效應引發的非穩定性問題，使用非晶矽材料之薄膜太陽能電池經 100 小時照光之後，其轉換效率便會降低至初始效率的 70% 至 80% 後而達到穩定的效率 [10-12]。

1974 年，Lewis 等人首先證實了氫原子可以填入矽之懸鍵位置，且當非晶矽材料中有 10%～20% 的氫氣時，氫原子除了可直接填入於非晶矽的懸鍵中，亦可降低平均配位數，圖 5-4 所示為含氫非晶矽材料之鍵結示意圖。圖 5-5 所示為非晶矽內部所出現的結合中心及封存中心，由圖可知藉由氫原子修補矽之懸鍵時，將使得位於非晶矽中之再結合中心減少，進而降低自由載子被結合掉的機會，達到改善非晶矽之缺陷結構。

然而，另有研究指出，若能有效地減少非晶矽材料之氫含量至 10% 以下，亦能有助於降低非晶矽材料中的光劣化效應。其原理為藉由減小非晶矽材料中氫的濃度以及缺陷態密度，使得形成的 Si-Si 鍵和 Si-H 鍵能夠穩定存在。

以不同機台製備之非晶矽材料將具有不同的氫含量，例如，以**電漿增強式化學氣相沈積**（Plasma Enhanced Chemical Vapor Deposition, PECVD）技術製備的非晶矽薄膜，含有約 10% 的氫含量；而用化學退火法製備的非晶矽薄膜，含有小於 9% 之氫含量；以熱絲法製備的非晶矽薄膜，所具有之氫含量只有 1% 至 2% 之間。在上述製程方法中，更可搭配氫電漿化學退火法、H_2、He 稀釋法，或者是以摻入氟等惰性氣體等，進一步達到降低非晶矽材料氫含量之功效，進而減弱光劣化效應 [12]。

在上述的製程技術中，藉由 H_2 的稀釋改變非晶矽材料的結構，進而增強非晶矽材料抗光致衰減的能力，效率的衰退率可從 25% 以上降至 20% 以下。

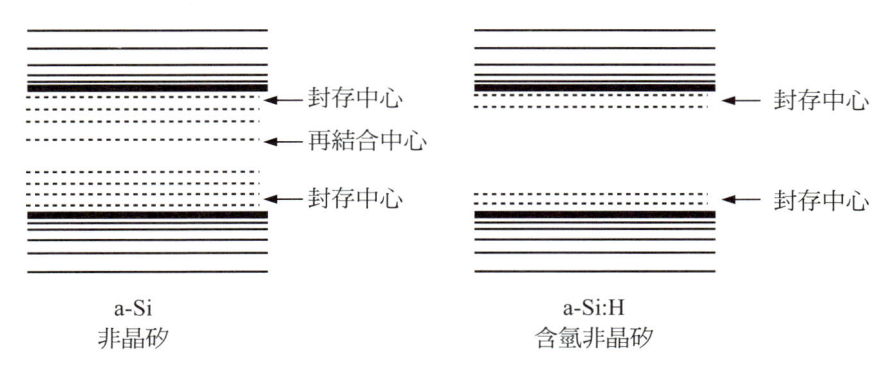

圖 5-5 非晶矽結構中之結合中心與封存中心

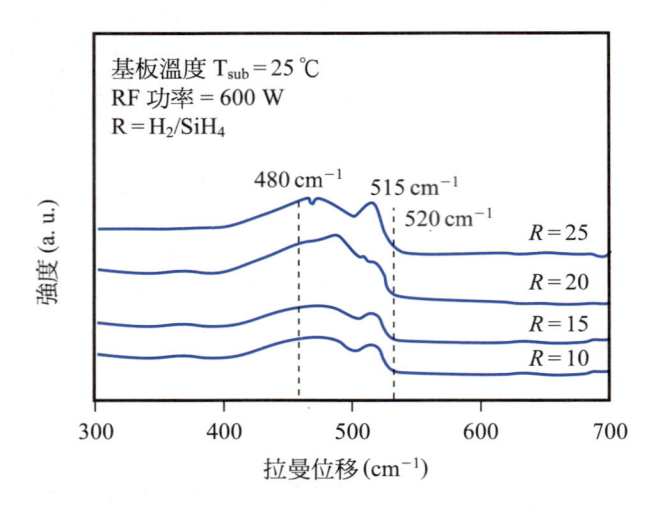

圖 5-6 以不同氫氣稀釋比例沈積之非晶矽薄膜拉曼分析圖[10]，當 H_2 稀釋量增加時，結晶的比例明顯上升。

圖 5-6 所示為射頻功率 600W，以**感應式耦合電漿化學氣象沈積**（Inductively Coupled Plasma Chemical Vapour Deposition, ICPCVD）系統搭配不同氫氣稀釋比例之非晶矽薄膜拉曼分析圖。該拉曼分析圖證明非晶矽薄膜內含有大量的非晶矽與較少量之結晶矽成分，且其結晶度約落在 30% 至 40% 之間。由分析結果證實，過量的 H_2 稀釋的確可以改變電漿內的基團團聚，進而鈍化位於基板表面的矽懸鍵。因此，使得成核的原子能夠有足夠的時間於基板表面上尋找適合的位置，並藉以改變成核的過程，以形成所謂的非晶矽微晶化，藉以有效地改善非晶矽的光劣化效應。

5-5　非晶矽薄膜太陽能電池結構

基本的結構

圖 5-7 所示為基本的單接面非晶矽薄膜太陽能電池結構，主要包含一玻璃、一透明導電膜、一 *p-i-n* 接面，一背電極。一般而言，*p-n* 接面即可形成基本的非晶矽薄膜太陽能電池結構，然而其效率偏低。為了保持輸出電壓，一般需要採用 *p-i-n* 結構，讓內建電場位於整個**本質**（Intrinsic, i layer）區域。其能帶結構如圖 5-8 所示[3]。

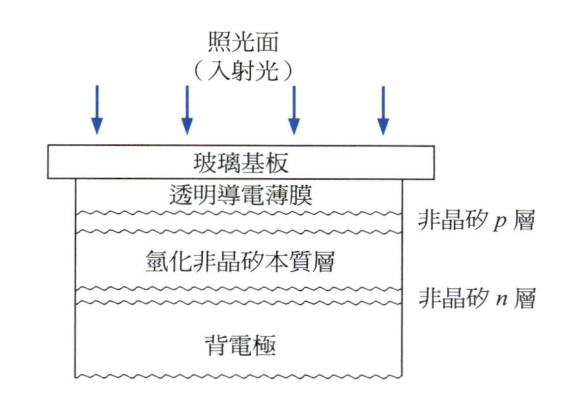

圖 5-7 典型的非晶矽薄膜太陽能電池結構

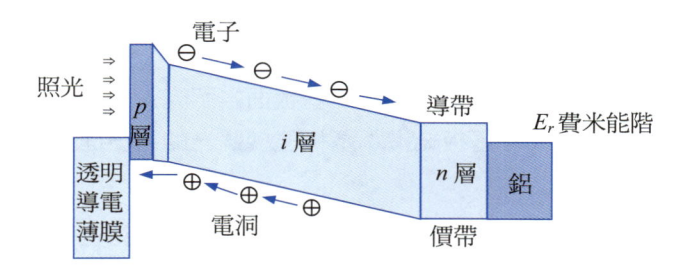

圖 5-8 非晶矽薄膜太陽能電池的能帶結構，整個本質層皆位於空乏區之內建電場內，其載子傳導主要是漂移電流

電流產生的機制

傳統結晶矽基太陽能電池的電流主要是來自 p 區或 n 區的少數載子擴散電流。然而，在非晶矽薄膜太陽能電池的 p-i-n 結構中，由於本質區域沒有摻雜，因此其電場由兩端 p 區與 n 的摻雜濃度來決定，整個本質區皆位在一個內建電場之中，因此其電流主要是來自本質區中所產生之電子／電洞對之漂移電流。

非晶矽薄膜太陽能電池的結構種類

此外，在非晶矽薄膜太陽能電池結構中，可分為兩大製作方式，一種為**超基板**（Superstrate）結構，另一種為**基板**（Substrate）結構[2]。

超基板結構之示意圖如圖 5-9(a) 所示，而其製作流程簡述如下：

1. 採用一具有**透明導電氧化物**（Transparent Conductive Oxide, TCO）薄膜之玻璃，並以此玻璃作為照光面；

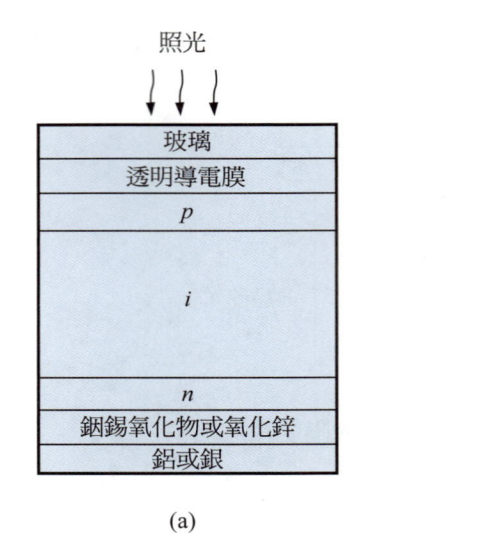

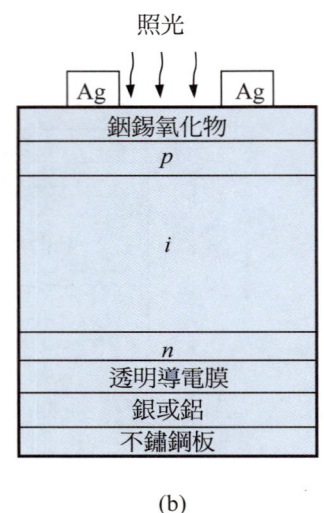

```
      照光                          照光
       ↓↓↓                         ↓↓↓
                              ┌──┐       ┌──┐
                              │Ag│       │Ag│
┌─────────────────┐     ┌─────┴──┴───────┴──┴─────┐
│       玻璃       │     │        銦錫氧化物         │
├─────────────────┤     ├─────────────────────────┤
│     透明導電膜    │     │           p            │
├─────────────────┤     │                         │
│        p        │     │                         │
│                 │     │           i            │
│        i        │     │                         │
│                 │     │                         │
│                 │     ├─────────────────────────┤
│        n        │     │           n            │
├─────────────────┤     ├─────────────────────────┤
│  銦錫氧化物或氧化鋅 │     │       透明導電膜         │
├─────────────────┤     ├─────────────────────────┤
│      鋁或銀      │     │        銀或鋁           │
└─────────────────┘     ├─────────────────────────┤
                        │        不鏽鋼板          │
                        └─────────────────────────┘
        (a)                         (b)
```

圖 5-9 (a) 超基板結構：基板面為照光入射面；
(b) 基板結構：基板位於照光的另一面。

2. 沈積非晶矽薄膜，並依序以 *p-i-n* 結構形式堆疊於透明導電氧化物薄膜之上；
3. 再次沈積透明導電氧化物薄膜於非晶矽 *p-i-n* 結構上；及
4. 沈積背電極，以作為電子引出之接面金屬。

在超基板結構中，透明導電氧化物薄膜一般係採用摻氟的二氧化錫（SnO_2:F）、銦錫氧化物（In_2O_3:Sn，簡稱 ITO）以及摻鋁的氧化鋅（ZnO:Al），且可藉由增加其表面粗糙度，使太陽光能有效地散射至 *p-i-n* 中，以達到有效的光使用率。

基板結構之示意圖如圖 5-9(b) 所示，其製作流程如下 [13, 14]：

1. 以不銹鋼板或鍍上金屬膜之聚合物薄膜作為背電極，並用以承載非晶矽薄膜太陽能電池；
2. 沈積粗糙的金屬膜或透明導電氧化物薄膜，以作為被反射層，並同時提昇光的反射率，進而增加光的使用率；
3. 沈積非晶矽薄膜，並依序以 *n-i-p* 結構形式堆疊於透明導電氧化物薄膜之上；及
4. 沈積上電極，以透明導電氧化物薄膜與金屬膜所構成。

需注意的是，超基板結構與基板結構最大的相異之處在於超基板結構以玻璃基板作為透光層，而基板結構則是披覆於 p-i-n 結構之透明導電膜作為透光層。為了增加抗反射的效果，基板結構所使用之透明導電膜之厚度必須控制於 70 nm 至 80 nm 之間。此外，超基板結構與基板結構所使用之透明導電膜皆須具有低的電阻值，降低接觸電阻，進一步降低串聯電阻 R_s。同時，為了不使已沈積完成的 p-i-n 結構非晶矽質層受影響，透明導電薄膜之製程溫度需低於 p-i-n 結構之製程溫度。為了提高內建電場以及降低接觸電阻，n 層部分可改用微晶結構。當 n 層改為微晶結構時，需於 i-n 結構中，插入一額外的緩衝層，用以緩和 i-n 結構間的能隙變化。

目前的非晶矽薄膜太陽能電池是以超基板結構為主，因超基板結構太陽能電池只需背面封裝，除了可節省封裝材料之外，更可簡化封裝程序。此外，更因光線是由玻璃端射入，不需擔心封裝材料因陽光長時間的照射而產生變質，造成穿透率降低。

大廠的範例

以量產薄膜太陽能電池為主之日本 Kaneka 公司為例，其所生產之非晶矽薄膜太陽能電池，是採用超基板結構，且效率可達穩定的 7%。圖 5-10 所示即為 Kaneka 公司所提出之非晶矽薄膜太陽能電池結構厚度示意圖[13]。

為了提高內建電場以及電流匹配之功效，日本 Kaneka 公司所提出之 p-i-n 結構厚度分別為 10~20 nm、250~350 nm 以及 10~20 nm，以此厚度完成之非晶矽薄膜太陽電池模組，在標準光源 AM 1.5 的照射下，開路電壓可達 43.1 V、短路電流可達 1240 mA、填充因子可達 0.68，其最大的輸出功率可達 36.3 W。

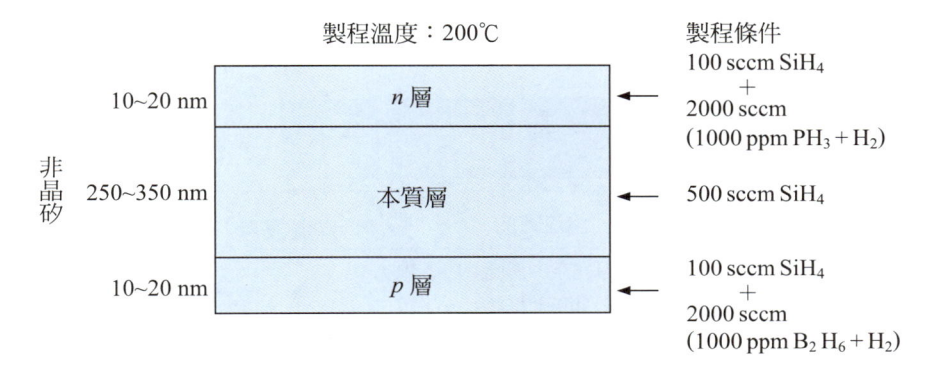

圖 5-10　Kaneka 公司提出之非晶矽薄膜太陽能電池

製作條件係在製程溫度為 200 度、功率為 500 W 以及腔體壓力為 0.5 torr 的情況下，通入 500 sccm 之 SiH_4 以沈積 i 層；而於 100 sccm 之 SiH_4 以及腔體壓力為 1 torr 的情況下，分別通入 2000 sccm 之 PH_3 以及 2000 sccm 之 B_2H_6，以分別製作 n 層以及 p 層。注意，在通入 PH_3 以及 B_2H_6 氣體的過程中，需以氫氣加以稀釋成 1000 ppm 的濃度。

5-6 非晶矽薄膜太陽能電池製程

5-6-1 非晶矽薄膜太陽能電池的模組化

在非晶矽薄膜太陽能電池中，由於單一電池的電壓很小，因此需藉由將單一電池以串聯的方式連接成一模組，以增大工作電壓。在串聯過程中，每一個電池的負端接到下一個電池正端以完成電流傳導路徑的建立。圖 5-11 所示即為一非晶矽薄膜太陽能電池模組示意圖[14-16]，其主要係由玻璃基板、透明導電膜、p-i-n 半導體層以及金屬層所形成之光電轉換層及背電極四個部分所組成，並藉由製程中的三道雷射切割製程進行**內部串聯**（Interconnection）動作。

利用圖 5-12 說明非晶矽薄膜太陽能電池之製造過程[1-5]：

1. 玻璃清洗；
2. 在一約 3~4 mm 的玻璃沈積具有粗糙面之透明導電膜；
3. 使用 1064 nm 的紅外光雷射切割一斷路線；
4. 依序沈積 p-i-n 的單接面非晶矽層；
5. 使用 532 nm 的綠光雷射切割一非晶矽 p-i-n 層之短路線；

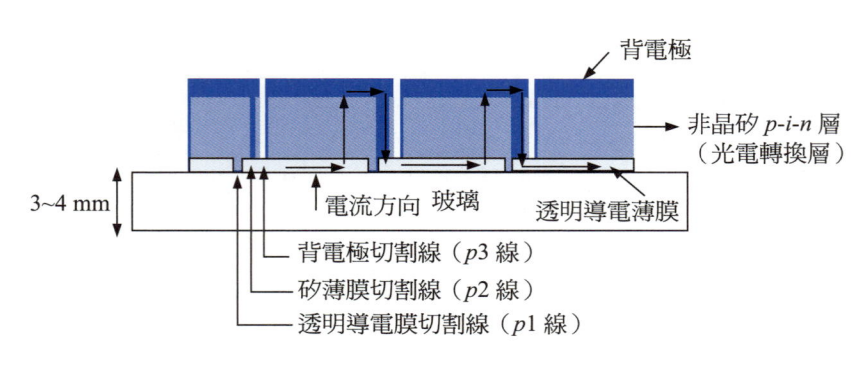

圖 5-11 非晶矽薄膜太陽能電池模組示意圖

圖 5-12 非晶矽薄膜太陽能電池模組之製造過程圖解說明

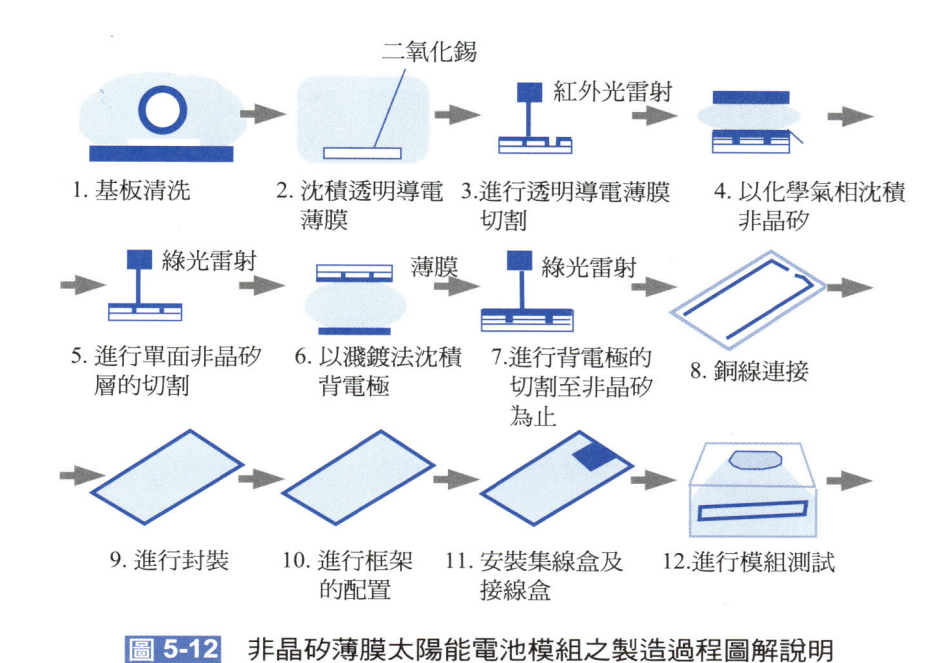

6. 藉由濺鍍系統所濺鍍出之透明導電膜及高折射率的金屬構成背電極；
7. 使用 532 nm 的綠光雷射切割一背電極到非晶矽 *p-i-n* 層之斷路線以形成一單一的電池；及
8.~12. 經由銅線連結、一 EVA 膠與背板層壓製程與接上接線盒完成非晶矽薄膜太陽能電池的模組化製程。

由於上述過程可知，製作非晶矽薄膜太陽能電池模組的過程有三個主要關鍵技術，分別是透明導電膜、非晶矽薄膜、雷射切割技術。以下將分節說明關鍵技術及其常用之製程方式。

5-6-2　透明導電膜技術

透明導電膜的要求

對應用於非晶矽薄膜太陽能電池之透明導電膜而言，其所擁有的電性、耐久性、透光性與光滯留（Light Trapping），將直接影響非晶矽薄膜太陽能電池之轉換效率和使用壽命。此外，透明導電膜之電阻與串聯電阻損失更是直接相關。其中，表 5-3 所示為常見應用於太陽能電池之透明導電膜，應用於太陽能電池時，所需的基本規格為[17]：

1. 電性：低電阻率 10^{-3} 至 10^{-4} Ω-cm；
2. 光性：於可見光區（380~780 nm）穿透率達 85% 以上；
3. 對玻璃基板的附著力強，且有耐高溫、化學等穩定性；及
4. 表面粗糙度要達 10% 左右之**霧度**（Haze）。

透明導電膜的材料

代表性的透明導電膜材料包括 In_2O_3、SnO_2、ZnO、CdO、$CdIn_2O_4$、Cd_2SnO_4、Zn_2SnO_4 和 In_2O_3-ZnO 等，而其性質及用途如表 5-3 所示。表 5-3 所列之氧化物半導體薄膜，其能隙值皆在 3 eV 以上，於波長 400 nm（紫外線）以下的光可使價帶的電子激發到導帶，並於能帶間遷移的過程中，形成光吸收效應。

透明導電膜的製程

在製備透明導電膜時，共可分為物理沈積以及化學法兩種方式 [2, 5, 19]。

1. **物理沈積**：**熱蒸鍍**（Thermal Evaporation）、**電子束蒸鍍**（E-beam Evaporation）、**直流濺鍍**（DC Sputtering）、**射頻濺鍍**（RF Sputtering）。
2. **化學法**：**噴霧熱分解法**（Spray Pyrolysis）、**浸染法**（Dip Coating）、**溶膠凝膠法**（Sol-gel）、**塗佈法**（Spin Coating）、**化學氣相沈積法**（Chemical Vapor Deposition, CVD）等方法製備。

物理氣相沈積法所得之透明導電薄膜具有較佳之均勻性及光電特性。以下將簡述幾種物理沈積以及化學法之製程方式。

濺鍍法

濺鍍法是最常用的物理沈積製程。圖 5-13 所示為濺鍍機腔體示意圖，係

表 5-3 常見應用於太陽能電池之透明導電膜比較表

材料名稱	In_2O_3	SnO_2	ZnO
晶體結構	bixbyite	Rutile	wurtz
能隙（eV）	3.5~4.0	3.8~4.0	3.3~3.6
主要摻雜物	Sn^{4+}	F^-, Sb^{5+}	Al^{3+}, Ga^{3+}
遷移率（cm²/Vs）	~130	18~31	28~120
載子濃度（cm^{-3}）	~1.4×10^{21}	2.7×10^{20} ~ 1.2×10^{21}	1.1×10^{20} ~ 1.5×10^{21}
電阻率（Ω·cm）	4.4×10^{-5} ~ 2×10^{-4}	7.5×10^{-5} ~ 7.5×10^{-4}	1.9×10^{-4} ~ 5.1×10^{-4}

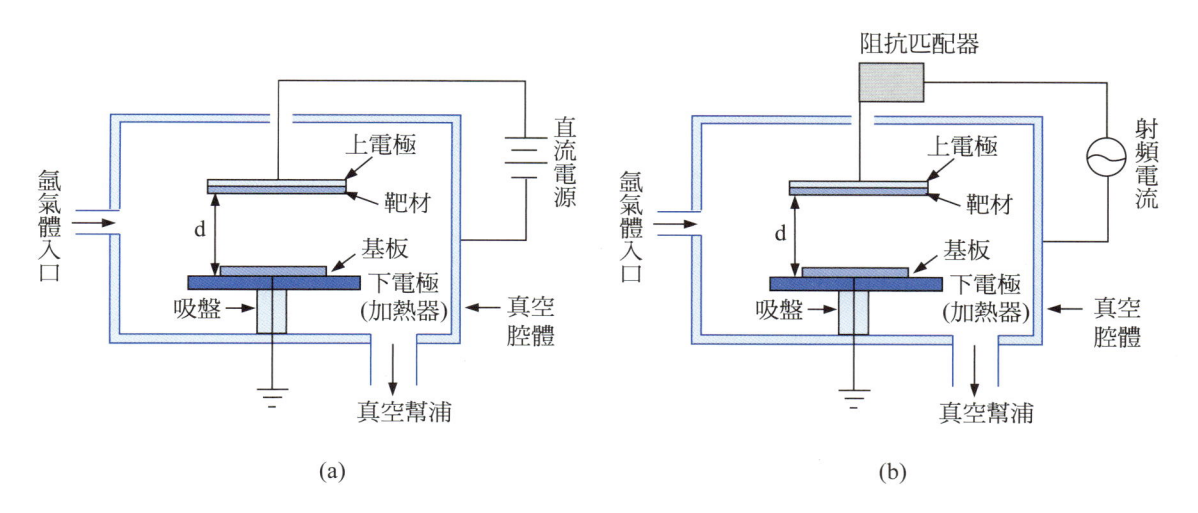

圖 5-13 濺鍍機腔體示意圖 (a) DC 電源；(b) 射頻電源，其中 d 為靶材到基板距離，為一重要製程變因

利用一組直流電源供應器提供能量，並於鍍膜前先將腔體抽真空至背景壓力。通常背景壓力為 10^{-6} Torr 左右。當達到背景壓力時，即可開始進行鍍膜。

濺鍍法主要是利用氣體的濺擊來進行沈積的動作，主要之製程氣體為氬氣。當通入氬氣時，Ar 離子受電場的影響，使其濺擊靶材，而受濺擊之金屬原子即可沈積在基板上，進而完成薄膜沈積之動作。當靶材材料為低導電性或絕緣材料時，需以交流放電系統進行薄膜沈積，亦即是**射頻**（Radio Frequency）法。常用的射頻產生器之頻率為 13.56 MHz。與直流濺鍍機最大的不同是射頻濺鍍機必須要有一**阻抗匹配器**（Impedance Matching Network）置放於腔體與射頻產生器之間，以達到射頻阻抗匹配之功用[17]。

濺鍍具有所謂的低壓放電現象可大致分成**暗放電**（Dark Discharge）區、**輝光放電**（Glow Discharge）區及**電弧放電**（Arc Discharge）區。在輝光放電區的部分，主要是用以進行薄膜濺鍍沈積，其低壓放電現象如圖 5-14 所示。其中，鍍膜的來源靶材放置於陰極，而用以成膜的基板則是放在陽極。當利用氬氣作為製程氣體且施加電場產生電漿時，會使得 Ar 離子被電場加速而轟擊靶材，進而使靶材上的原子被氣體離子擊出，並沈積在基板上形成薄膜，其示意圖如圖 5-15 所示。

當射頻濺鍍放電時產生**自我偏壓**（Self Bias）現象時，由於靶材的電位大部分時間皆處於負值狀態，進而使得濺鍍過程中的**離子轟擊**（Ion Bombard-

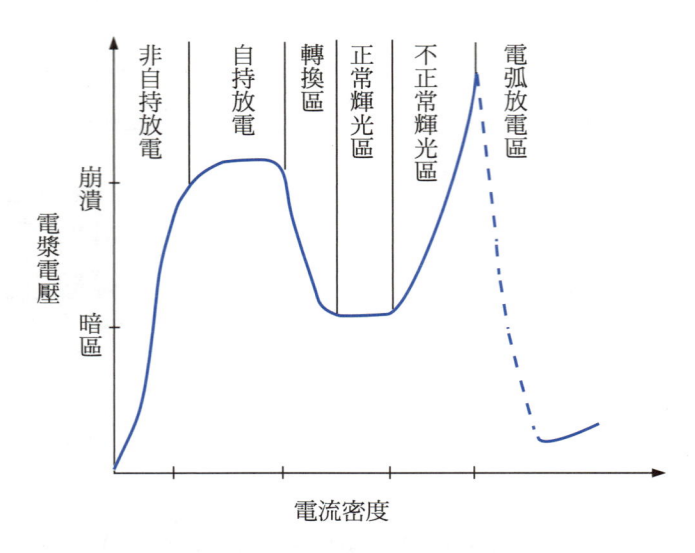

圖 5-14　直流低壓放電現象

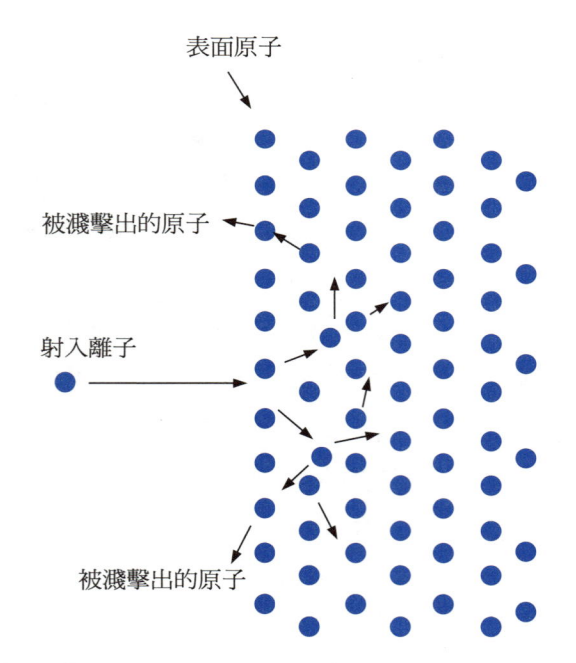

圖 5-15　濺鍍過程中靶材受到離子轟擊之示意圖

ment）持續不斷，即可形成與直流放電一樣的效果。此外，為了增加氣體解離率及提高電漿密度，可於靶材下方安裝上磁鐵，其所形成的磁力線會將電子侷限在靶材表面的空間，使得**轟擊靶材的離子增多，成膜速率也能提高**。

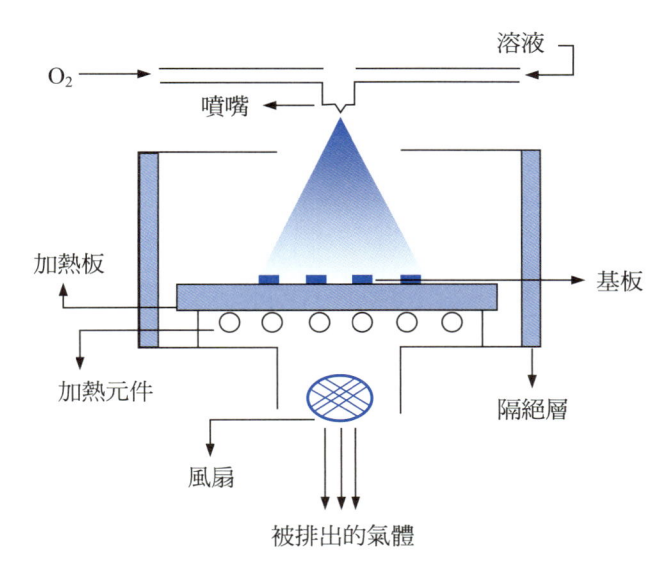

圖 5-16 噴霧熱分解法示意圖

綜上所述，濺鍍法的製程變因為：背景壓力、工作壓力、工作功率（密度）、基板溫度和氣體流量等。目前以濺鍍法製備之透明導電膜雖然可以得到良好的光穿透度與低電阻率，但其薄膜表面平整、粗糙度不足，需以後續的濕式蝕刻法來提高薄膜的表面粗糙的。

噴霧熱分解法

噴霧熱分解法是非真空、低成本的製程方法。如圖 5-16 所示，將製備透明導電膜之材料先溶於溶劑中（常用酒精或甲醇），並形成所需之濃度，再經由適當壓力之噴嘴噴出於加熱之基材上。其中，為了獲得良好之電阻率及光穿透，需要適當地控制噴出量及基板之溫度，基板溫度變化太大會影響到導電膜之特性。此外，以高溫裂解噴塗法製備之透明導電膜在良好控制下，將可以得到電阻率約在 10^{-4} Ω-cm 範圍內。

5-6-3 非晶矽薄膜製程技術

電漿增強型化學式氣相沈積

電漿增強型化學式氣相沈積法（Plasma-Enhanced Chemical Vapor Deposition, PECVD），最大的優點在於可於低溫下沈積非晶矽薄膜，其機台示意圖如圖 5-17 所示。常用的射頻產生器之頻率為 13.56 MHz，但亦可以是 27.12

MHz、40.68 MHz 或 68 MHz 等。因此亦需要有能快速反應的阻抗匹配器來達到電漿阻抗與射頻產生器阻抗間之匹配，以避免功率自反應室反射。

圖 5-17 所示為單反應室，在沈積 p-i-n 層會有摻雜汙染的狀況發生。解決方法是 (1) 沈積 p 層後反應室清洗；或是 (2) 使用連續但分離的三個反應室。此外，上電極（包含射頻電極與氣體擴散板）與下電極（加熱器）的設計都會影響到電漿的均勻度，進一步影響到薄膜的均勻度。

電漿增強型化學氣相沈積原理簡述如下 [17, 19]：

1. 氣體或氣相源材料引進反應腔體內；
2. 源材料擴散穿過邊界層並接觸基板表面；
3. 源材料吸附在基板表面上；
4. 吸附的源材料在基板表面上移動；
5. 在基板表面上開始化學反應；
6. 固體產物在基板表面上形成晶核；
7. 晶核生長成島狀物；
8. 島狀物合併成連續薄膜；
9. 其他氣體副產品從基板表面上脫附釋出；
10. 氣體副產品擴散過邊界層；及

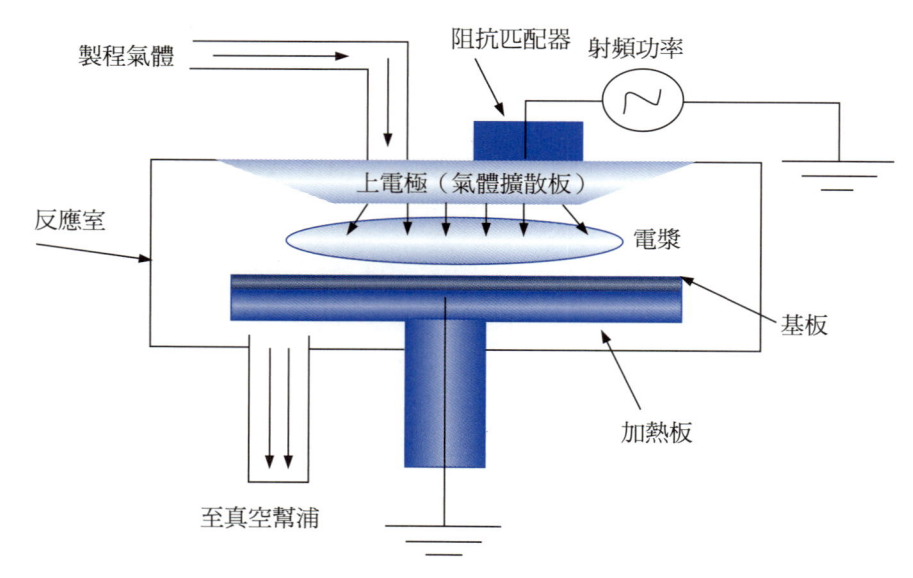

圖 5-17 單反應室之 PECVD 機台示意圖，其反應室採用電容耦合式電漿。在沈積 p 層後，必須清洗再沈積 i 層，以避免 B 摻雜汙染

11. 氣體副產品流出反應腔體。

由上述的沈積原理可知,化學氣相沈積法的製程變因為:工作壓力、工作功率(密度)、基板溫度和氣體流量等。而控制以上變因,是為了得到高沈積速率與良好的厚度均勻度。為了獲得高沈積速率與更有效的製程氣體使用率,需要:

1. 高密度電漿;以及
2. 低的電子溫度。

電漿增強型化學式氣相沈積法中,在於製程上操作的壓力約為 10^{-1}~10^{-6} Torr,而溫度則在 100~400°C 的情況下,可有效地將矽烷(SiH_4)氣體藉由加熱解離成為矽原子與氫原子。若通入大量氫氣,可藉由改變矽烷氣體與氫氣之流量稀釋比例,以使薄膜內的非晶結構轉化成微晶結構,進而降低光劣化效應。

滾輪式鍍膜機台

非晶矽薄膜亦可以濺鍍法的方式進行沈積,但以濺鍍法製備之非晶矽薄膜,因含有大量的缺陷,使其受限於光電特性不佳而影響其於太陽能電池之應用。然而,近幾年來利用可撓性基板結合太陽能電池之趨勢,是未來非晶矽太陽能電池之研發重點。其中,該滾輪式鍍膜機台可依客戶的需求以進行不同尺寸之面積製作,機台示意圖如圖 5-18 所示。滾輪式鍍膜機台是一種高效能、連續性的生產方式,其主要是專門處理可撓性質的薄膜,該類薄膜或軟板從圓筒狀的料卷捲出後,再於軟板上加入特定用途的功能,或在軟板的表面加工,最後,再捲成圓筒狀或進行裁切。良好的滾輪式鍍膜機台應具備軟性基材輸送速度控制、張力控制、吸附夾持、視覺對位及精密定位功能等。利用滾輪式鍍膜機台可降低生產成本,使其未來發展廣泛受到矚目[7]。

5-6-3 雷射切割技術

非晶矽太陽能電池模組關鍵製程中,除了矽薄膜鍍膜品質的要求外,良好的雷射切割技術及設備亦會決定矽薄膜太陽能電池之品質及效率。

雷射切割之加工機制如圖 5-19 所示,利用雷射光束對材料進行剝除作用。當入射雷射接觸薄膜表面後,薄膜即能吸收光束能並將其轉為熱能,進而達到熔解溫度或汽化溫度。當薄膜達到熔解溫度或汽化溫度時,即可進行

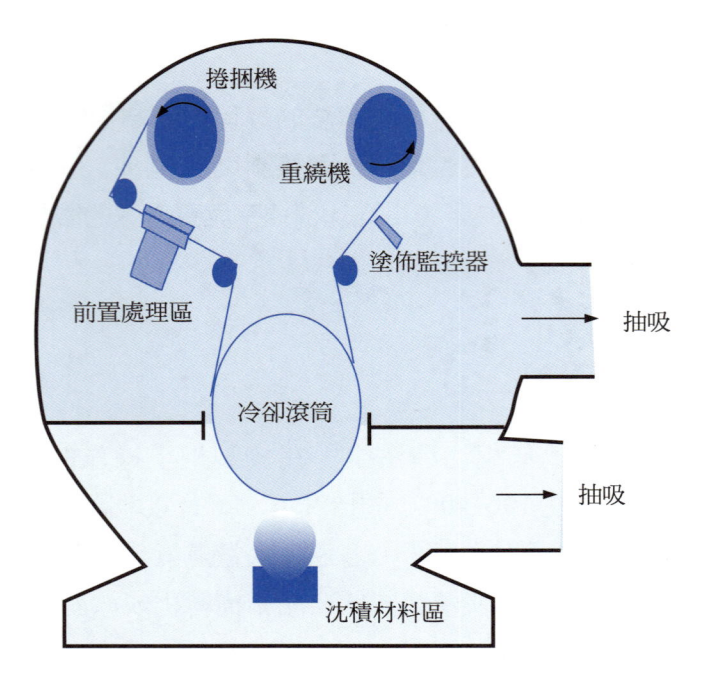

圖 5-18 滾輪式鍍膜機台示意圖，其基板常用不鏽鋼或塑膠等可撓性軟板

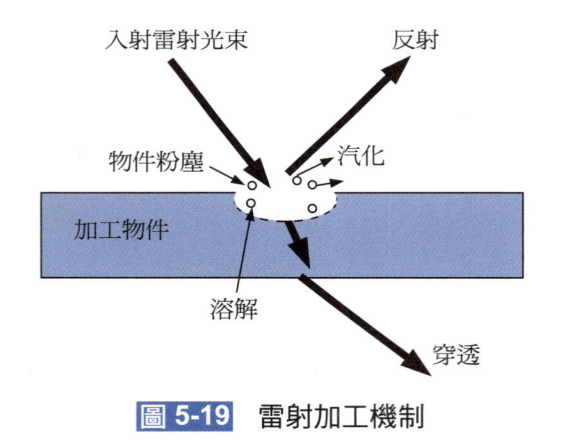

圖 5-19 雷射加工機制

薄膜剝除熔解、汽化[15]。

雷射加工的技術主要是取決於雷射能量密度與脈衝持續時間。當聚焦面積愈小時，能量密度就愈高；當薄膜加工愈精細時，脈衝所持續的時間就要愈長。藉由以上各點可歸納出如圖 5-20 所示影響雷射切割製程要素之魚骨圖，其顯示影響雷射切割六大要素，可分類為雷射光源、光學系統、吹氣輔助裝置、平台控制系統、抽氣除塵系統以及加工物材料特性六大類。

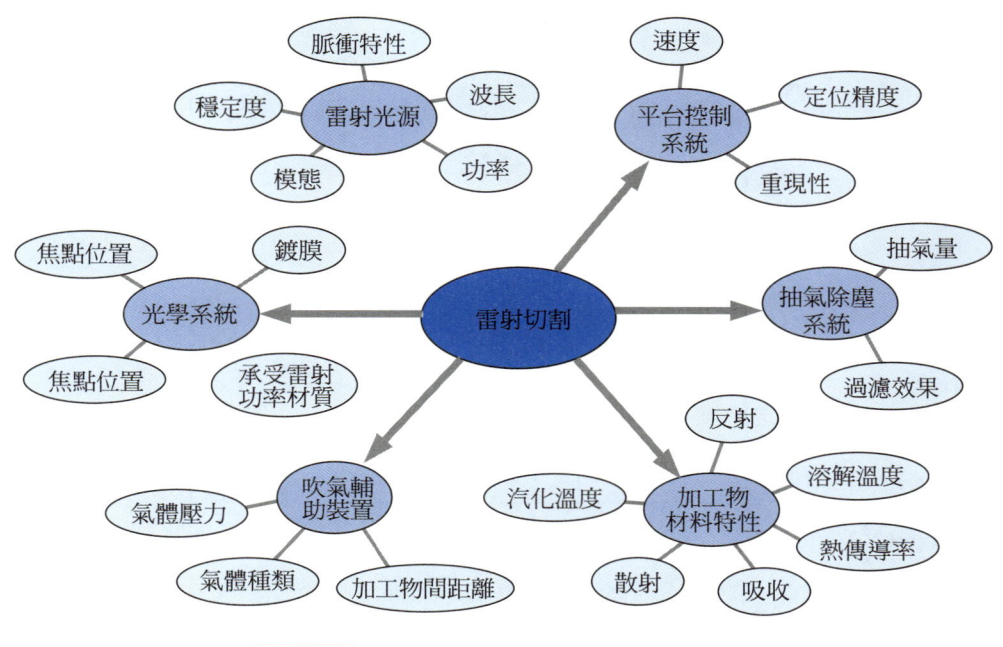

圖 5-20　影響雷射切割的六大製程要素

　　雷射表面切割於非晶矽薄膜太陽能電池製作流程中，總共執行三次，分別為切割透明導電膜、非晶矽光電轉換層以及電極。在前述的非晶矽薄膜太陽能電池模組製程中，首先使用第一道雷射波長為 1064 nm 的雷射對透明導電膜層切割劃線，而第二道雷射波長亦使用波長為 1064 nm 的雷射進行非晶矽光電轉換層之切割，最後使用波長為 532 nm 的雷射進行背電極層畫線。雷射加工製程必須考慮薄膜對雷射波長的吸收特性，並選擇適當雷射波長，使薄膜能有效地吸收雷射光束。圖 5-21 所示為透明導電膜層、非晶矽、微晶矽及單晶矽吸收係數與波長關係圖 [1,4]。其中，使用 532 nm 雷射的目的除了可進行切割背電極，同時避免切割到透明導電膜層。在第二道及第三道雷射切割時，剝除過程中不能破壞到下層的透明導電膜。需注意過大的雷射能量雖可容易將矽薄膜層去除，但會造成透明導電膜光電特性變差，及矽薄膜層側壁的**再結晶**（Recrystallization），導致漏電流變大，造成元件或模組效率降低。

　　雷射脈衝所需能量密度及雷射頻率範圍需配合畫線速度、薄膜厚度及特性計算得到。在雷射的切割中，雷射的連續脈衝在移除元件上特定膜層的材料時，會形成如圖 5-22 所示的連續圓形凹槽。單次雷射的脈衝對加工膜層作

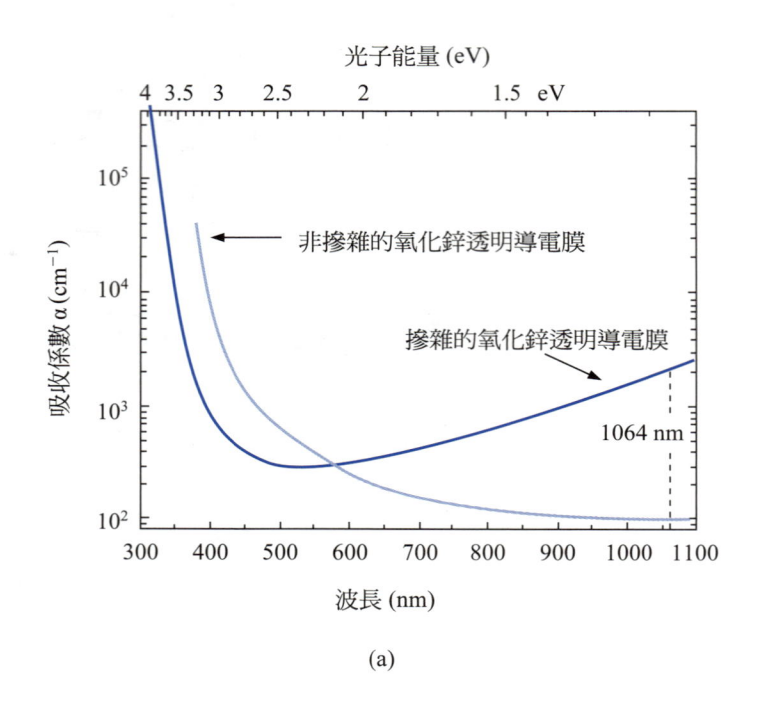

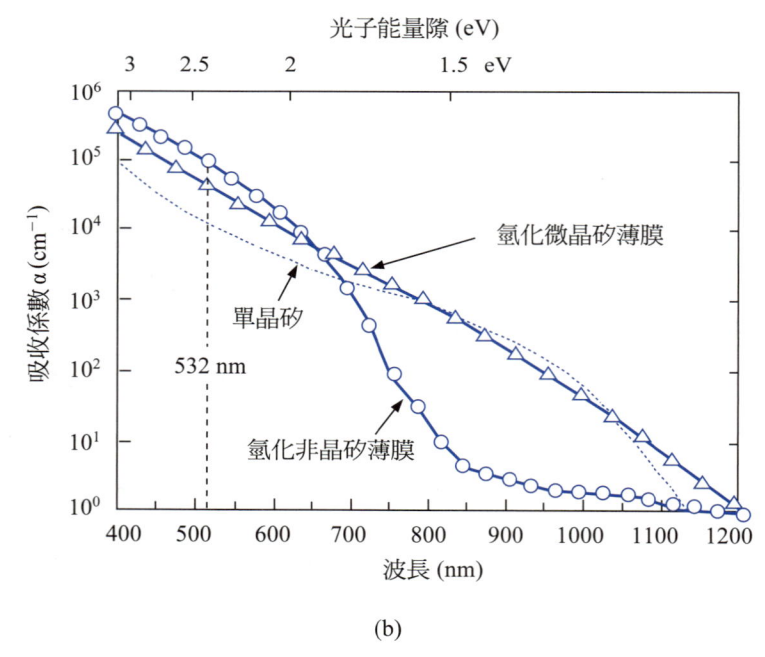

圖 5-21 (a) 透明導電膜材料氧化鋅；
(b) 非晶矽、微晶矽及單晶矽吸收係數與波長關係圖

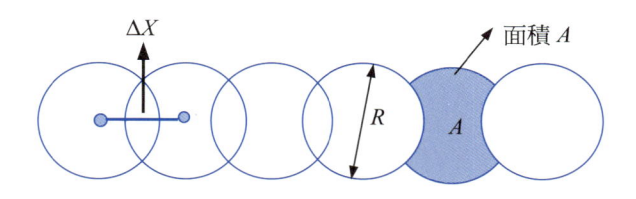

圖 5-22　連續雷射脈衝示意圖

用的有效面積約為 A，其中 ΔX 為相鄰脈衝圓心距離，R 為脈衝直徑 [18]。因此要得到均勻的切割深度與寬度，需滿足兩個條件：

1. 調整每個脈衝能量密度以足夠將 A 上特定厚度的材料移除；及
2. 使參數調整為 $\Delta X \leq$ 直徑 R，再適當搭配雷射脈衝頻率 f 與加工速度 v。

雷射脈衝頻率 f 與加工速度 v 的關係式如下：

$$\Delta X = v \times \frac{1}{f}$$

關於薄膜太陽能電池的雷射切割技術，每一廠商皆有其特定的製程方式。Sanyo 公司於透明導電膜之雷射切割技術，主要是著重於調整雷射能量密度以達到所需的阻絕度。圖 5-23 所示為將 $\Delta X/R$ 固定在 0.56 的情況下，調整雷射能量密度以檢測切割後之阻值響應 [14]。圖中實線與虛線部分分別表示為 SnO_2 薄膜於雷射切割後再行退火與未退火處理之阻值曲線比較分佈圖，其中該退火溫度為 550 度，所使用之雷射波長為 1.064 μm 之 **Q 切換的釔鋁石榴石**（Q Switched-YAG）雷射。未退火與退火後之 SnO_2 的阻值係呈現對比的現象。針對未退火之 SnO_2 薄膜而言，雷射光速的輻射能量將促使 SnO_2 轉換成絕緣物質 SnO。然而，隨著雷射能量密度的提升，經由透明導電膜穿透至玻璃基板的雷射能量數亦將隨之增加，將造成基板中之雜質揮發，進而沈積於絕緣物質 SnO 的表面，此雜質即為透明導電膜阻值下降的主要原因。反之，隨著退火處理的步驟，使得絕緣物質 SnO 以及雜質產生本質上的變化，進而造成阻值曲線與未退火之 SnO_2 阻值呈現反比的斜率變化。切割後之透明導電膜的隔絕阻值大於 1 MΩ。因此，為了達到一具有良好隔絕度之透明導電膜電池，其所使用之 $\Delta X/R$ 以及雷射能量密度只要分別為 0.56 以及 21 J/cm² 即可達到所需的阻絕度。

Kaneka 公司於薄膜太陽電池之雷射切割技術，主要是著重於開路孔徑的

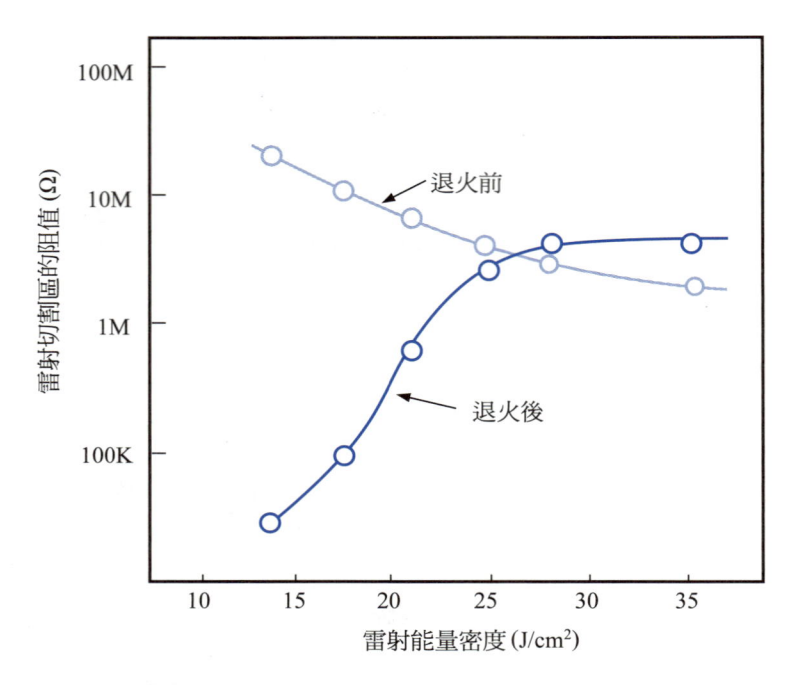

图 5-23　雷射能量密度與切割後之阻值關係

大小，藉以提升光電轉換效率[15]。圖 5-24 所示為 Kaneka 所製作之薄膜型太陽能電池模組示意圖[15]。圖中符號所代表的意義如下：標示 1 為一玻璃基板；標示 2 為厚度 800 nm 之 SnO_2；標示 3 為透明導電膜之雷射切割寬度，其大小為 50 μm；標示 4 為光電轉換層；標示 5 為光電轉換層之雷射切割寬

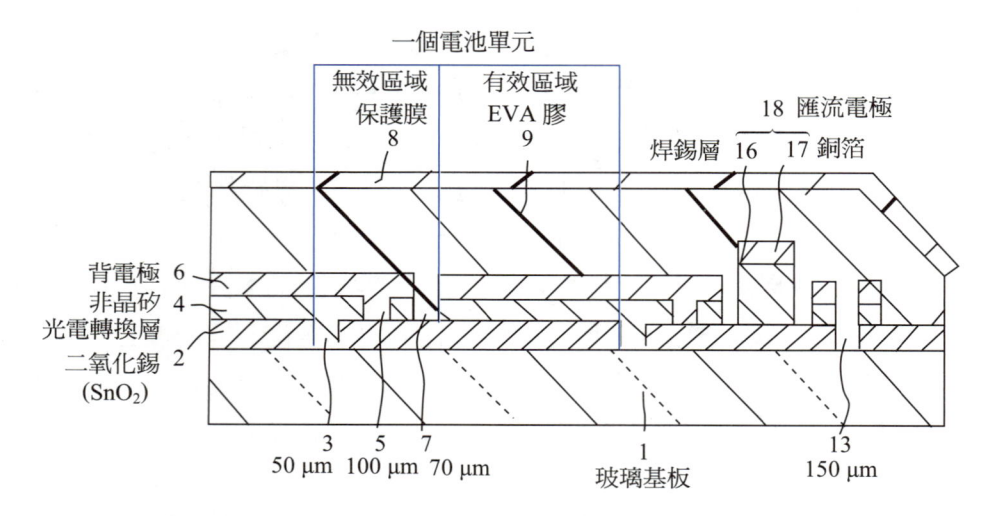

圖 5-24　Kaneka 薄膜型太陽能電池模板集成串聯示意圖

度,其大小為 100 μm;標示 6 為背電極薄膜;標示 7 為背電極之雷射切割寬度,其大小為 70 μm;需注意的是,該重疊部分之寬度皆為 100 μm。其中被切割的部分將無法產生電力而變成無效區域,而其餘的有效區域仍可繼續發電。當一個電池單元的大小為 8 mm 時,此時無效區域約 400 μm,而有效區域約 7600 μm,亦即無效區域佔整個電池約 5% 左右。當雷射愈精密時,則所損失的無效區域比例將可降低。

其中,用以切割透明導電膜之雷射係使用波段為 1.064 μm 之 Q 切換的釔鋁石榴石雷射,而切割背電極以及光電轉換層之雷射光源係使用 Q 切換的釔鋁石榴石雷射之倍頻 532 μm。隨者雷射切割寬度的不同,其所使用之參數亦有所不同。當雷射切割寬度為 50 μm 至 100 μm 時,使用 Q 切換的釔鋁石榴石雷射切割背電極以及光電轉換層之詳細參數如下:震盪頻率為 3 KHz,平均輸出功率為 500 mW,雷射脈衝寬度為 10 nsec,玻璃基板與雷射切割之相對移動速度為 3.5 μm/min。而當雷射切割寬度大於 100 μm 時,其用以切割背電極以及光電轉換層之 Q 切換的釔鋁石榴石雷射參數如下:震盪頻率為 10 KHz,平均輸出功率為 1.5 W,雷射脈衝寬度為 50 nsec,玻璃基板與雷射切割之相對移動速度為 200 mm/sec。利用上述參數完成之薄膜太陽電池模組在標準光源 AM 1.5 的照射下,開路電壓可達 44.2 V、短路電流可達 1240 mA、填充因子可達 0.68,其轉換效率更可高達 9%。

5-7 非晶矽薄膜太陽能電池之封裝技術

圖 5-25 所示為非晶矽薄膜太陽能電池封裝示意圖,於非晶矽薄膜太陽能電池進行封裝時,可分為以下步驟[4, 5]:

1. 將銲條(Ribbon)(即銅箔接線)焊接於太陽能板背面兩側電極;
2. 將銲條引至面板中央位置,注意與面板背金屬層之絕緣;
3. 將太陽能板以 EVA 膠與背板材料層壓貼合與固化,作為銲條的銅箔接線須於貼合前穿過 EVA 及背板;
4. 將銲條焊接於接線盒上,並將接線盒固定於太陽能板上;及
5. 最後,將四邊裝上鋁框,即完成非晶矽薄膜太陽能電池的封裝。

此外,於封裝的過程中,亦有三個步驟需特別注意:1. 銅箔接線;2. 層壓;以及 3. 固化。其中,在切割完非晶矽太陽能電池模組後,需藉由銅箔接

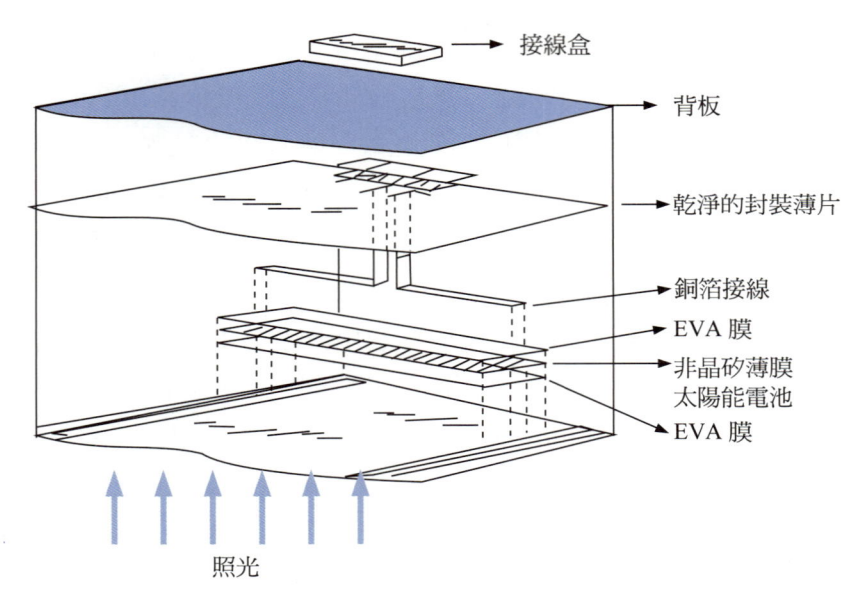

圖 5-25　非晶矽薄膜太陽能電池封裝示意圖

線的方式，將各個非晶矽太陽能電池模組並聯。在銅箔接線的過程中，需注意以下幾點：

1. 總電流與最小電池模組產生的電流需一致，需將所有已切割完成之非晶矽太陽能電池模組大小一致；
2. 銅箔接線之焊接盡量一次完成，若反覆焊接，將造成位於模組上的電極容易脫落；及
3. 銅箔接線之焊接點需均勻，以避免後續封裝的困難度。

最後，將銅箔接線匯集成一條正電極與一條負電極。需注意，在銅箔接線的過程中，亦可藉由銲錫預銲的方式，幫助銅箔接線與太陽能電池之附著能力。

在層壓與固化的過程中，比照玻璃面積的尺寸進行裁製乙烯和醋酸乙烯酯的聚合物（EVA 膠）以及背板，並接著以玻璃-EVA-電池-EVA-背板的層疊方式至入層壓機中，以進行層壓的步驟。封裝成敗的關鍵在於如何消除 EVA 膠中的氣泡。當出現氣泡時，即表示工作溫度過高或是抽氣時間過短。因此，需再重新設置工作參數，例如調整工作溫度、抽氣層壓的時間。

5-8 研發趨勢

雖然非晶矽薄膜先天上的光劣化現象造成該種電池之效率約在 6% 左右，但非晶矽薄膜太陽能電池的相關研究一直沒有中斷過。非晶矽薄膜太陽能電池所需之厚度僅數 μm，藉由 p-n 接面所產生的光電流不需經過較長的擴散距離，可避免材料中的缺陷和雜質過多。關於效率提升方式，歸類為以下幾點：

1. 光能有效率地引導進入電池的光吸收層；
2. 更有效率地將光子在電池的光吸收層中；
3. 更有效率地將光生載子保留住，避免復合現象產生；及
4. 減少串聯電阻損失。

由於生產成本仍有降低的空間，非晶矽薄膜太陽能電池仍有機會成為下一世代主流產品。非晶矽薄膜太陽能電池降低成本的技術包含：

1. 提高元件的轉換效率；
2. 提高沈積速率；及
3. 更有效使用製程氣體。

關於提高轉換效率的部分，可利用多接面結構以提高太陽能電池效率。舉例來說，a-Si:H/a-SiGe:H/a-SiGe:H 之堆疊方式即是利用三層接面疊成，以形成高效率非晶矽薄膜太陽能電池，如圖 5-26 所示 [1, 4]，其中各層之能隙需滿足 $E_{g_1} \geq E_{g_2} \geq E_{g_3}$ 上述之結構除了可以再增加光吸收範圍，提高轉換效率外，更藉由 H_2 的稀釋在電池裡有效地抑制光劣化效應。注意，在三層接面結構中，其厚度與能隙大小有關。詳細的設計方式將於下一章說明。在 Canon Ecology 公司的研發部門之研發方向是著重於 a-Si:H/a-SiGe:H/a-SiGe:H 之多層堆疊太陽能電池，如圖 5-26 所示。然而，該結構仍有需解決的製程問題包含 [20, 21]：

1. 高品質的非晶矽半導體膜通常會導致非常低的沈積速率（0.1~0.5 nms^{-1}）；
2. 含氫非晶矽鍺膜相較於含氫非晶矽膜具有更明顯的光劣化效應；
3. 當沈積速率提升時，含氫非晶矽鍺膜之品質變差；及

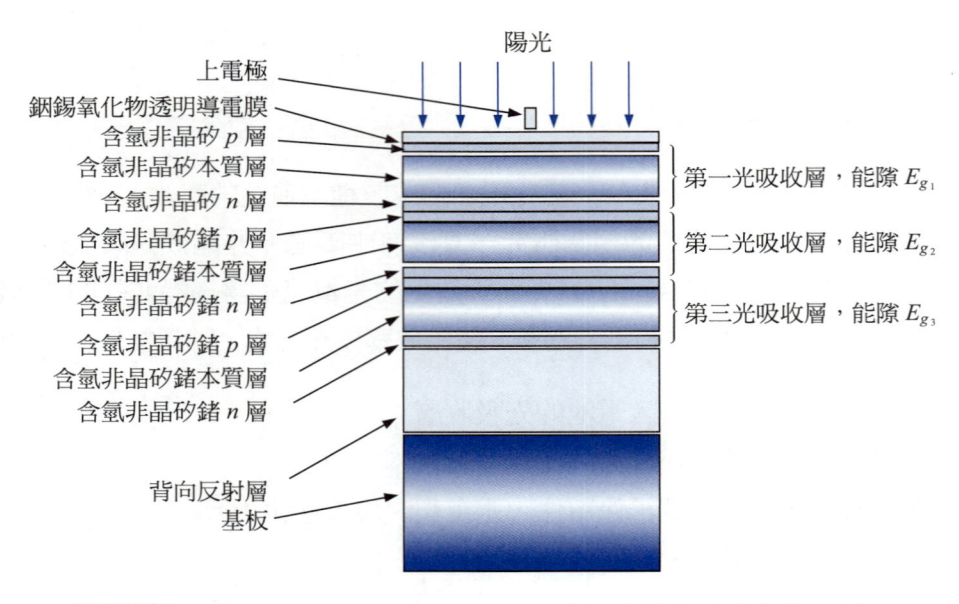

圖 5-26 a-Si:H/a-SiGe:H/a-SiGe:H 之多層多接面堆疊太陽能電池

4. GeH₄ 製程氣體非常昂貴，且由於 Si 與 Ge 原子晶格常數不匹配的原因，當 GH₄ 含量變多時，不易與 SiH₄ 形成穩定鍵結。

透光型非晶矽太陽能模組

　　非晶矽太陽能電池的產品市場可著眼於整合於建材之一體型建築產品，除了可使目前的住家有效減少傳統發電的能源損耗之外，更可以提高對環境的保護。以日本發展光電產業的趨勢而言，目前的發展策略是利用太陽能電池配置於住家屋頂表面。對於太陽能光電市場而言，利用公司或工廠的牆壁、公共設施或建築的構造等發展出不同的太陽能應用系統是很重要的一件事。於前幾節的探討中可知，在一些應用上，非晶矽薄膜太陽能電池很適合用於製作大面積的製程。

　　圖 5-27 所示為使用非晶矽薄膜太陽能電池製成的透光型模組的結構。將每個太陽能電池單元以 2 mm 切割，雖然切割造成的無效區域將變大，但藉由背電極之雷射切割線，模組可以提高光線的穿透率。

　　該模組對雷射切割的要求更精準，所產生的串聯電阻損失亦要考慮。藉由改變透明線之數目或寬度，亦可以得到不同的無效區域與有效區域之比例，進而產生不同的透明微影。到目前為止。

　　透光型非晶矽太陽能電池模組已經實際用在住家的玻璃上。

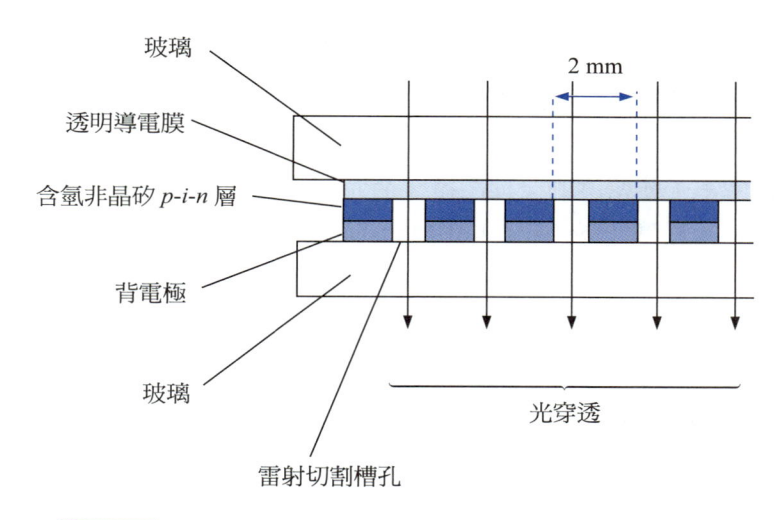

圖 5-27 使用非晶矽薄膜太陽能電池製成的透光型模組

5-9 結　語

　　早期矽薄膜太陽能電池之光吸收層材料主要係以非晶矽為主，其具有製程溫度低（~250℃）、可成長於不同基板上（例如玻璃、陶瓷、金屬、高分子膜等）與光／暗導電度比值高等優點。雖然非晶矽薄膜先天上的光劣化現象造成該種電池之效率約在 6% 左右，但由於生產成本仍有降低的空間，非晶矽薄膜太陽電池仍有機會成為下一世代主流產品。未來的研發趨勢如下：

1. **高效率薄膜電池**：更長期照光穩定的高效率電池（＞10%）；
2. **高沈積率與高品質製程**：具有高沈積速率（＞20 Å/s）之微晶矽薄膜技術開發；
3. **大面積設備**：大面積（5 代面板以上）高均勻性薄膜沈積設備開發；及
4. **封裝技術規格化與認證**：大面積的模組在封裝時儘可能採用標準規格來達到模組認證的要求。

專有名詞

1. **非晶矽**（Amorphous Silicon）：具有非結晶體結構的矽材料，稱為非晶矽。
2. **懸鍵**（Dangling Bond）：一種未鍵結的化學鍵，並具有相當的活性值，容易與其他原子產生鍵結作用。

3. **Mott-CFO 模型**（the Model of Mott-CFO）：在一個原子的最鄰近處，可以應用結晶矽材料之能帶理論於解釋非晶矽材料之短程有序的結構中；反之，於次鄰近與稍遠處，由於原子排列有所差異，其亦可表示為晶格混亂對晶體能帶中電子態密度的一種微擾，進而使得能帶出現帶尾結構。
4. **Mott-Davis 模型**（the Model of Mott-Davis）：於該理論模型中，非晶矽材料的帶尾被認為很窄，無法形成任何交疊結構，即表示帶尾並未延伸到能隙的內部；然而，由於大量的晶格缺陷存在於非晶矽材料中；因此，於能隙的中間需引入一個缺陷定域帶。
5. **Stabler-Wronski 效應**（Stabler-Wronski Effect）：非晶矽材料經照光後，導致其光電導和暗電導值同時下降，以保持其穩定性；然而，經由 150~200℃ 之熱處理後，非晶矽材料之電特性即可回復至原來的狀態。
6. **禁止帶**（Forbidden Gap）：當電子在一具有禁止能隙之半導體中的運動時，其行動便會受到限制，而無法自由移動。
7. **電漿**（Plasma）：電離化的氣體，其正負離子密度大體相等，使系統呈電中性者。
8. **再結合損失**（Recombination Loss）：因材料本身不穩定的懸鍵及缺陷密度，使自由載子於其中結合所造成的損失。
9. **本質**（Intrinsic, i Layer）：即本質半導體，不做任何的摻雜。
10. **透明導電氧化物**（Transparent Conductive Oxide, TCO）：透明且導電之半導性材料，其於可見光區（380~780 nm）穿透率 85% 以上，且其電阻率係介於 10^{-3} 至 10^{-4} Ω-cm 之間。
11. **輝光放電**（Glow Discharge）：低壓狀態的電漿放電發光現象。
12. **電弧放電**（Arc Discharge）：一種氣體放電現象，電流通過某些絕緣介質（例如空氣）所產生的瞬間火花。
13. **電漿增強式化學氣相沈積**（Plasma Enhanced Chemical Vapor Deposition）：反應氣體獲得能量進行化學反應，因為快速且溫度低，已逐漸成為主要的半導體薄膜沈積工具。
14. **濺鍍法**（Sputter）：濺鍍的基本原理是將加速的離子轟擊固體表面，離子在和固體表面的原子交換動量之後，就會從固體表面濺出原子，此現象為濺射（Sputtering）。
15. **雷射**（Laser）：窄幅頻率的光輻射線，透過受激輻射放大和必要的反饋共振，產生准直、**單色**（Monochrome）、**相干**（Coherent）的光束的過程及儀器。

本章習題

1. 目前業界最常製作非晶矽薄膜方式有哪些？其優缺點為何？
2. 說明 Mott-CFO 模型以及 Mott-Davis 模型的差異性為何？
3. 說明經矽烷分解所得到之非晶矽薄膜有哪幾種缺陷？
4. 說明基本的單接面非晶矽薄膜太陽能電池結構為何？
5. 說明傳統矽基太陽能電池與非晶矽薄膜太陽能電池在結構上與電流的產生機制上有何不同？
6. 說明目前製備透明導電膜之製程方式有哪幾種？
7. 說明應用於透明導電膜以及非晶矽薄膜之雷射切割有何不同？
8. 說明非晶矽薄膜太陽能電池結構之發展趨勢為何？
9. 目前的非晶矽薄膜太陽能電池模組效率為 5%，則 20 平方公尺的面積可產生多少電力？
10. 在面積 1.4×1.1 平方公尺的玻璃基板上使用PECVD沈積非晶矽薄膜，發現薄膜非常不均勻，可能的原因為何？
11. 對目前的非晶矽薄膜太陽能電池模組提高 1% 的效率，則產生瓦數的增加比率多少？
12. 請估算以目前 13.56 MHz 射頻產生源的 PECVD 來沈積典型厚度的本質非晶矽層，需要多少時間？
13. 計算透光型非晶矽薄膜太陽能電池的無效區與有效主動區的比率？

參考文獻

[1] 黃惠良、曾百亨，《太陽電池》，第六章，五南圖書出版公司。
[2] 戴寶通、鄭晃忠，《太陽能電池技術手冊》，第四章，台灣電子材料與元件協會發行出版。
[3] 楊德仁，《太陽能電池材料》，第五章，五南圖書出版公司。
[4] 顧鴻濤，《太陽能電池元件導論》，第四章，全威圖書股份有限公司。
[5] 林明獻，《太陽能電池技術入門》，第八章，全華圖書股份有限公司。
[6] 楊茹媛、張育綺、陳偉修、莊子誼，〈矽薄膜太陽能電池之技術發展〉，電子月刊，165 期，2009 年 4 月刊。
[7] Donald A. Neamen，《半導體物理及元件》，李世鴻譯，電機工程叢書，台北，2006 年 3 月，二版。

[8] 雷永泉，《新能源材料》，新文京開發出版股份有限公司，台北，2004 年初版。

[9] 楊茹媛、翁敏航、李炳寰，〈矽薄膜太陽能電池鍍膜設備〉，165 期，電子月刊，2009 年 4 月刊。

[10] 楊茹媛、莊子誼，〈室溫下製備微奈米晶矽之微結構及其光電特性之研究〉，屏東科技大學碩士論文，2009 年。

[11] 楊茹媛、陳偉修，〈利用 HDP-CVD 製備微晶矽薄膜之微結構及其光電特性之研究〉，屏東科技大學碩士論文，2009 年。

[12] F. Lasnier, and T. Ang. "Photovaltaic Engineering Handbook", American Institute of physics, New York (1990).

[13] Y. Hamakawa, Thin Film Solor Cells, springer (2004).

[14] Sanyo Electric Company. Ltd., US: 5217921 (1993).

[15] Kaneka Corporation, US: 6384315 (2002).

[16] T. L. Chu, Chu S. S. "Recent progress in thin film cadmium telluride solar cells. progress in photovoltaic research and applications", John Wileg & Sons. Ltd, pp. 31-42, New York (1993).

[17] 國科會精密儀器發展中心，《真空技術與應用》，全華科技股份有限公司。

[18] 黃崇傑，〈薄膜型太陽能電池研究發展狀況〉，工業材料雜誌──太陽光電技術專題，182 期，2002 年。

[19] 莊達人，《VLSI 製造技術》，高立出版集團。

[20] S. In-Hyuk, K. Cheno-Hong, N. Woo-Jin, H. Min-Koo, "A poly-Si thin film transistor fabricated by new excimer laser recrystallization employing floating acitve structure", *Current Applied Physics*, Vol. 2, pp. 225-228 (2002).

[21] T. Sameshima, H. Watakabe, N. Andoh , S. Higashi, "Pulsed laser annealing of thin silicon films", *Jpn. J. Appl. Pyhs.*, Vol. 45, pp. 2437-2440 (2006).

第 6 章

前瞻矽基薄膜太陽能電池

- 6-1 章節重點與學習目標
- 6-2 結晶矽基薄膜太陽能電池之發展背景
- 6-3 結晶矽基薄膜太陽能電池之種類
- 6-4 結晶矽基薄膜太陽能電池之製程技術
- 6-5 微晶矽薄膜之製作技術
- 6-6 多晶矽薄膜之製程技術
- 6-7 大面積矽基薄膜鍍膜技術
- 6-8 矽基薄膜太陽能電池的發展趨勢
- 6-9 結　語

6-1 章節重點與學習目標

在本章中，我們將先對非晶矽薄膜太陽能電池之問題作一說明，接著介紹次世代各類型結晶矽基薄膜太陽能電池，提供目前矽基薄膜太陽能電池之研究開發方式及其對應於未來之解決方式，並針對目前較具前瞻性發展之高效率矽薄膜太陽能電池的發展趨勢作一簡單說明。

藉由本章之介紹，讀者能對於高效率矽基薄膜太陽能電池的操作原理、元件結構及未來的發展趨勢有一初步之認識詳細的資料可以參考所註解的文獻。讀者在讀完本章後，應當可以理解：

1. 發展前瞻矽基薄膜太陽能電池的必要性；
2. 前瞻矽基薄膜太陽能電池的種類與其對應之工作原理；
3. 奈／微晶矽薄膜的製程方法；
4. 多晶矽薄膜的製程方法；及
5. 大面積矽基薄膜鍍膜技術之發展趨勢。

6-2 結晶矽基薄膜太陽能電池之發展背景

傳統非晶矽（Amorphous Silicon, a-Si）或稱氫化非晶矽（Hydrogen Amorphous Silicon, a-Si:H）矽薄膜太陽能電池，因其具有成本低與可大面積化之優點，國際太陽能電池廠已進入量產階段。然而典型的單接面之非晶矽薄膜電池由於光劣化效應（或稱S-W效應）造成的低轉換效率（第5章已說明），使其在發展上遇到一定之瓶頸，因此有必要藉由改變其電池結構或是成膜品質等方式來改良其效能。

6-2-1 結晶矽薄膜太陽能電池技術－單接面太陽能電池

在單接面結構下，改善非晶矽薄膜太陽能電池之方法，除了最基本的薄膜品質之外，還有改變透明導電氧化物層、吸收層材料與結構之作法。

1. **本質層的非晶矽薄膜的改善**：以微晶矽結構置換非晶矽，減少光電轉換層中之懸鍵數量，以改善S-W效應。此外，非晶矽薄膜之載子遷移率多低於 $1\ cm^2/V\text{-}s$ 以下，微晶矽薄膜之載子遷移率比一般非晶矽薄膜高出1

~ 2 個數量級。

2. **透明導電氧化物層的改善**：可使其具有粗糙化表面來增加**光補陷效應**（Light-trapping Effect），或是以雙層透明導電氧化物的方式來改善入射光穿透率、穩定性等參數。

3. **吸收層材料的改善**：以摻雜碳及鍺所形成之氫化非晶矽碳（a-SiC:H）及氫化非晶矽鍺（a-SiGe:H）分別作為 p 層及 n 層之材料，以調變吸收層能隙值來達到更多光譜之吸收。例如：a-SiC（非晶碳化矽）／a-Si 異質接面太陽能電池，可突破非晶矽膜 8% 效率障礙之結構[1-4]。

近年來已出現以多晶矽或微晶矽薄膜結構為主的單接面矽薄膜太陽能電池，並且實驗證明以多晶矽或微晶矽代替非晶矽，在陽光長期照射之下，並未有衰退之現象。

6-2-2　次世代矽薄膜太陽能電池技術－堆疊型太陽能電池

目前常見之次世代產品係藉由結合不同材料之方式，用以改善傳統單接面非晶矽太陽能電池之缺點。利用**微晶矽**（Microcrystal Silicon, μc-Si）或稱**氫化微晶矽**（Hydrogenated Microcrystalline Silicon, μc-Si:H）薄膜、**矽鍺**（Silicon Germanium, SiGe）薄膜或**多晶矽**（Polycrystalline Silicon, poly-Si）與非晶矽薄膜做一結合的**堆疊型太陽能電池**（Tandem Solar Cells）可兼顧非晶矽薄膜本身較高之光吸收係數，並擁有微晶矽薄膜、矽鍺薄膜與多晶矽薄膜之優點：

1. 高載子遷移率；及
2. 不同的吸收光譜。

此方法不只提升矽薄膜太陽能電池的轉換效率，更降低並改善非晶矽薄膜之 S-W 效應，增加太陽能電池對光的穩定性。因此，堆疊型薄膜太陽能電池為目前具有整廠輸出且願意提供技術轉移的設備業者之重要研發技術[4]。非晶矽材料的能隙約在 1.7 ~ 1.8 eV 之間，在可見光範圍有相對高的吸收係數，約 10^5 cm^{-1}。藉由能隙為 1.8 eV 的非晶矽薄膜作為太陽能電池的上電池，選用能隙值介於 1.12~1.5 eV 之間的微晶矽、奈米晶矽及多晶矽作為下電池之設計，可將傳統非晶矽薄膜 6%~7% 的轉換效率提高至 10% 以上[5]。目前該結構已成為國際多家大廠，如日本大廠 Kaneka 及三菱重工，主力研發之產

品 [6-7]。

　　圖 6.1(a) 所示為典型堆疊型太陽能電池結構與其對應的吸收光譜示意圖。藉由結合不同能隙薄膜之個別光吸收波段以增加光電轉換效率，其中小能隙薄膜可吸收大能隙薄膜無法吸收之長波長部分，將入射光做有效的利用，同時提高輸出電流與電壓突破 a-Si:H 單接面電池的理論光電轉換效率至 10% 以上 [8-10]。

6-2-3　堆疊型太陽能電池的原理

堆疊型太陽能之元件設計需注意：

1. **能隙匹配**：為了將太陽光譜做充分有效的吸收，不同的接面數，會有不同的能隙搭配，對雙接面電池元件，能隙可選在 1.7~1.8 eV 與 1.1~1.2 eV 之間；
2. **厚度匹配**：不同光吸收層材料會有不同光吸收係數，為了達到相同的光子吸收數，厚度也要做設計；及
3. **電流密度匹配**：避免各接面的電流不一致，而造成最小輸出電流之接面影響整體元件之輸出電流。

在多接面堆疊型太陽能電池中，第 i 個堆疊電池的厚度 d_i 之設計是用以達到相同的光生電流 I_{Li}，其公式如下所示 [8]：

$$I_{Li} \cong q \int \phi_i(\lambda) \eta_c(\lambda, V_i) \, d\lambda = 常數 \tag{6-1}$$

其中，$\phi_i(\lambda)$ 是波長 λ 到第 i 個接面界面的入射光通量密度，η_c 是在第 i 層的光子吸收效率。為了使公式能更簡化及更有效地使用，將載子吸收損失跟光阻礙效應的影響省略，η_c 和 ϕ_i 即可藉由吸收係數之調變使其與後續各光電轉換層之光生電流接近，其中：

$$\eta_c = 1 - \exp[-\alpha_i(\lambda) \, d_i] \tag{6-2}$$

以及

$$\phi_i(\lambda) \sim \phi_o(\lambda) \prod_{j=1}^{i=1} \exp[-\alpha_i(\lambda) \, d_i] \tag{6-3}$$

ϕ_o W 是入射光通量密度。堆疊型太陽能電池之最佳化即是藉由滿足 I_{Li} 的選

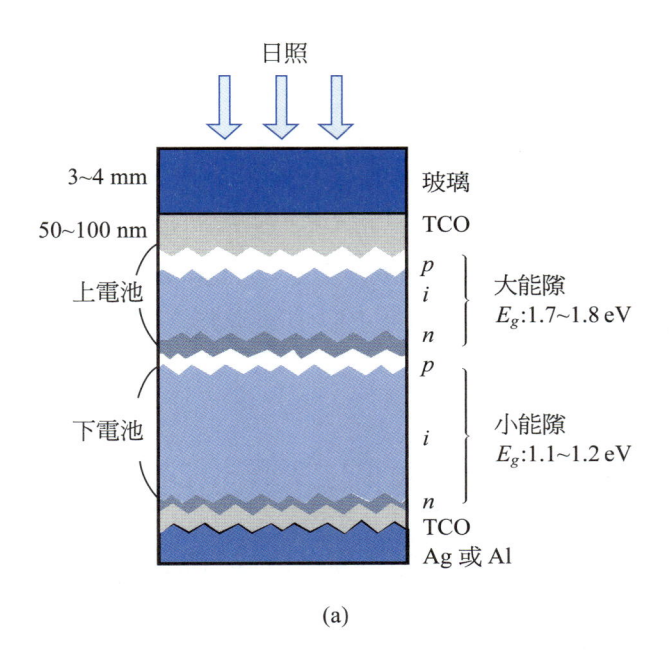

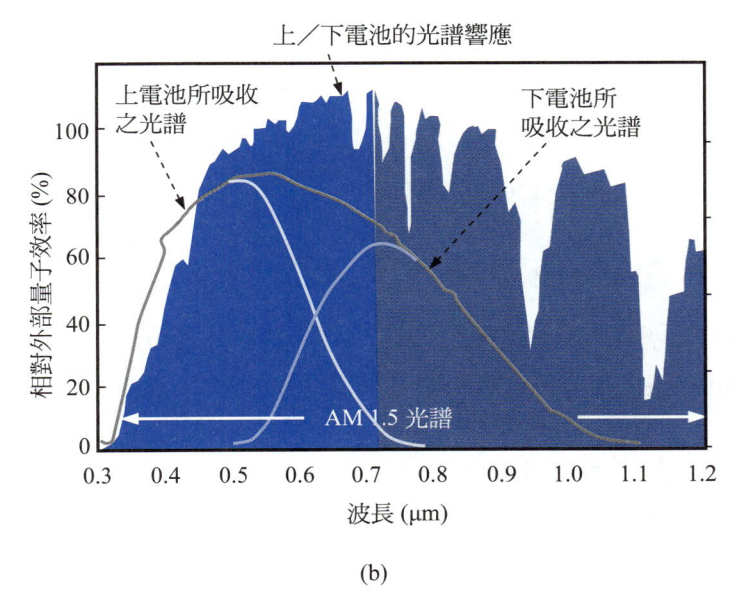

圖 6-1 (a) 典型具有兩個能隙的堆疊型矽薄膜太陽能電池結構；
(b) 上電池和下電池所吸收光譜位置示意圖

擇來達成。

對於第 i 層半導體材料的選擇，不僅是需要照光時具有 $E_{g1} \geq E_{g2} \geq E_{g3} \geq \cdots$ 能隙的順序，更還要滿足各層光吸收係數 $\alpha_1(\lambda) < \alpha_2(\lambda) < \alpha_3(\lambda) < \cdots$ 的要求。

此外，第 i 層的輸出光電特性如下所示 [11]：

$$I = I_{Li} - I_{Si}\left[\exp\left(\frac{q(V_i + IR_{Si})}{n_i kT}\right) - 1\right] - \left(\frac{V_i + Ir_{Si}}{R_{shi}}\right) \quad (6\text{-}4)$$

對 $i = 1, \cdots, m$ 而言，V_i、I_{Li}、I_{Si}、n_i、R_{Si} 跟 R_{shi} 所代表的意義分別為第 i 層的輸出電壓、輸出光電流、逆向飽和電流、理想二極體因子、串聯電阻及並聯電阻。光電流 I_{Li} 與電壓 V_i 關係主要由經過非晶矽太陽能電池中各接面的漂移電流組成。

6-3　結晶矽基薄膜太陽能電池之種類

目前常見之堆疊型太陽能電池主要仍以 a-Si/μc-Si、a-Si/SiGe 以及 a-Si/poly-Si 三大類為主。表 6-1 所示為投入高效率矽薄膜堆疊型太陽能電池廠商之概況。在堆疊型太陽能電池的規劃方面，具有以下幾個重點：薄膜品質的改善、使用不同能隙的堆疊型材料，如：非晶碳化矽、微晶矽或是具有窄能隙的非晶矽鍺薄膜作為新接面，並同時開發具有背向表面場效應的新電極材料等 [9-12]。以下將介紹 a-Si/μc-Si、a-Si/SiGe 與 a-Si/poly-Si 堆疊型太陽能電池之種類、製作技術及其研發重點。

6-3-1　a-Si/μc-Si 堆疊型太陽能電池

a-Si/μc-Si 堆疊型接面太陽能電池之發展主要有 Sharp、Kaneka 和 Mitsubishi Heavy Industries（MHI）等大廠。圖 6-2 所示為非晶矽與微晶矽（μc-Si）

表 6-1　次世代堆疊型矽薄膜太陽能電池廠商之技術現況 [3]

廠商	矽薄膜太陽能電池結構	實驗室效率	設備	產能（MW/y）
Kaneka	a-Si/μc-Si	Cell:14.7%（1 cm², Initial）；Module: 13.2%（0.41 m², Initial）	批次多腔體	> 25
UniSolar	a-Si/a-SiGe/μc-Si	Cell:13.1%（Initial），11.2%（Stable）	捲帶式	> 30
Mitsubishi	a-Si/μc-Si	1.4 m² Module: 12.0%	捲帶式	> 10
Canon	a-Si/μc-Si /μc-Si	0.8 m² Module: 13.4%（Initial），12.4%（Stable）	捲帶式	×

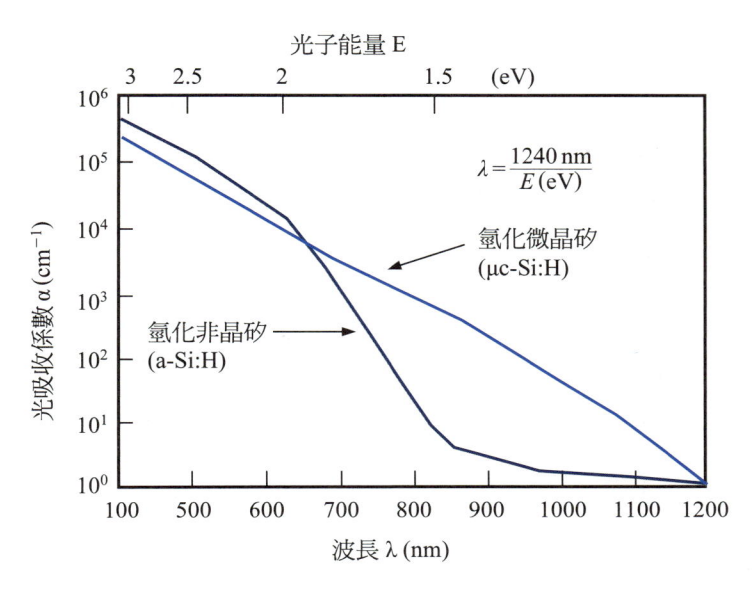

圖 6-2 氫化微晶矽及氫化非晶矽之光吸收係數

或稱氫化微晶矽（μc-Si:H）薄膜之吸收係數比較圖。非晶矽雖具有較高之光吸收係數[12,13]，但主要之吸收光譜落在 700 nm 之前，對於 700 nm 之後的光無法有效地吸收。

圖 6-3 所示為由 Kaneka 製造常見之 a-Si:H/μc-Si:H 太陽能電池。在 AM1.5 的標準光源下，非晶矽和微晶矽薄膜可分別吸收的光譜部分，由圖可知堆疊型太陽能電池可將 80% 以上的光做有效的吸收，其中/μc-Si:H 之能隙主要是由其結晶度的比例與結晶尺寸所決定，因此其能隙具有一個可調的範圍，在 1.1~1.7 eV 之間。a-Si:H 吸收層厚度約在 0.2~0.3 μm 之間，而 μc-Si:H 厚度約在 1.5~2.0 μm 之間，其原因除了使 a-Si:H/μc-Si:H 堆疊型太陽能電池之上下電池的光電流一致外，更可因 a-Si:H 厚度的減少使內建電場強度增加，減少載子的熱復合，進一步降低 S-W 效應的產生[14-17]。此外，因 μc-Si:H 具有鍵結穩固且結晶性強之優點，使 a-Si:H/μc-Si:H 太陽能電池光劣化現象不明顯，可有效地改善純非晶矽太陽能電池之穩定性[11]。

6-3-2　a-Si/SiGe 堆疊型太陽能電池

在 a-Si/μc-Si 堆疊型太陽能電池中，需藉由通入大量之氫氣稀釋以沈積 μc-Si 薄膜，該沈積方式將造成鍍膜時間的增加。因此，部分國際大廠研發 a-Si/SiGe 堆疊型太陽能電池[18-19]，主要有 Sanyo 及 Fuji Electric 兩大廠商。

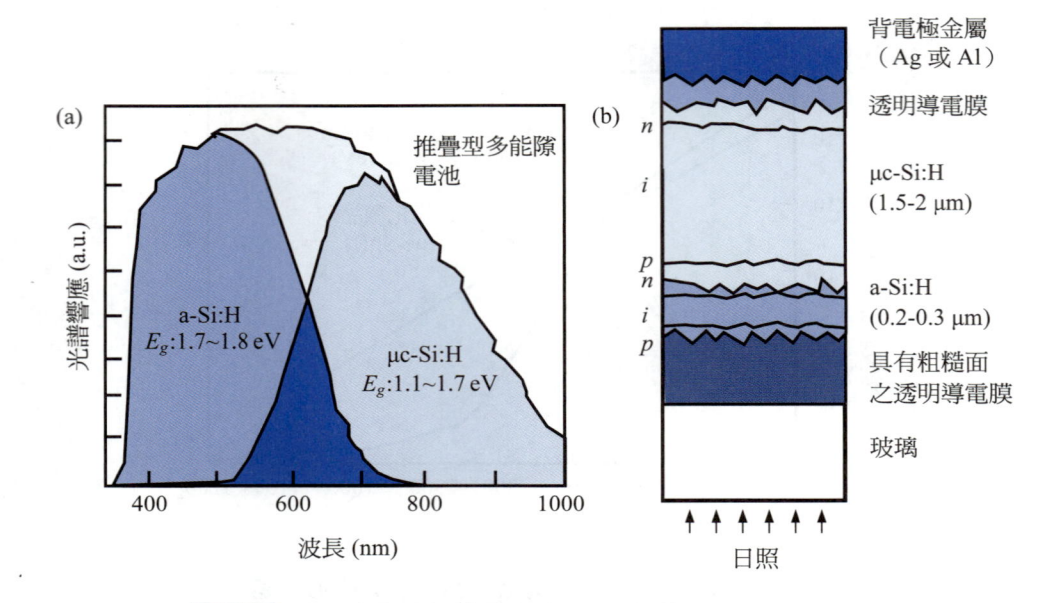

圖 6-3 (a) 非晶矽跟微晶矽之吸收光譜；
(b) 典型 a-Si/μc-Si 堆疊型接面太陽能電池 [16-17]

使用該堆疊結構之優點是：SiGe 薄膜本身具有較高的光吸收係數，可大量降低鍍膜層的厚度，減少鍍膜與生產製造之時間。圖 6-4 所示為非晶矽與 Ge 之吸收係數比較圖。Ge 的吸收係數比 a-Si 來得高，且吸收波段範圍廣，因此，可有效降低薄膜層的厚度，更可充分地與非晶矽做一合金結合應用。

目前，常見之 a-Si/SiGe 堆疊型太陽能電池結構如圖 6-5 所示 [18]，為 Sanyo 所生產的產品。藉由 Ge 的添加，下電池之吸收層能隙小於非晶矽吸收層之能隙，非晶矽和 SiGe 薄膜可分別吸收可見光與紅外光的光譜部分。此外，太陽能電池的整體厚度降低，並有效地提高內建電場強度，進而降低光劣化效應。

6-3-3　a-Si/poly-Si 堆疊型太陽能電池

a-Si/poly-Si 堆疊型接面太陽能電池之發展，以 Kaneka 公司為主要發展廠商，目前尚未進入量產階段。圖 6-6 所示為 a-Si/poly-Si 堆疊型太陽能電池結構 [19]，由玻璃／背向反射膜／ n-i-p 半導體層組成之光電轉換層／透明導電膜所構成，藉由將背向反射膜蝕刻為粗糙狀以增加光吸收率，且可因此減少該電池之厚度。多晶矽具有較微晶矽低的能隙值，約 1.12 eV，且具有高載子遷移率，並因此減少光衰退效應。此外結合 a-Si:H 的堆疊可減少 poly-Si 光電轉換層表面復合率，藉以降低 poly-Si 層表面不平整所致的漏電流。

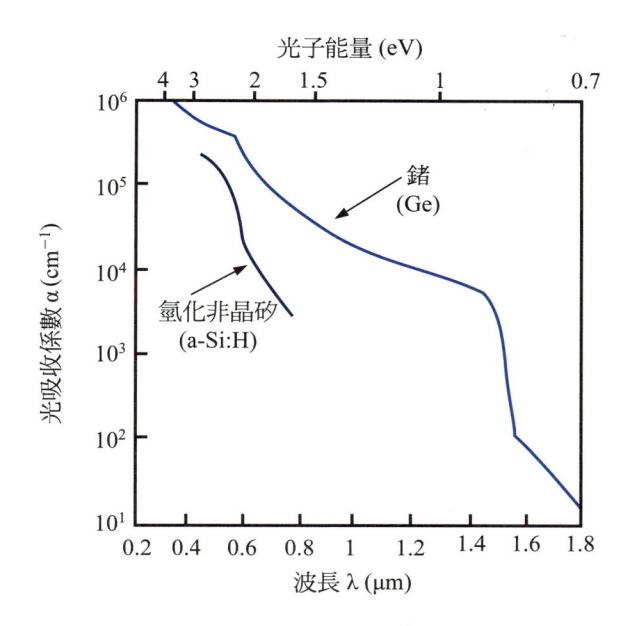

圖 6-4　非晶矽與 Ge 之吸收係數與波長的關係

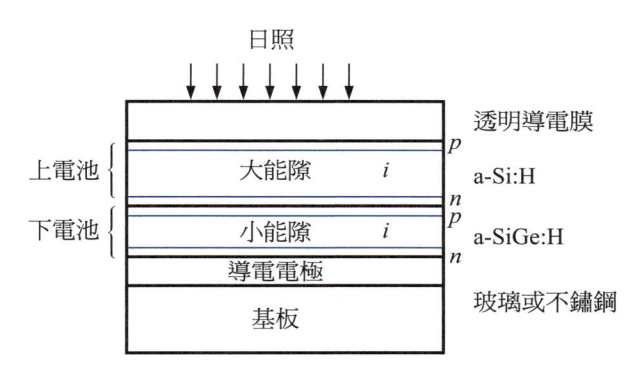

圖 6-5　a-Si/SiGe 堆疊型太陽能電池

6-4　結晶矽基薄膜太陽能電池之製程技術

　　結晶矽基薄膜太陽能電池之製程，大致上與非晶矽薄膜太陽能電池相同，亦即是三道鍍膜與三道雷射切割，詳細可參考第 5-6 節。主要差別是結晶矽基薄膜太陽能電池的光吸收層（或稱光電轉換層）是由不同結晶比例與結晶尺寸的矽薄膜組成，因此在鍍膜製程上需要更快的沈積速率。

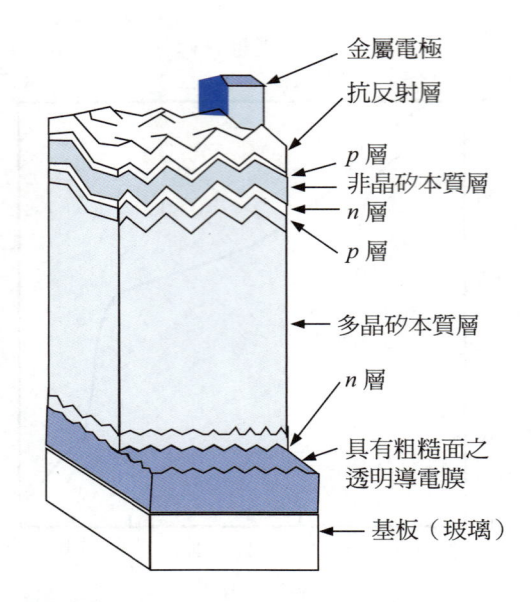

圖 6-6 a-Si/poly-Si 堆疊型太陽能電池 [19]

● 6-4-1 a-Si/μc-Si 型太陽能電池之技術發展

在堆疊型太陽能電池中，多使用傳統 13.56 MHz 的**電漿化學氣相沈積**（Plasma Enhance Chemical Vapor Deposition, PECVD）製作 a-Si/μc-Si 型太陽能電池，然而其沈積速率會過低（~0.4 Å/s）[12]。因此，目前主要的鍍膜製程傾向於使用**超高頻化學氣相沈積**（Very High Frequency Chemical Vapor Deposition, VHF-CVD）[20]，用以提高微晶矽薄膜之沈積速率。目前主要生產 a-Si/μc-Si 型太陽能電池的兩家廠商 Kaneka 及 MHI 公司，對於大面積及效率的要求上具有不同的看法。

Kaneka 公司之改良方式主要偏向效率上之提升，圖 6-7 所示即為之 Kaneka 公司所改良之堆疊型太陽能電池。在典型的 a-Si/μc-Si 型太陽能電池中再加入一層透明氧化物薄膜，藉由界面上折射率的差異，使光在內部的反射，提高 a-Si 上電池及 μc-Si 下電池的光電流，使輸出短路電流提升，進一步達到降低非晶矽膜厚，進而減少光劣化現象 [21-22]。目前，Kaneka 公司已可在 1×1 cm² 之面積下，使該太陽能電池達到 V_{oc} = 2.28 V、J_{sc} = 8.93 mA/cm²、FF = 73.5%、η = 15% 的成果 [15]。但該方法使得製程成本上升，產率下降，因此要商業化仍有待成本可以進一步降低。

MHI 公司偏向大面積薄膜太陽能電池之製作。圖 6-8(a) 所示為 MHI 公

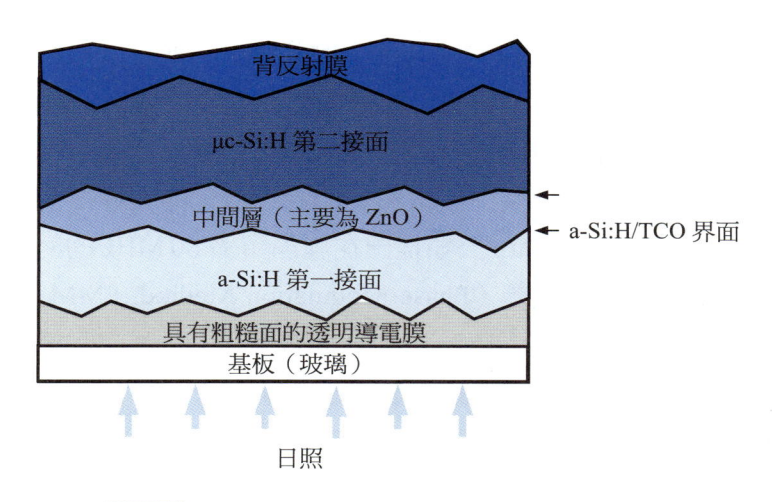

圖 6-7 a-Si:H /TCO/μc-S:H i 堆疊太陽能電池

司在面積 1.1×1.4 m² 的 a-Si/μc-Si 堆疊太陽能電池結構，利用具有 70 MHz 射頻電源產生器的 VHF-CVD 電漿製作微晶矽薄膜層，沈積速率可高達 2.6 nm/s，藉由此系統所製作之太陽能電池，得到 V_{oc} = 1.39 V、J_{sc} = 13.3 mA/cm²、FF = 72.6%、η = 13.4% 的成果[16-17]，如圖 6-8(b) 所示。

雖然，目前各國非晶矽太陽能廠積極投入微晶矽薄膜的研發，但於製備過程中，仍需使用大量的氫氣稀釋，使得矽烷（SiH₄）的流量減少，造成整體鍍膜速率的降低。因此製作 μc-Si 薄膜常使用 VHF-PECVD 製程系統，目

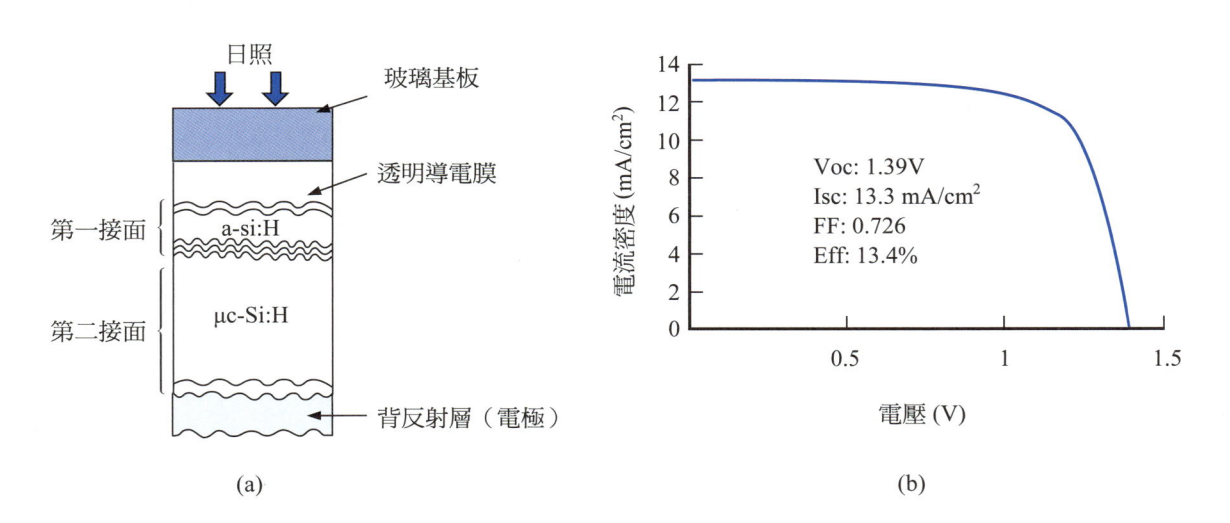

圖 6-8 (a) MHI 公司的 a-Si:H/μc-Si:H 堆疊太陽能電池結構；
(b) MHI 公司所生產之 1.1 x 1.4 m² 大面積堆疊型太陽能電池轉換效率

前常見的 13.56 MHz 的電漿頻率提高至 30 MHz 以上而提升鍍膜速率，但由於頻率提高造成之波長減短，會使得電漿電位產生**駐波效應**（Standing Wave Effect）。該效應造成鍍膜過程中，基板上各區域鍍膜層因電漿電位分佈不一致造成之膜厚不均勻的情形產生。當然，配合最佳化的製程技術，仍可以得到高的薄膜厚度均勻度。Sharp 公司提出在施加頻率 60 MHz 的射頻電漿中，同時進行射頻電流之**相位調變**（Phase Modulation Method, PMM）技術 [20]，電漿不均勻性由 ± 85 % 降至 ± 15 % 以下，從而得到一具穩定且擁有較高鍍率之化學氣相沈積裝置，微晶矽薄膜之鍍膜速度能穩定且達 2.3 nm/s 以上。在 1.4 × 1.1 m² 的玻璃基板上製備微晶矽薄膜，生產線達到 3 分鐘 1 片的高速率。

6-4-2　a-Si/SiGe 型太陽能電池之製程技術

因 GeH$_4$ 成本較 SiH$_4$ 來得高，且易有 Ge 粉塵產生，在 a-Si/SiGe 堆疊型太陽能電池的發展上，各大廠商係以降低 SiGe 薄膜層厚度及將其應用於軟性基板上作為發展方向。目前，Sanyo 公司即是採用降低薄膜層厚度的方法作為堆疊型太陽能電池之改良方式。圖 6-9 所示為 Sanyo 公司的 a-Si/SiGe 薄膜太陽能電池之結構 [18]，其分別以非晶矽層（150 nm）作為上電池，並在其上沈積矽鍺（100 nm）薄膜作為下電池，詳細製程參數如表 6-2 所示。藉由不同的氣體流量參數找出一最佳參數，可製作出一具有大範圍之吸收光譜的 a-

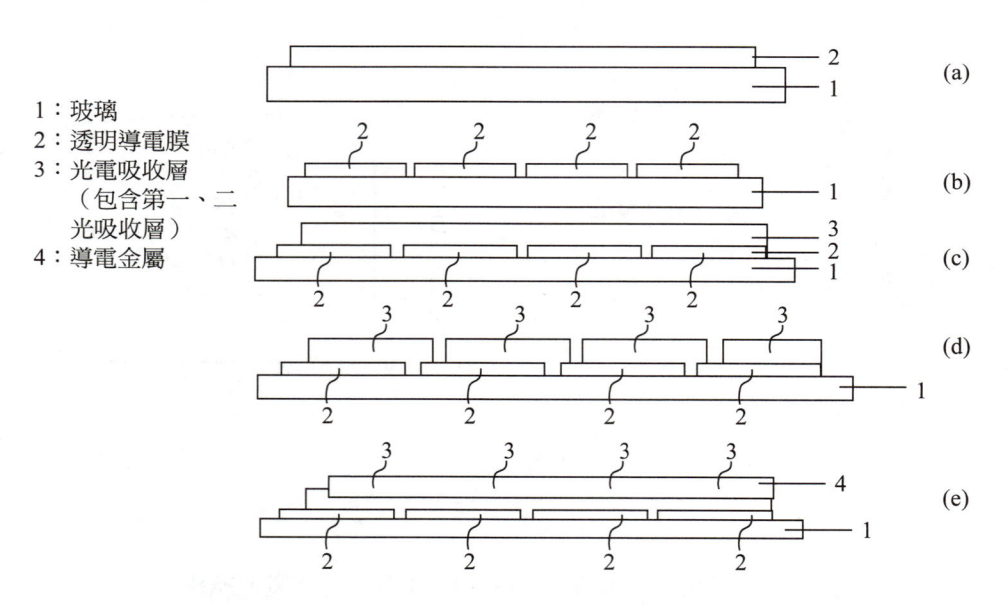

1：玻璃
2：透明導電膜
3：光電吸收層
　　（包含第一、二光吸收層）
4：導電金屬

圖 6-9　Sanyo 公司的 a-Si/SiGe 薄膜太陽能電池與模組之結構 [18]

Si/SiGe 堆疊型太陽能電池。目前可以得到 V_{oc} = 1.5 V、J_{sc} = 10.8 mA/cm^2、FF = 71%、η = 11.7% 的成果。

Fuji 公司以滾筒式鍍膜設備配合 27.12 MHz 的射頻電漿源,在軟性塑膠基板上製作之 a-Si/a-SiGe 堆疊型太陽能電池,穩定之轉換效率達 8% 以上。此外,歐美大廠 United Solar Ovonic 公司以相似製程在不鏽鋼基板製作之堆疊型太陽能電池,實驗室級的穩定效率亦可達 10~13%。

6-4-3 a-Si/poly-Si 堆疊型太陽能電池之製程技術

在 a-Si/poly-Si 的堆疊型太陽能電池製作上,多半採用 PECVD 沈積非晶矽及多晶矽膜[19]。非晶矽沈積之溫度一般小於 200℃,多晶矽沈積溫度較高,但一般約小於 550℃ 左右,但所得到之多晶矽之晶粒太小,約 100 nm 以下,因此具有許多晶界面,造成較大的暗電流。此外,**熱線式化學式氣相沈積**(Hot Wire Chemical Vapor Deposition, HWCVD)亦可製作 a-Si:H/poly-Si:H 的堆疊型太陽能電池,其中 a-Si:H 及 poly-Si:H 層皆可採用 HWCVD 製作。

表 6-2 Sanyo 公司 a-Si/SiGe 光吸收層之製程參數[18],使用 13.56 MHz 之 PECVD 系統

		反應氣體	基板溫度 (℃)	射頻功率
第一光吸收層	第一 p 層	SiH$_4$: 10 SCCM CH$_4$: 5 SCCM 100 ppm B$_2$H$_6$: 5 SCCM H$_2$: 150 SCCM	150	200
	第一 i 層	SiH$_4$: 50 SCCM H$_2$: 100 SCCM	200	200
	第一 n 層	SiH$_4$: 10 SCCM 1% PH$_3$: 5 SCCM H$_2$: 100 SCCM	200	500
第二光吸收層	第二 p 層	SiH$_4$: 10 SCCM CH$_4$: 5 SCCM 100 ppm B$_2$H$_6$: 5 SCCM H$_2$: 150 SCCM	150	200
	第二 i 層	SiH$_4$: 50 SCCM GeH$_4$: 10 SCCM H$_2$: 100 SCCM	200	200
	第二 n 層	SiH$_4$: 10 SCCM 1% PH$_3$: 5 SCCM H$_2$: 100 SCCM	200	200

在沈積時，以矽烷作為氣體源，氣體流量為 90 sccm，熱鎢絲溫度到達 1750℃，基板溫度約為 250℃，此時沈積率為 10 Å/s。沈積而成的 a-Si:H 能隙值為 1.8 eV 且氫氣摻雜量為 12％。在沈積多晶矽膜時，熱鎢絲溫度達到約 1800℃，基板溫度約 500℃，沈積而成的 poly-Si:H 結晶度達到 90％，只是所沈積出來之多晶矽尺寸不均勻，缺陷甚多，甚至有鎢金屬之污染，品質仍有改善空間。

6-5 微晶矽薄膜之製作技術

圖 6-10 所示為 μc-Si:H 薄膜之結構圖，其晶粒尺寸小於多晶矽，約小於 100 nm。其中 μc-Si:H 薄膜中不存在明確的晶粒邊界，晶粒與晶粒之間阻隔著原子無序排列的非晶組態。氫在 μc-Si:H 薄膜中的分佈是不均勻的，它主要集中於非晶組態之中。日前提出於 p-i-n 堆疊型太陽能電池中之本質層（i 層）沈積鑲埋一微晶矽質薄膜取代傳統之非晶矽質薄膜，其太陽能電池之各項電特性及效率上皆有一明顯之提升。微晶矽薄膜的載子遷移率比傳統非晶矽高出 1~2 個數量級。此外，因為結晶矽材料的能隙約在 1.1~1.2 eV 之間，其吸收紅外線的光子能量，相對於可見光的吸收係數約 10^4 cm^{-1}。

圖 6-11 所示為非晶矽至結晶矽之演變流程圖[8]，普遍製作方式皆以化學式氣相沈積法為主，以下就近年來製作微晶矽薄膜之方式做一簡單介紹。

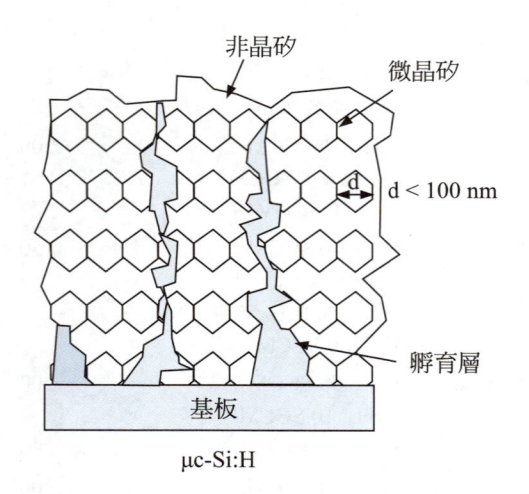

圖 6-10 微晶矽鑲埋在非晶矽之結構示意圖，隨主要製程參數不同，微晶矽會有不同的結晶比例與結晶尺寸。

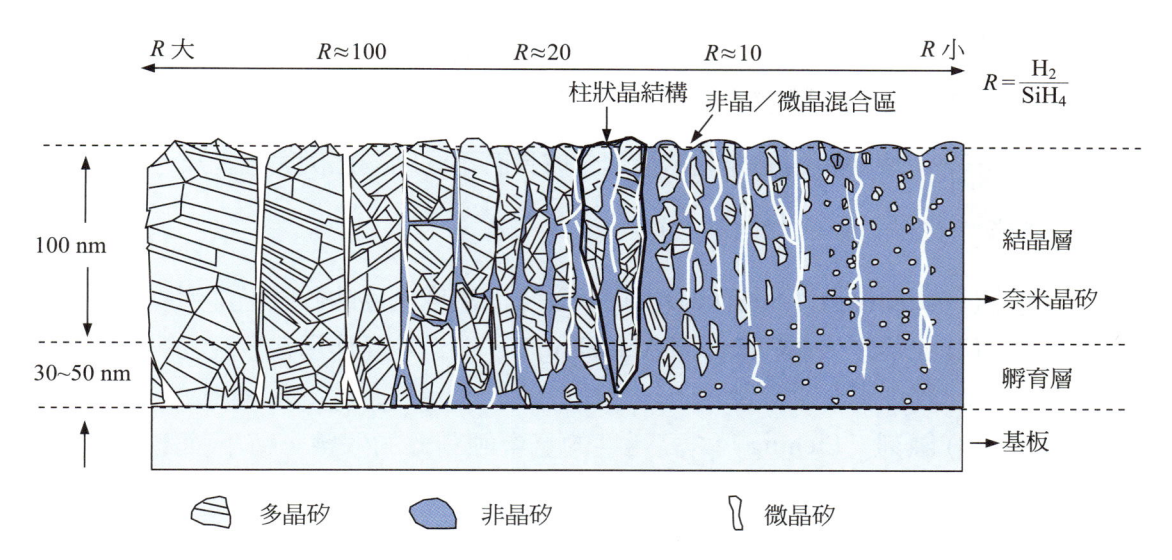

圖 6-11 非晶矽至結晶矽之演變流程圖，其結晶結構受主要製程參數（射頻頻率、射頻功率密度、氫／矽烷流量比、基板溫度等）及基板表面狀況影響

1. 電漿增強式化學式氣相沈積

電漿增強式化學式氣相沈積（Plasma Enhanced Chemical Vapor Deposition, PECVD）最大的優點在於，可於低溫下（<350℃）做薄膜沈積，因此可沈積於玻璃基材上，對於太陽能電池之成本可大幅降低。電漿增強式化學式氣相沈積之主要反應腔體如圖 6-12 所示。製程氣體可以矽化合物（Silicide）氣體，如矽烷（Silane, SH_4）、混和氫氣（Hydrogen, H）、氬氣（Argon, Ar）

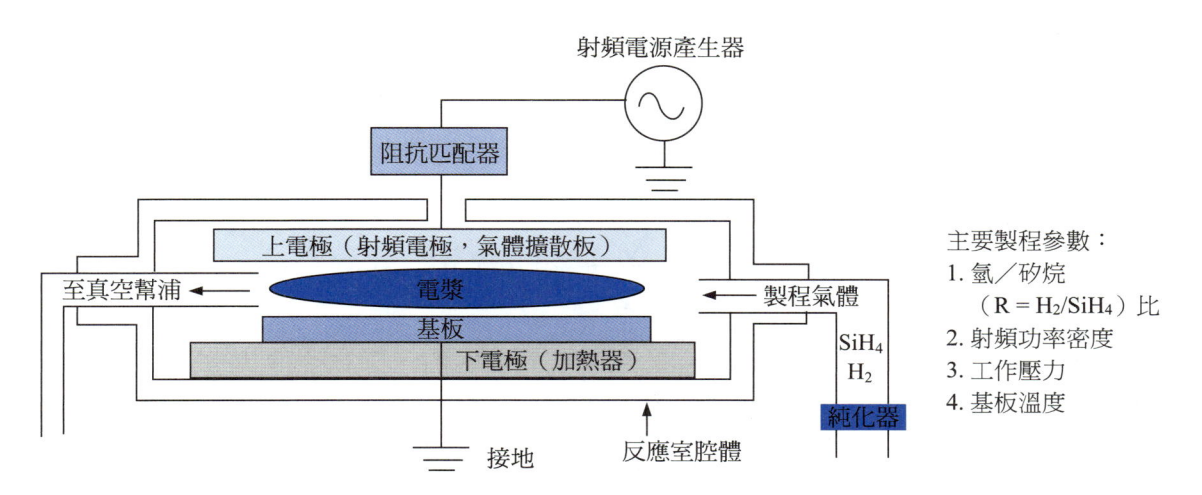

圖 6-12 用於微晶矽薄膜沈積之電漿增強式化學式氣相沈積之主要反應室腔體

等，通常於工作壓力約為 $10^{-1} \sim 10^{-6}$ Torr，而基板溫度則在 100~400℃ 的情況下，藉由調整射頻功率密度，改變增加氫氣與矽烷氣體之流量稀釋比例 $R = \dfrac{H_2}{SiH_4}$，使薄膜內的非晶結構轉化成具有不同結晶比例與結晶尺寸之微晶結構[15]。微晶矽形成的機制大致可分為：

(1) **表面擴散**（Surface Diffasion）：高濃度氫協助矽原子排列成核結晶；
(2) **化學退火**（Chemical Annraling）：高濃度氫作用在矽烷上，相當於化學性退火；以及
(3) **蝕刻**（Etching）：高活性的氫會蝕刻矽的弱鍵，留下強鍵形成結晶矽。

微晶矽層通常做本質層，本身沒有摻雜，但以傳統化學式氣相沈積、製備，卻經常具有 n 型特性。主要原因是通入的製程氣體中，含有微量氧濃度造成微晶矽的缺陷，形成 n 型摻雜。解決方法可由：

(1) 純化器將製程氣體純化，並提高背景真空度，降低微晶矽的氧濃度至 $10^{18}/cm^3$ 以下；及
(2) 硼原子的補償微摻雜。

2. 感應耦合式化學式氣相沈積

感應耦合式化學式氣相沈積（Inductively Couple Plasma Chemical Vapor Deposition, ICP-CVD）利用氫的**蝕刻**（Etching）所產生之結晶誘發機制，即在成長過程中，氫傾向與不穩定鍵結的矽反應，並將此弱鍵的矽原子帶走，留下穩定的矽鍵結，因此能在低溫下成長出微晶矽薄膜[16]。亦可利用不同溫度和成長表面的氫覆蓋量之間的競爭而造成矽原子的擴散影響，提高微晶矽薄膜的成長。μc-Si:H 薄膜的沈積與蝕刻反應動力平衡如式（6-5）[17] 所示：

$$SiH_n \text{（電漿）} \underset{R_2}{\overset{R_1}{\rightleftharpoons}} Si \text{ (Solid)} + nH \text{（電漿）} \quad (6\text{-}5)$$

其中，R_1 為沈積率，R_2 為蝕刻率。當 $R_1 > R_2$ 時，即為沈積狀態，當 $R_1 < R_2$ 時，即為蝕刻狀態。藉由 ICP-CVD 之方式可使得從非晶矽到微晶矽薄膜形成的製程溫度低於 350℃。

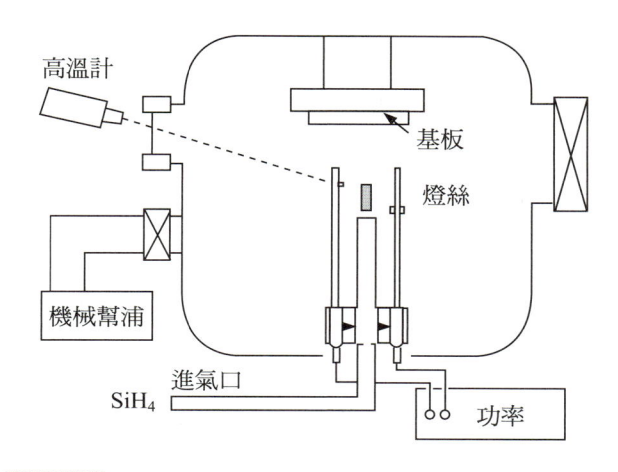

圖 6-13　熱絲化學式氣相沈積之主要反應腔體 [25]

3. 電子迴旋式共振化學式氣相沈積

電子迴旋式共振化學式氣相沈積（Electron Cyclotron Resonance Chemical Vapor Deposition, ECR-CVD）激發或電離氣態分子或離子的能力較 PECVD 高，其電漿內的離子濃度可達 $10^{12}/cm^3$，且因電子迴旋式共振提供的分解能量，可在極低壓力（< 10^{-3} mbar）下分解氣體，電漿中的雜質數量可相對降低，其反應物的生命週期亦較長，故反應物在腔體中的聚合物反應減少，離子能量也較一般低，對薄膜表面的傷害相對減少 [18]。在 ECR-CVD 系統中，若加入 2% 的 SiH_4/Ar 與 H_2 氣體一起混和稀釋，當 $H_2/(H_2 + Ar + SiH_4)$ 為 55% 時，可得到晶粒直徑大小約為 30 nm、結晶化程度達 67% 的微晶矽薄膜 [19]。

4. 熱絲式化學式氣相沈積

熱絲化學式氣相沈積（Hot Wire Chemical Vapor Deposition, HWCVD），又稱**觸酶式化學氣相沈積**（Catalytic Chemical Vapor Deposition, Cat-CVD），一般應用於半導體元件的非晶矽與多晶矽質薄膜製作上，設備裝置如圖 6-13 所示。由於其價格上低於 ICP 及 ECR，具有低成本並能快速沈積薄膜之優點，近幾年開始被導入作為微晶矽薄膜的沈積開發。一般先以 SiH_4 與 H_2 混合之後，通入反應腔中，經由熱鎢絲高溫（~1700℃）將 SiH_4 分解，然後再於基板表面**成核**（Nuclear Growth）堆積成長微晶矽或稱奈米晶矽薄膜。技術上具有設備簡單、成本低廉、高沈積速率、對於反應氣體的解離率極高、及可應用於低溫基板（250℃）下進行薄膜沈積等多項優點 [25]。

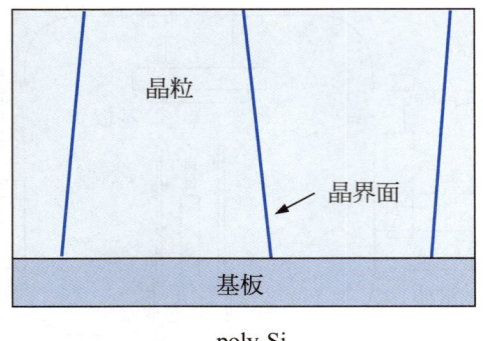

圖 6-14　poly-Si:H 薄膜之結構示意圖

6-6　多晶矽薄膜之製程技術

圖 6-14 所示為 poly-Si:H 薄膜之結構圖。與微晶矽不同，多晶材料的晶粒與晶粒之間是直接接觸的，有明確的晶粒晶界存在。此外，多晶矽薄膜晶粒具有較低的缺陷密度，且其載子遷移率約為 10~300 cm^2/V-s [1-5]。

用於太陽能電池之多晶矽薄膜之製程需求主要在於：在低溫下，最好是低於玻璃之**相變點**（Transition Point）的溫度，將非晶矽再結晶化成**低溫多晶矽**（Low Temperature Polycryatal Silicon, LTPS）[27]。製作多晶矽薄膜的技術相當多種，以下就製程的不同予以分類：

● 6-6-1　直接沈積法

直接沈積法是指在基板上直接沈積出多晶矽薄膜，常用方法有：

1. 低壓化學氣相沈積（Low Temperature Chemical Vapor Deposition, LPCVD），在 10^{-1}~10^{-3} Torr 的壓力與約 580~650℃ 的溫度下，將 SiH$_4$ 經加熱而解離為多晶矽，其反應式如下：

$$SiH_4 \rightarrow Si + 2H_2 \qquad (6\text{-}6)$$

當沈積溫度低於 550℃ 以下時，呈現**非晶態**（Amorphous），隨低壓化學氣相沈積溫度增加，其結晶狀態隨之增加。一般而言，LPCVD 所沈積的多晶矽的晶粒尺寸無法達 μm 大晶粒等級，因此光電特性不佳。

2. 熱絲式化學氣相沈積，有別於電漿輔助型化學氣相沈積以高能電漿解離氣體的製膜原理，HW-CVD 在基板溫度 300~400°C 之溫度下，以瞬間 1700~2000°C 高溫之鎢絲觸媒，分解矽烷（SiH_4）氣體原料而直接生成多晶矽薄膜，其反應式如下[29]：

$$SiH_4 \rightarrow SiH_3 + H （室溫） \quad (6\text{-}7a)$$
$$SiH_4 \rightarrow SiH_2 + 2H （< 1000\ °C） \quad (6\text{-}7b)$$
$$SiH_4 \rightarrow Si + 4H （> 1000\ °C） \quad (6\text{-}7c)$$

當鎢絲觸媒加熱溫度低於 1000°C 時，鎢絲觸媒容易與矽形成矽化物（Silicide）。而當鎢絲觸媒溫度高於 1000°C 時，矽化物就不容易形成。HW-CVD 系統操作機制簡單且容易沈積大面積，並可控制成長多晶矽薄膜之氫含量，其基板之製程溫度大約在 200~500°C 之間。

觸酶式化學氣相沈積之氣體分子因碰撞機率較高，沈積速率快。傳統電漿輔助型化學氣相沈積系統中，SiH_4 氣體的利用率約 10%，而觸酶式化學氣相沈積系統的氣體利用率可達 80%。再加上無需使用高頻電極產生電漿，且較無基板尺寸限制，因此未來深具發展潛力[30]。

6-6-2 再結晶法

再結晶法是指先在基板上沈積非晶矽薄膜，藉由其他能量使非晶矽再次結晶，方法大致有：

1. 固相結晶技術

固相結晶法（Solid Phase Crystallization, SPC）通常經由低壓化學氣相沈積法或電漿輔助型化學氣相沈積先沈積非晶矽後，置於如圖 6-15 所示之高溫石英爐管中以 900°C 作退火處理 12~72 小時，以形成多晶矽薄膜[31]。

固相結晶法的缺點為退火時間過長，以及殘留於多晶矽薄膜晶粒與晶界中的缺陷密度甚高，因而嚴重影響多晶矽薄膜的載子遷移率。由於玻璃的相變點約 600°C 左右，若置於 900°C 的高溫石英爐管中進行退火處理，則必須使用具有高熔點之石英基板製作，以避免玻璃熔融之可能。

2. 準分子雷射再結晶法

準分子雷射結晶（Excimer Laser Crystallization, ELC）技術[32-33]係以準分子雷射照射非晶矽而達成多晶矽膜的一種生成方式。非晶矽薄膜受準分子

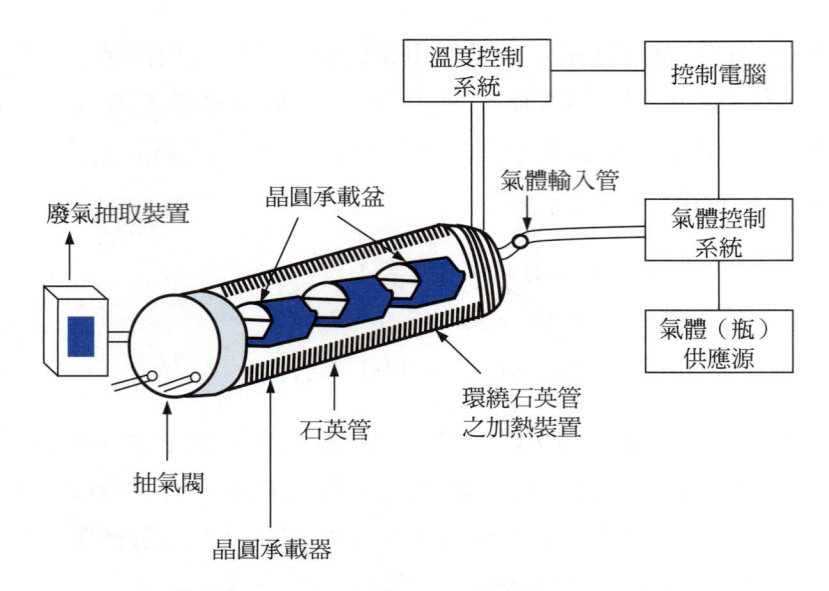

圖 6-15 用於固相結晶之高溫爐系統示意圖

雷射照射後產生熔化，並將矽薄膜內的內應力及一些缺陷加以消除。所施加的準分子雷射能量提供晶格原子及缺陷在矽薄膜內的振動及擴散，因此矽原子很容易重新排列，並轉變成多晶矽。準分子雷射具有以下特性：

1. 由於準分子存在的時間甚短，所以共振腔內的往復次數少，而在缺乏共振振盪之情況下，光束的指向性差，且光束的模態不良；
2. 不同的氣體組成可釋放出波長 157~351 nm 之紫外光；
3. 單一脈衝的功率較高，但因脈衝時間短，所以單一脈衝的能量約為數個焦耳以上；
4. 準分子一旦躍遷到激發態就形成穩定的束縛分子態；及
5. 準分子躍遷至基態釋放出能量就立即解離，亦即表示它的基態永遠找不到準分子。

表 6-3 所示為常用之準分子雷射介質與波長。一般用於量產多晶矽的準分子雷射大多採用具有較佳氣體穩定度之 XeCl（λ = 308 nm）[34]，不過也有使用 KrF（λ = 248 nm）[35]、ArF（λ = 193 nm）[36] 等對於非晶矽膜吸收率較高的紫外線波長準分子雷射，這種又稱為準分子雷射退火技術[37]。由於準分子雷射僅在試片的局部區域進行照射，其他未被照射到的區域，則影響甚小或者未有影響，因此玻璃基板在加熱過程可避免產生熱損傷與變形 [38]。

矽膜對於準分子雷射具有高吸收係數,因此在準分子雷射照射下的矽膜結晶過程中,大部分的雷射能量被吸收在非晶矽膜表面約 10 nm 深度的範圍內。當非晶矽膜薄到低於可使表面熔化之準分子雷射照射之厚度,非晶矽薄膜只會受到加熱與冷卻的變化,而無法產生相變化。當非晶矽薄膜變成液態矽,會於冷卻時產生結晶核,再形成多晶矽膜。

依照不同的準分子雷射能量密度,多晶矽膜之晶粒尺寸如圖 6-16 所示。再結晶機制可分為三種類型,如圖 6-17 所示 [39]:

1. **非晶矽膜部分熔化型**(Partial Melting Regime)(如圖 6-17(a)):當所照

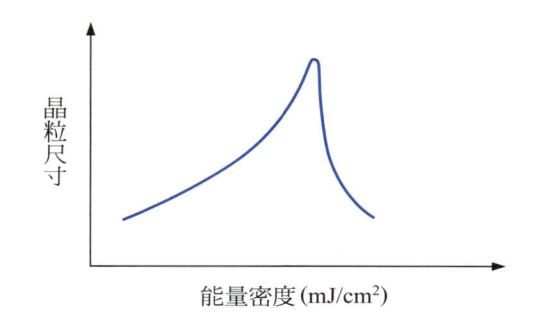

圖 6-16 結晶矽的晶粒尺寸與準分子雷射的能量密度的關係示意圖

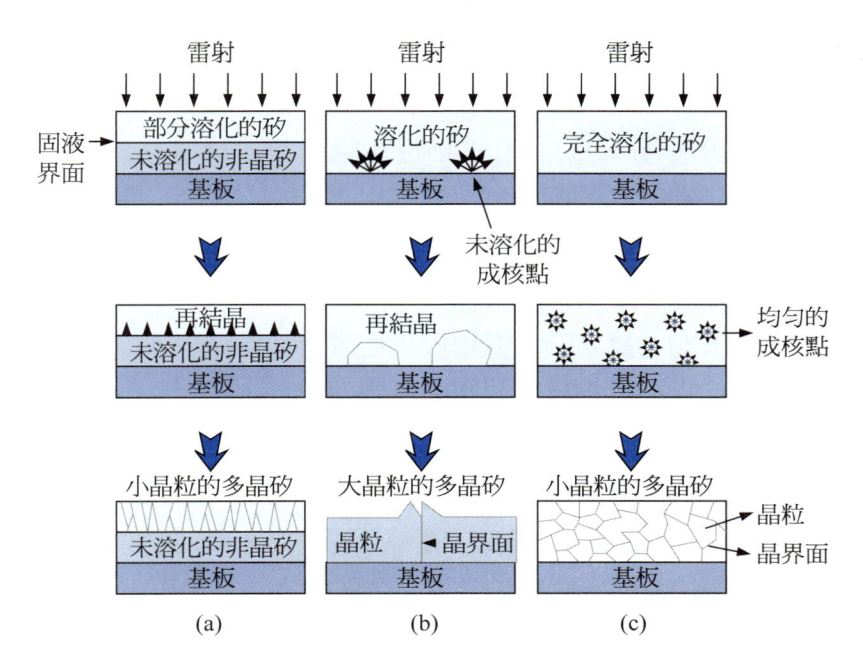

圖 6-17 以準分子雷射製作低溫多晶矽膜之三種再結晶機制

射之準分子雷射能量密度僅能使非晶矽膜熔化深度小於非晶矽膜的整體厚度，因此多晶矽的晶粒成長方式是以下面未熔化部分之非晶矽為晶種，開始往非晶矽膜表面進行縱向成長，此時晶粒較小；

2. **非晶矽膜近乎完全熔化型**（Near Vomplete Melting Regime）（如圖 6-17 (b)）：指所照射之準分子雷射能量密度造成非晶矽膜的熔化深度幾乎等於非晶矽膜整個厚度，而基板上留下少數不連續的未熔化矽膜，進行縱向及橫向的結晶成長直到與相鄰的晶粒互相產生碰撞停止為止，因此結晶晶粒較大；及

3. **非晶矽膜完全熔化型**（Complete Melting Regime）（如圖 6-17(c)）：指所照射之準分子雷射能量密度可以使整體非晶矽膜產生完全熔化，由於這種類型沒有固相成核點作為晶粒成長之源頭，因此液態矽是以淬冷均勻成核的方式作為結晶機制，形成的多晶矽尺寸則較小。

3. 金屬誘發再結晶技術

金屬誘發再結晶法（Metal Induced Crystallization, MIC）是將非晶矽薄膜與某些特定金屬膜接觸時，可在低於金屬共晶溫度下，產生共晶或矽金化合物之結晶反應。

相較於傳統的固相再結晶法，該方法能在低溫（約 500°C）下製造出多晶矽薄膜。金屬誘發結晶法最初由 Wagner 和 Ellis [40] 於 1963 年發現部分的特定金屬可以幫助非晶矽薄膜再結晶，主要因素為金屬層在矽結晶形成前被包覆，此金屬層扮演著降低結晶化的活性功能。

金屬在誘發結晶時，金屬的分佈情形會影響結晶的形態。當金屬層較厚，矽化物的數目也相對增加，晶粒成長會被周圍的晶粒限制而僅能往下成長，此即為金屬誘發結晶 [41-42] 技術。

當鍍覆比較薄的金屬層時，導致矽化物成核數目減少，僅能在某局部的區域產生結晶，使得晶粒有足夠的空間往側向成長，此即為**金屬橫向誘發結晶**（Metal Induced Lateral Crystallization，MILC）[43-44] 技術。此技術的特點在於所成長的多晶矽晶粒的橫向長度大於縱向的寬度，因此可減少橫向的晶界數目，進而利於光電元件如薄膜電晶體、薄膜太陽能電池的橫向電流傳輸。

依照不同誘發結晶的方式可以分成共晶與矽金化合物兩類。

(1) 金屬與矽產生共晶反應：例如鋁[45]、金[46] 等金屬，其共晶點的溫度通常比一般單相結晶的溫度低，可以在低溫下產生結晶。過去的研究中指出

圖 6-18　鋁-矽之相圖 [45]

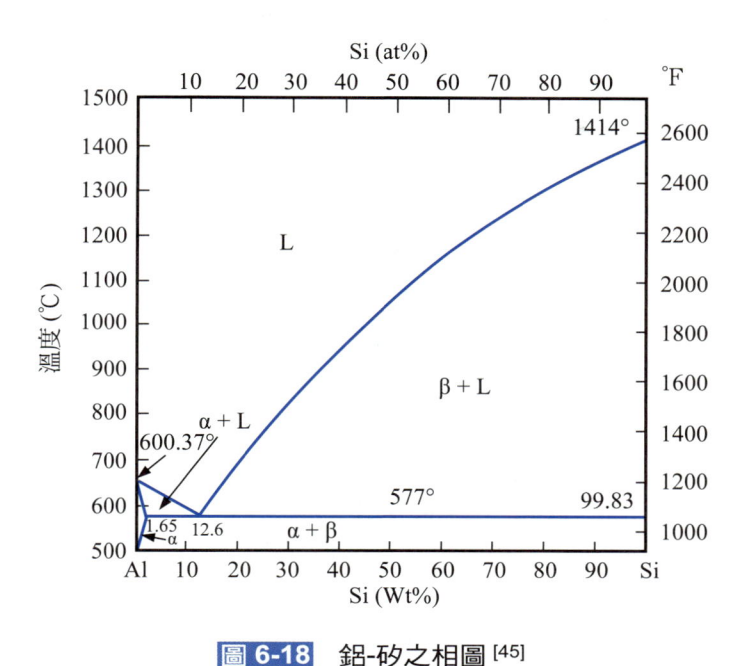

Al 與 Si 的共晶溫度在 577℃，如圖 6-18 所示。事實上 Al 在 200℃ 左右便開始與 a-Si 層反應產生結晶。Al 金屬向內擴散不僅使 a-Si 結晶，同時因為金屬摻雜的關係導致 Si 層轉變成 p 型。圖 6-19 所示為鋁金屬誘發再結晶之成長機制的過程 [47]。

1. 當非晶矽膜經加熱退火至 150℃ 時，非晶矽膜之共價鍵結減弱，使矽原子開始分解。非晶矽膜中的矽原子濃度趨近於飽和時，逐漸固溶擴散至鋁膜。當退火溫度升至 180℃ 時，鋁膜之中開始成核形成 c-Si；
2. 當 c-Si 晶粒取代鋁膜之位置，鋁膜內開始形成 c-Si。由於鋁原子因矽原子往下擴散作用而受到衝擊被迫快速析出之非晶矽層之位置，並於非晶矽膜內與矽原子反應產生結晶，形成非晶矽原子、鋁原子及微晶三態共存之現象；及
3. 當退火溫度升至 250℃ 時，原非晶矽膜層開始形成矽島於非晶矽膜內之多晶矽膜表生長。至於鋁膜內開始產生多晶矽之晶粒。結晶之晶粒隨著退火溫度增加往兩側擴散成長，直到與鄰近之晶粒接觸才停止成長，形成完整連續之薄膜。

(2) 金屬與矽反應成穩定的矽金化合物：例如鎳（Ni）[48]、鉑（Pt）[49] 或

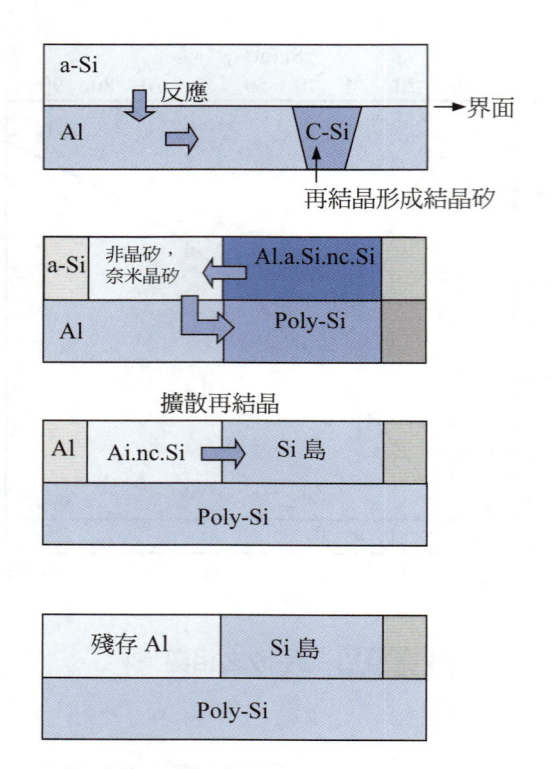

圖 6-19 鋁金屬誘發再結晶多晶矽之成長機制的示意圖 [47]

金（Au）等。其中鎳是較常用之催化金屬，在矽化物移動的過程中，金屬原子的自由電子與 Si-Si 共價鍵發生反應，降低 a-Si 結晶所需的能障，使得結晶溫度降低。以 Ni 為例，Ni 會先與 Si 反應成多種矽化物，在靠近區域的地方會產生附 Si 的 NiSi$_2$。由於 NiSi$_2$ 中的 Ni 原子在 NiSi$_2$ 與 a-Si 介面的自由能比在 NiSi$_2$ 與 poly-Si 介面處高，使得 Si 原子會往 poly-Si 的方向擴散。這結果會使得 NiSi$_2$ 持續地往 a-Si 延伸，而所經之處產生 Si 結晶。

下面舉例說明 Au 與 Si 產生共晶與矽金化合物反應之過程 [50]，如圖 6-20 所示。

1. 室溫下，金與矽原子在交界處相互的擴散，因而形成 Au-Si 混合層。其中在非晶矽膜中之缺陷和空隙會迫使增加金原子擴散進非晶矽膜的速度，因而使得金原子膜迅速的轉變成 Si-Au 混合層；

2. 當溫度大於 130℃，在 Au-Si 混和層中的矽原子開始孕核結晶。孕核結晶形成的多晶矽會將原子均勻分佈，Au 原子被排擠出來而環繞在 a-Si/Poly-Si 交界處。使得金含量增加，與原本矽原子形成金屬矽化物 Au$_x$Si

图 6-20　金誘發再結晶多晶矽之成長機制的示意圖 [50]

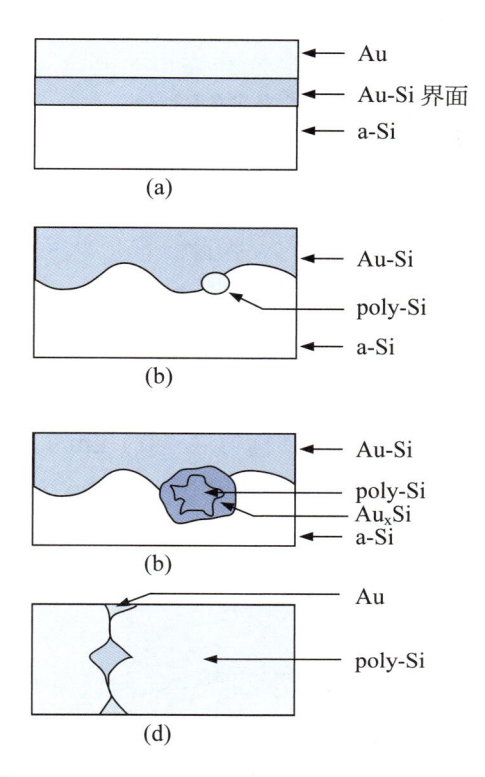

的**亞穩態**（Metastable）；及

3. 當溫度超過 175℃，Si 原子藉由擴散穿透金屬矽化物 AuxSi，而導致樹枝狀的結晶，因而產生矽島。直到矽島生長至相遇時，金屬矽化物會分解，矽原子會釋放出來而結晶在原本已經結晶的矽晶粒上，最後金原子會從金屬矽化物中分離出來而殘留在晶界。

金屬誘發再結晶法自 1963 年發展以來，仍然有幾項缺失需要克服。例如，金屬誘發結晶過程中，誘發完成之多晶矽膜中存有金屬污染的問題。若無法解決金屬殘存問題，金屬誘發再結晶法所製作之多晶矽薄膜就很難應用於相關光電產品之中。幸運地是過去亦有許多研究提出降低金屬殘留於多晶矽膜內之高效率金屬誘發結晶技術 [51]，包含使用金屬析出法或更薄的奈米金屬膜技術，有興趣的讀者可參考文獻。

6-7 大面積矽基薄膜鍍膜技術

由於矽薄膜太陽能電池的製程與模組化是一體成型,因此整體基板上的薄膜厚度之均勻度必須在 10% 以內。因此,發展大面積($1\times 1 \text{ m}^2$),又高鍍膜速率的設備來得到均勻薄膜厚度,是發展前瞻矽薄膜太陽能電池的關鍵技術之一。

前幾節提到,微晶矽薄膜需要極高的 H_2/SiH_4 之比值,在如此的環境下,傳統 13.56 MHz PECVD 的鍍膜速率極慢(< 0.1 nm/s)。另一方面,微晶矽薄膜的光吸收係數為非晶矽之 1/10,於堆疊太陽能電池結構中,微晶矽薄膜的厚度需要非晶矽的約 5~10 倍,因此使用傳統 13.56 MHz PECVD 生產微晶矽薄膜的產率極慢。因此國際設備廠解決之道是開發更高頻(40.68 MHz 以上)之 PECVD。

影響 PECVD 製程之要件為以下四點:氣體流量、工作壓力、工作功率(密度)以及基板溫度。為加快鍍膜速率,可提高其電漿激發頻率,使電漿中氣體解離率提升,進而增加離子濃度提高薄膜沈積率。且因電漿激發頻率增加,使電漿中**鞘層**(Sheath)電位值大小切換速度增快,並且鞘層厚度減少,使得功率有效地進入電漿,提高氣體解離率卻不會增離子能量,可降低離子轟擊基板的能量而提高成膜品質。然而,若將饋入的功率頻率提升至 VHF(30~100 MHz)以上,在面積大於 1 m² 的基板鍍膜時,將會產生駐波效應[52]。駐波效應之產生會造成電極板上電場不均勻,致使電漿電位分佈不均,使得電極板上電漿密度分佈不均,進而影響到基板上薄膜厚度的均勻度。電漿密度可由電極板上電壓值得知,因此定義**電壓不均勻度**(Voltage Inhomogeneity)Δv 為:

$$\pm \Delta v = \frac{V_{\max} - V_{\min}}{V_{\max} + V_{\min}}$$

其中 $V_{\max}$ 和 $V_{\min}$ 分別為整塊電極板上所量測到最大及最小之**峰對峰**(Peak-to-Peak)電壓值。一般在平面顯示工業的 PECVD 中,電極板上的 Δv 需小於 5%,在薄膜太陽能電池產業上 Δv 則需小於 15%。

日本三菱重工(MHI)公司在大面積鍍膜技術與設備的發展上,將其電漿激發頻率提升至 60.7 MHz,並應用在堆疊型太陽能電池的製作上。三菱重

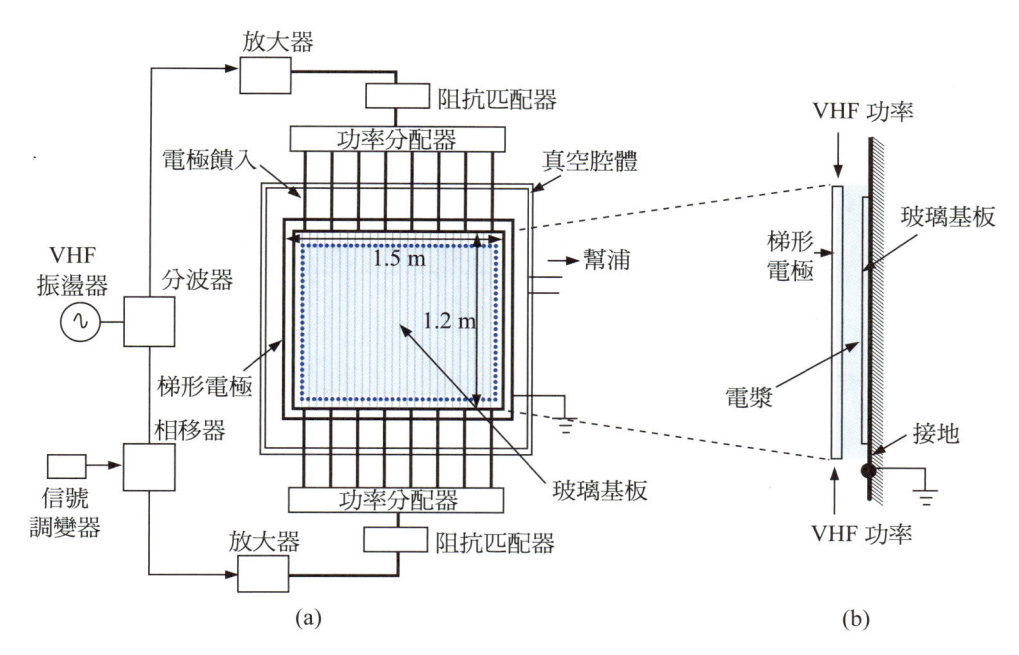

图 6-21 (a) 梯型電極的 PECVD 腔體之架構圖；
(b) 側視圖

工所開發之 VHF PECVD 架構如圖 6-21 所示[53]，採用一**梯型**（Ladder Shape）電極板，此外再搭配**相移器**（Phase Shifter）將連續相位變化的射頻功率，利用功率分配器饋入到梯形電極的 8 個電極端點，達到電場均勻之目的。

在 2008 年三菱重工所提出之技術報告更指出，其已將使用梯形電極及相位調變法的 CVD 設備導入疊層太陽能電池的微晶矽膜之量產，在高壓環境下配合其開發的基板降溫法，已可在 $1.1 \times 1.4\ m^2$ 的玻璃基板上使 μ-Si:H 膜的沈積率達到 2.6 nm/s，其非均勻度為 ± 14.3%[54]。

日本的設備大廠石川島播磨重工（Ishikawajima-Harima Heavy Industries Co., Ltd., IHI）也投入薄膜太陽能電池的生產設備研發，採用一種如圖 6-22 所示之 U 型管狀電極[55]，並採用**陣列天線**（Array Antenna）的原理將 U 型電極複數排列，以進行電子輻射產生電漿。搭配各相鄰之 U 型管狀電極**反相位**（anti-Phase）的調控，駐波恰可抵消，達成均勻的電漿分佈。

圖 6-23(a) 所示為 IHI 導入 U 型電極所開發的 PECVD 結構，該設備具有可擺放六片基板之腔體架構，使用大小為 $1.2 \times 1.6\ m^2$ 之基板進行 a-Si:H 膜的沈積，其沈積率為 0.22 nm/s，在 $1.1 \times 1.4\ m^2$ 之面積內達到非均勻度為 ±15% 以下，圖 6-23(b) 所示為相鄰 U 型電極採同相位及反相位輸入時，沿著基板

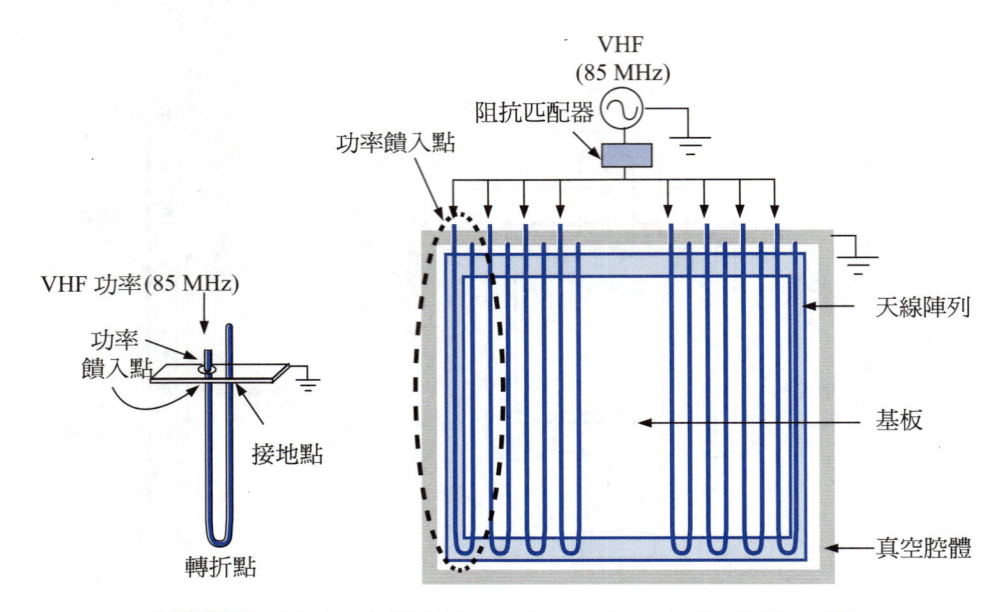

圖 6-22 採用 U 型電極的陣列天線式 PECVD 結構圖 [55]

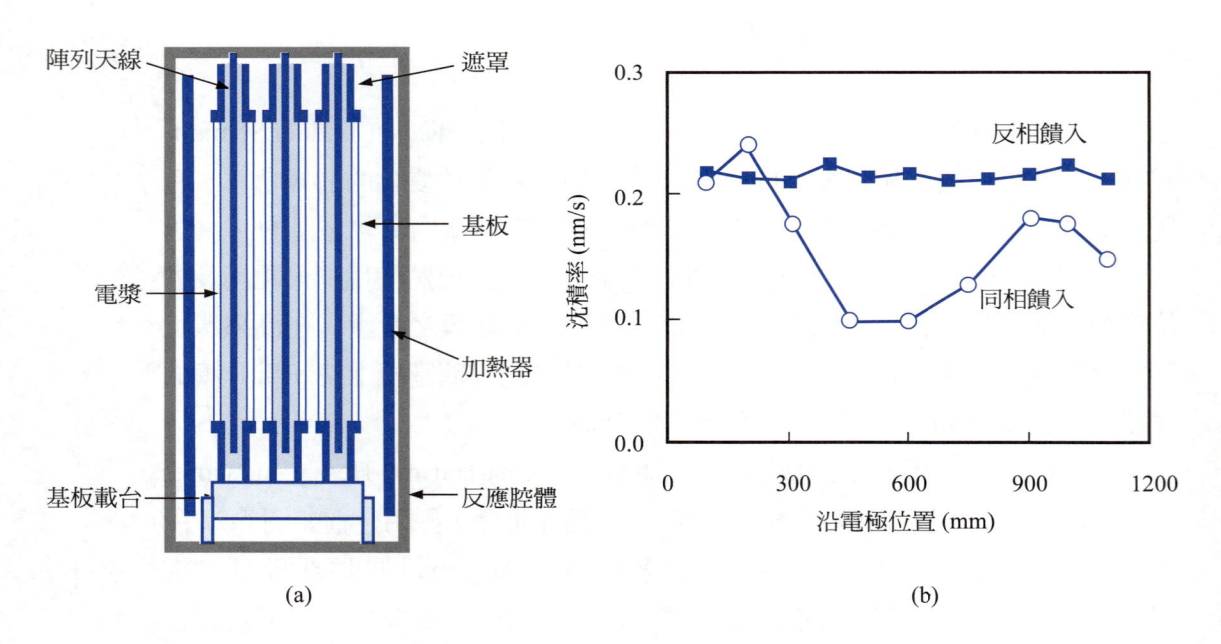

圖 6-23 (a) 具有三個放電區域的多片式直立型化學氣相沈積系統剖面圖；
(b) 相鄰 U 型電極以反相位及同相位之功率輸入後的沈積率，可以明顯看出使用反相位之 U 型電極能得到較均勻之沈積率

上長為 1.2 m 的邊所量測得到薄膜沈積率比較情形，其中使用反相位之沈積率均勻度明顯優於採用**同相位**（in-Phase）輸入功率之電極 [55-56]。

歐洲設備大廠 Orelikon 公司亦提出之大面積高均勻度的鍍膜設備，其中反應室腔體以平行板電容式架構為主，將射頻功率饋入點設置於電極板中心。由計算腔體中之電磁場分佈情形得知，垂直於電極板平面上之電場大小是由電極板中心向邊緣呈現一高斯橢圓函數衰減 [8]。因此 Orelikon 公司將電極板改成**透鏡**（lens）型式，亦即是接地端之電極板表面相對於電場之分佈為一圓弧形，並以一層介電平板維持電漿之形狀，如圖 6-24(a) 所示。該電極有效地

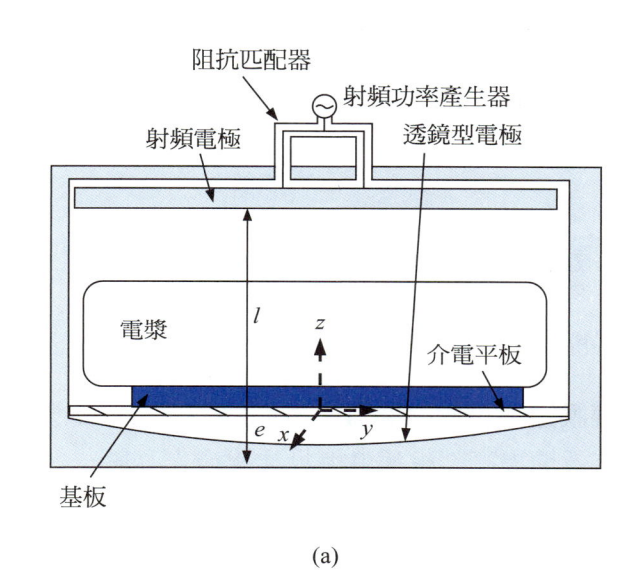

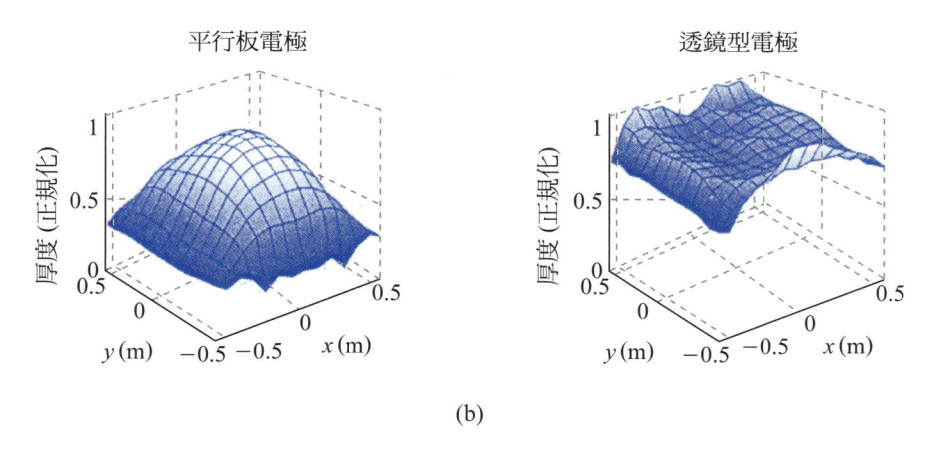

圖 6-24 (a) 採用透鏡型電極的 PECVD 之反應室腔體設計；及使用
(b) 傳統平行板電極與透鏡型所沈積 a-Si:H 之正規化膜厚比較

修正了電場於電極板上之不均勻效應。Oerlikon 在其研發之 KAI-1200 型號之 PECVD 中導入該設計理念。當腔體大小為 1.35 m×1.25 m，玻璃基板大小為 1.1 m×1.2 m，採用 40.7 MHz 之射頻功率產生器之功率時，比較使用傳統平行板式電極與透鏡型電極對於 a-Si:H 矽薄膜厚度的影響，如圖 6-24(b) 所示，其中（x,y）座標為（0,0）處為 RF 功率饋入點。很明顯的在相同面積內，使用傳統平行板式電極所沈積出的 a-Si:H 矽薄膜厚度之非均勻度高達 ± 38%，而使用透鏡型電極的非均勻度僅為 ± 7.5%，且鍍膜速率為 0.36 nm/s。

MHI、Oerlikon、IHI 等公司已將 1.1×1.4 m² 的基板導入量產，且皆已進入堆疊型薄膜太陽能電池的研發階段，積極進行大面積 μ-Si:H 膜的開發。此外為提升產能，也同時朝向提升單次鍍膜處理片數的方向努力。Oerlikon 公司的「KAI 1200 PECVD」設備 [57]，單次鍍膜即可同時處理 20 片面積大小為 1.1×1.4 m² 的玻璃。

6-8 矽基薄膜太陽能電池的發展趨勢

矽基薄膜太陽能電池之發展趨勢主要著重於以下四點：

1. **大面積且高鍍膜速率設備之開發**：例如開發更高頻電漿源、解決大面積駐波問題、有效地提高製程速度與批次生產之瓦數；
2. **多能隙結構**：以多堆疊結構之多能隙特性增加光譜吸收範圍，藉以增加效率，並同時減少非晶矽層之厚度，以突破單一材料光電轉換效率之理論極限。此外再以可取代非晶矽膜之材料改善光致衰退效應；
3. **微結構與元件之改善**：奈微米晶矽的缺陷控制，光電流之匹配以及減少薄膜厚度等，以上皆為疊層太陽能電池設計時之考量重點；及
4. **線上即時檢測與後段模組驗證技術**：目前國內在次世代矽薄膜太陽能電池之線上即時檢測與後段模組驗證技術仍有許多研發空間。

對於堆疊型太陽能電池而言，其主要的產品市場係為整合於建材一體型太陽能電池模板，可使目前的住家有效減少傳統發電的能源損耗，並提高對環境的保護。各國皆積極進行堆疊型太陽能電池的研發，但主要之研發仍以日本大廠為主。目前堆疊型太陽能電池發展之量產目標是將其推展至三層光電轉換層之堆疊。圖 6-25 所示為一個 a-SiC:H/μc-Si:H/μc-SiGe:H 三接面之太陽能電池架構及其光譜圖，其光吸收波長涵蓋三種材料的光吸收波長範圍，

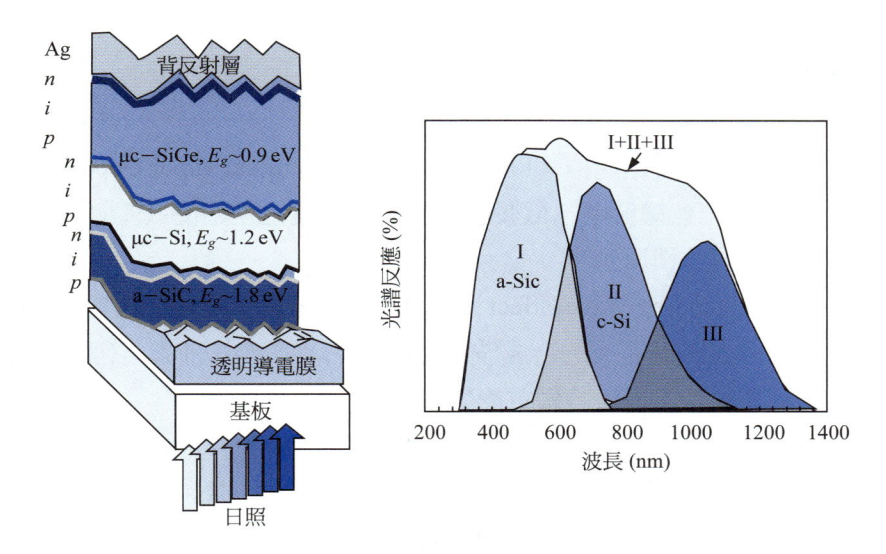

圖 6-25 a-SiC:H/μc-Si:H/μc-SiGe:H 三接面太陽能電池及其光譜反應圖

預期可有效提高光電轉換效率至 15% 以上。

　　Sharp 公司將效率為 7% 的非晶矽產品轉移至三層模組（兩層非晶矽與一層微晶矽），使其模組效率提高約 1.5 倍，轉換效率達到 11%，輸出功率提升至 105 W。在堆疊型太陽能電池的發展上，Kaneka 公司已發展出發電系統 60 W 產品（G-EA060），其最高效率可達 10.2%，最大輸出功率達 125 W，開路電壓可達 91.8 V，短路電流則達 1.19 A。美商應用材料（Applied Materials），利用非晶／微晶堆疊的電池結構，使用 1.4 m² 基板垂直的**直線型**（Psiok）製造設備製造，效率可達 10.4% [22]。

6-9　結　語

　　雖然結晶矽基薄膜太陽能電池在效率上仍無法與傳統型結晶矽型太陽能電池的轉換效率做一個比較，但具有之低製造成本及製程一體化之優勢，造成矽薄膜太陽能電池強勁的發展動力。利用不同堆疊材料所製作之太陽能電池，將形成次世代矽薄膜型太陽能電池之發展趨勢。目前堆疊型矽薄膜太陽能電池的應用上，仍是以微晶矽薄膜的發展為主。因此，使微晶矽薄膜的製程達到大面積化（$> 1.4 \times 1.1$ m²），以及提高其鍍膜速度及良率成為堆疊型太陽能電池的發展關鍵。

專有名詞

1. **電漿增強式化學氣相沈積**（Plasma Enhance Chemical Vapor Deposition, PECVD）：將反應氣體解離為電漿態，並施加一電位差趨使氣體離子吸附於基板產生之薄膜沈積反應。
2. **駐波效應**（Standing Wave Effect）：波為兩個振幅、波長、週期皆相同的正弦波相向行進干涉而成的合成波，此種波的波形無法前進，因此無法傳播能量，於高頻時該現象將嚴重影響電極上電位分布。
3. **相位調變**（Phase Modulation Method, PMM）：移動電磁波之相位大小。
4. **懸鍵**（Dangling Bond）：存在於結晶邊界的鍵結，其將會形成載子復合中心，會減少自由電子數量而降低電流。
5. **光致衰退效應**（Photodegradation）：**矽原子鍵結**（Atomic Bond）情況較差，容易受紫外線破壞而產生更多的懸鍵，使光電轉換效率因而逐漸衰退。
6. **光補陷效應**（Light-trapping Effect）：半導體中侷限入射光子之效應。
7. **微晶矽**（Microcrystal Silicon, μc-Si）：結晶大小介於非晶矽至多晶矽間之矽半導體。
8. **氫化微晶矽**（Hydrogenated Microcrystalline Silicon, μc-Si:H）：內含氫原子鍵結的微晶矽半導體層。
9. **堆疊型太陽能電池**（Tandem Solar Cells）：具有一個 *p-i-n* 光電轉換層以上的太陽能電池。
10. **熱線式化學式氣相沈積**（Hot Wire Chemical Vapor Deposition, HWCVD）：以高溫熱裂解反應氣體以加速反應之 CVD。
11. **感應耦合式化學式氣相沈積**（Inductively Couple Plasma Chemical Vapor Deposition, ICP-CVD）：以通電流所產生之磁場產生電漿之 CVD，其電漿密度可高達 10^{11} cm^{-2} 以上。
12. **電子迴旋式共振化學式氣相沈積**（Electron Cyclotron Resonance Chemical Vapor Deposition, ECR-CVD）：以微波系統產生電漿之 CVD，其電漿密度可高達 10^{12} cm^{-2} 以上。
13. **觸酶式化學氣相沈積**（Catalytic Chemical Vapor Deposition）：HW-CVD 之別名。
14. **低壓化學氣相沈積**（LPCVD）：在低壓環境下的 CVD 製程。降低壓力可以減少不必要的氣相反應，以增加基板上薄膜的一致性。

15. **準分子雷射**（Excimer Laser Crystallization, ELC）：是指受到電子束激發的惰性氣體和鹵素氣體結合的混合氣體所形成的分子向其基躍遷時發射所產生的雷射。
16. **金屬誘發再結晶技術**（Metal Induced Crystallization, MIC）：以金屬作為結晶孵育層之結晶技術。

本章習題

1. 畫出 a-Si/μc-Si 太陽能電池之所吸收的光譜圖，並說明其效率優於典型 a-Si 太陽能電池之原因。
2. 說明微晶矽薄膜製程之關鍵技術。
3. 說明堆疊型薄膜太陽能電池的設計要點。
4. 說明使用雷射退火非晶矽達到多晶矽薄膜之機制。
5. 說明多晶矽薄膜製程技術之種類及差異點。
6. 說明鋁金屬誘發多晶矽薄膜之機制。
7. 說明大面積鍍膜設備之腔體設計的困難度與可行的解決方法。
8. 試比較各種堆疊型太陽能電池之優缺點。
9. 藉由觀察專利，你是否可以探知前瞻矽基薄膜太陽能電池的發展趨勢？
10. 說明為何需要提高鍍率設備來沈積微晶矽薄膜？

參考文獻

[1] 楊德仁，《太陽能電池材料》，第十章，五南圖書股份有限公司。
[2] 黃惠良、曾百亨，《太陽電池》，第五章，五南圖書股份有限公司。
[3] 吳建樹、翁得期、陳麒麟，工業材料雜誌，第 241 期，2007 年刊。
[4] 林明獻，《太陽電池技術入門》，全華圖書，2007 年，第 8-3 頁。
[5] 楊茹媛、張育綺、陳偉修、莊子誼，〈矽薄膜太陽能電池之技術發展〉，電子月刊，165 期，2009 年 4 月刊。
[6] http://www.pv.kaneka.co.jp/new/index.html
[7] http://www.mhi.co.jp/power/e_a-si/index.html
[8] Y. Hamakawa, "Thin film solar cells," springer (2004).
[9] 顧鴻濤，《太陽能電池技術入門》，第五章，全成圖書股份有限公司。
[10] 莊嘉琛，《太陽能工程－太陽電池篇》，第五章，全華圖書股份有限公司。
[11] H. Okamoto, H. Kida, S. Nonomura, K. Fukumoto and Y. Hamakawa, "Mobility-

lifetime product and interface property in amorphous silicon solar cells," *J. Appl. Phys.*, Vol. 54, pp. 3236 (1983).

[12] J. Muller, B. Rech, J. Springer, M. Vanecek, "TCO and light trapping in silicon thin film solar cells," *Solar Energy*, Vol. 77, pp. 917-930 (2004).

[13] 戴寶通、鄭晃忠，《太陽能電池技術手冊》，第四章，台灣電子材料與元件協會。

[14] K. Yamamoto, A. Nakajima, M. Yoshimi, T. Sawada, S. Fukuda, T. Suezaki, M. Ichikawa, Y. Koi, M. Goto, T. Meguro, T. Matsuda, M. Kondo, T. Sasaki and Y. Tawada, "A high efficiency thin film silicon solar cell and module," *Solar energy*, Vol. 77, pp. 939-949 (2004).

[15] Y. Tawada, H. Yamagishi, K. Yamamoto, "Mass productions of thin film silicon PV modules," *Solar Energy Materials & Solar Cells*, Vol. 78, pp. 647-662 (2003).

[16] A. Morii, H. Takatsuka, Y. Yamauchi, K. Tagashira, Y. Takeuchi and S. Sakai "Mass production start-up activities on high efficiency microcrystalline tandem solar cells," *Mitsubishi Heavy Industries, Ltd. Technical Review*, vol. 45, pp. 59-62 (2008).

[17] E. Maruyama, S. Okamoto, A. Terakawa, W. Shinohara, M. Tanaka and S. Kiyama, "Toward stabilized 10% efficiency of large-area (>5000 cm^2) a-Si/a-SiGe tandem solar cells using high-rate deposition," *Solar Energy Materials And Solar Eells*, vol. 74, pp. 339-349 (2002).

[18] Sanyo Electric Co., Ltd., "Manufacturing method of photovoltaic device," US 6348362 (2002).

[19] K. Yamamoto, M. Yoshimi, Y. Tawada, Y. Okamoto, A. Nakajima and S. Igari, "Thin-film poly-Si solar cells on glass substrate fabricated at low temperature," *Applied Physics A: Materials Science & Processing Applied Physics A: Materialsscience & Processing*, Vol. 69, pp 179-185 (1999).

[20] M. K. van Veen, , P. A. T. T. van Veenendaal, C. H. M. van der Werf, J. K. Rath and R. E. I. Schropp, " a-Si:H/poly-Si tandem cells deposited by hot-wire CVD," *Journal of Non-Crystalline Solids*, Vol. 299-302, Part 2, pp. 1194-1197 (2002).

[21] H. Mashima , H. Yamakoshi , K. Kawamura , Y. Takeuchi , M. Noda , Y. Yonekura, H. Takatsuka , S. Uchino and Y. Kawai, "Large area VHF plasma production using a ladder-shaped electrode," *Thin Solid Films* Vol.506- 507, pp. 512 -516 (2006).

[22] Y. Yukimoto, "Amorphous solar cell," US 4737196 (1988).

[23] C. Das, A. Dasgupta, S. C. Saha and S. Ray, "Effects of substrate temperature on structural properties of undoped silicon thin films," *J. Appl. Phys.*, Vol. 91, pp. 9401-9407 (2002).

[24] 斐文、彭欽鈺、黃振隆,〈薄膜太陽光電模組的發展現況與挑戰〉,工業材料雜誌,第 240 期,2006 年刊。

[25] S. Y. Lien, D. S. Wuu, H. Y. Mao, B. R. Wu, Y. C. Lin, "Fabrications of Si thin-film solar cells by hot-wire chemical vapor deposition and laser doping techniques," *Jpn. J. Appl. Phys*, 4B, 3516-3518 (2006).

[26] 黃崇傑,〈薄膜型太陽能電池研究發展狀況〉,工業材料雜誌－太陽光電技術專題,182 期,2002 年刊。

[27] 陳志強,《LTPS 低溫複晶矽顯示器技術》,全華科技圖書公司。

[28] D. B. Meakin, P. A. Coxon, P. Migliorato, J. Stoemenos, N. A. Economou, "High-performance thin-film transistors from optimized polycrystalline silicon films," *Appl. Phys. Lett.*, Vol. 50, pp. 1894 (1987).

[29] O. Ebil, R. Aparicio, S. Hazra, R. W. Birkmir, E. Sutterb, "Depoistionand structural characterization of poly-Si thin film on Al-coated glass substrates using hot-wire chemical vapor deposition", *Thin Solid Films*, Vol. 430, pp. 120-124 (2003).

[30] R. Iiduka, A. Heya, H. Matsumura, " Study on cat-CVD poly-Si films for solar cell application", *Solar Energy Materials and Solar Cells*, Vol. 48, pp.279-285 (1997).

[31] R.B. Bergamnn, G. Oswald, M. Albrecht, V. Gross, " Solid-phase crystallized Si-films on glass substrates for thin film solar cells", *Solar Energy Materials and Solar Cells*, Vol. 46, pp. 147-155 (1997).

[32] S. In-Hyuk, K. Cheno-Hong, N. Woo-Jin, H. Min-Koo, "A poly-Si thin film transistor fabricated by new excimer laser recrystallization employing floating acitve structure," *Current Applied Physics*, Vol. 2, pp. 225-228 (2002).

[33] M. Darren, Y. Nigel, T. Michael, M. David, "An investigation of laser annealed and metal-induced crystallized polycrystalline silicon thin-film transistors," *IEEE Transactions on Electron Devices*, Vol. 48, No. 6 (2001).

[34] T. Sameshima, H. Watakabe, N. Andoh, S. Higashi, "Pulsed laser annealing of thin silicon films", *Jpn. J. Appl. Pyhs.*, Vol. 45, pp. 2437-2440 (2006).

[35] M. Tsubuku, K. S. Seol, I. H. Choi, and Y. Ohki, "Enhanced crystallization of

strontium bismuth tantalate thin films by irradiation of elongated pulses of KrF excimer laser", *Jpn. J. Appl. Phys.*, Vol. 45, pp. 1689-1693 (2006).

[36] L. Mariucci, A. Pecora, G. Fortunato, C. Spinella, C. Bongiorno, "Crystallization mechanisms in laser irradiated thin amorphous silicon films," *Thin Solid Films*, Vol. 427, pp. 91-95 (2003).

[37] W. C. Yeh, "Study of excimer-laser-processed polycrystalline silicon thin film solar cells." Ph. D. theis, department of physical electronics, Tokyo institute of technology (2000).

[38] D. H. Choi, E. Sadayuki, O. Sugiura, M. Matsumura, "Lateral growth of poly-Si film by excimer laser and its thin film transistor application", *Jpn. J. Appl.* Phys. Vol. 33, pp. 70-74 (1994).

[39] J. S. Im, H. J. Kim, M. O. Thompson, "Phase transformation mechanisms involved in excimer laser crystallization of amorphous silicon films," *Appl. Phys. Lett*. Vol. 63, pp. 1969 (1993).

[40] R. S. Wanger, and W. C. Ellis, "Vapor-liquid-solid mechanism of single crystal grown." *Appl. Phys. Lett*, Vol. 4, pp. 89-90 (1964).

[41] C. W. Lin, S. C. L Y. S. Lee, " High-efficiency crystallization of amorphous silicon films on glass substrate by new metal-medicated mechanism," *Jpn. J. Appl. Pyhs.*, Vol. 44, No. 10, pp. 7319-7326 (2005).

[42] P. H. Fang, L. Ephrath, W. B. Nowak, "Polycrystalline silicon films on aluminum sheets for solar cell application," *Appl. Phys. Lett*, Vol. 25, No. 10, pp. 583-584 (1974).

[43] C. Y. Hou, Y. C. S. Wu, "Performances of Ni-induced lateral crystallization thin film transistors with <111> and <112> needle grains," *Jpn. J. Apl. Phys.*, Vol. 45, pp. 5667-5670 (2006).

[44] H. Kanno, A. Kenjo, T. Sadoh, M. Miyao, "Electri-fied-assisted metal-induced lateral crystallization of amporphous SiGe on SiO_2," *Jpn. J. Apl. Phys.*, Vol. 45, No. 5B, pp. 4351-4354 (2006).

[45] M. S. Haque, H. A. Naseem, W. D. Brown, " Aluminum-induced crystallization and counter-doping of phosphorous-doped hydrogenated amorphous silicon at low temperature," *J. Appl. Phys.*, Vol. 79, pp. 7529-7536 (1996).

[46] L. Hultma, A. Robertsson, H. T. G. Hentzell, " Crystallization of amorphous silicon during thin-film gold reaction," *J. Appl. Phys.*, Vol. 62, pp. 3647-3655 (1987).

[47] Per I. Widenborg, Armin G. Aberle, "Surface morphology of poly-Si films made by aluminium-induced crystallisation on glass substrates." *Journal of Crystal Growth*, Vol. 242, pp. 270-282 (2002).

[48] J. F. Li, X. W. Sun, M. B. Yu, G. J. Qi, X. T. Zen, " Nickel induced lateral crystallization behavior of amorphous silicon films," *Applied Surface Science*, Vol. 240, pp. 155-160 (2005).

[49] S. W. Lee, Y. C. Jeon, S. K. Joo, " Pd induced lateral crystallization of amorphous Si thin film," *App. Phys. Lett*. Vol. 66, pp. 1671-1673 (1995).

[50] L. Hultman, A. Robertsson, H. T. G. Hertzell, "Crystallization of amorphous silicon during thin-film gold reaction", *J. Appl. Phsy.*, Vol 62, pp. 3647-3655 (1987).

[51] C. W. Lin, S. C. Lee, Y. S. Lee, "High-efficiency crystallization of amorphous silicon films on glass substrate by new metal-mediated mechanism," *Jpn. J. Appl. Phys.* Vol. 44, No. 10, pp. 7319-7326 (2005).

[52] 楊茹媛、翁敏航、李炳寰，〈矽薄膜太陽能電池鍍膜設備〉，電子月刊，98年4月刊。

[53] K. Kawamura, H. Mashima, Y. Takeuchi, A. Takano, M. Noda, Y. Yonekura, and H. Takatsuka, Development of large-area a-SiH films deposition using controlled VHF plasma, thin solid films, 506-507, 22-26 (2006).

[54] A. Morii, H. Takatsuka, Y. Yamauchi, K. Tagashira, Yoshiaki Takeuchi, S. Sakai, mass production start-up. Activities on high efficiency microcrystalline tandem solar cells technical review vol. 45 No. 1. 59 (Mar. 2008).

[55] T. Takagi, M. Ueda, N. Ito, Y. Watabe, H. Sato, K. Sawaya, Large area VHF plasma sources, thin solid films 502, 50-54 (2006) .

[56] http://www.ihi.co.jp/ihi/ihitopics/topics/2001/0117-1.html

[57] http://www.oerlikon.com/

第 7 章

染料敏化太陽能電池

- 7-1　章節重點與學習目標
- 7-2　染料敏化太陽能電池的發展歷史
- 7-3　染料敏化太陽能電池的基本組成
- 7-4　染料敏化太陽能電池的工作原理與製備
- 7-5　染料敏化太陽能電池之研究重點
- 7-6　染料敏化太陽能電池之專利探討
- 7-7　國際研發現況
- 7-8　結　語

7-1 章節重點與學習目標

染料敏化太陽能電池（Dye-Sensitized Solar Cell, DSSC）是一種藉由有機（染料）及無機（TiO_2）混成的新型態的太陽能電池元件。該電池在 1991 年瑞士 EPFL（Swiss Federal Institute of Technology, Lausanne）實驗室的 M. Gratzel 教授提出後 [1]，由於不需昂貴真空設備，製程相較其他種類太陽能電池簡單且材料成本在大面積製作後可以降低，成為近 20 年研究機構甚至產業界極為重視的課題。本章將說明染料敏化太陽能電池的發展背景、發展歷史、基本結構的組成材料、操作原理、目前待解決的研發題目，更將從專利觀點探討該電池之發展趨勢。讀者在讀完本章後，應該可以理解：

1. 為什麼需要發展染料敏化太陽能電池？
2. 染料敏化太陽能電池的組成與其對應之工作原理？
3. 染料敏化太陽能電池效率的損失機制？
4. 為了提高染料敏化太陽能電池的市場，有哪些研究與量產課題仍須解決？
5. 藉由專利的觀察，是否可以探知染料敏化太陽能電池的發展趨勢？

7-2 染料敏化太陽能電池的發展歷史

近年來太陽能電池的發展迅速，以第一代矽半導體為主的太陽能電池雖已能夠量產和應用，且價格也降到早期的十分之一，但在使用上成本還是太高，使得全面普及化還是問題，因此發展出第二代薄膜型太陽能電池，但面臨效率不高的缺點。

近年來，由奈米科技所研發的染料敏化太陽能電池扮演了第二代演進到第三代的關鍵，其主結構為有機（染料）及無機（TiO_2）的組合。

染料敏化太陽能電池的優勢在於：

1. 成本比傳統的矽基板太陽能電池便宜，約 $\frac{1}{5} \sim \frac{1}{10}$，預期未來成本可以有效地降低至 US$0.2 / Wp 左右 [2]。
2. 製程簡單，其製作過程不需要昂貴的真空設備，且可大面積生產。
3. 主要使用的半導體材料是奈米二氧化鈦，其含量豐富、成本低、無毒、性能穩定且抗腐蝕性好。
4. 可在可撓曲基板上製作。
5. 電池能被形塑或著色去搭配要裝飾的物品或建築。
6. 輸出功率隨溫度升高而上升，對入射光角度要求低，弱光下仍具有一定之電池效能。

圖 7-1 所示為染料敏化太陽能電池之發展歷程。染料敏化太陽能電池早在 60、70 年代便開始發展。1970 年代日本 Tsubomura 等人利用多孔性 ZnO 作為染料敏化太陽能電池的**工作電極**（Working Electrode），得到 2.5 % 的光電轉換效率，其後雖有學者不斷投入研究，但是在整體上的效率未能有突破性的提升。其主要的原因為當時並無所謂的奈米科技，所以平整的工作電極（如 TiO_2、ZnO）僅能吸附少量的染料分子，導致只有靠近電極的染料分子才可以進行電荷轉移。因此只有少部分的電子能夠傳輸到電極而被利用，成為電池效率不高的主要原因。

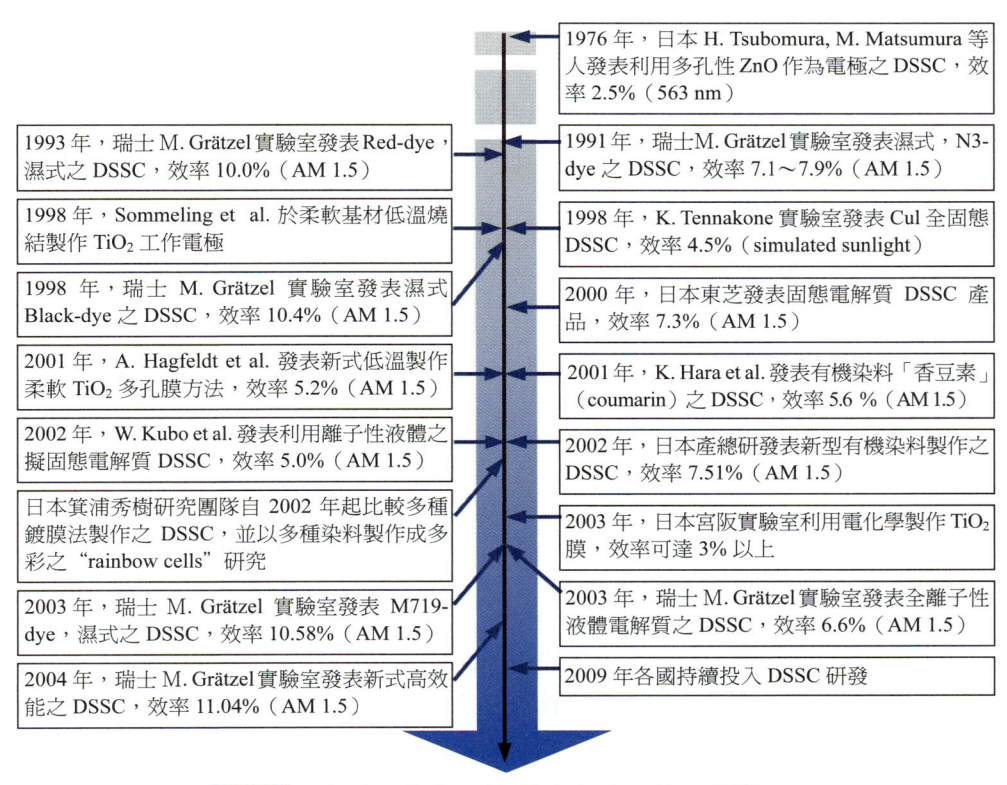

1993 年，瑞士 M. Grätzel 實驗室發表 Red-dye，濕式之 DSSC，效率 10.0%（AM 1.5）	1976 年，日本 H. Tsubomura, M. Matsumura 等人發表利用多孔性 ZnO 作為電極之 DSSC，效率 2.5%（563 nm）
1998 年，Sommeling et al. 於柔軟基材低溫燒結製作 TiO_2 工作電極	1991 年，瑞士 M. Grätzel 實驗室發表濕式，N3-dye 之 DSSC，效率 7.1～7.9%（AM 1.5）
1998 年，瑞士 M. Grätzel 實驗室發表濕式 Black-dye 之 DSSC，效率 10.4%（AM 1.5）	1998 年，K. Tennakone 實驗室發表 CuI 全固態 DSSC，效率 4.5%（simulated sunlight）
2001 年，A. Hagfeldt et al. 發表新式低溫製作柔軟 TiO_2 多孔膜方法，效率 5.2%（AM 1.5）	2000 年，日本東芝發表固態電解質 DSSC 產品，效率 7.3%（AM 1.5）
2002 年，W. Kubo et al. 發表利用離子性液體之擬固態電解質 DSSC，效率 5.0%（AM 1.5）	2001 年，K. Hara et al. 發表有機染料「香豆素」（coumarin）之 DSSC，效率 5.6 %（AM 1.5）
日本箕浦秀樹研究團隊自 2002 年起比較多種鍍膜法製作之 DSSC，並以多種染料製作成多彩之 "rainbow cells" 研究	2002 年，日本產總研發表新型有機染料製作之 DSSC，效率 7.51%（AM 1.5）
2003 年，瑞士 M. Grätzel 實驗室發表 M719-dye，濕式之 DSSC，效率 10.58%（AM 1.5）	2003 年，日本宮阪實驗室利用電化學製作 TiO_2 膜，效率可達 3% 以上
2004 年，瑞士 M. Grätzel 實驗室發表新式高效能之 DSSC，效率 11.04%（AM 1.5）	2003 年，瑞士 M. Grätzel 實驗室發表全離子性液體電解質之 DSSC，效率 6.6%（AM 1.5）
	2009 年各國持續投入 DSSC 研發

圖 7-1 染料敏化太陽能電池之發展的歷程[2]

自從 1990 年代，奈米材料的特質、製造與分析等方面的研究工作，開始有極大的進展。瑞士 EPFL 實驗室的 M. Gratzel 教授開發新型態的太陽能電池，將奈米二氧化鈦粒子燒結在導電玻璃基底上，形成**多孔性奈米結構電極**（Nano-porous Structured Electrode）以取代傳統染料敏化太陽能電池的平整電極，奈米結構電極使得比表面積大幅度的增大，讓更多的染料分子能夠吸附於電極上，並作為電子的受體和載體。相對電極則是鍍有白金膜的導電玻璃，電解質是含有 I/I_3^- 的 Poly Carbonate 溶液，配合改良的 Ru 金屬錯合之有機光敏染料，使得光電轉換效率達到 5% 以上 [2-5]。

染料敏化太陽能電池於 1991 年取得突破性的進展後，這方面的研究成為世界各國對於開發**再生能源**（Renewable Energy）的新方向。目前瑞士、日本、美國以及澳洲已有小規模生產，並對染料敏化太陽能電池產品作長期測試的研究，近年在此領域的研究除持續追求更高的光電轉換效率外，另外也衍生出其他應用方向的研究，例如柔軟可塑性的染料敏化太陽能電池開發、全固態型染料敏化太陽能電池的研究以及在建材上的應用等等，增加染料敏化太陽能電池商業化的可能性。

7-3　染料敏化太陽能電池的基本組成

染料敏化太陽能電池的組成結構如圖 7-2 所示，主要可分為幾個部分：

1. 透明導電極（Transparent Conductive Oxide, TCO）
2. 工作電極（Working Electrode）
3. 光敏化劑（Sensitizer）
4. 電解質（Electrolyte）
5. 反電極（Counter Electrode）

以下將就各組成單元做介紹。

7-3-1　透明導電極

透明導電極作為傳導電子至外部電路之電極，其中一般常見的透明導電極為銦錫氧化物（Indium-Doped Tin Oxide, ITO）、摻氟氧化物（Fluorine-Doped Tin Oxide, FTO）兩種。為避免傳輸電子時因導電度不佳造成能量損失，透明電極必須具有高導電度、低電阻值（~10Ω/Square），在製作過程中，

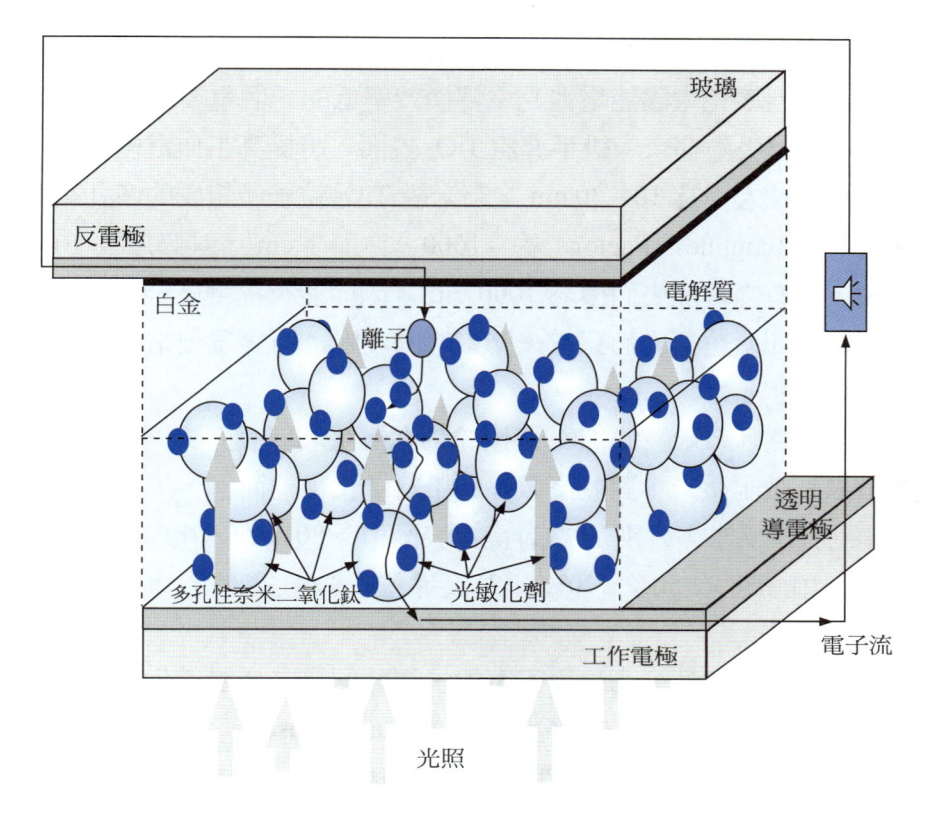

图 7-2　染料敏化太陽能電池之基本結構示意圖[6]

以工作電極為二氧化鈦 TiO_2 為例，由於必須經由 450°C 烘烤以去除有機物，所以透明電極需在高溫下維持其導電度，其中以 FTO 材料於高溫下仍具有較高穩定度，及能保持其高導電度的特性，成為染料敏化太陽能電池常用之透明導電極材料。另外，為了能夠使入射光完整地被吸收，透明導電極必須具有良好的穿透率（於可見光下大於 80％）。關於透明導電極的前瞻研究將於 7-5-1 小節做更詳盡的說明。

7-3-2　工作電極

工作電極係用以提供光敏化劑吸附的表面積、電流的路徑，還必須具有多孔性的結構來幫助電解質的擴散。一個有效率的染料敏化太陽能電池，工作電極扮演相當重要角色，目前基本上使用的材料是 TiO_2。早期的染料敏化電池之工作電極為平整（Flat）的薄膜，因其只有緊密吸附在半導體表面的單層染料分子才能產生有效的敏化效率，而多層染料反而阻礙電子的傳輸；通常，在一個平滑、緻密的半導體表面，單層染料分子僅能吸收不到 1% 的入射光，成為染料敏化太陽能電池光電轉換效率低的一個重要原因。光敏染料分子如果能化學吸附在奈米級半導體 TiO_2 表面，將提高工作電極吸收太陽光的能力，當顆粒大小為 10～30 nm 之奈米級 TiO_2 粒子所組成的多孔結構，其**粗糙度因子**（Rcughness Factor）約 >1000，亦即 1 cm^2，且膜厚為 10 μm 的 TiO_2 薄膜，具有之實際表面積為 1000 cm^2，因而能夠提供染料分子很充足的吸附面積，故即使粒徑表面只有一層染料的吸附，所表現出來的光吸收效率可達 100%。

　　商用多孔性且奈米級的 TiO_2 薄膜塗佈在導電玻璃表面時，較佳膜的厚度約為數微米到數十微米，對於高效率的染料敏化電池而言，工作電極薄膜最好能夠達到五個需求，分別是：(1) 高比表面積 > 80 m^2/g，粗糙因子 > 1000；(2) 多孔性，孔隙度約 50%～70%；(3) 高導電性；(4) 透明化；(5) 化學穩定性高。

　　二氧化鈦為無毒性、高化學安定性、價錢便宜之金屬氧化物，存在於自然界主要有三種晶體結構：(1) **銳鈦礦**（Anatase Phase）、(2) **金紅石**（Rutile Phase）與 (3) **板鈦礦**（Brookite Phase）。其中，Anatase 晶相與 Brookite 晶相為在低溫時可穩定存在的結構，而 Rutile 晶相為在高溫時穩定存在的結構，兩者的相轉移溫度約在 500°C。表 7-1 為金紅石二氧化鈦與銳鈦礦二氧化鈦之基本物理性質。文獻研究證明，電子在銳鈦礦中有較快的傳輸速度，銳鈦礦較金紅石應用於太陽能電池因此有更好的光電轉換效率。

　　另外，奈米二氧化鈦的粒徑、形貌也直接影響著電池的光電轉換效率。粒徑太小，光的透光率降低而影響光的吸收；粒徑太大雖然提高了光的透光率，但卻降低了光的有效吸收，同時粒徑的大小也會影響電解質的傳輸。二氧化鈦晶體完整與否影響著電荷復合效率，晶體不完整、粒徑太小、晶體存

表 7-1　金紅石二氧化鈦與銳鈦礦二氧化鈦之基本物理性質

晶相	銳鈦礦	金紅石
比重	3.9	4.2
能隙（eV）	3.2	3
折射率（Rl）	2.52	2.71
硬度（Mohs' Scale）	5.5-6	6-7
介電常數	31	114
熔點	約 500°C 轉相	1858°C

在著缺陷,有可能造成電荷復合,使得光電流降低,因此製備奈米級二氧化鈦時,需要控制一定條件以得到均勻晶粒和晶體完整的奈米二氧化鈦。關於工作電極的前瞻研究將於 7-5-2 小節做更詳盡的說明。

7-3-3 光敏化劑

　　光敏化劑即所謂的染料,能夠幫助工作電極(如 TiO_2)的吸收波長提高到可見光區,因為光敏化劑能藉由吸收可見光,驅使電子發射至工作電極之導帶,失去電子之光敏化劑可並接受來自電解質的電子。由於工作電極之半導體材料的能隙限制,並不能吸收全部的可見光波長,以 TiO_2(銳鈦礦)為例,其**能隙**(Energy Gap)為 3.2 eV,吸收波長為 388 nm 以下的紫外光。紫外光在太陽光中含量僅有 6% 而已,所以光敏化劑就顯得格外重要,光敏化劑必須具有能夠與工作電極緊密結合,並可吸收大部分的可見光範圍,光敏化劑性能的優劣將直接影響到染料敏化太陽能電池之光電轉換效率,它就像是驅動分子內電子的馬達。

　　一般光敏化劑必須符合以下幾點條件:

1. 具有良好的吸附性,亦即光敏化劑與工作電極能快速地達到吸附平衡並且不易脫附,因此光敏化劑分子中,最好含有易與奈米半導體表面結合的官能基,如 -COOH、-SO_3H、-PO_2H_2。如光敏化劑上之 -COOH 官能基會與二氧化鈦膜上的 -OH 官能基生成酯類,使得二氧化鈦導帶 $3d$ 軌域和光敏化劑 π 軌域電子的耦合性更佳,更易使電子進行轉移;
2. 對可見光具有強且寬的吸收特性,最好能吸收 920 nm 以下的光;
3. 其氧化態(S^+)和激發態(S^*)要具有較高的光穩定性和活性,能進行 $> 10^8$ 次循環,且於光照環境下有 10 年以上之壽命;
4. 激發態壽命足夠長,且光致發光性佳並具有很高的載子(電子、電洞)傳輸效率;
5. 光敏化劑的激發態與半導體之導帶需匹配,且激發態與導帶二能階的能帶差最好 > 200 mV,以確保染料激發態電子之注入效率可達 ~ 100%;
6. 光敏化劑的基態與電解質之氧化還原電位需匹配,且基態與氧化還原電位二能階之能帶差最好 > 200 mV,以保證光敏化劑之再生。

　　光敏化劑多由染料組成,染料方面的研究可分兩大類,一為有機金屬錯合物,另一為有機化合物染料。表 7-2 介紹目前染料敏化太陽能電池常用之

表 7-2　三種釕錯合物所組成的染料分子結構圖[14]

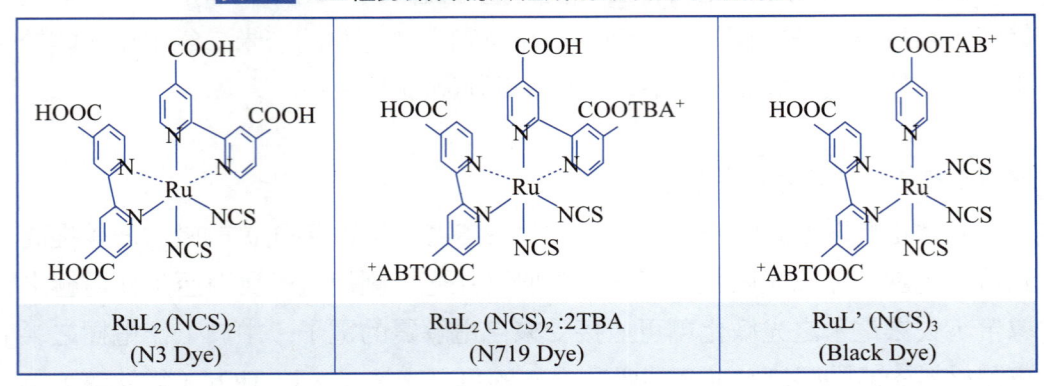

RuL$_2$(NCS)$_2$ (N3 Dye)	RuL$_2$(NCS)$_2$:2TBA (N719 Dye)	RuL'(NCS)$_3$ (Black Dye)

釕錯合物（Ru-complex）染料的分子結構。但是有些有機金屬錯合物質的物性、化性尚未完全被鑑定，因此這方面的研究仍持續在進行，也不斷有新型的染料被合成使用。圖 7-3 說明了 N3、N719 和 Black 染料的 UV-vis 吸收光譜所對應之**入射光子對電流轉換效率**（Incident Monochromatic Poton to Current Conversion Efficiency, IPCE (λ)）：

圖中曲線標示：RuL'(NCS)$_3$、RuL$_2$(NCS)$_2$、RuL$_2$[Ru(bpy)$_2$(CN)$_2$]$_2$、RuL$_3$、TiO$_2$

L = 2, 2'-dcbpy
L' = tc-terpy

橫軸：波長（nm）
縱軸：入射光子對電流轉換效率（IPCE）

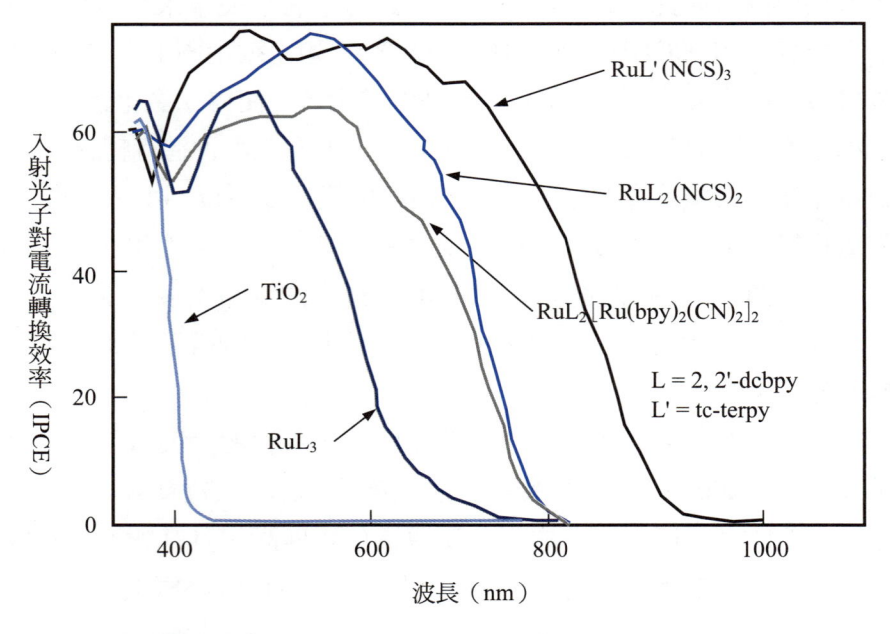

圖 7-3　N3、N719 和 Black Dye 於可見光下的 IPCE [14]

$$IPCE(\lambda) = LHE(\lambda)\,\phi_{e-inj}(\lambda)\,\eta_{cc}(\lambda) = LHE(\lambda)\,\Phi(\lambda)_{ET}$$ （7-1）

其中，LHE (λ)：光對波長之收集率
　　　φ(λ)　：由染料激發態注入到 TiO_2 之電子數
　　　η(λ)　：電荷在透明導電層之收集效率
　　　Φ(λ)　：電子轉換量率

由圖 7-3 可知，Black 染料在可見光範圍具有較大之入射光子對電流轉換效率。

7-3-4　電解質

電解質的作用主要是在於氧化還原反應，含碘離子的電解質在染料敏化太陽能電池中最常被使用，各式相關電解質的研究也陸陸續續被加以討論。如固態電解質以及擬固態電解質，其中以液態電解質（I^-/I_3^-）的效率為最高。

7-3-5　反電極

反電極（又名相對電極）除了作為傳導電流之外，並需對電解質的氧化還原有較佳的催化特性。目前最常用的反電極仍以鉑（Pt）的應用較廣，因其對傳統碘離子（I^-/I_3^-）的氧化還原有較佳的催化特性。其他還有以碳（C）作為電極以降低其成本的研究，但其對 I^-/I_3^- 的氧化還原催化效果有限，比較不被重視。

7-4　染料敏化太陽能電池的工作原理與製備

7-4-1　電流產生原理

染料敏化太陽能電池工作原理可參考圖 7-4 所示。吸附在 TiO_2 上的染料分子，吸收光子能量後由基態（D）躍遷到激發態（D*），但激發態不穩定，故快速將電子注入到緊鄰的 TiO_2 導帶，在染料中失去的電子則很快可從電解質中獲得到補償，進入 TiO_2 導帶中的電子最終進入導電膜，然後通過外部迴路形成電流，而電解質雖被染料氧化，最後將被反電極上的電子還原形成循環。

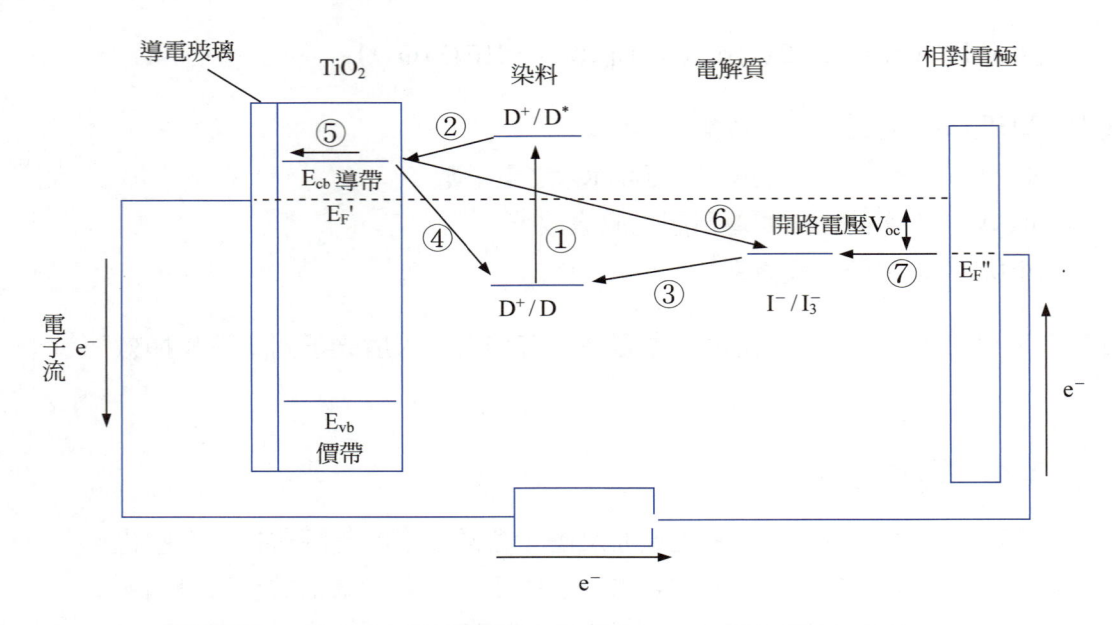

圖 7-4 染料敏化太陽能電池之工作原理及電流產生機制示意圖

關於染料敏化太陽能電池中電流產生機制示意可參看圖 7-4 [31]。在光電流產生過程中，電子通常經歷以下七個過程：

① 染料（D）受光激發由基態躍遷到激發態（D*）：

$$D + h\nu \rightarrow D^* \quad (7\text{-}2)$$

② 激發態染料分子將電子注入到工作電極的導帶（CB）中（假設電子注入速率常數為 k_{inj}）：

$$D^* \rightarrow D^+ + e^-(CB) \quad (7\text{-}3)$$

③ I^- 離子還原氧化態染料可以使染料再生：

$$3I^- + 2D^+ \rightarrow I_3^- + D \quad (7\text{-}4)$$

④ 工作電極導帶中的電子與氧化態染料之間的復合（假設電子回傳速率常數為 k_b）：

$$D^+ + e^-(CB) \rightarrow D \quad (7\text{-}5)$$

⑤ 工作電極導帶中的電子傳輸到**導電玻璃**（Conducting Glass，用 CG 表示）

後而流入到外電路中：

$$e^-(CB) \rightarrow e^-(CG) \quad (7\text{-}6)$$

⑥ 導帶中傳輸的電子與進入二氧化鈦膜孔中的 I_3^- 離子復合（假設復合速率常數用 k_{et} 表示）：

$$I_3^- + 2e^-(CB) \rightarrow 3I^- \quad (7\text{-}7)$$

⑦ I_3^- 離子擴散到反電極（CE）上得到電子再生：

$$I_3^- + 2e^-(CE) \rightarrow 3I^- \quad (7\text{-}8)$$

未照光之染料敏化太陽能電池沒有電流，亦即工作電極／染料／電解質介面之間並不存在電位差，故其**費米能階**（Fermai Level, E_F）可視為一自由電子混成的平衡狀態。染料敏化太陽能電池照光後，染料吸收光後產生電子與電洞的分離，同時造成電位差，此電位差即為工作電極之導帶與染料之**最低未佔據分子軌域能階**（Lowest Unoccupied Molecular Orbital, LUMO）混成**能階**（E_F'），相對染料之**最高已佔據分子軌域能階**（Highest Occupied Molecular Orbital, HOMO）與電解質氧化還原電位（I^-/I_3^- 之 E_{Redox}）的混成能階（E_F''）之電位差（ΔV），而此電位差的最大值即為光電壓（V_{oc}）的最大值。

由此可知染料的最低未佔據分子軌域能階和最高已佔據分子軌域能階與電荷的分離有直接的關聯。圖 7-5 說明工作電極／染料／電解質界面相對的能帶關係圖。染料必須滿足：

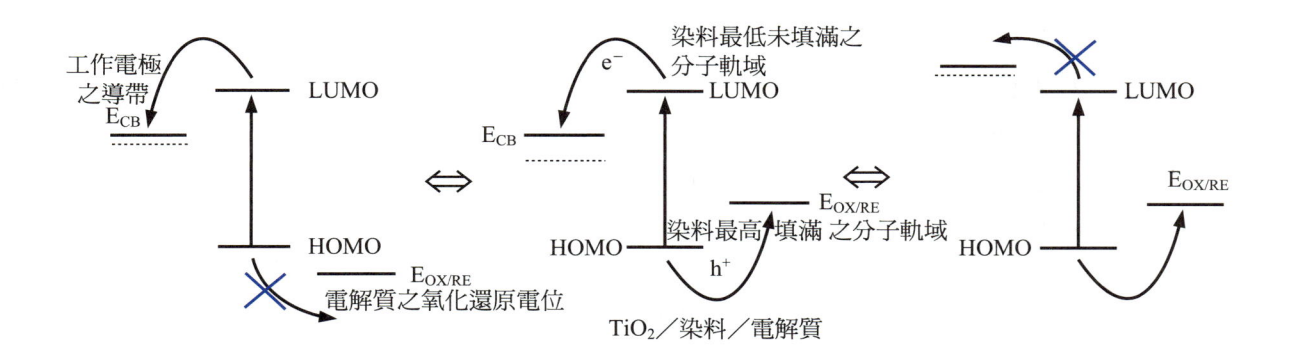

圖 7-5 工作電極／染料／電解質界面相對的能帶關係圖[6]

1. 最高已佔據分子軌域能階（HOMO）必須低於電解質之氧化還原能階（$E_{OX/RE}$）。
2. 最低未佔據分子軌域能階（LUMO）必須高於工作電極之導帶能階（E_{CB}），如此電子傳輸才不會受到阻礙。
3. 激發態的壽命愈長，愈有利於電子的注入；激發態的壽命愈短，激發態分子有可能來不及將電子注入到半導體的導帶中就因非輻射衰減而躍遷到基態。

　　步驟 ②、步驟 ④ 兩過程為決定電子注入效率的關鍵步驟。電子注入速率常數（k_{inj}）與逆反應速率常數（k_b）之比愈大（一般大於 3 個數量級），電荷復合的機會愈小，電子注入的效率就愈高。I^- 離子還原氧化態染料可以使染料再生，從而使染料不斷地將電子注入到二氧化鈦的導帶中。I^- 離子還原氧化態染料的速率常數愈大，電子回傳被抑制的程度愈大，這相當於 I^- 離子對電子回傳進行了攔截（Interception）。步驟 ⑥ 是造成電流損失的一個主要原因，因此電子在工作電極層中的傳輸速度（步驟 ⑤）愈大，而且電子與 I_3^- 離子復合的速率常數（k_{et}）愈小，電流損失就愈小，光生電流愈大。步驟 ⑥ 生成的 I_3^- 離子擴散到反電極上得到電子變成 I^- 離子（步驟 ⑦），從而使 I^- 離子再生並完成電流迴圈。

　　在一般的半導體太陽能電池（如矽太陽能電池）中，半導體引起兩種作用：其一為捕獲入射光；其二為傳導光生載子。但是，對於染料敏化太陽能電池，這兩種作用是分別執行的 [31]。首先光的捕獲由染料完成，受光激發後，染料分子從基態躍遷到激發態（即電荷分離態）。若染料分子的激發態能階高於半導體（工作電極）的導帶，且兩者能級匹配，則處於激發態的染料就會將電子注入到半導體的導帶中。注入到導帶中的電子在工作電極中的傳輸非常迅速，可以瞬間到達工作電極與導電玻璃的後接觸面（Back Contact）而進入外電路中。除了吸附染料功能外，半導體的另一主要功能就是電子的收集和傳導 [4,31]。

7-4-2　傳輸損失機制

　　不論對何種太陽能電池而言，電子－電洞對的再結合直接影響到光電壓與光電流的輸出效率。在傳統的 *p-n* 接面型太陽能電池中，由於其為兩種型態半導體的結合,且接觸面積大,電子、電洞的傳輸路徑多,除空間電場外,沒有阻絕電子－電洞對發生再結合效應的力量,而這也是傳統太陽能電池能量損失的一大因素。對染料敏化太陽能電池而言,因電子的傳輸路徑為唯一,所以對電子－電洞再結合的探討上也相對較單純。

圖 7-6 之 (1)~(4) 說明了降低染料敏化太陽能電池的整體效率的四個路徑:

(1) 為逆向之光電流(即暗電流),工作電極接受染料激發態的電子後,電子往反方向之電解質注入,於電解質發生電子－電洞對的再結合,除了損失能量之外,其產生的反方向電流會降低光電流值,也造成降低整體效率的影響;
(2) 為注入工作電極的電子與表面染料基態之電洞發生表面再結合效應,同樣會造成能量損失以及對整體電子的迴路不利;
(3) 為染料自身的電子－電洞對再結合,會釋放出熱能或螢光,降低整體的效率;
(4) 為電解質中的**離子傳遞**(Ionic Diffusion),造成逆方向的電流發生,進而降低整體的效率。為了避免或降低這些不利因素的影響,已有許多研究投入。

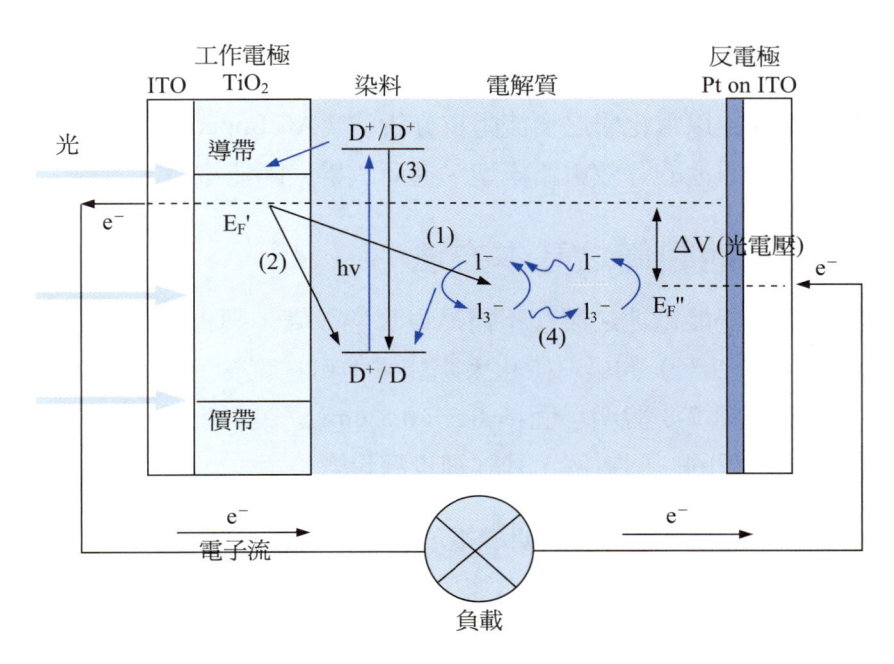

圖 7-6 染料敏化太陽能電池之傳輸損失示意圖[6]

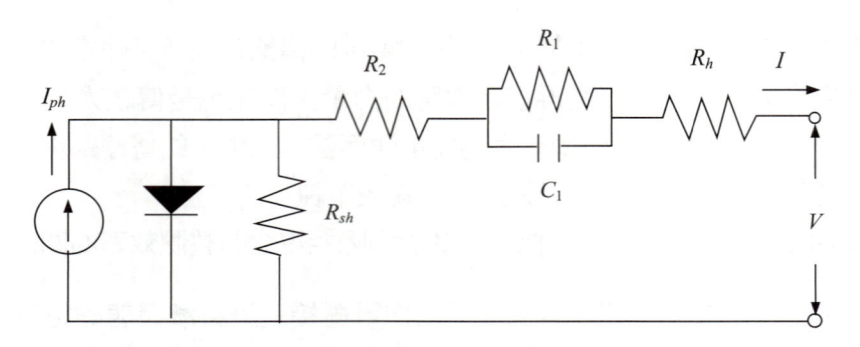

圖 7-7 染料敏化太陽能電池之基本結構示意圖[6]

配合第 3 章所述之太陽能電池之等效電路，染料敏化太陽能電池亦可以使用該等效電路表示，如圖 7-7 所示。其串聯電阻 R_s 的來源為電池中不同材料間及界面處之電阻，即為 R_1、R_2 和 R_h 的和，C_1 則表示並聯電容，而並聯電阻 R_{sh} 則來自圖 7-6 (1)～(4) 之路徑。其中：

1. R_1 為白金與透明導電薄膜間電子傳遞阻抗；
2. R_2 為電解液中 I_3^- 離子的擴散電阻；
3. R_h 為透明導電基板的片電阻。

在染料敏化電池系統中，R_h 為 R_s 之最大來源，因此於高光照強度下，為影響電池效能之主因，而在低光照強度下，R_{sh} 反成影響電池效能之主因。目前有許多文獻提出以電化學之**交流阻抗分析法**（AC Imperdance）來萃取分析染料敏化太陽能電池的等效電路模型，進而改善太陽能電池之效率。

7-4-3 電池製備之基本方法

染料敏化太陽能電池之製程不需昂貴真空設備，製程相對容易。小面積（約 10×10 cm² 以下）的染料敏化太陽能電池可在實驗室製備，且其製程方式也很多樣化。圖 7-8 說明小面積 0.5×0.5 cm² 之染料敏化太陽能電池之實驗室製備簡化流程的一個實例，其詳細步驟包含：

步驟 1：以擦拭紙沾酒精清潔透明導電玻璃（本例以 FTO 說明）的表面。
步驟 2：浸泡於 0.05 M 的 $TiCl_4$ 溶液（0.5 mL 的 $TiCl_4$ 稀釋於 100 mL 的 DI Water）中，加熱至 70℃，時間為 30 分鐘。
步驟 3：先後以清水和酒精清洗 FTO 表面多餘的 $TiCl_4$，並於常溫晾乾。

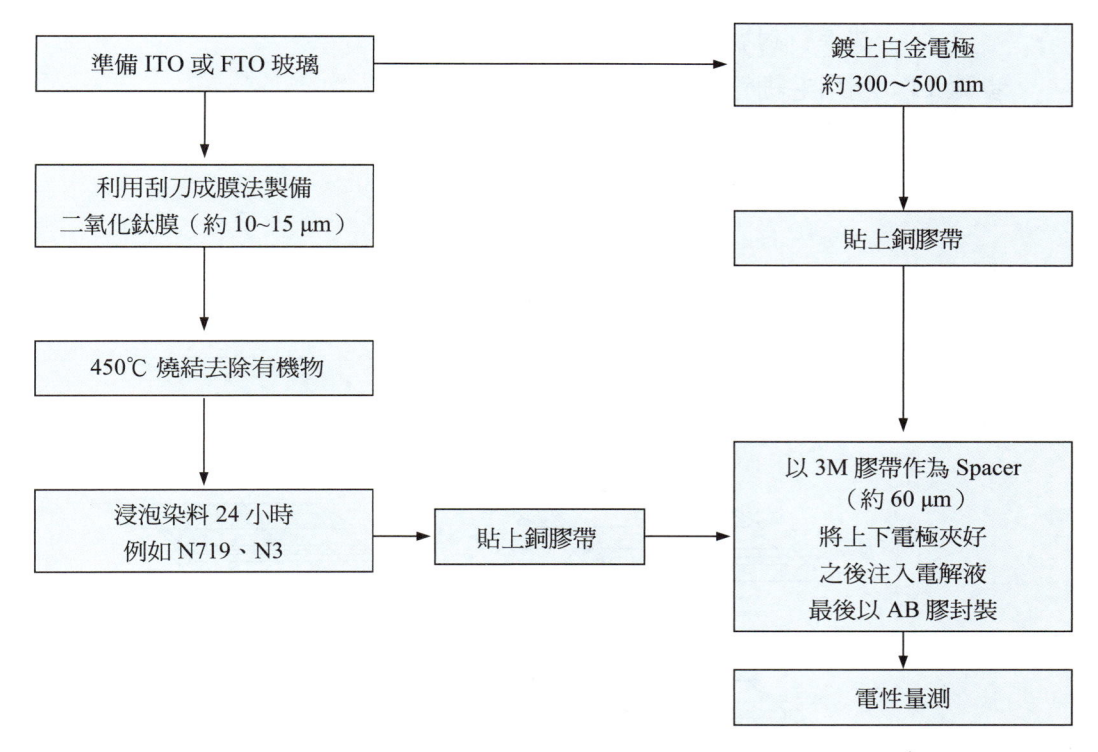

```
┌─────────────────────┐                    ┌─────────────────────┐
│ 準備 ITO 或 FTO 玻璃 │───────────────────▶│   鍍上白金電極      │
└──────────┬──────────┘                    │   約 300～500 nm    │
           │                               └──────────┬──────────┘
           ▼                                          │
┌─────────────────────┐                               ▼
│ 利用刮刀成膜法製備  │                    ┌─────────────────────┐
│ 二氧化鈦膜(約10~15μm)│                   │     貼上銅膠帶      │
└──────────┬──────────┘                    └──────────┬──────────┘
           ▼                                          │
┌─────────────────────┐                               │
│ 450℃ 燒結去除有機物 │                               │
└──────────┬──────────┘                               ▼
           │                               ┌─────────────────────┐
           ▼                               │ 以3M膠帶作為Spacer  │
┌─────────────────────┐  ┌──────────────┐  │    (約 60 μm)       │
│ 浸泡染料 24 小時    │─▶│  貼上銅膠帶  │─▶│  將上下電極夾好     │
│ 例如 N719、N3       │  └──────────────┘  │  之後注入電解液     │
└─────────────────────┘                    │  最後以 AB 膠封裝   │
                                           └──────────┬──────────┘
                                                      ▼
                                           ┌─────────────────────┐
                                           │      電性量測       │
                                           └─────────────────────┘
```

圖 7-8 染料敏化太陽能電池之實驗室製備流程[6]

步驟 4：以隱形膠帶貼出 0.5×0.5 cm² 的空白面積。

步驟 5：秤取 3 g 的 P25（TiO_2）粉末。

步驟 6：將粉末置入容器，並添加 6 mL 的 DI Water、0.1 mL 的乙醯丙酮（分散劑）和 0.1 mL 的 Triton X-100（介面活性劑）。

步驟 7：攪拌至粉末均勻溶解。

步驟 8：使用旋塗機在 FTO 上進行薄膜旋塗，第一階段轉速為 1000 rpm，第二階段轉速 1500 rpm。

步驟 9：以高溫爐進行 450~500℃ 高溫燒附，升溫 45 分鐘，持溫 1 小時。

步驟 10：將工作電極浸泡於 4×10^{-4} M（3.5 mg 的 Ru 535-bisTBA 稀釋於 100 mL 的無水乙醇）的 N719 染料中。

步驟 11：將泡染料之工作電極置於烘箱中，以 70℃ 加熱，浸泡時間為 6 小時。

步驟 12：以酒精清洗 TiO_2 薄膜表面多餘的染料，並於常溫晾乾。

步驟 13：在吸附染料的 TiO_2 薄膜的周圍使用隱形膠帶為間隔，以鍍 Pt 薄膜的 FTO 為相對電極，兩兩對接，以**開放式電池**（Open Cell）的方式進行封裝。

步驟 14：利用毛細管作用，注入電解液。

步驟 15：最後以 AB 膠封裝。

步驟 16：進行電性量測。

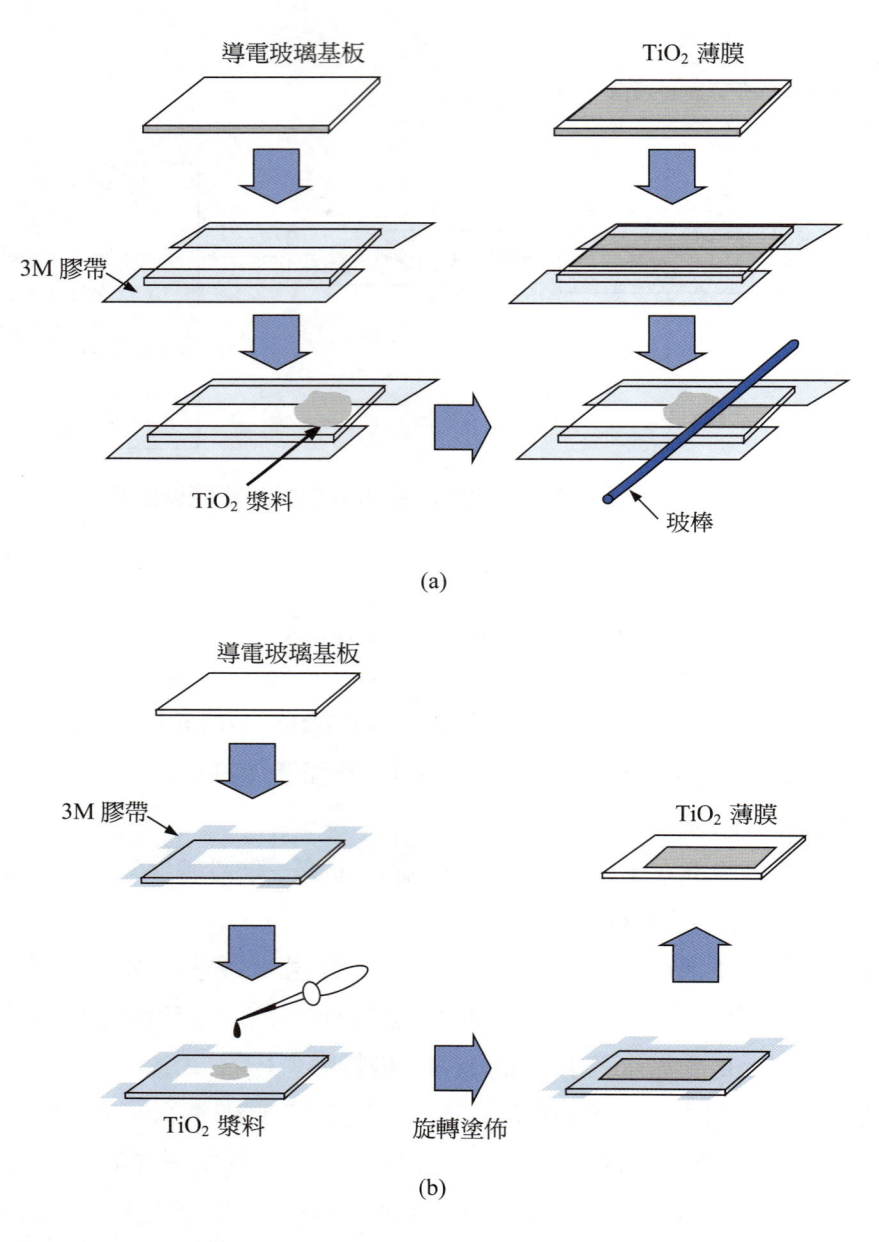

圖 7-9　染料敏化太陽能電池之 (a) 刮刀方式或 (b) 旋塗法製備示意圖[6]

其中在步驟 8 可採用圖 7-9(a) **刮刀方式**（Doctor Blade Method）或 (b) 的 **旋塗法**（Spin-coating Method）來製備。不同的製備方法會得到不同的效率，在一標準的製備流程下，主要仍以材料的影響較大。

7-5 染料敏化太陽能電池之研究重點

在效率提升方面的研究一直是重點，分別針對工作電極、染料以及電解質等三個主要方向進行研究，目前整體光電轉換效率可達約 10％，但商業應用仍不普及。以下我們將探討目前國外的研究方向與結果。

7-5-1 透明導電膜之研究

染料敏化太陽能電池的電極，一般都是使用導電膜，而負極還必須具有一定的透光性。根據導電膜的情況，既透明又導電之導電膜可分成金屬型、半導體型和多層膜復合型三種。金屬型：利用耐熱性高分子材料，例如：聚酯上蒸鍍金、鈀、網狀鋁等金屬膜，其表面導電好（$R_s = 10$~$10^7 \Omega$），但透明度差（60％~88％）；半導體型：塗覆氧化銦、碘化銅等化合物半導體膜於玻璃上其透明度好（70％~88％），但表面導電性差；多層膜復合型：採用金屬與半導體交互堆疊製成的多層膜則有透明度（70％~85％）和導電性（$R_s = $ 1~10 Ω）皆較好的優點，但價格較貴，所以在實際使用中，必須根據具體要求選擇合適材料。

金屬薄膜系列具有導電性好但透明度差的特點。一方面，由於金屬膜中存在自由電子，因此，即使很薄的膜，仍然呈現出很好的導電性，若選擇金屬材料對可見光吸收小的物質，就可以得到透明導電膜。另一方面，當金屬的膜厚減小到 20 nm 以下時，對光的吸收率和反射率都會減小，呈現出很好的透光性。一般來說，透光性愈好的金屬薄膜，導電性就愈差。所以，錐型透明導電薄膜的厚度應限制在 3 ~ 15 nm 左右。但這種厚度的金屬膜易於形成島狀結構而表現出比連續膜高的電阻率和光吸收率。為避免島狀結構，可先沈積一層氧化物做底層。另外，由於金屬膜的強度較差，實際應用時，可在其上沈積一層 SiO_2、Al_2O_3 等氧化物保護層，從而構成底層膜／金屬膜／上層膜的夾層式結構。可形成透明導電膜的金屬材料一般為 Au、Pd、Pt、Al、Ni-Cr 等。

半導體型導電膜系列則具有透明性好但導電性差的特點。因此，考慮到高透明度、良好的導電性以及薄膜的力學性能因素，此類薄膜系列應具備的條件是：

1. 材料的能帶寬度 E_g 應大於 3 eV，以保證高的透光率；
2. 材料應進行摻雜，使其組成偏離化學劑量比，以保證高的導電性。

一般而言，金屬氧化物比較滿足此類條件，其中常見的是氧化錫（SnO_2）、氧化銦系列（In_2O_3-SnO_2）、氧化鎘（CdO）和鎘錫氧化物（Cd_2SnO_4）等。在氧化銦薄膜達到實用水平之前，氧化錫幾乎是唯一可實用的氧化物透明導電薄膜。氧化錫薄膜的特點是強度好，具有優良的化學穩定性。此外，氧化錫薄膜所使用的原料價格低、製備方法簡單、生產成本低。氧化銦系列導電膜的缺點為熱穩定性差，但由於容易蝕刻，因此也常被採用。

半導體系之透明導電薄膜的製備上可以選用塑膠薄膜基板或玻璃基板，兩者使透明導電薄膜在特性上有很大的不同。若僅考慮表面電阻值和透光率，則用塑膠做基板最合適。此外，塑膠基板還具有可彎曲、易加工等優點。

透明導電薄膜的製備方法有**噴霧法**（Spraying）、**塗佈法**（Coating）、**浸漬法**（Dipping）、**化學氣相沈積法**（Chemical Vapor Deposition, CVD）、**真空蒸鍍法**（Vacuum Coating）、**真空濺鍍法**（Sputtering）等。這些製備方法有一個共通點是基板要能承受高溫。若基板是耐熱性良好的玻璃，則製膜並不困難；但若基板是耐熱性較差的，則製膜較為困難，從而也影響了透明導電膜的技術開發。近年來，塑料薄膜基板上製備透明導電薄膜的技術才有了突破，這種塑料薄膜具有厚度薄、重量輕、耐衝擊、可彎曲、面積大和易加工等優點，它與電子產品要求重量輕、厚度薄、體積小相呼應。

在染料敏化太陽能電池的實用化過程中，透明導電基板面臨了一些問題待解決。為了提高導電性，而增加導電膜的厚度，則光反射率提高，透射性能降低，光捕獲效率降低。另外，由於染料敏化電池製作中需加熱，這樣也帶來電阻值的提高。所以應用於染料敏化電池之透明導電基板需具有電阻值低、反射率小、熱穩定性好以及成本低等特點。

7-5-2　工作電極之研究

染料敏化太陽能電池目前一般製作上如前所述，工作電極必須於高溫之下退火才會有比較高的效率，因此低溫之下製作之工作電極及其應用在可撓式基板有許多相關之研究。

工作電極的退火影響

根據 S. Nakade 等人的研究指出，利用三種不同製程方法所配製而成的二氧化鈦，晶相分別為 S1:100% 銳鈦礦、S2:80% 銳鈦礦和 20% 板鈦礦，還有商業用的二氧化鈦 P25:80% 銳鈦礦和 20% 金紅石[11]。如圖 7-10、7-11 所示，在不同溫度下退火時，當溫度慢慢愈高，二氧化鈦膠體中的有機物與水分慢慢析出，使得二氧化鈦顆粒叢聚在一起，比表面積跟著下降。但隨著退火溫度的提高，叢聚後的二氧化鈦更緊密地結合，將使得二氧化鈦中的載子擴散係數與載子壽命提高，導致電流增大，提高光電流轉換效率。而由 Nippon Aerogrl 所製造的商業用二氧化鈦 P25，經由高溫退火之後比表面積並無隨溫度改變而下降，這表示 P25 在製造過程中已經經過脫水程序，不過比表面積與其他方式製作而成的二氧化鈦比較之下變得較小，表示不同的製作方法，將影響 TiO_2 的比表面積。。

由圖 7-10 可以看出二氧化鈦薄膜厚度經退火後對轉換效率之影響。三種不同二氧化鈦尚未經由高溫退火時，由於晶格排列上的缺陷，使得電子傳輸所引起的損失變大，導致效率的降低。經由高溫退火後，晶格排列較為緊密，使電子傳輸損失變小，所以當厚度愈來愈厚時，反而能夠吸附更多的染料，使整體光電流效率變高，表示工作電極的膜厚存在一最佳值。

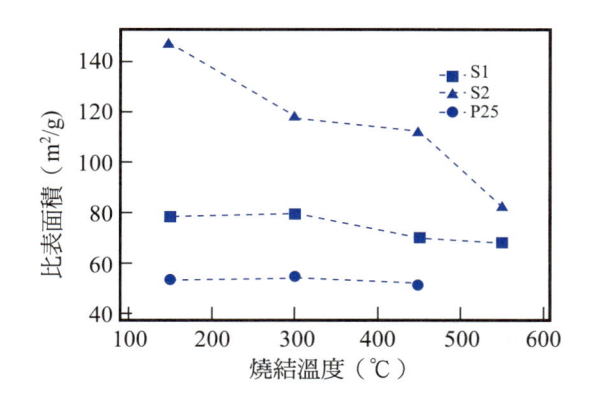

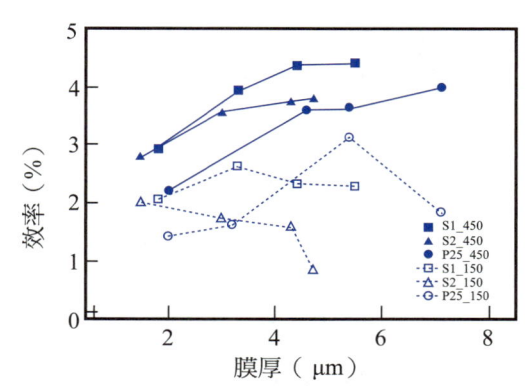

圖 7-10 三種不同二氧化鈦於 (a) 不同溫度下退火之比表面積；
(b) 不同厚度與溫度下退火對轉換效率之影響[11]。
S1 為由四氯化鈦水解所製備之二氧化鈦，S2 為由四異丙基鈦水解所製備之二氧化鈦，S1_150 表示為 S1 樣品於 150°C 下退火，以此類推。

工作電極的晶相影響

研究指出銳鈦礦相比金紅石相具有較大的比表面積，能夠吸附更多的染料。由圖 7-11(a) 可以看出當二氧化鈦厚度為 11.5 μm 時，銳鈦礦的電流密度明顯比金紅石高出許多。圖 7-11(b) 說明銳鈦礦與金紅石電子擴散係數。由圖可以得知，銳鈦礦中的電子傳輸速度比金紅石還要快出許多，使得銳鈦礦電子傳輸所造成的損耗比金紅石要來得少，因此具有較高的電流密度。

退火溫度對於比表面積的影響如表 7-3 所示，由表可知退火溫度大小並不直接關係到單位面積之下所吸附的染料數量，反而是經由高溫退火後，電流密度整體大幅的上升。其中的原因為擴散係數與載子壽命的增加。因此想製作高效率的染料敏化太陽能電池，高溫退火似乎成為不可缺少的步驟之一。

另外，由於電子在半導體內的復合，且銳鈦礦的禁帶寬度為 3.2 eV，只能吸收波長小於 380 nm 的紫外光，但是紫外光僅佔了太陽光的 6%，因此光

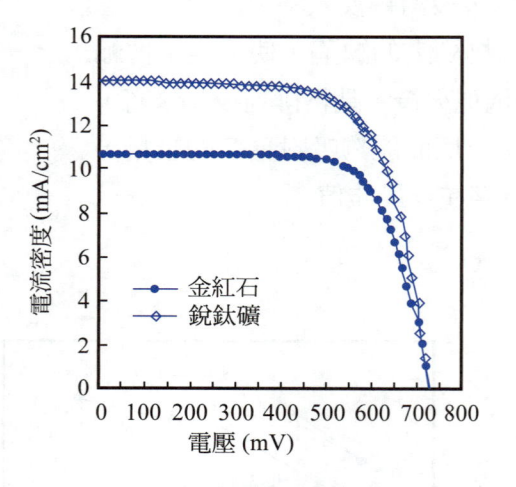

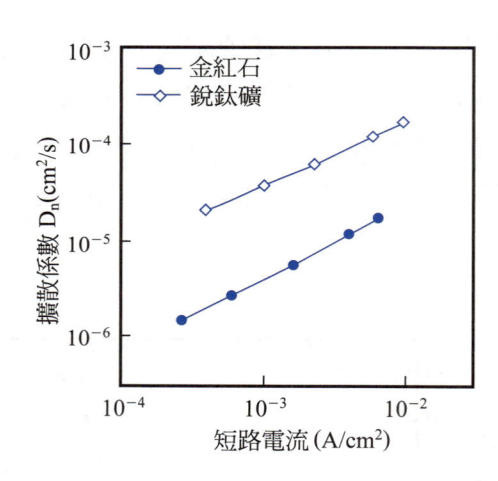

圖 7-11 二氧化鈦厚度為 11.5 μm 時，銳鈦礦與金紅石之 (a) 效率比較圖與 (b) 電子擴散係數比較圖[12]

表 7-3 三種製作二氧化鈦方法於高溫與低溫之下比較[11]

	J_{sc} mAcm^{-2}	V_{oc}/V	efficiency/%	porosity/%	surface/m^{2}g^{-1}	dye/10^{-11}
S1_450	9.84	0.78	4.41	53	70	11
S1_150	4.94	0.77	2.63	53	79	12
S2_450	9.52	0.73	3.81	38	118	9.3
S2_150	4.04	0.72	2.02	38	148	8.4
P25_450	8.93	0.75	3.97	60	54	9.2
P25_150	5.89	0.77	3.14	62	54	9.8

電轉換效率低。所以必須將二氧化鈦表面光譜特徵修飾，增大對太陽光的吸收，從而提高光電轉換效率。一般來說，可用以修飾 TiO_2 表面或晶體結構的方式增加 TiO_2 吸光範圍，有以下幾種修飾方式[6]：

貴重金屬的表面修飾

在 TiO_2 表面以適量的貴重金屬修飾，有兩個優點，一為利於電子－電洞對的分離，另一為有助於催化反應的發生。因貴重金屬大多為電子的良導體，當其在 TiO_2 表面共沈積修飾時，更易捕捉分離電子，進而降低電子－電洞對再結合的發生；另外貴重金屬原本也常被作為催化劑，在與 TiO_2 結合後亦有助於催化反應的發生，更加提升光催化效率 [59-61]。

TiO_2 晶體中其他元素的摻雜

TiO_2 的晶體中摻入適量的過渡金屬造成結構上的缺陷或結晶性質的改變，也有助於光催化效應。可能原因有二：

1. 形成捕捉電子或電洞的缺陷，有助於電子－電洞對的分離，提升光催化性質。
2. 摻雜其他元素與 TiO_2 共結晶，增益對光波的吸收特性以及能隙的改變，進而提升光催化效果 [62]。

TiO_2 復合半導體材料的應用

TiO_2 為半導體，可以形成復合半導體材料，通常有半導體－絕緣體與半導體－半導體復合兩種形式，前者的復合材料主要以絕緣體作為載體，可提供更高表面積及更佳多孔性結構，並具一定的機械強度，在應用上更有靈活性，而利用兩種半導體材料復合的復合材料因基本性質（p 型與 n 型）與能隙的差異，將造成電子－電洞對的分離與更有效率時利用，同時對光的吸收可增廣達到可見光的範圍，目前上述的研究均指出 TiO_2 復合材料的應用具較佳的光催化活性 [28-31]。

7-5-3 染料之研究

將具光學活性的化合物（染料）以物理或化學吸附的方式附著於光催化劑表面，藉此增廣光催化劑對光的吸收範圍，進而增加對日光的利用率以提升光催化效果，此程序稱為光催化劑的表面染料敏化。這種現象很早就就被發現，後來應用在染料敏化太陽能電池上。於染料敏化電池應用上，常用的染料為有機金屬錯合物，例如釕錯化合物 [32-35]。

類似的有機金屬錯合物染料有 Pt 錯合物、Os 錯合物、Fe 錯合物及 Cu 錯合物等，種類眾多但用於染料敏化電池時之整體效率均仍有待加強。有機染料方面以茜素（Alizarin）、香豆素（Coumarin）、Cyanine 衍生物、Rhoda-mine 衍生物以及天然色素（如花青素）等較常見，而這方面的研究龐大且難以彙整，就單一色素而言，其衍生物幾乎可以無限擴張，而這也是目前研究者投入，並希望在其中發現可以取代現有之有機金屬錯合物染料，進而降低成本。

圖 7-12 為染料分子在奈米晶，例如 TiO_2 表面上分子自組裝的各種方式：

(a) 共價鍵結合，與染料分子之官能基團直接反應而形成鍵結。
(b) 靜電吸引，離子對或施體－受體的相互吸引。
(c) 氫鍵結合，在天然有機染料中尤為常見。
(d) 疏水作用導致長鏈脂肪酸衍生物之自組裝效應。
(e) 以凡得瓦力物理吸附在固體表面。
(f) 物理陷入在如環糊精、膠囊等主體的孔洞中。

在染料敏化太陽能電池中，染料對工作電極 TiO_2 通常採用第一種分子自組裝方式。為了能與半導體表面進行良好的吸附，染料分子結構必須進行修飾。

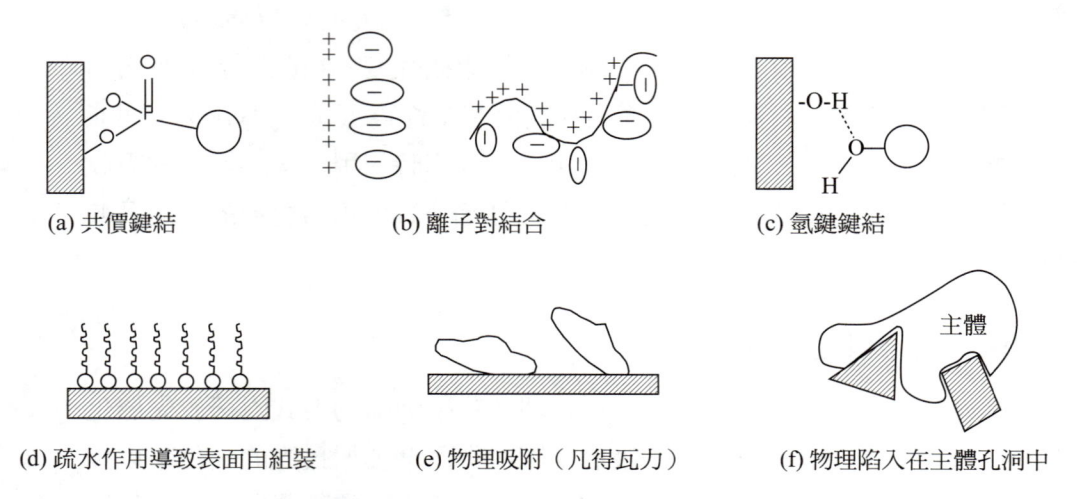

(a) 共價鍵結
(b) 離子對結合
(c) 氫鍵鍵結
(d) 疏水作用導致表面自組裝
(e) 物理吸附（凡得瓦力）
(f) 物理陷入在主體孔洞中

圖 7-12　分子在表面自組裝的方式[43]

第 7 章　染料敏化太陽能電池　　**265**

甲矽烷基 [-O-Si-] 連接
（矽烷 RSiX$_3$）

醯胺基 [-NH-(C = O) -] 連接
（碳二亞胺 RNH$_2$）

羧基 [-O-C = O-] 連接
（羧酸 RCOOH）

磷酸基 [-O- (HPO$_2$) -] 連接
（磷酸 RPO$_3$H）

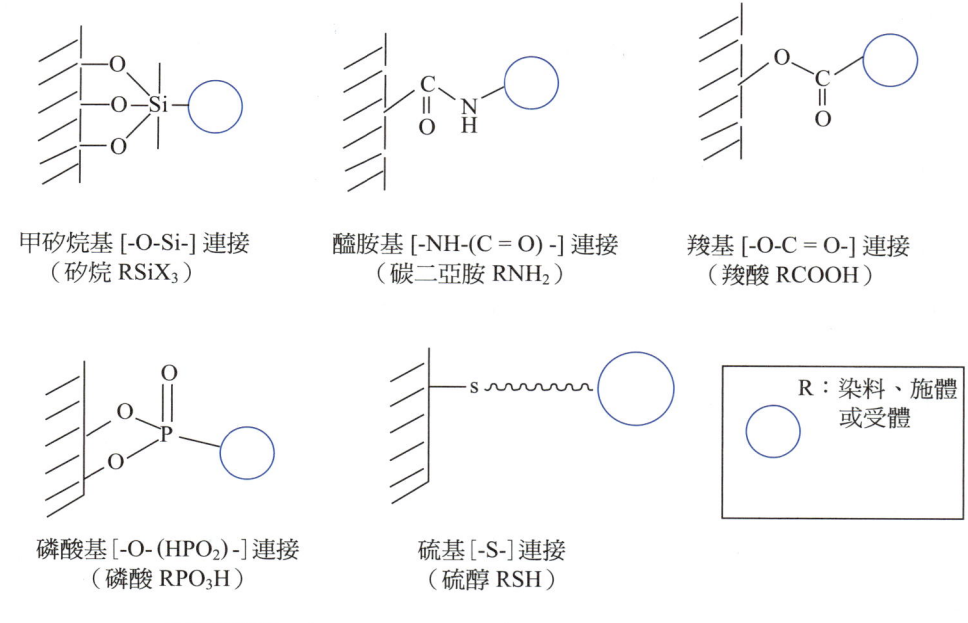

硫基 [-S-] 連接
（硫醇 RSH）

R：染料、施體或受體

圖 7-13　染料分子在氧化或非氧化表面連接模式[43]

由圖 7-13 表示染料分子在氧化物或非氧化物基體上通常採用的化學鍵結合模式。實驗證明，諸如矽氧基 [-O-Si-]、醯胺基 [-NH-(C=O)-]、羧基 [-O-C=O-]、磷酸基 [-O-(HPO$_2$) -] 等基團與半導體 TiO$_2$ 表面之間能形成穩定的化學鍵結。染料與半導體表面的化學鍵結不僅可以使染料穩定地吸附到半導體的表面上，而且可以增加電子耦合能力並且改變表面態能量。

以釕的多啶（Poly-pyridye）錯合物為主的染料敏化劑是藉由吸附在二氧化鈦表面，其提供主要的光子吸收及隨後發生的電子注入之步驟。典型釕的多啶錯合物之化學結構最早是由 Grätzel 的團隊所研發出來，此類型的染料因其具有較強的可見光吸收能力、良好的光電化學性質、激發態穩定性高及與二氧化鈦表面具有強的作用力，且可接受約 5×10^7 次的氧化還原反應，因此成為廣泛使用的染料敏化劑，如表 7-2 的結構。其中：

【cis-bis (4,4'-dicarboxy-2,2'-bipyridine) dithiocyanato ruthenium (II)】（RuL$_2$ (NCS) $_2$ Complex）的染料又稱為 N3 Dye（或 red Dye），其吸收光的範圍可達可見光區，從 400 nm~800 nm，全質子化的 N3 Dye 在 538 nm、398 nm 有最大的吸收峰，其激發態的生命週期為 60 ns，而且經由紅外光光譜的檢測也已證實此染料分子是以官能基和二氧化鈦形成配位鍵結。

【thithiocycanato 4,4'4"-tricarboxy -2,2':6'2"-terpyridine ruthenium (II)】

（RuL'(NCS)$_3$ Complex）稱為 Black Dye，是目前最具效能的染料，其吸收光的範圍含蓋了可見光且可達近紅外光區（900 nm），單一質子化的 Black Dye 在 610 nm、413 nm 有最大的吸收峰。

在拉曼振動光譜的研究中也指出，單一質子化的 Black Dye 和二氧化鈦的表面鍵結與 N3 Dye 相同是由 Bidentate Chelate 或 Bridging 的型式與二氧化鈦配位鍵結，其差別在於 Black Dye 是以一個 COO 與 TBA$^+$ 和二氧化鈦產生配位鍵結。然而，以上這些染料可在可見光及近紅外光區之吸收主要可歸因於金屬到官能基之電子轉移（Metal-to-Ligand Charge Transfer, MLCT）的性質，由金屬（Ru）的電子傳遞到位於外圍的羧基化啶配位鍵的 π 反鍵結軌域，之後在小於 100 fs 的時間內將電子傳入二氧化鈦的導帶。因此，理論上光子轉換為電子的比例可達到 100%。

就目前而言，使用釕的多啶錯合物是具有最佳的光電轉換效率，但此染料在合成上的高成本仍是需克服的重點，因此可由其他部分著手改善，例如：多孔性奈米結構電極的製備、高效率染料分子的開發。因此在將來使用不含金屬的有機染料太陽能電池亦是研發的重點之一。

7-5-4 電解質之研究

近年染料敏化太陽能電池的研究重心主要在電解質，主要原因有：

1. 傳統碘離子（I^-/I_3^-）電解質溶液的有機溶劑多半具有毒性，其滲漏與揮發的問題需解決；
2. 實際在長期日照下應用的發電穩定性與熱穩定性有待加強；
3. 嚴密的封裝需求將提升製程成本；
4. 柔軟材質上的應用困難；及
5. 有機溶劑對染料吸附的不利影響。

當激發態染料將電子注入到二氧化鈦半導體的導帶時，染料將失去電子而被氧化。為了使光電轉化能夠不斷地循環發生，必須使用電解質將氧化態的染料還原。目前在染料敏化太陽能電池中最普遍使用的電解質 I^-/I_3^- 對。

當 I^- 離子濃度較大時，可以快速地將氧化態之染料還原，並且有效地抑制電極表面的電荷復合。Frank 和 Huang 等學者研究了電解質濃度對 N3 染料敏化太陽能電池的性能參數的影響。當固定 I^-/I_3^- 的濃度比為 1:10 時，I_3^- 離子的濃度愈低，開路電壓愈大。例如，當 I_3^- 離子的濃度從 46 降到 2 mmol dm^{-3}

時,開路電壓從 0.46V 上升至 0.67 V。其原因可利用染料敏化太陽能電池之開路電壓的計算公式而得到解釋：

$$V_{OC} = \left(\frac{kT}{q}\right) \ln\left(\frac{I_{inj}}{n_{cb}k_{et}[I_3^-]}\right) \tag{7-9}$$

其中 I_{inj} 為注入電子流,n_{cb} 為導帶中的電子濃度,k_{et} 為注入電子與 I_3^- 離子反應的反應速率常數,$[I_3^-]$ 為奈米晶膜表面上 I_3^- 的平衡濃度。

I_3^- 離子的濃度增加時,反應速率常數 k_{et} 和 $[I_3^-]$ 都會增加,因此造成開路電壓降低。因此,在染料敏化太陽能電池中,I_3^- 離子有一個最佳濃度的選擇。

液體電解質由於其擴散速率快、光電轉換效率高、易於設計和調節組成成分、對奈米多孔膜的滲透性好等特點而被廣泛研究[37, 38]。其主要由三個部分組成：(1) 有機溶劑、(2) 氧化還原電對和 (3) 添加劑。

有機溶劑

用作液體電解質中的有機溶劑常見的有：1, 2-二氯乙烷（1,2-dichloroethane, DCE）、丙酮（acetone, AC）、乙腈（acetonitrile, ACN）、乙醇（ethanol, EtOH）、甲醇（methanol, MeOH）、特丁醇（tertiary-butanol, t-BuOH）、二甲基甲醯胺（dimethylformamide, DMF）、碳酸丙酯（propylenecarbonate, PC）、3-甲氧基丙腈（3-methoxypropionitrile, MePN）、二甲基亞碸（dimethylsulfoxide, DMSO）、二烷（dioxane, DIO）和吡啶（pyridine, PY）等。

與水相比,這些有機溶劑對電極的特性是：

1. 惰性的,不參與電極反應；
2. 具有較寬的電化學窗口,較不易導致染料的脫附和降解；
3. 凝固點低,適用的溫度範圍較廣；
4. 介電常數較高和黏度較低,能使無機鹽在其中溶解和解離,也能使溶液具有較高的導電率。

乙腈溶劑因其對奈米多孔膜的浸潤性和滲透性很好,介電常數大,黏度低,介電常數對黏度的比值高,因此對許多有機物和無機物的溶解性好,且對光、熱、化學試劑等穩定性高,因此乙腈成為液體電解質中有機溶劑較佳之選擇。

離子液體由有機陽離子和無機陰離子所組成在低溫（< 100°C）下呈液態的鹽,也稱為低溫熔融鹽,是近年來發展的新溶劑。離子液體中常見的有機

陽離子是烷基銨離子、烷基咪唑離子和烷基啶離子等，常見的無機陰離子是 BF_4^-、$AlCl_4^-$、PF_6^-、AsF_6^-、SbF_6^-、$F(HF)_n^-$、$CF_3SO_3^-$、$CF_3(CF_2)_3SO_3^-$、$(CF_3SO_2)_2N^-$、CF_3COO^-、$CF_3(CF_2)_2COO^-$ 等。與傳統的有機溶劑相比，離子液體的優點，如幾乎沒有蒸氣壓、不揮發；無色、無臭；具有較大的穩定溫度範圍、較好的化學穩定性及較寬的電化學窗口（24 mV）；離子液體可藉由陰陽離子的設計調配而調節其對無機物、水、有機物及聚合物的溶解性。

陽離子

目前的液體電解質研究中，氧化還原對主要為 I^- 及 I_3^-，而該碘化物中陽離子常用的是咪唑類陽離子和 Li^+ [38, 39, 40]。

在含有 Li^+ 的電解質溶液中，如果 Li^+ 濃度很小，則 Li^+ 主要在 TiO_2 膜表面的吸附；當 Li^+ 濃度增加，則 Li^+ 在 TiO_2 膜表面的吸附外 Li^+ 亦會嵌入 TiO_2 膜內，這時吸附在表面的 Li^+ 和嵌入在 TiO_2 膜內的 Li^+ 可與導帶電子形成偶極對 Li^+-e^-。由於表面的 Li^+-e^- 偶極對既可在 TiO_2 膜表面遷移，也有可能脫離 TiO_2 膜表面遷移，因而縮短了導帶電子在相鄰的或不相鄰的鈦原子之間的傳輸阻力和距離。因此，在電解質溶液中加入 Li^+，可大幅改善電子在 TiO_2 膜中的傳輸，從而提高太陽電池的短路電流。但形成的 Li^+-e^- 偶極對與溶液中 I_3^- 復合反應的速率也快，將會導致太陽電池的填充因子下降。

而咪唑類陽離子不但可以吸附在奈米 TiO_2 顆粒的表面，而且也能在奈米多孔膜中形成穩定的 Helmholtz 層，阻礙了 I_3^- 離子與奈米 TiO_2 顆粒的接觸，可有效地抑制了導帶電子與 I_3^- 離子在奈米 TiO_2 顆粒表面的復合，提高了電池的填充因子、輸出功率及光電轉換效率。

此外，由於咪唑類陽離子的體積較大，導致陽離子對 I^- 的束縛力減弱，因而提高碘鹽在有機溶劑中的溶解度，也提高 I^- 的濃度；此外 I^- 的還原活性和在有機溶劑中的遷移速率將會增強，有利於提高氧化態染料 Ru（III）再生為基態 Ru（II）的速率，在連續光照條件下，基態 Ru（II）仍能保持高濃度，而有利於光的吸收和染料的穩定。所以咪唑類陽離子在染料敏化奈米薄膜太陽電池中的使用亦相當重要。

表 7-4 列出了 25℃下不同溶液中 LiI、I_2 和 LiI/I_2 的吸收特性。一般情況下，I_2 分子的特徵吸收在 500 nm 左右，291 和 360 nm 處的吸收峰代表 I_3^- 的存在，220 nm 左右的吸收峰代表 I^- 的存在。從表 7-4 可以看出，在 DCE 溶液中，LiI 在 500 nm 有吸收峰，表示 I^- 是以 I_2 分子形式存在於 DCE 中，這

表 7-4　25°C下不同溶液中 LiI、I_2 和 LiI / I_2 的吸收特性

溶　液	介電常數	受體數	施體數	λ_{max} (nm) LiI	I_2	LiI / I_2	消光係數（I_2溶液）$(dm^3 mol^{-1} cm^{-1})$
DCE	10.36	16.7	0.0	500	500	a	850
ACN	37.5	19.3	14.1	220	460	a	760
MePN				220	460	a	813
t-BuOH	12.47			220, 291, 359	450	a	735
DIO	2.21	10.8	14.8	220	452	a	930
AC	20.7	12.5	17.0	220	449	a	950
MeOH	32.7	41.3	19.0	220	444	a	900
EtOH	24.5	37.1	20	220	445	a	920
DMSO	46.68	19.3	29.8	220	411	a	
PC	66.1	18.3	15.1	220		a	
DME	36.71	16.0	26.6	220			
PY	12.3	14.2	33.1	220, 300, 369	380	a	8600

注：a：378～500 nm 範圍內無吸收峰出現，220、290、360 nm 有較強吸收峰。

是由於 DCE 的電子施體數為 0，表示 DCE 是一個電子受體。而在 t-BuOH 和 PY 溶液中，則是以 I_3^- 的形式存在；在其他溶液中則是以 I^- 形式存在。I_2 分子在上述溶液中的吸收峰都在 380~500 nm 之間，其中，在 DEC 中 I_2 分子的吸收峰在 500 nm 處，在 PY 中 I_2 分子的吸收峰在 380 nm 左右，雖然有一定的偏移（大約對應於 0.8 eV），表示 I_2 分子於上述溶液中是以 I_3^- 的形式存的。LiI / I_2 混合物在上述溶液中，380～500 nm 處的吸收峰基本上都消失了，而僅存在 220、290 和 360 nm 處的吸收峰，但在 DCE 中，LiI / I_2 混合物在 500 nm 處的吸收峰依然存在，這表示除在 DCE 中外，LiI / I_2 混合物在上述溶液中都是以 I^- / I_3^- 形式存在。

電解質添加物

圖 7-14 介紹染料敏化太陽電池電解質溶液中的常用添加劑，有 Li^+ [56, 57, 58]、4-特丁基啶（TBP）和 N-甲基苯並咪唑（NBI）[59, 60]等。

由於 4-TBP 可以通過吡啶環上的 N 與 TiO_2 膜表面上不完全配位的 Ti 結合，阻礙了導帶電子在 TiO_2 膜表面與溶液中 I_3^- 復合，可明顯提高太陽電池的開路電壓、填充因子和光電轉換效率。若在吡啶環上置入特丁基等大體積取代基，可以增加導帶電子與溶液中 I_3^- 在 TiO_2 膜表面復合的空間阻力，減小導帶電子與 I_3^- 的復合速率，此外，4-TBP 的給電子誘導效應強，可促進吡啶環

圖 7-14　染料敏化太陽電池電解質常用添加劑的結構式

上的 N 與 TiO$_2$ 膜表面上不完全配位的 Ti 結合 [59]。另外也有研究發現，在有咪唑類陽離子形成的 Helmholtz 層存在下，4-TBP 主要是藉由減少 Dye-Ru (II) -NCS I$_2^-$、Dye-Ru (III) -NCS…I$_2^-$、Dye-Ru (II) -NCS…I$_2$ 和 Dye-Ru (II) -NCS…I$_3^-$ 等中間態的濃度，來加速 I$^-$ 的氧化，抑制 I$^-$ 與導帶電子的復合，染料的再生速率亦增加，促進光的吸收。

　　液態電解質的高離子導電度，是其擁有高效率的原因，但缺點是元件密封不易，而使得電解質揮發或乾涸，因此促成固態電解質的發展和研究 [8]，例如：改用 p 型半導體（CuSCN、CuI）或電洞傳輸材料（triphenyl-diamide-OMeTDA（2, 2', 7, 7'-tetrakis（N,N-di-p-methoxyphenyl-anime）-9, 9'-spirobi-fluorene）（圖 7-15）等，以取代液態電解質，但高的製備成本或低光電轉換效率都是其缺點。

　　一般電解質都需要有高極性的有機溶劑作搭配，在濕式元件中會選擇如 ethylenecarbonate（乙烯碳酸鹽）、acetonitrile（乙腈）、propylenecarbonate（丙烯碳酸鹽）之混合溶劑，而電解質的選擇有 I$_2$、LiI、KI、Terapro-

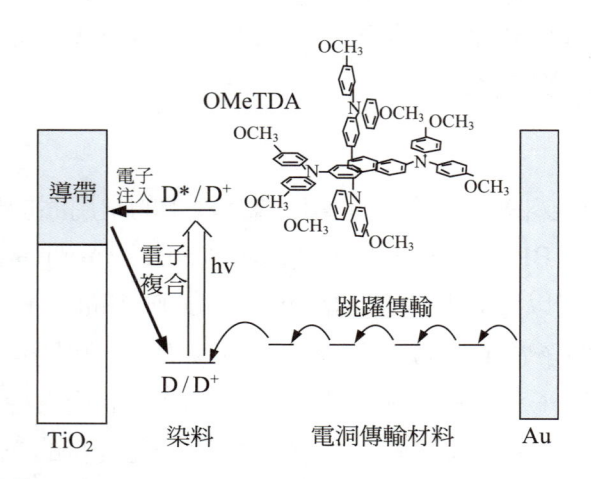

圖 7-15　電洞傳輸材料（OMeTDA）之染料敏化太陽能電池[7]

表 7-5　各種電解質之配製方法[15]

電解質	溶劑
0.1 MLiI + 10 m MI$_2$	propylenecarbonate
	ethylene-propylenecarbonate(60 wt%) + acetonitrile(40 wt%)
10 m MKI + 50 m MI$_2$	ethylenecarbonate + propylencearbonate (80 v% / 20 v%)
0.5 m MKI + 0.05 m MI$_2$	ethylenecarbonate + propylencearbonate (80 v% / 20 v%)
0.5 m MKI + 0.04 m MI$_2$	ethylenecarbonate + propylencearbonate (80 v% / 20 v%)
0.8 TBAI + 0.2 MI$_2$	acetonitrile
1 TBAI + 0.1 MI$_2$	acetonitrile
0.5 M TBAI + 0.04 m MI$_2$	propylenecarbonate + acetonitrile (80 v% / 20 v%)
TBAI = Tertabutylammonium iodide	
TPI = Terapropylammonium iodide	

pylammonium iodide、Tertabutylammoniumiodide 等。表 7-5 為文獻中所列舉之電解質與溶劑之調配。

7-5-5　其他之研究重點與趨勢

　　一般染料敏化太陽能電池都以染料作為吸收入射光產生光電流之材料，而染料可吸附的光波長有限，因此有人提出利用量子侷限原理在染料敏化太陽能電池中鑲埋量子點，補足染料尚未被吸收的波長，使入射光能夠更充分地被利用產生更多光電流。半導體量子點材料，例如：InP、CdSe、CdS、PbS 等，隨著尺寸愈來愈小，將產生**藍位移**（Blue Shift）的現象，因此利用此方式配合適當顆粒大小的量子點將能夠吸收更多入射光。如圖 7-16、7-17 所示，將 InP 鑲埋於二氧化鈦中，入射光隨量子點顆粒的不同產生不同的能階，受光照射後，電子轉移至二氧化鈦中產生電子電洞對，提高光電流轉換效率。

　　除了半導體量子點外，另外還有奈米金屬粒子也具有類似的現象，根據研究指出，將奈米金屬粒子吸附於二氧化鈦表面時，可以提高其費米能階[17]，如圖 7-18 所示。以顆粒大小 6 nm 的奈米金為例，吸附於二氧化鈦時，可將混合費米能階提高 22 mV。費米能階的提高導致染料激發後的電子能夠以最低能量的消耗傳導至二氧化鈦之激態，使電子傳輸速度增快，提高其光

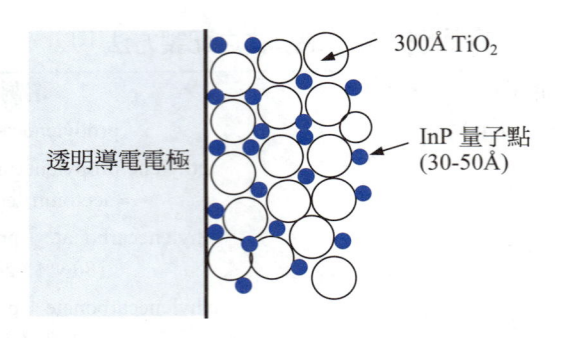

圖 7-16　鑲埋量子點 InP 之染料敏化太陽能電池[16]

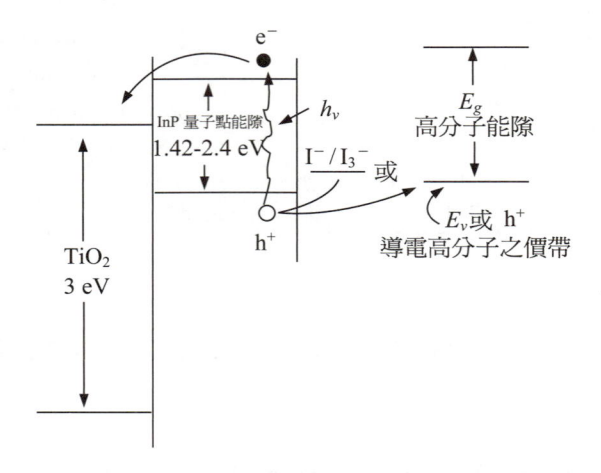

圖 7-17　鑲埋量子點 InP 之能階示意圖[16]

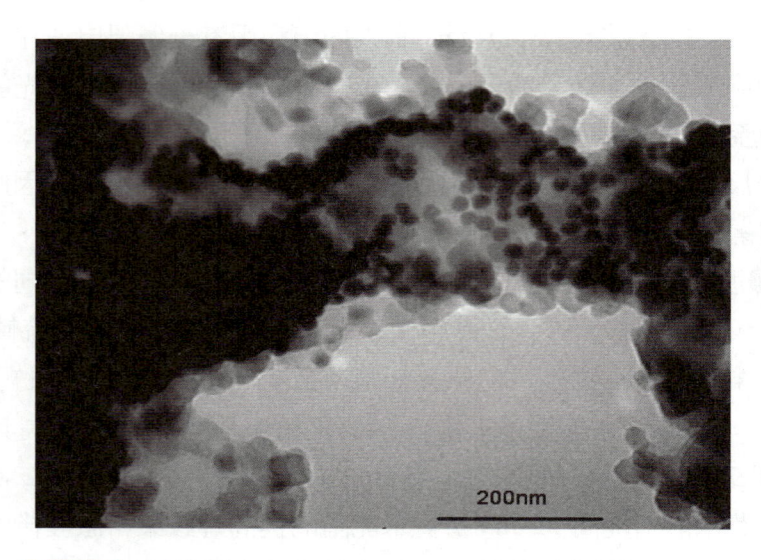

圖 7-18　鑲埋奈米金粒子之二氧化鈦電子顯微鏡照片[17]

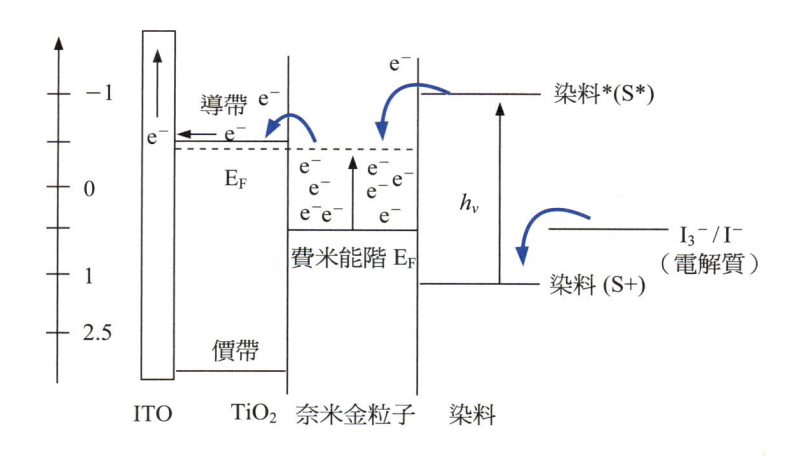

圖 7-19 奈米金屬粒子吸附於二氧化鈦表面之結構能階示意圖[17]

電流轉換效率。而染料敏化太陽能電池如前所述，其最大工作電壓取決於二氧化鈦之費米能階與電解質之差距，所以費米能階的提高將使染料敏化太陽能電池之開路電壓提高。因此奈米金粒子所扮演的角色為染料與二氧化鈦之媒介，使電子傳輸速度增快且提高其最大電壓，如圖 7-19 所示。

將染料敏化太陽能電池於一個可撓式的基材上製造是另一發展之趨勢，因存在許多潛在性運用。一般可用於製作可撓式染料敏化太陽能電池的基材，大多為塑膠和**金屬箔片**（Metal Foil），但金屬箔片雖較塑膠基材耐熱，但於溶液中之化學穩定性卻不佳。

M. Toivola [6] 研究數種工業金屬基材後提出只有不鏽鋼基材經過特殊處理，才可於染料敏化電池上使用。

M. Grätzel 團隊亦曾將 TiO_2 製作於金屬基材上[10]，製作結構如圖 7-20 所示，效率可達到 7.2%，但因為金屬基材不透光，因此電池必須於反電極面照光，由於入射光需通過電解液才能到達 TiO_2，因此效率較正面照光元件低 2.7%，結果如圖 7-21 所示。

塑膠基材之成本相對於金屬箔片要低，且塑膠基材的透光性又可維持染料電池正面照光的高效率；目前商用可使用於染料敏化太陽能電池的透明塑膠基板通常以 PET（Polyethylene Terephthalate）、PEN（Polyethylene Naphthalate）和 PI（Polylmide）為主。

表 7-6 所示為應用於可撓式太陽能電池之不同塑膠基板性能比較[15]，其中 PET 和 PEN 具有不錯的透光率、化學穩定性和成本的優勢，但可操作溫度（熱穩定性）低於 180℃，因此二氧化鈦工作電極之燒結溫度須低於 150℃，

圖 7-20 Grätzel 教授提出之可撓式染料敏化太陽電池結構，其中光源由反電極處入射 [9]

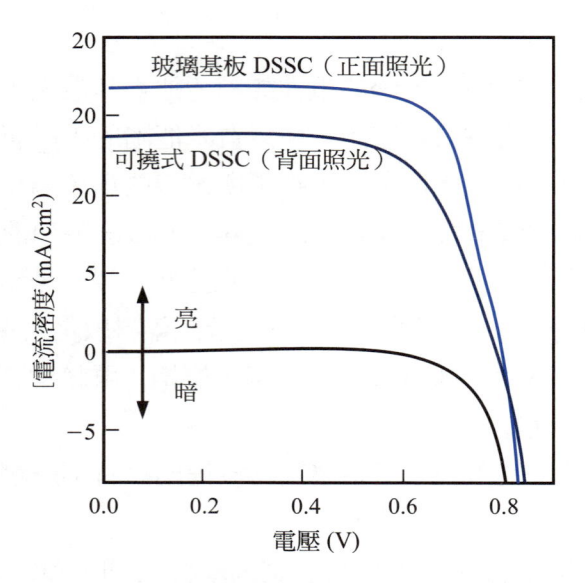

圖 7-21 染料敏化太陽能電池於可撓式基板及玻璃基板之 I-V 特性曲線比較，測試光源為 AM 1.5 G (100 mW/cm^2) [9]

表 7-6 應用於可撓式太陽電池之不同塑膠基板性能比較[15]

塑膠材料	熱穩定性	化學穩定性	透光率	成本
PET	< 150°C	好	好	極低
PEN	< 180°C	好	好	普通
PPS	< 240°C	好	好	普通
PSU	< 175°C	好	普通	低
PC	< 130°C	普通	好	低
PP	< 120°C	極好	普通	低
PI	< 450°C	差	普通	高

因此造成電池效率差；PI 基材的操作溫度雖可高達 350℃~450℃，但其透光率不佳且成本高。因此 PI 基材目前只能做為非透光面的基板。綜上所述，圖 7-22 說明可撓式基板染料敏化太陽能電池仍須進行之研究重點[2-5]，包含在材料端、技術端與分析端的相關課題。

7-6 染料敏化太陽能電池之專利探討

以關鍵字串為 solar cell、gratzel、intermediate、dye sensitized、electrolyte、photoelectrochemical 和 photovoltaic 等，並將欄位限定在**標題**（Title）、**摘要**（Abstract）及申請範圍進行檢索，將所搜尋得到之專利以自訂的專利分類方式，將功效區分為特性、製程、材料三類，可得到技術／功效矩陣分析，結果如表 7-7 所示[63]。

藉由該技術／功效矩陣分析可以掌握染料敏化太陽能電池的技術發展及特徵範圍，進而整合成系統化之技術情報。其中，特性細分為高轉換效率、高光吸收效率、高 J_{SC}、高 V_{OC}、高穩定性、耐久度、機械強度和離子導電度八類，製程則分為低溫製程、製程簡單化與低成本三類，而材料為新材料的呈現，主要為染料和電解液的範疇。技術部份主要針對電極、染料、電解質、封裝和結構做探討，其中電極又分為工作電極和反電極，而電解質分為液態、固態和離子液體三類。由於同一個專利可能利用不同技術或是可呈現多重功效，所以在製作技術功效圖時，同一個專利可能會不只一次地出現在同一縱

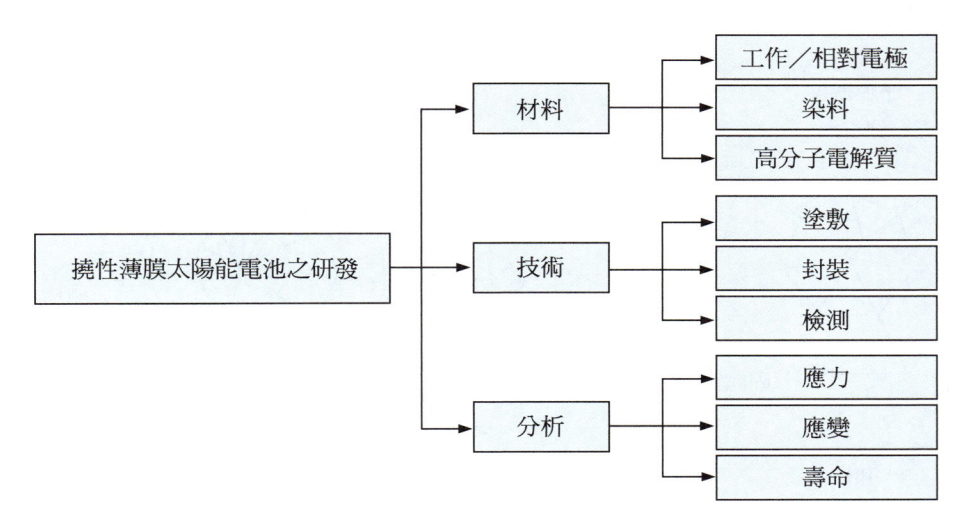

圖 7-22 可撓式基板染料敏化太陽電池之研究重點[2-5]

表 7-7 國外專利技術功效圖

功效	技術	電極 半導體層	電極 反電極	染料	電解質 液態	電解質 固態	電解質 離子液體	封裝	結構
特性	高轉換效率	4927721;5084365 6916981;7078613 7145071;7179988 7202412;6350946 7262361;6677516		6043428;6245988 6278056;6310282 6274806	6384321	7126054;7196264 6452092			7019209;6291763 6683361
特性	高光吸收效率	6677516		6278056;6639073 6310282					
特性	高 J_{SC}	6350946;6677516							
特性	高 V_{OC}								
特性	高穩定性				5728487;6384321	6756537;6900382 6452095			
特性	耐久度				6084176;6376765		6727023	6469243	
特性	機械強度					6479745			
特性	離子導電度						6727023		
製程	低溫製程	7118936;7157788							
製程	程簡單化	7118936							
製程	低成本			6822159;7141735	6335480				
	材料	702412;7262361		5789592;6043428 6245988;6278056 6639073;6288159 7141735;7282636 6274806	5728487;6084176 6335480;6376765 7019138	6479745;6756537 6900382;7126054 7196264	6727023	6469243	

軸（功效）或是橫軸（技術）上。

根據染料敏化太陽能電池之專利技術功效分析圖可掌握其專利的技術精髓及特徵範圍，進而整合成系統化之技術情報。由圖 7-23 可發現，「材料」的功效專利有 23 件，是目前染料敏化太陽能電池專利的最大宗，其次為「轉

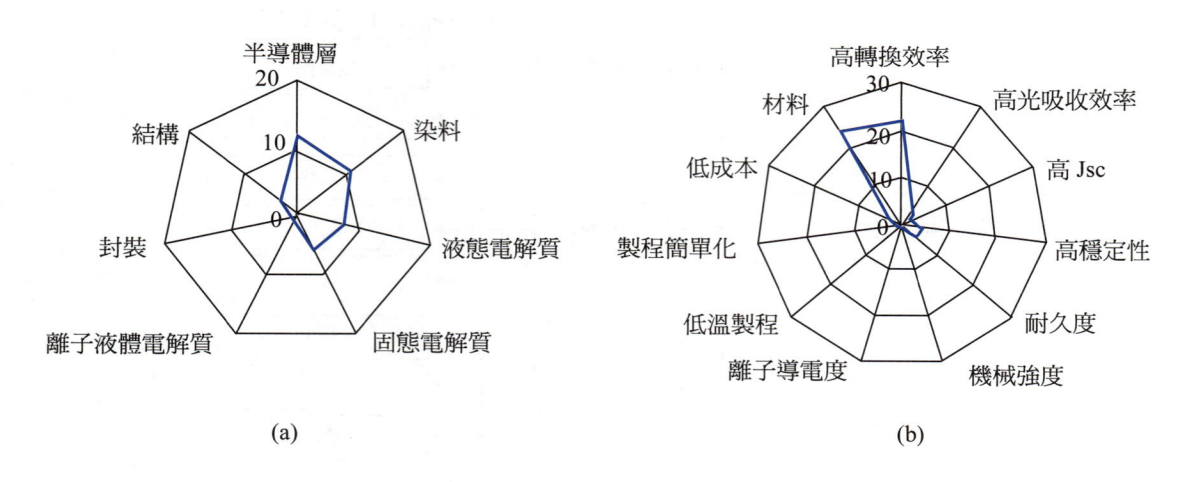

圖 7-23 (a) 專利技術分佈比較；(b) 專利功效分佈比較

換效率」的 22 件，可見效率提升方面的研究一直是重點，且大部分以開發新材料為主。在技術方面則主要針對電極、染料以及電解質等三個方向進行研究。目前整體光電轉換效率可達約 10%，然而所使用的電解液溶劑通常為易揮發的 acetonitrile（乙腈），故開發高穩定性的電解質或高效率之固態電解質，以提高染料敏化太陽能電池之耐久度，為熱切研究的課題。

7-7 國際研發現況

不管從專利件數或是論文研究方面來看，日本對於染料敏化太陽能電池的發展有著深入的研究。可是若從商品化的層面來看，日本則只有透明導電膜、二氧化鈦漿料（Paste）、封裝膠材等零件材料的少量銷售，其他如染料、電解液則僅是在提供試作樣本的階段。在玻璃基板方面的模組化中，Aisin 精機與 Fujikura 等進行著大面積化、耐久性的測試評估與實用性的發展。

在塑膠基板方面的模組化中，Peccell 在愛知萬國博覽會（2005 年）會場展示 30×30 cm^2 之大型面板的耐久性試驗等，呈現出邁向實用化技術的開發之路。日本的模組開發狀況，整理如表 7-8 所示。在日本以外的地區，染料敏化太陽能電池的商品化源自於接受 EPFL 專利授權的 Solaronix 和 STI[64]。

Solaronix 的主要事業是銷售染料、氧化鈦漿料等耗材給各國企業及研究機構，也販售 10×10 cm^2 的展示模組。STI 則在 1995 年取得專利授權後，經過 1999 年模組的開發，於 2001 年完成商業生產規模的發電模組製造設備。2002 年納入了 CSIRO 及墨爾本大學的大面積染料敏化太陽能電池，詳情可參考其網頁的介紹。該公司在 2003 年與瑞士的 Greatcell 合作，最近並實質地與 Dyesol 展開整體性的營運（Dyesol-STI）。Dyesol-STI 在 2005 年 12 月與希臘的企業簽訂合作開發染料敏化太陽能電池製造設備的契約，被認為其商業量產的活動相當活躍。

在模組方面，與 Solaronix 共同研究的荷蘭 ECN 則展開單電池 12,000 小時的安定性驗證工作，在第三屆太陽光世界發電會議中，率先發表其 30×30 cm^2 的試作品，然而此後未再有進一步的報告。

此外，德國的 INAP 也一樣，於 1999 年以 112 cm^2 的電池獲得轉換效率 7% 的報告，可是之後就無進一步的報告出現。此外，在中國、台灣、韓國之大學或公家機構都有針對基礎研究或邁向實用化，而嘗試製作大面積模組（中國）或塑膠基板（韓國）的染料敏化太陽能電池，期待能早日達到實用效果。表 7-9 綜合了其他各國的發展動向。

表 7-8　日本產學研機構於染敏太陽能電池模組之發展動向

製造廠商	模組概要
Aisin 精機	・10×10 cm$^2\times64$ 片串聯模組，比結晶矽太陽電池發電量多 10～20%（2003.9）。 ・24×24 cm$^2\times8$ 片，屋外 200 V、屋內 135 V PAPI 玻璃帷幕，設置後約 1.5 年的期間維持穩定的輸出功率。
Fujikura	・大型模組 45×30 cm^2（14×14 cm$^2\times6$ 片）、119×84 cm^2（41×14 cm$^2\times16$ 片）。
日立 Maxell	・以 Roll to Roll 法製作的薄膜型、加壓法製作 TiO$_2$ 膜。
日立製作所／京都大學	・114 cm^2（12×12 cm^2）$\times4$ 片。 ・實驗室測試 η = 9.3%（0.25 cm^2），氧化鈦結晶徑 10 nm。
第一工業製藥／Elecsel	・非碘系電解質＋導電性高分子電極，η = 8.0～8.2%（0.5 cm^2），有可能使用不鏽鋼基板。在 CEATEC 中展示。
Peccell	・30×12 cm^2、Voc 5.3 V（2004.9.15）。 ・大型模組 30×30 cm^2 在萬國博覽會中進行耐久性試驗（2005.9.5），η = 2.4～3.0%。
關西塗料／東北大學	・大面積模組 B4 尺寸的薄膜型，η = 3%。Binder Free Spray 塗裝／微波燒結。
新日本石油	・10×10 cm^2、PVDF-HFP 離子導電性高分子，η = 5.5%，耐久性實驗繼續中。

表 7-9　各國染料敏化太陽能電池之發展動向

製造廠商	模組概要	開發階段	現況
SII/Dyesol（澳大利亞）	・2000 年 17×10 cm$^2\times24$ 個組成 187×57 cm^2 的模組販售。 ・2002 年 10 月在 Csiro Energy Centre 200 m^2 的 Solar Wall 系統及墨爾本大學系統的展示。	市售品	營業
Solaronix（瑞士）	・Demo Panel 10×10 cm^2（η = 4%），一個 Unit 有 Cell 一個與三個兩款。	Demo Panel 銷售	營業
ECN（荷蘭）	・以 10×10 cm^2（有效面積 68 m^2）、η = 4.5%。確認具 12000 小時長期安定性的單電池。在第三屆太陽光電世界會議中展示 30 cm 正方的電池。	試作品	開發
SCHOTT Solar（德國）	・在 Graetzel 講演會（2004.11.16）中介紹。	試作品	－
INAP（德國）	・以 112 cm^2 電池、η = 7% 等級（1999）。	試作品	－
Konarda（美國）	・Roll to Roll 法薄膜型。細節不詳。	試作品	－
ITRI（台灣）	・以 10×10 cm^2 電池、η = 5%。	試作品	開發
ETRI（韓國）	・以 5×6 cm^2（推定）電池、η = 4.8%。	試作品	開發
電漿物理研究所（中國）	・以 15×20 cm^2 模組、η = 6%。	試作品	開發

7-8 結　語

　　染料敏化太陽能電池的成本比傳統的矽基板太陽能電池還要來得便宜，且製程簡單，為發展染料敏化太陽能電池的一大優勢。它的主要半導體材料是奈米二氧化鈦。奈米二氧化鈦具有豐富的含量、廉價的成本、無毒、性能穩定且抗腐蝕性能好等優勢。一般染料在可見光範圍的吸收波段相當大，可以涵蓋數十到一百奈米的波長範圍，如 N_3 Dye 可完整吸收 250～300 nm 波長的光。可避免傳統元件所使用高溫、高真空等耗能製程，且能被使用在可撓曲基板上或是能被形塑或著色去搭配要裝飾的物品或建築。然而目前其效率尚未足以和矽基板的太陽能電池作商業化上的競爭，因為退化仍是個問題，除了必須考慮到**封裝**（Encapsulation），還要解決高溫下穩定度的問題，所以目前只有小規模量產。

　　染料敏化太陽能電池之商業化必須加強：

1. 構成元件或材料之改良以提高光電轉換效率。
2. 密封技術改良以提高元件可靠度。
3. 低溫成膜技術。
4. 大面積量產化技術等之提升。
5. 低成本化等技術之達成。

　　由於染料敏化太陽能電池將具有寬的光譜吸收的染料和有高比表面積的奈米多孔二氧化鈦薄膜有機的結合起來，能在極廣的可見光範圍內工作，適合在非直射光、多雲等弱光線條件下，以及光線條件不足的室內條件下運用。而且由於有機染料分子設計合成的靈活性和奈米半導體技術的不斷創新，染料敏化太陽能電池在技術發展和性能提高上有很大的潛力。

專有名詞

1. **染料敏化太陽能電池**（Dye-Sensitized Solar Cell, DSSC）：染料敏化太陽能電池是新世代的電池且低成本的產品，其基本結構是在光敏化性的陽極以及電解質之間，所形成的一種光電化學半導體元件，此類型的電池是Micheal Gratzel 於 1991 年所發明，因此又稱為 Gratzel 電池。

2. **染料或色素**（Dye）：一種具有色彩性的物質，並且可以塗在纖維或紡織品上，進行染色處理的一種有色材料。
3. **二氧化鈦**（Titanium Oxide, Titania）：在自然界中所存在的一種鈦金屬的氧化物，其顏色為白色，常見於生活中的水彩白顏料及白色油漆的鈦白成份。
4. **氧化**（Oxidation）：分子或原子發生失去電子的現象，稱之為氧化。
5. **還原**（Reduction）：分子或原子發生獲得電子的現象，稱之為還原。
6. **最低未佔據分子軌域能階**（Lowest Unoccupied Molecular Orbital, LUMO）：就有機化合物而言，在分子軌域能階中，能量最低的能階部分，而載子可存在此一部分的軌域內。相當於半導體材料中的導電帶。
7. **最高已佔據分子軌域能階**（Highest Occupied Molecular Orbital, HOMO）：就有機化合物而言，在分子軌域能階中，能量最高的能階部分，而載子可存在此一部分的軌域內。相當於半導體材料中的價電帶。
8. **電解質**（Electrolytes）：電流可以經由離子移動而產生導電作用的一種化合物溶液。**陽離子**（Cation）乃是帶正電荷的金屬離子，**陰離子**（Anion）乃是帶負電的非金屬離子。
9. **透明導電膜**（Transparent Conductive Film, TCO）：一種具有良好的透明性以及導電性的薄膜材料，通常是作為光電元件的電極材料，一般是以氧化銦錫為主。
10. **導電高分子**（Conductive Polymer）：具有導電特性的有機高分子材料。
11. **可見光**（Visible Light）：一般可以見到的光線，其波長的分佈範圍是在 400~700 nm 之間。
12. **激發狀態**（Excited State）：在原子的電子組態中，電子接受外來的能量，而使其由低的能階提升至較高能量狀態的能階，而成為活性較高的電子狀態。
13. **陰極**（Cathode）：在電化學電池中，發生還原作用以及獲得電子的電極，稱之為陰極。
14. **陽極**（Anode）：在電化學電池中，發生氧化作用以及失去電子的電極，稱之為陽極。
15. **自由能**（Free Energy）：它是一種熱力學的量。在一個系統中，內能、熵以及亂度的函數關係。在平衡狀態下，自由能是極小的值。
16. **電動勢**（Electromotive Force）：一般金屬元素標準電化學電池的電位或電位差。

本章習題

1. 畫出染料敏化太陽能電池的基本組成並說明各組成單元之工作與要求？
2. 說明染料敏化太陽能電池之工作原理與討論其電流損失機制？
3. 找出染料敏化太陽能電池的成本分析？並探討如何降低染料敏化太陽能電池的製造成本？
4. 找出奈米多孔型二氧化鈦的製備方式？
5. 說明常用染料的種類與其光學特性？
6. 藉由專利的觀察，你是否可以探知染料敏化太陽能電池的發展趨勢？
7. 一染料敏化太陽能電池，所使用之染料為 N3，電解質為 I^-/I_3^- 電解液，其能階相對位置如下圖。假設染料敏化太陽能電理想之填充因子為 0.8，請計算在 AM 1.5 的光照下，其理論效率為多少？（N3 染料之能隙大小為 1.6 eV，其於 AM 1.5 的光照下可產生之理論最大短路電流為 25 mA/cm²）

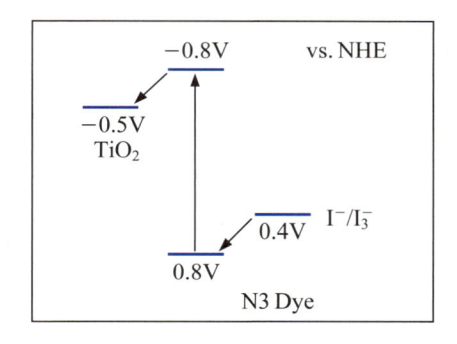

8. 一般反電極使用何種材料？該材料有何特性？為何不能使用其他種材料？
9. 光敏化劑於染料敏化太陽能電池中扮演何種角色？其需符合哪些條件？植物中的葉綠素、葉黃素或花青素可否用作光敏化劑？
10. 染料敏化太陽能電池有何優點？為什麼需要發展染料敏化太陽能電池？
11. 承上題，既然染料敏化太陽能電池具有這些優勢，為何仍無法大規模商業化？該如何改善？
12. 在染料敏化太陽能電池中，以液態電解質（I^-/I_3^-）效率為最高，然而其在使用上仍遇到一些問題，使得各式固態電解質以及擬固態電解質陸陸續續被加以討論，請詳述液態電解質（I^-/I_3^-）之缺點。
13. 在染料敏化太陽能電池的製作上，最常遭遇的問題即為光電流的低落，請問造成電流不高的原因有哪些？

14. 目前在工作電極材料上較佳的選擇為二氧化鈦，然而為了提昇光電轉換效率，可使用哪些方式來修飾 TiO₂ 表面或晶體結構？
15. 在量子點的研究方面，其具有哪些特性，使其具有取代一般有機染料之潛力？

參考文獻

[1] B. O'Regan, M. Gratzel, "A low-cost, high-efficiency solar cell based on dye-sensiized colloidal TiO2 films", *Nature*, 353 (1991).

[2] 張正華，李陵嵐，葉楚平，楊平華，《有機與塑膠太陽能電池元件》，第三章，五南圖書出版公司。

[3] 黃惠良，曾百亨，《太陽能電池》，第九章，五南圖書出版公司。

[4] 顧鴻濤，《太陽能電池元件導論》，第九章，全威圖書股份有限公司。

[5] 林明獻，《太陽能電池技術入門》，第十二章，全華圖書股份有限公司。

[6] M. Gratzel, "Conversion of sunlight to electric power by nanocrystalline DSSCs", *J. Photochem. & Photobio. A: Chem.*, 164, 3-14 (2004).

[7] U. Bach, D. Lupo, P. Comte, J. E. Moster, F. Weissortel, J. Salbeck, H Spretizer, M. Gratzel, "Solid-state dye sensitized mesoporous TiO₂ solar cells with high photon-to-electron conversion efficiencies", *Nature*, 395, 583 (1998).

[8] Cahen et al., "Nature of photovoltaic action in dye-sensitized solar cells", *J. Phys. Chem. B*, 104, 2053-2059 (2000).

[9] M. G. Kang, N. G. Park, K. S. Ryu, S. H. Chang, K. J. Kim, "A 4.2% efficient flexible dye-sensitized TiO₂ solar cells using stainless steel substrate", *Solar Energy Materials & Solar Cells*, 90, 574 (2006).

[10] S. Ito, N-L. C. Ha, G. Rothenberger, P. Liska, P. Comte, S. M. Zakeeruddin, P. Pechy, M. K. Nazeeruddin and M. Gratzel, "High-efficiency (7.2%) flexible dye-sensitized solar cells with Ti-metal substrate for nanocrystalline-TiO₂ photoanode", *Chem. Commun.*, 4004 (2006).

[11] S. Nakade et al., "Dependence of TiO₂ nanoparticle preparation methods and annealing temperature on the efficiency of dye-sensitized solar cells", *J. Phys. Chem. B*, 106, 10004-10010 (2002).

[12] Park et al., "Comparison of dye-sensitized rutile- and anatase-based TiO₂ solar cells", *J. Phys. Chem. B*, 104, 8989-8994 (2000).

[13] M. Durr, A. Schmid, M. Obermaier, S. Rosselli, "Low-temperature fabrication of

dye-sensitized solar cells by transfer of composite porous layers," *Nature Materials*, 4, 607 (2005).

[14] M Gratzel, "Solar Energy Conversion by Dye-Sensitized Photovoltaic Cells" *Inorg. Chem.*, 44, 6841-6851 (2005).

[15] T. Miyasaka, K. Teshima and M. Ikegami, *The Organic Photovoltaic Workshop*, Hsinchu, Taiwan, 2007.

[16] A. J. Nozik, "Quantum dot solar cells", *Physica E*, 14, 115-120 (2002).

[17] M. Jakob, H. Levanon, "Charge distribution between UV-Irradiated TiO_2 and gold nanoparticles: determination of shift in the fermi Level", *Nano Letters*, 3, 353-358 (2003).

[18] J. M. Kroon, R. Kern, A. Meyer, T. Meyer, Solaronix S. A. and I. Uhlendorf, "Long term stability of dye sensitised solar cells for large area power applications" 16th *European Photoroltaic Solar Energy Conference and Exhibitou*, Glasgow (2000).

[19] H. Pettersson and T. Gruszecki, "Long-term stability of low-power dye-sensitized solar cells prepared by industrial methods", *Sol. Energy Mater. Sol. Cells*, 70, 203-212 (2001).

[20] G. Phani et al., "Titania solar cells: new photovoltaic technology", *Renewable Energy*, 22, 303-309 (2001).

[21] Park et al., "Dye-sensitized TiO_2 solar cells: structural and photoelectrochemical characterization of nanocrystalline electrodes formed from the hydrolysis of $TiCl_4$", *J. Phys. Chem. B*, 103, 3308-3314 (1999).

[22] S. Ito et al., "Facilefabrication of mesoporous TiO_2 electrodes for dye solar cells: chemical modification and repetitive coating", *Sol. Energy Mater. Sol. Cells*, 76, 3-13 (2003).

[23] G. Redmond et al., "Visible light sensitization by cis-Bis (thiocyanato) -bis (2,2'-bipyridyl-4,4'-dicarboxylato) ruthenium (II) of a transparent nanocrystalline ZnO film prepared by sol-gel techniques", *Chem. Mater*, 6, 686-691 (1994).

[24] Oekermann et al., "Electron transfer and back reaction in electrochemically self assenibled nanoporous ZnO/dye hybrid films", *J. Phys. Chem. B*, 108, 8364-8370 (2004).

[25] Katoh et al., "Efficiencies of electron injection from excited N3 dye into nanocrystalline semiconductor (ZrO_2, TiO_2, ZnO, Nb_2O_5, SnO_2, In_2O_3) films", *J. Phys.*

Chem. B, 108, 4818-4822 (2004).

[26] Park et al., "Morphological and photoelectrochemical characterization of core-shell nanoparticlefilms for dye-sensitized solar cells: Zn-O type shell on SnO_2 and TiO_2 cores", *Langmuir*, 20, 4246-4253 (2004).

[27] S. S. Kim et al., "Improved performance of a dye-sensitized solar cell using a TiO_2/ZnO/Eosin Y electrode", *Sol. Energy Mater. Sol. Cells*, 79, 495-505 (2003).

[28] H. Tada, A. KoKubu, M. Iwasaki, S. Ito, "Deactivation of the TiO_2 Photocatalyst by Coupling with WO3 and the Electrochemically Assisted High Photocatalytic Activity of WO_3", *Langmuir*, 20, 4665-4670 (2004).

[29] G. Marci, V. Augugliaro, M. J. Lopez-Munoz, C. Martin, L. Palmisano, V. Rives, M. Schiavello, R. J. D. Tilley, and A. M. Venezia, "Preparation characterization and photocatalytic activity of polycrystalline ZnO/TiO_2 systems. 1. surface and-bulk characterization", *J. Phys. Chem. B*, 105, 1026-1032 (2001).

[30] H. Tada, A. Hattori, Y. Tokihisa, K. Imai, N. Tohge, and S. Ito, "A Patterned-TiO_2 / SnO_2 Bilayer Type Photocatalyst", *J. Phys. Chem. B*, 104, 4585-4587 (2000).

[31] S. k. Poznyak, D. V. Talapin, A. I. Kulak, "Structural, optical, and photoelectrochemical properties of nanocrystalline TiO_2-In_2O_3 composite solids and films prepared by sol-gel method", *J. Phys. Chem. B*, 105, 4816-4823 (2001).

[32] M. Gratzel, A. Hagfeldt, "Molecular photovoltaics", *Acc. Chem. Res.*, 33, 269-277 (2000).

[33] M. K. Nazeeruddin, "Combined experimental and DFT-TDDFT computational-study of photoelectrochemical cell ruthenium sensitizers", *J. Am. Chem. Soc.*, 127, 16835-16847 (2005).

[34] J. Kruger, R. Plass, L. Cevey, M. Piccirelli, and M. Gratzel, "High efficiency solid-state photovoltaic device due to inhibition of interface charge recombination", *App. Phys. Lett.*, 79, 2085-2087 (2001).

[35] J. Kruger, R. Plass, M. Gratzel, "Improvement of the photovoltaic performance of solid-state dye-sensitized device by silver complexation of the sensitizer cis-bis (4,4'-dicarboxy-2,2' bipyridine) -bis (isothiocyanato) ruthenium (II)", *App. Phys. Lett.*, 81, 367-369 (2002).

[36] M. T. Miller et al., "Effects of sterics and electronic delocalization on the photophysical, structural, and electrochemical properties of 2,9-disubstituted 1,10-phenanthroline copper (I) complexes", *Inorg. Chem.*, 38, 3414-3422 (1999).

[37] Y. Liu, A Hagfeldt., and X. R. Xiao, "Investigation of influence of redox species on the interfacial energetics of a dye-sensitized nanoporous TiO$_2$ solar cell",. *Solar Energy Materials and Solar Cells*, 55, 267 (1998).

[38] S. Nakade, S. Kambe, T. Kitamura, " Effects of lithium ion density on electron-transport in nanoporous TiO$_2$ electrodes", *J. Phys. Chem. B*, 105, 9150 (2001).

[39] S. Kambe, S. Nakade, T. Kitamura, Y. Wada, and S. Yanagida, "Influence of the electrolytes on electron transport in mesoporous TiO$_2$–electrolyte systems", *J. Phys.Chem. B*, 106, 2967-2972 (2002).

[40] K. Hara, T. Horiguchi, T. Kinoshita, K. Sayama, and H. Arakawa, "Influence of electrolytes on the photovoltaic performance of organic dye-sensitized nanocrystalline TiO$_2$ solar cells", *Sol. Energy Mater. Sol. Cells*, 70, 151-161 (2001).

[41] 施敏、張俊彥譯著，《半導體元件物理與製作技術》，高立圖書。

[42] M. Gratzel, "Photoelectrochemical cells", *Nature*, 414, 338 (2001).

[43] J. K. Burdett. , T. Hughbank, G. J. Miller, J. W. Richardson, J. V. Smiyh, "Structural-electrouic relationships in inorganic solids: powder neutron diffraction studies of the rutile and anatase polymorphs of titanium dioxide at 15 and 295 k" *J. Am. Chem. Soc.*, 109, 3639 (1987).

[44] A. Sclafani, J. H. Herrmann, "Comparison of the photoelectronic and photocatalytic activities of various anatase and rutile forms of titania in pure liquid organic phases and in aqueous solutions" *J. Phys. Chem.*, 100, 13655 (1996).

[45] A. Sclafani, L. Palmisano, "Influence of the preparation methods of titanium dioxide on the photocatalytic degradation of phenol in aqueous dispersion" M. Schiavello, *J. Phys. Chem.*, 94, 829 (1990).

[46] I. is Sopyan, M. Watanabe, S. Murasawa, K. Hashimoto, A. Fujishima, "An efficient TiO$_2$ thin-film photocatalyst: photocatalytic properties in gas-phase acetaldehyde degradation" *Journal of Photochemistry and Photobiology A: Chemistry*, 98, 79 (1996).

[47] P. M. Sommeling et al., "Dye-semsitized nanocrystalline TiO$_2$ solar cells on flexible substrates" *ECN contributions 2nd World Conference and Exhibition on Photovoltaic Solar Energy Conversion*, Vienna 6-10 (1998).

[48] C. J. Barbe et al., "Nanocrystalline titanium oxide electrodes for photovoltaic applications", *J. Am. Cera. Soc.*, 80, 3157-3171 (1997).

[49] K Tennakone et al., "A solid-state photovoltaic cell sensitized with a ruthenium

bipyridyl complex", *J. Phys. D: Appl. Phys.*, 31, 1492-1496 (31).

[50] M. K. Nazeeruddin, and M. Gratzel, "Efficient panchromatic sensitization of nanocrystalline TiO$_2$ films by a black dye based on a trithiocyanato-ruthenium complex", *Chem. Comm.*, 1705-1706 (1997).

[51] K. Hara et al., "A coumarin-derivative dye sensitized nanocrystalline TiO$_2$ solar cell having a high solar-energy conversion efficiency up to 5.6 %", *Chem. Comm.*, 569-570 (2001).

[52] 角野裕康，村井伸次，御子柴智，"Dye-sensitized solar cells using solid electrolytes"，東芝レビュー, 56, 7-10 (2001).

[53] A Hagfeldt et al., "A new method for manufacturing nanostructured electrodes on plastic substrates", *Nano Letters*, 1, 97-100 (2001).

[54] W Kubo et al., "Quasi-solid-state dye-sensitized solar cells using room temperature molten salts and a low molecular weight gelator", *Chem. Comm.*, 374-375 (2002).

[55] 原浩二郎，有機色素增感太陽能電池で變換效率 7.5%の世界最高性能を達成， AIST Today, 12, 14 (2002).

[56] S. Kambe, S. Nakade, T. Kitamura, Y. Wada, and S. Yanagida, "Influence of the-electrolytes on electron transport in mesoporous TiO$_2$-electrolyte systems", *J. Phys.Chem.* B, 106, 2967-2972 (2002).

[57] C. W. Shi, S. Y. Dai, K. J. Wang, X. Pan, L. Y. Zeng, L. H. Hu, F. T. Kong, and L. Guo, "Influence of various cations on redox behavior of I$^-$ and I$_3^-$ and comparisonbetween KI complex with 18-crown-6 and 1,2-dimethyl-3-propylimidazolium Iodide in dye-sensitized solar cells", *Electrochimica Acta*, 50, 2597-2602 (2005).

[58] K. Hara, T. Horiguchi, T. Kinoshita, K. Sayama, and H. Arakawa, "Influence of electrolytes on the photovoltaic performance of organic dye-sensitized nanocrystalline TiO$_2$ solar cells", *Sol. Energy Mater. Sol. Cells*, 70, 151-161 (2000).

[59] H. Kusama and H. Arakawa, "Influence of Pyrimidine Additives in Electrolytic Solution on Dye-sensitized Solar Cell Performance", *J. Photochem. Photobiol*. A: Chem., vol. 160, pp.171-17 (2003).

[60] H. Kusama and H. Arakawa, "Influence of benzimidazole additives in electrolytic solution on dye-sensitized solar cell performance", *J. Photochem. Photobiol. A: Chem.*, 162, 441-448 (2004).

[61] H. Park and W. Choi, "Photoelectrochemical investigation on electron transfer

mediating behaviors of polyoxometalate in UV-illuminated suspensions of TiO$_2$ and Pt / TiO$_2$", *J. Phys. Chem. B*, 107, 3885-3890 (2003).

[62] M. I. Litter, J. A. Navio, "Photocatalytic properties of iron-doped titania semiconductors", *J. Photochem. Photobiol. A: Chem.*, 98, 171-181 (1996).

[63] 楊茹媛，翁敏航，陳皇宇，張育綺，〈由專利技術看染料敏化太陽能電池之技術發展趨勢〉，光連-2008 年 3 月刊。

[64] 李元智，〈染料敏化太陽電池與模組〉，255 期，工業材料雜誌，2008 年 3 月刊。

第 8 章

化合物太陽能電池

- 8-1　章節重點與學習目標
- 8-2　化合物半導體
- 8-3　碲化鎘基太陽能電池
- 8-4　銅銦硒基太陽能電池
- 8-5　III-V 族太陽能電池
- 8-6　聚光型太陽能電池
- 8-7　結　語

8-1　章節重點與學習目標

　　早在 1953 年，化合物半導體太陽能電池就已經被開發出來，並且不久之後其效率遠超過矽基材的太陽能電池，並應用在太空衛星上。由於 III-V 化合物半導體太陽能電池具有 (1) 高效率；(2) 低重量；(3) 化合物更好的耐輻射特性，在太空衛星與需要高效率的獨立型發電環境，使得 III-V 化合物半導體幾乎取代了矽半導體在高效率太陽能電池的市場。

　　硫化鎘薄膜太陽能電池的歷史在化合物薄膜太陽能電池之中算是悠久。1982 年時 Kodak 首先做出光電轉換效率超過 10% 的此類型光電池，目前實驗室最高的光電效率可達 16.5%，由美國國家再生能源實驗室（NREL）實驗室完成。

　　薄膜型銅銦硒（$CuInSe_2$, CIS）在 1950 年代開始被學者們提出。到了 1974 年，Wagner 等人成功地製作出單晶型銅銦硒化合物的太陽能電池，其光電轉換效率約為 12%。其後，Kazmerski 等人成功的製作出薄膜型銅銦硒太陽能電池，其光電轉換效率約為 9.4%。

　　III-V 族中，常見的太陽能電池材料包含：砷化鎵型（GaAs）、氮化鎵型（GaN）、磷化銦型（InP）及**多量子井**（Multi-quantum Well）型等。在 III-V 半導體中，高效率的砷化鎵太陽能電池的設計主要可分為：單接面結構和多接面結構。目前，已經利用聚光裝置的輔助，將轉換效率提升至 30%，在標準環境測試下也可達到 20%。

　　本章將介紹各種化合物電池之簡單發展歷史、分類、接面結構、材料特性及製程 [1-6]。讀者在閱讀本章後，應可了解：

1. 化合物半導體的種類、特性與其應用在太陽能電池之優點；
2. CdTe 基化合物太陽能電池的結構、模組與未來發展的可能性；
3. CIS 基化合物太陽能電池的結構、模組與其製程技術；
4. III-V 化合物太陽能電池的分類結構、製程與提高效率的方向；及
5. 聚光型太陽能電池的優點與模組的組成設施。

8-2　化合物半導體

　　化合物半導體係指於元素週期表中，由兩種以上不同族的原子所組成，例如由 IIIA 或 VIA 族所形成之半導體材料。除了組成元素種類的不同，以元素數目來分，可分為：

1. **二元化合物**（Binary Compound）半導體：係指由兩種元素所組成，常見的二元化合物半導體如：ZnSe、ZnSe、CdS、CdSe、CdTe、GaAs、InP 及 AlAs 等。
2. **三元化合物**（Ternary Compound）半導體：係指由三種元素所組成，常見的三元化合物半導體如：InGaN、InGaP 等。
3. **四元化合物**（Quaternary Compoumd）半導體：係指由四種元素所組成，常見的四元化合物半導體如：InGaAsN、AlGaInP 等。

　　若以族來區分化合物太陽能電池可分為：

1. II-VI 族：如 CdTe 基；
2. I-III-V 族：如 $CuInSe_2$ 基；及
3. III-V 族：如 GaAs 等。

　　不同元素之組合形成化合物晶體的晶格大小、能隙也不相同。對於 III-V 族化合物半導體材料而言，其能隙大小通常與晶格常數成反比 [7, 8]。一般而言，晶格常數愈小，半導體材料之能隙則愈大。對於三元及四元化合物半導體材料而言，可藉由改變其組成元素之莫耳分率，以形成不同之能隙，因此具有較大之設計自由度，大多用於多接面疊合之結構中。

　　此外，在半導體材料中，鍵結的強度通常與能隙也有直接的關係。對於 II-VI 族化合物半導體材料而言，組成元素的原子序愈小者，則具有較強之離子鍵結，其也具有較大之能隙值。

　　從能隙之觀點來看，II-VI 族化合物半導體材料中之 CdTe，其能隙值約為 1.45 eV，非常適合用於製作高效率太陽能電池之光吸收層材料，主要原因為其能隙值較接近理想太陽光的能隙值範圍（1.4 eV~1.5 eV）。而 III-V 族化合物半導體材料中，則以 GaAs 其能隙值約為 1.43 eV 為最佳光吸收層材料的選擇。

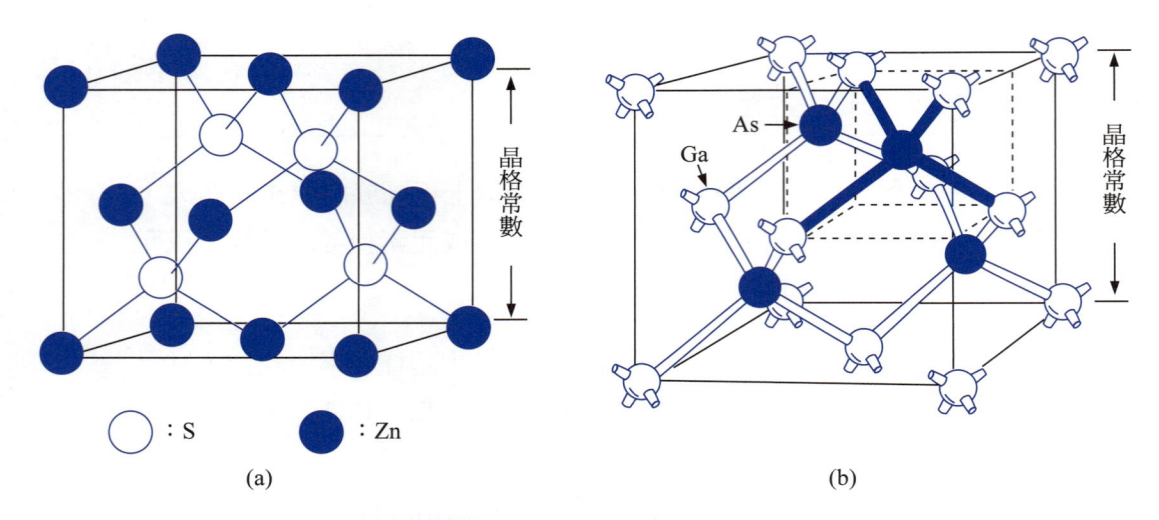

圖 8-1 (a) 閃鋅礦晶體結構；
(b) 纖鋅礦晶體結構

　　II-VI 族及 III-V 族化合物半導體材料之結晶結構，多為呈現立方體之閃鋅礦結構（Zincblende）或是六方體之纖鋅礦結構（Wurtzite），如圖 8-1 所示[9]。

　　利用半導體材料來製作太陽能電池元件，為了獲得較高之轉換效率，可藉由下列所述之條件來達成：

1. 選擇介於理想太陽光之能隙範圍內之光吸收層材料；
2. 利用堆疊結構，形成多能隙或多接面結構；及
3. 選擇具有較大能隙值之材料作為窗口層。

8-3　碲化鎘基太陽能電池

8-3-1　硫化鎘／碲化鎘太陽能電池之發展歷史

　　鎘基薄膜太陽能電池的發展在化合物薄膜太陽能電池之中可說是歷史悠久。在 1982 年時，Kodak 公司首先做出光電效率超過 10% 的此類型光電池，目前實驗室的最高光電效率可達 16.5%，由美國國家再生能源實驗室（NREL）完成[9]。

　　II-VI 族中之太陽能電池材料，主要是以鎘形成二元及三元化合物半導

體，包含：硫化鎘（CdS）／碲化鎘（CdTe）、硫化鎘（CdS）／硫化亞銅（Cu$_2$S）及鋅鎘硫化物（Zn$_x$Cd$_{1-x}$S）等。現今該類型之太陽能電池主要以硫化鎘（CdS）／碲化鎘（CdTe）為主。

8-3-2　硫化鎘／碲化鎘之材料特性

碲化鎘（CdTe）屬於直接能隙之半導體材料，於室溫下能隙值約為 1.45 eV，正好落於理想太陽光之能隙範圍。其為閃鋅礦之結構，常見的物理性質如表 8-1 所示[10]。此外，與硫化鎘一樣也為多晶性材料，具有相當高之吸光係數（約略小於 10^5 cm^{-1}）。於可見光區，厚度約 1 μm 即可吸收 90% 以上之太陽光。p 型的 CdTe 主要是在 Cd 過壓狀態下摻入磷（p）或砷（As）形成。

硫化鎘（dS）是一種屬於直接能隙之半導體材料，於室溫下能隙值約為 2.42 eV，亦即只能吸收波長小於 515 nm 的太陽光。其為纖鋅礦之結構，常見的物理性質如表 8-2 所示[10]。

8-3-3　硫化鎘／碲化鎘太陽能電池之結構

圖 8-2 所示為碲化鎘薄膜太陽能電池結構圖，主要可分為：

表 8-1 碲化鎘的基本性質（300 K）

能隙型式	直接能隙	光吸收係數（cm^{-1}）	~10^5
晶體結構	閃鋅礦	能隙（eV）	1.45
晶格常數（Å）	6.48	電子遷移率（cm^2/Vs）	500~1000
鍵結方式	共價為主，離子為輔	電洞遷移率（cm^2/Vs）	70~120
熱膨脹係數（10^{-6} K^{-1}）	4.9	折射率（1.4 μm）	2.7

表 8-2 硫化鎘的基本性質（300 K）

能隙型式	直接能隙	光吸收係數（cm^{-1}）	~10^5
晶體結構	纖鋅礦	能隙（eV）	2.41
晶格常數（Å）	$a = 4.3$ $c = 6.714$	電子遷移率（cm^2/Vs）	21000
鍵結方式	共價為主，離子為輔	電洞遷移率（cm^2/Vs）	1540
熱膨脹係數（10^{-6} K^{-1}）	3.6	折射率（1.4 μm）	2.3

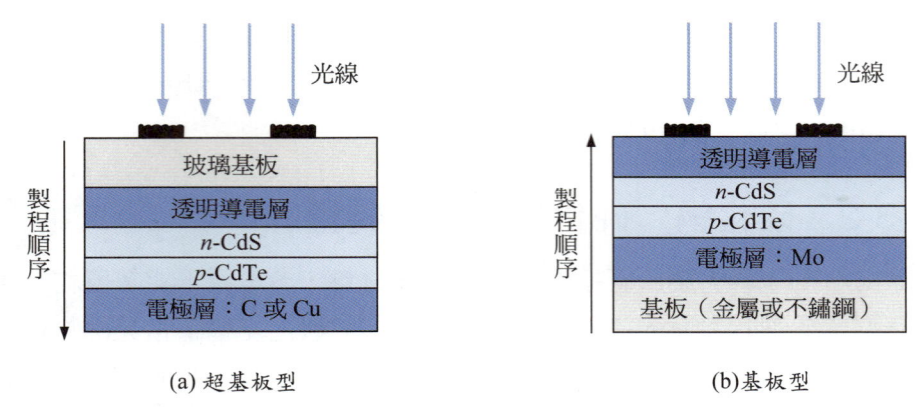

圖 8-2 兩種典型的碲化鎘薄膜太陽能電池結構圖，可看出製程順序上的差異

1. **超基板型結構**（Superstrate）：基板在照光面的同一側，基板常用玻璃；及
2. **基板型結構**（Substrate）：基板在照光面的對側，基板常用金屬或不鏽鋼片。

由於超基板型之硫化鎘及碲化鎘之接面具有較佳之歐姆接觸特性及接面特性，因此該類型太陽能電池之基本結構是以超基板型結構為主。

圖 8-3 所示為碲化鎘薄膜太陽能電池之結構示意圖，其結構之製作流程大致上可分為：於玻璃基板上成長透明氧化層、n 型硫化鎘薄膜層及 p 型碲

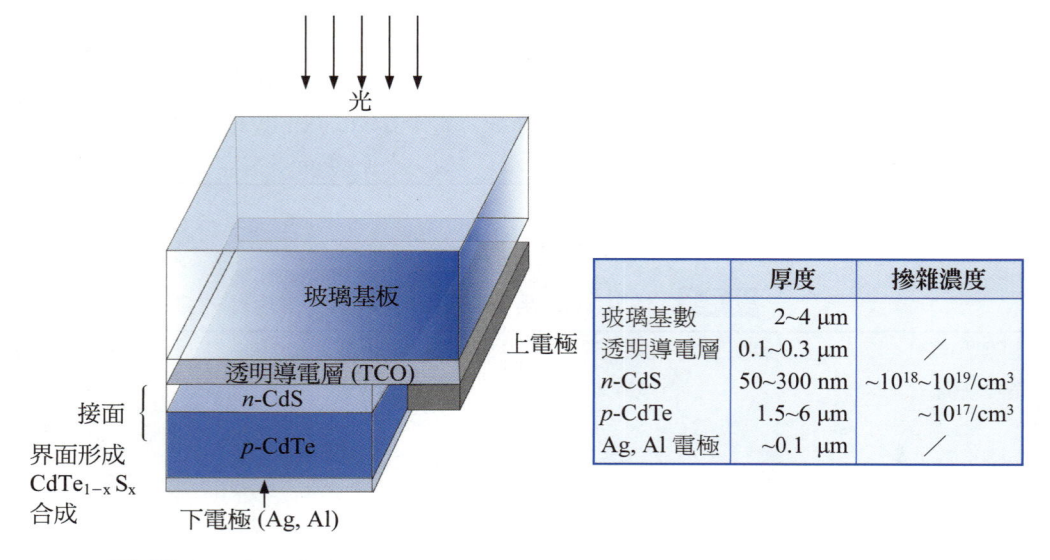

	厚度	摻雜濃度
玻璃基數	2~4 μm	／
透明導電層	0.1~0.3 μm	／
n-CdS	50~300 nm	~10^{18}~10^{19}/cm^3
p-CdTe	1.5~6 μm	~10^{17}/cm^3
Ag, Al 電極	~0.1 μm	／

圖 8-3 CdTe/CdS 薄膜太陽能電池之結構示意圖，以及其對應參數

化鎘薄膜層。

目前技術若使用耐高溫（約 600℃）的**硼玻璃**（Borogilicate Glass）可得 16% 的轉換效率，而使用不耐高溫但成本較低的**鈉玻璃**（Soda Lime Glass）也可達 12% 的轉換效率。

在硫化鎘／碲化鎘太陽能電池的結構當中，n 型硫化鎘薄膜層通常作為**窗口層**（Window Layer）或**開口端**（Aperture Hole），以吸收更多的太陽光而產生更大之光電流，一般而言，其厚度約為 50~300 nm，原則上為厚度較薄且均勻之薄膜。此外，由於硫化鎘薄膜為多晶結構，在其與碲化鎘的界面上會產生擴散現象，形成－$CdTe_{1-x}S_x$ 合成。此外過薄的多晶硫化鎘薄膜容易產生過多的順向電流及**區域分流**（Local Shunting），或是改變硫化鎘之能隙及降低其光穿透率。目前提出之改善方式為在透明導電層與 n 型硫化鎘之間加入一層高阻值之透明導電層，如氧化銦（In_2O_3）、氧化錫鋅（Zn_2SnO_4）或氧化錫鎘（Cd_2SnO_4）等 [11, 12]。

在該類型之太陽能電池中，n 型硫化鎘薄膜層之摻雜濃度通常比 p 型碲化鎘薄膜層之摻雜濃度要來得高，因此空乏區主要位於碲化鎘薄膜層之區域內，而光子的吸收主要發生在 CdTe 層。

8-3-4　硫化鎘／碲化鎘薄層之製程

硫化鎘薄膜層的製備方法有很多，如**物理氣相沈積**（Physical Vapor Deposition, PVD）、**封閉空間昇華法**（Close-Space Sublimation, CSS）、**化學浸沈積法**（Chemical Bath Deposition, CBD）、**網版印刷法**（Screen printing, SP）及電化學沈積法等。較常用的硫化鎘（CdS）薄膜層的製程是使用化學浸沈積法。該製程將基板置入含有氨水、氯化鹽以及硫尿 [SC (NH$_2$)$_2$] 的水溶液**化學浴**（Chemical Bath）之中。在溫度約 60～80℃的環境下，基板表面將逐漸沈積出硫化鎘薄膜層。

另一方面，可用於製備碲化鎘薄膜層之方法大致上與製備硫化鎘薄膜層之方法相似。常見的方法為封閉空間昇華及電化學沈積法。前者之沈積速率快，而後者可以大面積沈積。其中以封閉空間昇華法為因為具有可控性高、均勻性佳、晶粒尺寸大且緻密及成本低等優點，而且可製備於不同之基板上，為現今最常見之方法如圖 8-4 所示，在封閉空間昇華法製程中，固態的碲化鎘在 400～600℃的高溫下將再次分解成氣態的碲與鎘，藉由移動基板與蒸發源，將可沈積出化學劑量比較精確的碲化鎘（CdTe）薄膜層。此外，為了得

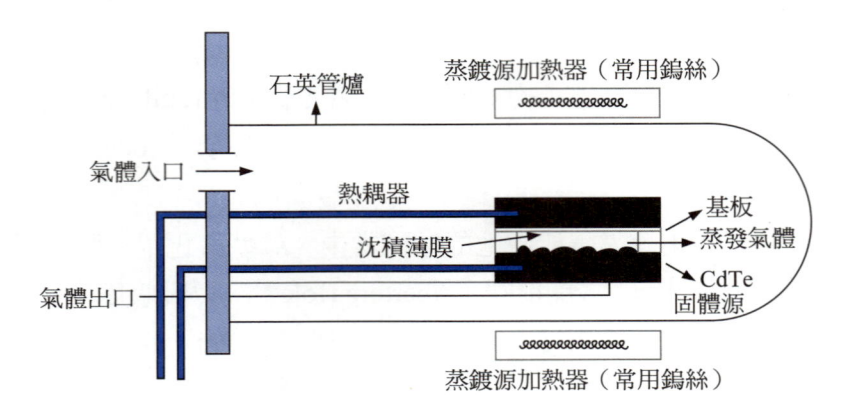

圖 8-4 CdTe/CdS 薄膜太陽能電池中，常用於製備 CdTe 薄膜之封閉空間昇華法製程示意圖

到更佳之硫化鎘薄膜，可在沈積碲化鎘薄膜前對硫化鎘薄膜進行熱處理，可增加晶粒尺寸、降低缺陷態位密度，進而增加元件之轉換效率。對硫化鎘薄膜層而言，常用的熱處理技術包含兩種：(1) 在氫氣下進行 400℃熱處理，時間約 5~10 分鐘；(2) 於硫化鎘薄膜層薄膜上以超音波噴霧等技術，塗佈氯化鎘（$CdCl_2$）溶液或在空氣中通入 $CdCl_2$ 氣氛，進行 400℃熱處理，時間約 20~60 分鐘。通常以方法(2)獲得之薄膜缺陷少，品質較佳，晶粒較大且電性較好[1]。

同理，也可對碲化鎘薄膜層進行熱處理以提升其薄膜品質，熱處理方法也分為兩種，其一與上述之方法(1)相同，另一則為利用熱昇華法，將氯化鎘（$CdCl_2$）加熱至約 400℃，蒸發後在碲化鎘薄膜層上形成氯化鎘薄膜，並在氧氣下進行 400℃熱處理並進行加壓。利用後者獲得之薄膜品質較佳，已成為 CdTe 薄膜太陽能電池之必要後處理製程[6-8]。

8-3-5 硫化鎘／碲化鎘太陽能電池之模組

在硫化鎘／碲化鎘太陽能電池的模組方面，主要可分為**串接式**（In Series Connection）及**並接式**（In Parallel Connection）。圖 8-5 所示為目前典型商業化硫化鎘／碲化鎘太陽能電池模組之結構示意圖[14, 15]，其為利用串接之方式進行模組整合，又稱為**單石相互連接法**（Monolithic Interconnection）[4]。銅銦硒基薄膜型太陽能電池模組之製造過程說明如下：

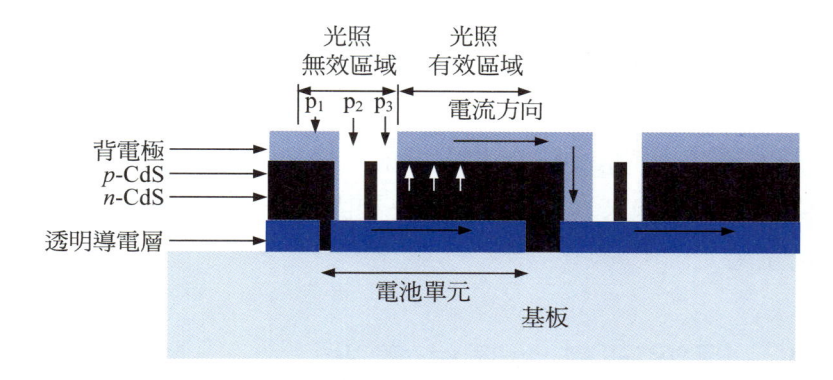

圖 8-5 CdTe/CdS 薄膜太陽能電池模組之結構示意圖，其中 p₁、p₂ 與 p₃ 分別為雷射切割製程，以達到斷路、短路與斷線之功用，其寬度約在 30~200 μm 之間。

1. 玻璃清洗；
2. 以測鍍法沈積一透明導電膜；
3. 使用雷射切割一斷路線；
4. 以化學浸沈積法形成 n 型硫化鎘（CdS）薄膜；
5. 以封閉空間昇華法沈積 p 型碲化鎘（CdTe）薄膜；
6. 使用雷射切割 p 型碲化鎘（CdTe）薄膜、n 型硫化鎘（CdS）薄膜以形成短路線；
7. 藉由測鍍法沈積金屬層構成背電極；
8. 使用雷射切割 p 型碲化鎘（CdTe）薄膜、n 型硫化鎘（CdS）薄膜形成斷路線以形成一單一的電池；以及
9. 經由金屬線連結，一背板層壓製程與接上接線盒完成薄膜太陽能電池的模組化製程。

8-3-6　CdTe 基薄膜太陽能電池之未來課題

就所有的薄膜型太陽能電池而言，其未來的共同課題皆是低成本高效率生產技術，對 CdTe 基薄膜太陽能電池而言[3-5]：

1. 大面積自動化的生產設備的開發；
2. 高效率多接面結構的研發；
3. 光吸收材料的摻雜物、缺陷、晶粒大小、晶界、晶粒成長等特性精確控制；及

4. 光吸收薄膜層間的界面缺陷與相互擴散性。

儘管 CdTe 基薄膜太陽能電池已經商品化，廠商包括 First Solar 與 Antee Solar 等大廠，但鎘（Cd）的環保疑慮在許多國家並未消除。因此 CdTe 基薄膜太陽能電池的未來真正要面對的主要課題是消除使用者對鎘（Cd）的環保污染的疑慮。

8-4 銅銦硒基太陽能電池

8-4-1 發展歷史

在 1980 年代，美國波音公司成功地利用共蒸鍍法製作具有轉換效率 12% 之銅銦硒（$CuInSe_2$, CIS）太陽能電池。同一時間，美國 ARCO Solar 公司也成功地利用**硒化法**（Selenization）製作出銅銦硒太陽能電池，雖然其效率不及利用共蒸鍍法所製備之銅銦硒太陽能電池，但卻具有可大面積生產之優點。隨後，美國波音公司更利用多源共蒸發以部分鎵（Ga）替代銦（In），發展出可控制之銅銦鎵硒（$CuInGaSe_2$, CIGS）薄膜及電池材料。

1990 年代末期，隨著製程技術的進步，銅銦鎵硒太陽能電池的轉換效率已經提升至 19% 左右。2003 年，美國再生能源實驗室（NERL）所開發之銅銦鎵硒太陽能電池之最高效率已達 19.2%。

常用的 I-III-V 族材料包含銅銦硒（$CuInSe_2$, CIS）或是摻雜鎵（Ga）以提高能隙之銅銦鎵硒（$CuInGaSe_2$, CIGS），兩者皆屬於黃銅礦系（Chalcopyrite based）結晶結構之化合物。圖 8-6 所示為黃銅礦之結晶構造圖，為類似於閃鋅礦之結構。

8-4-2 銅銦硒太陽能電池

材料特性

銅銦硒是直接能隙之半導體材料，在室溫下之能隙值約為 1.02 eV。其主要是由硒化亞銅（Cu_2Se）和三硒化二銦（In_2Se_3）所組成，並可藉由調整兩者的比例成份，使其具有兩種**同素異型**（Allotropic）之結構，可分為黃銅礦（γ相）及閃鋅礦（δ相）。其中，前者為低溫相，相變溫度約 810℃，屬立方晶系；而後者為高溫相，相變溫度約 980℃，屬立方晶系。經由退火處理控制硫及硒之壓力或是藉由控制硒化亞銅（Cu_2Se）及三硒化二銦（In_2Se_3）

圖 8-6　黃銅礦晶體結構示意圖

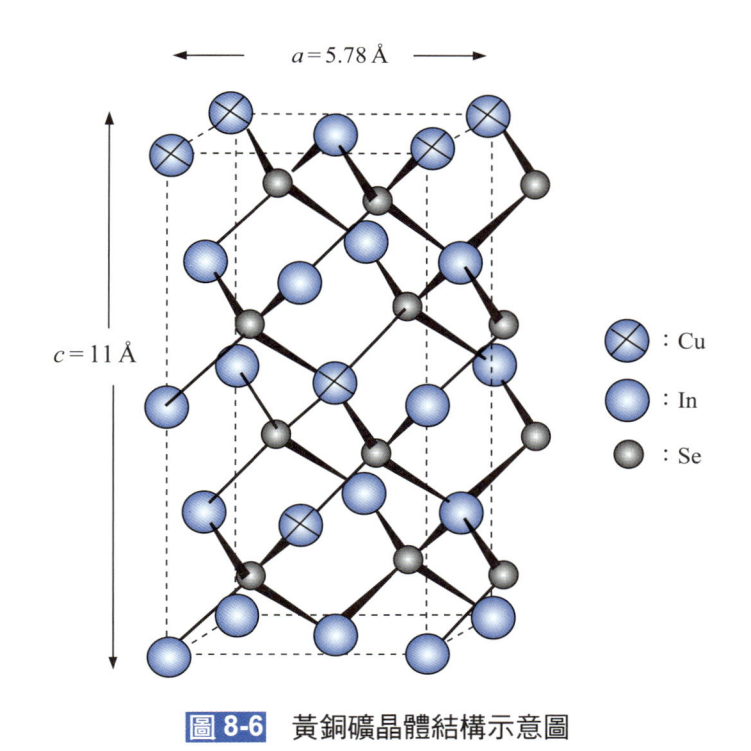

表 8-3　銅銦硒的基本性質（300K）

能隙型式	直接能隙	光吸收係數（cm^{-1}）	10^5
晶體結構	黃銅礦		
晶格常數（Å）	a = 5.78 c = 11.6	電子移動率（cm^2/Vs）	9
能隙（eV）	1.02	電洞移動率（cm^2/Vs）	3.25
熱膨脹係數（10^{-6} K^{-1}）	2.9	折射率（1.4 μm）	2.7

之莫耳比率來形成 n 型或 p 型材料。常見的性質如表 8-3 所示，其載子遷移率會隨著材料的元素組成比例及偏離化學計量比而引起的固有缺陷（如空位、填隙原子及替位原子）有關[5, 10]。

　　圖 8-7(a) 所示為銅銦硒之擬二元相圖及三元相圖，銅銦硒主要是位於硒化亞銅及三硒化二銦的連線上。圖 8-7(b) 所示為硒化亞銅－三硒化二銦之三元相圖，從圖中可發現銅銦硒是硒化亞銅及三硒化二銦之**固溶體**（Solid Solution）[9]。一般而言，在**乏銅相**（Cu-poor）的情況下較容易製備單晶之銅銦硒薄膜，而且若以**銅空缺**（Cu Vacancy）作為受體，此時之薄膜為 p 型。而在**富銅相**（Cu-rich）若以**硒空缺**（Se Vacancy）作為施體，此時之薄膜為 n 型。

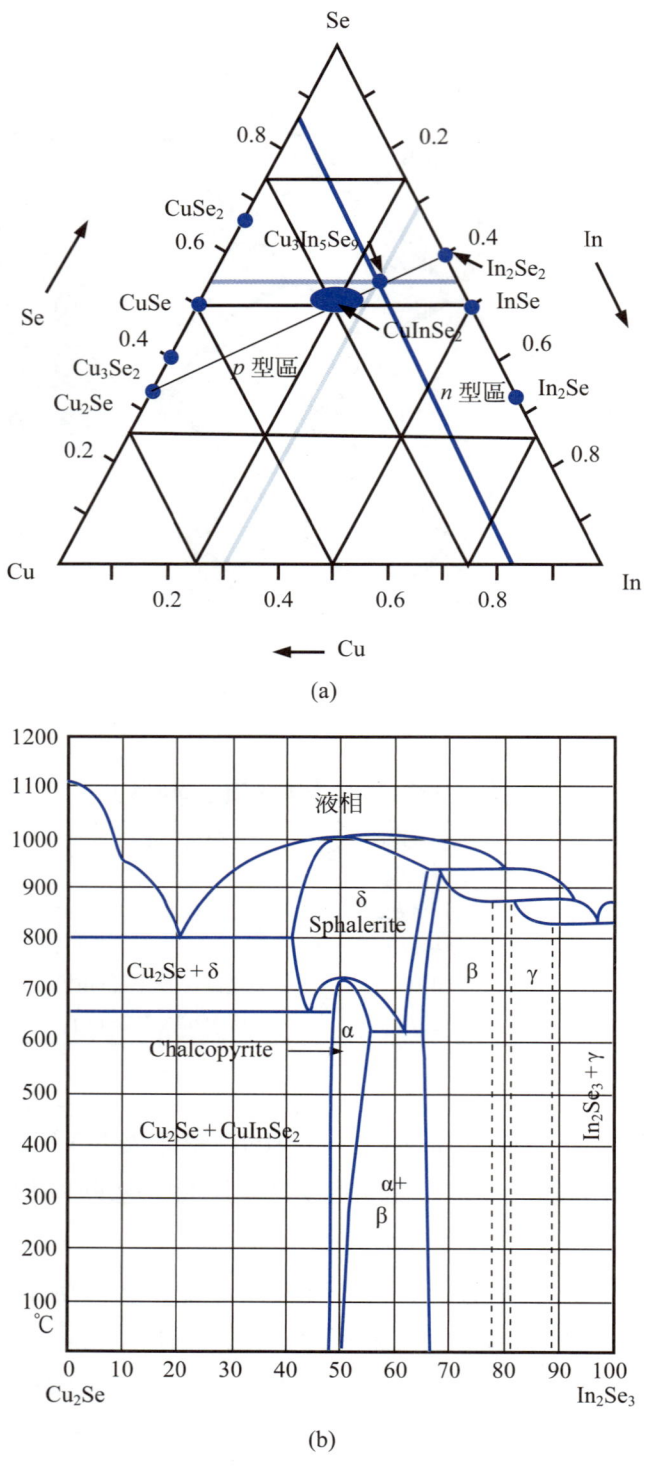

圖 8-7 (a) 銅銦硒之擬二元相圖；
(b) 硒化亞銅－三硒化二銦之三元相圖

此外,銅銦硒薄膜層之光吸收特性非常好,具有最高之光吸收係數(約 10^5 cm^{-1})。於可見光區,厚度約 1 μm 即可吸收 95% 以上之太陽光。

電池結構

圖 8-8 所示為銅銦硒太陽能電池之結構示意圖,其結構之製作流程大致上可分為:於玻璃基板上沈積鉬(Mo)金屬層、銅銦硒薄膜層、緩衝層及抗反射層。在玻璃基板的選用上,通常以鈉玻璃作為基板。由於鈉原子在固態材料中具有較強之擴散能力,在蒸鍍的過程中能穿越金屬鉬層進入銅銦硒薄膜層,如圖 8-9 所示[2],因而具有 (1) 可抑制薄膜結晶缺陷;(2) 可提升 p 型之導電性[6];(3) 並且改善薄膜結晶形態。除了使用鈉玻璃外,鈉離子亦可藉由在含鈉離子的氣氛下處理置入。

鉬金屬薄膜與銅銦硒薄膜層形成良好的歐姆接觸,而且有高度光學反射性質、低電阻及高壓縮應力。緩衝層主要用來降低抗反射層與銅銦硒薄膜層之間的能帶不連續現象,一般會使用高透光率之材料,其電阻值約在 5.0~120(Ω-cm)間。常用的靶材種類有硫化鋅(ZnS)、鋅鎂氧化物($Zn_xMg_{1-x}O$)及氧化鋅(ZnO)等。而真正的透明導電層亦常使用含鋁的氧化鋁,其電阻值約 10^{-3}~10^{-4}(Ω-cm)。

抗反射層主要用來增加光電流,此外,還可用來保護元件表面,以避免元件表面氧化並降低元件之暗電流。製作需求為低電阻及高透光率之材料,

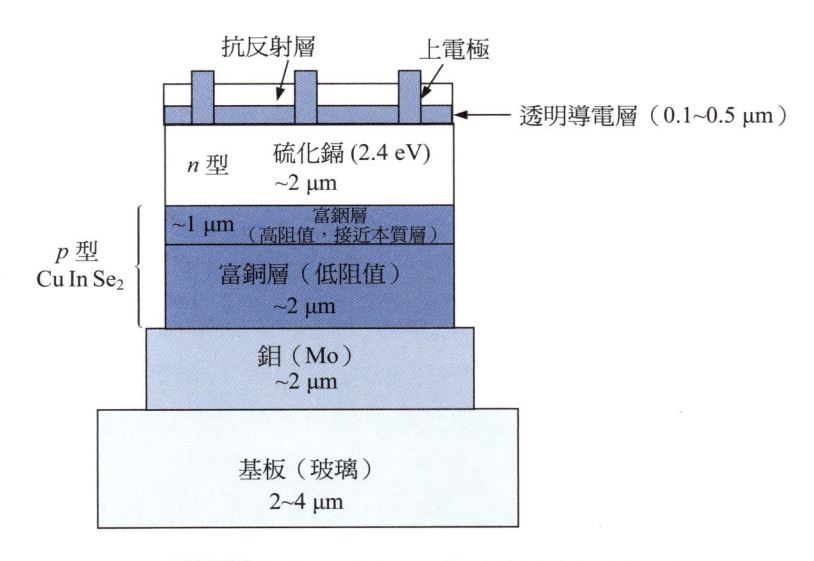

圖 8-8 銅銦硒太陽能電池之結構示意圖

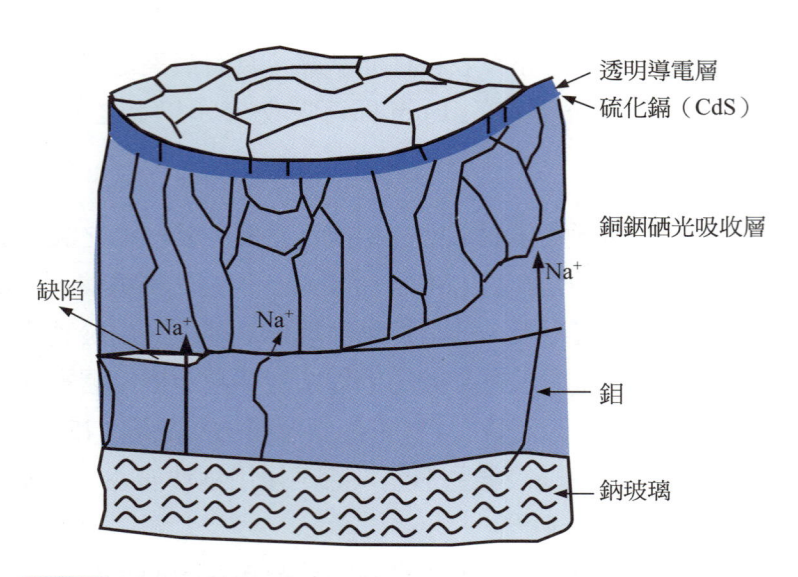

圖 8-9　鈉玻璃之鈉離子可穿過鉬金屬進入銅銦硒層之示意圖

常用的材料種類有氟化鎂（MgF_2）及氧化鈮（$NbOx$）等。

電池製程

通常，製備 p 型銅銦硒薄膜層的方法大致上可被分為 (1) 直接合成法及 (2) 硒化法 [10-12]。

1. **直接合成法**：通常包含單源、雙源或三源之**共蒸鍍法**（Co-evaporation）及**電化學法**（Electrochemical Method）；及
2. **硒化法**：則包含金屬預置層硒化法與可固態源硒化法。

由於濺鍍中之撞擊會造成薄膜的表面形成缺陷，而電化學沈積法所製備之薄膜品質也不佳，因此目前常用的是共蒸發技術與金屬預置層硒化法。

共蒸鍍法製備銅銦硒薄膜材料，是指在真空中通過蒸發源材料，並在加熱後之基板上沈積銅銦硒的方法。依據其蒸發源的不同，可分為單源真空蒸發法、雙源真空蒸發法及三源真空蒸發法 [1]。在蒸發源的溫度控制上，銅、銦、硒等三種不同元素，其溫度的控制範圍分別地是在 1,300~1,450℃、1,000~1,100℃、300~450℃ 等。因此這些氣體分子的溫度與流量控制將影響薄膜的化學組成以及其成長速率。

金屬預置層硒化法製備銅銦硒薄膜材料是指預先利用濺鍍、電化學沈積等技術製備銅（Cu）－銦（In）金屬薄膜預備層，接著在硒化氫（H_2Se）的

氛圍中進行 400~550℃，反應時間約 20~60 分鐘的熱處理，硒化製備銅銦硒薄膜材料的一種方法，其反應程式為[16, 17]：

$$2CuInSe + Cu_2Se + Se \rightarrow 2CuInSe_2 \qquad (8\text{-}1)$$

　　一般而言，該技術製備的銅銦硒薄膜材料品質沒有共蒸發法來得好，但因為其具有可大面積實現及成本低之優點，仍具有應用價值。

　　典型的硫化鎘（CdS）薄膜層的製程是使用**化學浸沈積法**（Chemical Bath Deposition, CBD）[11]。該製程將鍍有銅銦硒化合物的表面，置入含有氨水、氯化鹽以及硫尿 [SC (NH$_2$)$_2$] 的水溶液**化學浴**（Chemical Bath）之中，在溫度約 60~80℃ 的環境下，基板表面將逐漸沈積出硫化鎘薄膜層。

◎ 8-4-3　銅銦鎵硒太陽能電池

材料特性

　　銅銦鎵硒是一種屬於直接能隙之半導體材料其主要是由銅銦硒（CuInSe$_2$）通過少量的鎵替代銦而形成，屬於黃銅礦結構，其在室溫下之能隙值可隨著銦鎵含量之不同從 1.02 eV 變化至 1.68 eV，大致可由下式計算出來[5, 12]。

$$CuIn_xGa_{1-x}Se_2 \text{ 之能隙 } E_g = 1.018 + 0.575x + 0.108x^2 \qquad (8\text{-}2)$$

電池結構

　　圖 8-10 所示為銅銦鎵硒太陽能電池之結構示意圖，其結構之製作流程大致上可分為：於玻璃基板上沈積鉬金屬層、銅銦鎵硒薄膜層、緩衝層、氧化鋅復合層（本質性與 n 型氧化鋅）、鋁鎳網格及抗反射層。在玻璃基板的選用上，該類型之太陽能電池通常以鈉玻璃作為基板。

　　銅銦鎵硒太陽能電池中使用之緩衝層，通常是使用 n 型的硫化鎘。在晶格常數的匹配上，硫化鎘與銅銦硒薄膜是相當良好的，但是銅銦硒薄膜摻雜了鎵原子後，其間之晶格匹配則變得相當差。此外，該緩衝層可避免濺鍍氧化鋅復合層時原子撞擊吸收層，降低缺陷的產生。現今，使用硫化鋅（ZnS）作為銅銦鎵硒太陽能電池中的緩衝層，也具有相當高之轉換效率。

　　在銅銦硒太陽能電池中，氧化鋅是作為抗反射層使用。而在銅銦鎵硒太陽能電池中，其具有兩種用途：一是利用高阻值之本質性氧化鋅層以作為透

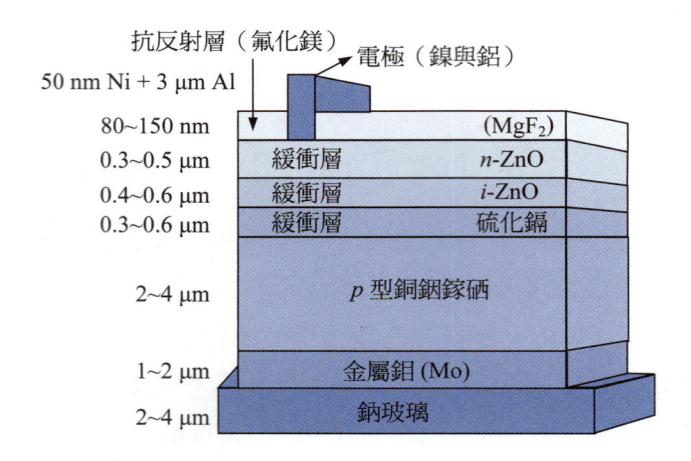

```
                          抗反射層（氟化鎂）    電極（鎳與鋁）
50 nm Ni + 3 μm Al
         80~150 nm                           (MgF₂)
         0.3~0.5 μm     緩衝層              n-ZnO
         0.4~0.6 μm     緩衝層              i-ZnO
         0.3~0.6 μm     緩衝層              硫化鎘

         2~4 μm              p 型銅銦鎵硒

         1~2 μm                 金屬鉬 (Mo)
         2~4 μm                    鈉玻璃
```

圖 8-10 銅銦鎵硒太陽能電池之結構示意圖

光層緩衝；二為使用摻雜鋁形成導電性良好的氧化鋁鋅（AZO），作為透光導電層及抗反射層使用。

在該類型太陽能電池之抗反射層通常以氟化鎂為主。鋁鎳網格的目的主要是作為正面電極，其面積愈小愈好。一般而言，該層金屬的材料選擇通常為鎳或是鋁。

電池製程

在背電極鉬金屬的製作上，通常會利用直流濺鍍法製備。若在低壓的條件下，可降低二硒化鉬（MoSe₂）的產生並可沈積出較緻密之鉬金屬。通常，製備銅銦鎵硒薄膜層的方法大致上與銅銦硒薄膜層相同，常見的是使用同時蒸鍍銅、鎵、銦以及硒等元素的共蒸鍍法。

此外，由於銅銦鎵硒薄膜層之表面會有些許的高低不平，如圖 8-10，因此作為緩衝層之硫化鎘通常會以化學浸沈積法製備，以獲得連續且完整之硫化鎘批覆於銅銦鎵硒薄膜層之表面，進而提升其轉換效率。氧化鋅復合層中之本質氧化鋅層及氧化鋁鋅層通常是以直流濺鍍沈積法或射頻磁控濺鍍法製備而成。

在正電極鋁鎳網格的製作上，也是利用直流濺鍍法製備。一般來說，先在透明導電層上鍍上數十奈米之鎳金屬，接著再鍍上鋁金屬，其可避免形成高電組之金屬氧化物[3, 4]。

8-4-4 銅銦硒基薄膜型太陽能電池之模組化製程

在銅銦硒基薄膜型太陽能電池中，由於單一電池的電壓很小，因此需藉由將單一電池以串聯的方式連接成一模組，以增大工作電壓。在串聯過程中，每一個電池的負端接到下一個電池正端以完成電流傳導路徑的建立。圖 8-11 所示即為一銅銦硒基薄膜型太陽能電池模組示意圖，其主要係由：玻璃基板、金屬層、p 型銅銦硒（CIS）薄膜、n 型硫化鎘（CdS）薄膜、透明導電膜（主要是 ZnO）、抗反射層（MgF$_2$）與鎳／鋁合金電極所組成，並藉由製程中的一道雷射切割與兩道機械切割以進行一內部串聯動作，最後完成電池模組之製作 [4]。

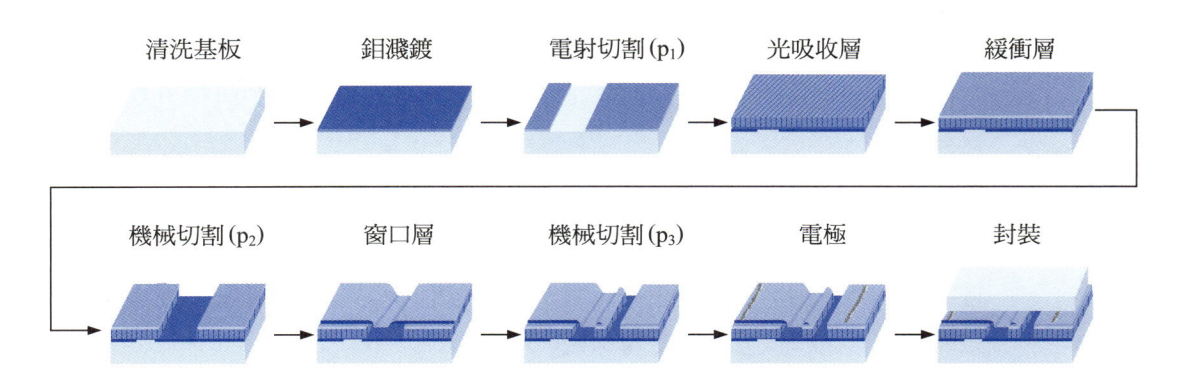

圖 8-12 說明銅銦硒基薄膜型太陽能電池之製造過程：

1. 玻璃清洗；
2. 以直流濺鍍法沈積一金屬鉬（Mo）；
3. 使用雷射切割（p$_1$ 製程）一斷路線；

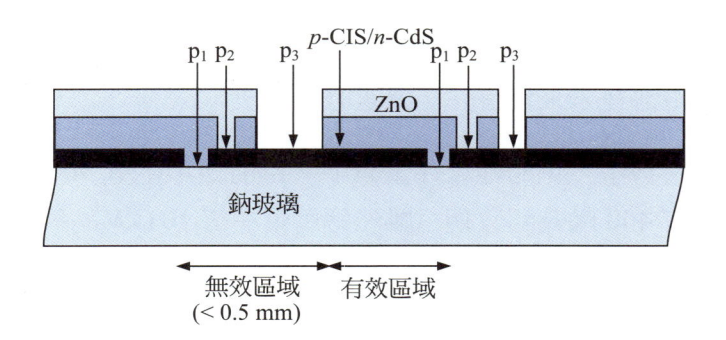

圖 8-11 銅銦硒基薄膜型太陽能電池模組示意圖

圖 8-12 說明銅銦硒基薄膜型太陽能電池模組之製造過程

4. 以共蒸鍍法或硒化法形成 p 型銅銦硒（CIS）薄膜；
5. 以化學浸沈積法形成 n 型硫化鎘（CdS）薄膜且以濺鍍法沈積透明導電膜（主要是 ZnO）作為緩衝層；
6. 由於銅銦硒（CIS）薄膜較軟，不適合雷射切割。使用機械切割（p_2 製程）p 型銅銦硒（CIS）薄膜、n 型硫化鎘（CdS）薄膜、透明導電膜以形成一短路線；
7. 藉由直流濺鍍法沈積透明導電膜構成窗口層；
8. 使用機械切割（p_3 製程）p 銅銦硒（CIS）薄膜、n 型硫化鎘（CdS）薄膜、透明導電膜形成一斷路線以形成一單一的電池；
9. 由直流濺鍍法沈積金屬嶼作為電極；以及
10. 經由銅線連結，一背板層壓製程與接上接線盒完成薄膜太陽能電池的模組化製程。

8-4-5　銅銦硒基薄膜型太陽能電池之未來課題

雖然銅銦硒基薄膜型太陽能電池具有優越的光電特性及最高的薄膜電池轉換效率，被許多研究機構或專業的太陽能雜誌公認最佳的薄膜太陽能電池池材料。但該電池在未來仍有許多課題需要解決：

1. 銅銦硒基材料中，銦的地球存量有限。目前銦年產量 900 到 1,000 噸／年，其中有 400 噸為回收銦。雖然銦用量在每 10 GW 的銅銦硒基薄膜型太陽能電池中只要約 10 噸，若銦錫氧化物透明導電膜的用量成長，則長期下來，銦仍有價格上揚的疑慮；
2. 在光吸收層材料方面，需開發能隙更大（大於 1.7 eV）的寬能隙材料，如此可以進一步地提升光電轉換效率；
3. 在銅銦鎘硒基材料製備中，雖然四元共蒸鍍法具有能自由控制薄膜組成及能隙優點，但缺點是大面積（$1\times 1\ m^2$ 以上）生產的靶材與薄膜均勻性控制困難；
4. 若採用濺鍍金屬配合硒化法製程，雖然具有技術成熟且生產時間短的優點，但缺點為組成不易控制，且用於硒化法之氣體（如硒化氫）具有毒性，處理時要非常小心注意。此外快速熱處理與硒化製程設備更是提升效率與降低成本之必要設備；及

5. 關鍵性的大面積製程設備，包含高溫擴散爐、化學氣相沈積、快速燒結爐與硒化爐，需要自主化與高度自動化，以提高廠商的成本競爭能力。

8-5 III-V 族太陽能電池

8-5-1 III-V 族太陽能電池的基本概念

發展歷史 [2, 5, 9]

- 1954 年，韋克爾首次發現了砷化鎵有光伏效應。
- 1955 年，美國 RCA 公司研究砷化鎵太陽能電池，轉換效率達 8%。
- 1962 年，砷化鎵太陽能電池之轉換效率達 13%。
- 1973 年，砷化鎵太陽能電池之轉換效率達 15%。
- 1980 年，砷化鎵太陽能電池之轉換效率達 22%。
- 1995 年，聚光型砷化鎵太陽能電池模組之轉換效率達 32%。
- 2006 年，波音子公司 Spectrolab 部門研發出光電轉換效率 41% 的砷化鎵太陽能電池。

III-V 族化合物材料的晶格常數與能隙

III-V 族化合物，不同元素之組合之化合物晶體的晶格大小、能隙皆不相同。一般而言，晶格常數愈小，半導體材料之能隙則愈大。一般而言，三元，甚至四元材料的晶格常數與材料組成呈線性關係，稱為**凡格德定律**（Vegard's Law）。因此，在晶格常數可以匹配的狀況下，藉由改變三元及四元化合物半導體材料組成元素之莫耳分率，可以得到不同的能隙值，如圖 8-13 所示。比起矽基材料，III-V 族化合物的能隙有很大的設計自由度。因此，III-V 族化合物太陽能電池多藉由多接面多能隙的疊合結構來得到超高（＞25% 以上）的轉換效率 [1, 5]。

III-V 族化合物材料的摻雜

n 型 III-V 族化合物：摻雜物包括有 S、Se、Te、Sn、C、Si、Ge 等；
p 型 III-V 族化合物：摻雜物包括有 Zn、Be、Mg、Cd、C、Si、Ge 等。

特別的是，4 價的 Si、C、Ge 可當成 n 型摻雜物也可以當作 p 型摻雜物，其狀態視摻雜物在晶體結構中取代 III 族或 V 族原子而定 [2, 5, 10]。

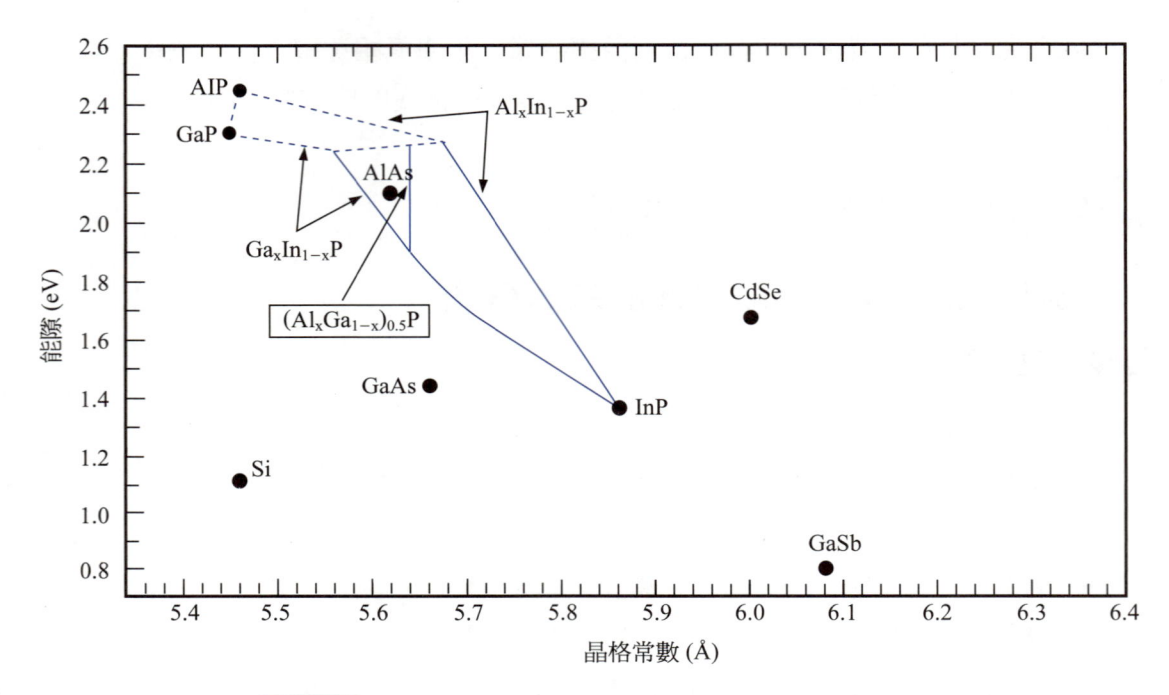

圖 8-13　III-V 族化合物材料的晶格常數與能隙關係圖

III-V 族化合物材料的成長

　　III-V 族化合物的形成，經常藉由在一晶體基板上有次序地長上另一層晶體，該技術稱之為**磊晶**（epitaxy），可分為 [2]：

1. **同質磊晶**（homo epitaxy）：當基材與所長的磊晶層材相同時稱之；及
2. **異質磊晶**（hetero epitaxy）：當基材與所長的磊昌層材料不相同時稱之。

　　特別提及的是，在異質磊晶時，由於所長出的磊晶層材料與原基板不同，因此要注意到晶格常數的匹配性，否則會造成應力或差排，甚至無法完美磊晶。此時，需藉由特殊的製程技術，或採用漸變的晶格常數來達成，此時，能隙也會現漸變的狀態。

III-V 族化合物的接面形式

　　為了形成元件，如發光二極體、太陽能電池或高速成高頻元件、n 型 III-V 族化合物與 p 型 III-V 族化合物亦需以接面方式形成。常見的接面形式如圖 8-14 所示 [2]：

1. 同質接面：兩種同樣 III-V 族化合物組成的 p-n 接面；

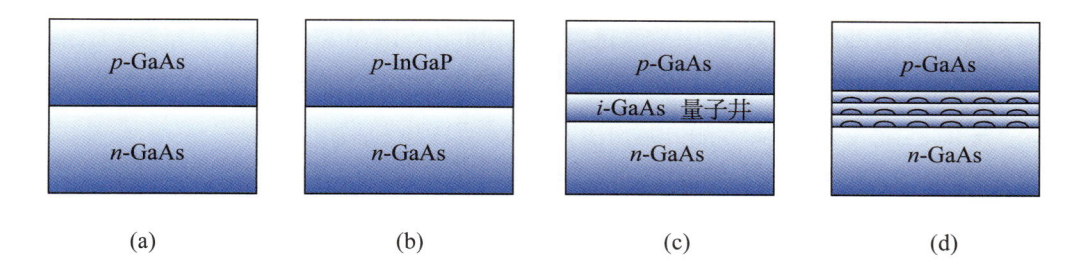

p-GaAs	p-InGaP	p-GaAs	p-GaAs
		i-GaAs 量子井	
n-GaAs	n-GaAs	n-GaAs	n-GaAs
(a)	(b)	(c)	(d)

圖 8-14　n 型 III-V 族化合物與 p 型 III-V 族化合物的接面方式，包含 (a) 同質接面；(b) 異質接面；(c) 具有量子井接面；(d) 具有量子點接面。

2. 異質接面：兩種同樣 III-V 族化合物組成的 p-n 接面；
3. 具有**量子井**（Quantum Well）接面：量子井是一種二維的量子結構，由一組高能隙與低能隙的材料，以週期性相互磊晶交疊而成之薄膜，通常厚度多小於 10 nm 以下，p-n 接面存在一層以上的量子井會造成能隙由連續狀況變成類似不連續的離散能階，能提高光子與電子／電洞的交互作用，量子井多半成長於本質層，載子可以由**穿邃效率**（Tunnel Effect）或**熱效應**（Thermal Effect）快速在量子井結構傳導；
4. 具有**量子點**（Quantum Dot）接面：量子點是一種零維的量子結構，通常其顆粒多小於 10 nm 以下，在 p-n 接面可能以週期性的方式排列成一層或多層。量子點會造成使能隙由連續狀況變成明顯的離散能階，更能提高光子與電子／電洞的交互作用。

III-V 族化合物太陽能電池的設計

將 III-V 族化合物應用在太陽能電池時，可以使用**單接面**（Single Junction）結構或**多接面**（Multijunction）結構。單接面結構容易製作，但由於能隙的選擇有限，其理論限制轉換效率約在 28%。由於在 III-V 族化合物有許多的不同元素可以組合搭配，因此可以形成多種能隙組成的多接面／多能隙太陽能電池，得到超高（＞28% 以上）的轉換效率[9, 10]。

關於堆疊型多能隙太陽能電池的設計在第六章有大致提過，其元件設計需達到：

1. **能隙選擇**：由照光面，各接面的能隙須依序由大到小，且須儘量吸收到相同的光子數；

2. **晶格常數匹配**：不同 III-V 族能隙材料間的晶格常數不同，須藉由緩衝層或製程調製來降低晶格常數的不匹配度；及
3. **電流匹配**：避免某一接面產生的最小電流會限制。

圖 8-15 說明，設有兩各不同能隙組成的多接面／多能隙太陽能電池，其上下電池的電壓－電流特性如圖，當兩電池串接後，其電壓具有加成之作用，但其電流會由具有較小輸出電流的電池所決定。由於電流與光吸收係數及厚度皆有關，有時為了得到足夠的電流需要特定的厚度，但晶格的不匹配度造成製程不易達到該特定厚度，因此使得電流無提升。因此理論上，愈多接面，電池效率愈高的看法在製程上不一定能實現。

基於直接能帶與多接面的可能性，III-V 族太陽能電池有如下優點[7-9]：

1. 高光吸收係數，薄膜厚度減少，材料用料也減少；
2. 多能隙多接面結構均可吸收不同光波長達成超高效率；
3. 由於能隙多較矽基能隙大，受溫度影響較小，可在高聚光（500 倍）下進行發電；及
4. 抗輻射損傷的能力佳，因此適合於太空中進行發電工作。

III-V 族太陽能電池常用其組成材料來分類，常見的包含：砷化鎵型（GaAs）、磷化銦型（InP）及氮化鎵型（GaN）等，而 III-V 族太陽能電池設計主要分為單接面結構和多接面結構。以下針對 III-V 族太陽能電池介紹。

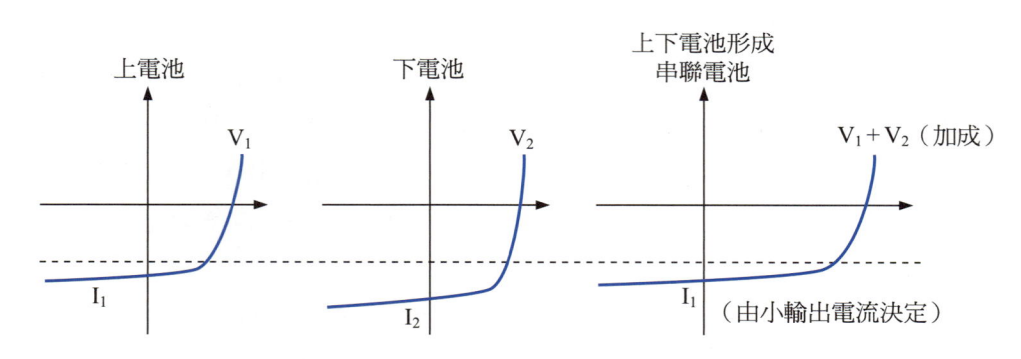

圖 8-15 雙接面太陽能電池的流電壓曲線圖

8-5-2 砷化鎵型太陽能電池

材料特性

砷化鎵（GaAs）是一種屬於直接能隙之半導體材料，在室溫下之能隙值約為 1.43 eV，屬於閃鋅礦的結晶結構晶格常數為 5.653 Å。光吸收係數約為 10^5 cm^{-1}。在厚度約為 2 μm 的情況下，約可吸收 90% 左右之太陽光。

相較於傳統的矽材料，砷化鎵材料具有較高的電子飽和速率和載子遷移率，可以在 250 GHz 的高頻元件中操作。根據理論計算顯示，在 AM 1.5 的太陽光環境下，最佳的單接面太陽能電池的轉換效率發生在能隙 1.4～1.5 eV 的位置[7]，與砷化鎵的能隙極為接近。而在雙層雙接面太陽能電池的設計中，砷化鎵型太陽能電池通常都是設計在下電池。

電池結構

圖 8-16 所示為砷化鎵型單接面太陽能電池結構示意圖，目前最高光電轉換效率約 25%。其結構之製作流程大致上可分為：下電極、基板、緩衝層、背電場層、吸收層、窗層及抗反射層[3, 18]。該類型的太陽能電池結構中，通常利用高濃度摻雜，以作為背電極使用。

在緩衝層的部分，則是以 n 型之砷化鎵材料為主，其主要作用在於解決

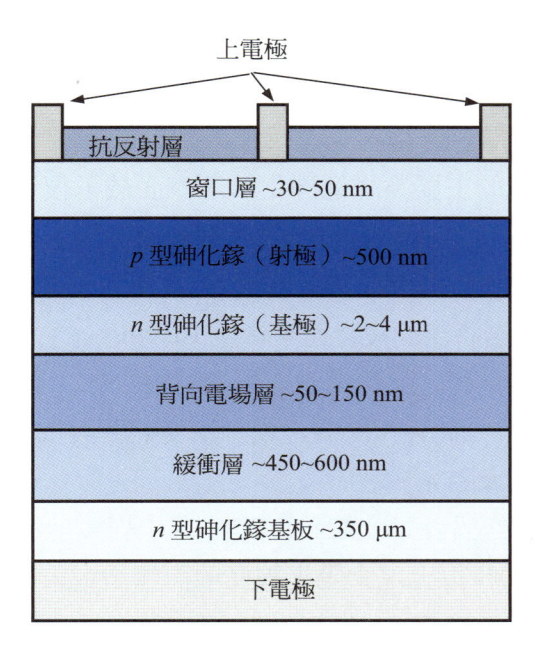

圖 8-16 砷化鎵型單接面太陽能電池結構

基板與砷化鎵材料之間光電流不匹配及反相區域現象的產生。在基板選擇的部分，通常是選用砷化鎵作為基板使用。然而由於砷化鎵基板的成本過高，目前有數種方法嘗試降低該類型太陽能電池之成本：

1. 利用**磊晶剝離**（Epitaxial Lift-off）的方法將砷化鎵基板移除以重複使用該基板；
2. 在低成本的金屬或玻璃基板上沈積多晶型的砷化鎵材料；及
3. 利用矽基板或鍺基板，矽與鍺基板具有較高之機械強度以適用於大面積之太陽能電池，但其中矽基板之晶格常數與砷化鎵材料差異過大（約 4%），仍需解決。

背電場層之主要用於避免太陽能電池底部所產生之少數載子往非正確方向擴散，使其能存在於光吸收層之接面上，進而提升少數載子之收集效率。此外，背電場層之使用也具有增加元件對紅光範圍的頻譜響應以及降低界面上載子之復合速率。一般而言，其厚度約為 100 nm，摻雜濃度約為 $10^{18}\,\text{cm}^{-3}$ 左右。

在光吸收層之部分主要可分為 n 型砷化鎵**基極**（Base）與 p 型砷化鎵**射極**（Emitter），n 型砷化鎵基極之厚度約為 2~4 μm，一般使用硒作為摻雜之材料，其摻雜濃度約為 $10^{16}\,\text{cm}^{-3}$ 左右；p 型砷化鎵射極之厚度約為 500 nm，一般使用鋅作為摻雜之材料，摻雜濃度約為 $10^{18}\,\text{cm}^{-3}$ 左右。此外，光吸收層盡量接近太陽能電池的表面，亦即將光吸收層接面的深度控制在 50 nm，以降低表面缺陷對吸收層之影響。

窗口層之使用目的主要為降低砷化鎵之表面載子復合現象，因為砷化鎵的高光吸收係數使得表面有大量的電子／電洞對，而表面的缺陷或懸鍵造成的高表面載子復合速率（約 10^6~$10^7\,\text{cm/s}$），會使電子／電洞對快速復合而降低光電流，透過窗口層將表面復合速率降至 $10^4\,\text{cm/s}$ 左右能得到合理的效率。材料之選用為可與砷化鎵之晶格常數匹配之材料，如：砷化鎵鋁（AlGaAs）及磷化銦鎵（GaInP）。此外，該層之設計厚度需要與抗反射層一起考慮，以降低電池內反射出之太陽光。

最後，抗反射層之設計是依據砷化鎵材料之光學折射率約為 3.6，若不使用抗反射層，約有 30% 以上之太陽光被反射而無法進入吸收層。目前常用之抗反射層為由氟化鎂（MgF_2）及硫化鋅（ZnS）組成之雙層結構為主，可將反射光降低至 3% 左右。

圖 8-16 所示為砷化鎵型多接面型太陽能電池結構示意圖 [3, 4, 5]，主要是與磷化銦鎵型堆疊所組成，其中以磷化銦鎵型作為上電池，而砷化鎵型作為下電池。

8-5-3 磷化銦型太陽能電池

材料特性

磷化銦（InN）是一種屬於直接能隙之半導體材料，在室溫下之能隙值約為 1.35 eV，晶格常數為 5.869 Å。其光吸收範圍約在可見光至紅外光區。相較於矽基型太陽能電池與砷化鎵型太陽能電池，磷化銦內部缺陷易受溫度影響而移動，可自動修復輻射造成之缺陷劣化，因此具有最佳之抗輻射性，可應用在太空用太陽能電池。

電池結構

圖 8-17 為磷化銦太陽能電池的基本結構示意圖。由於磷化銦的高光吸收係數，因此其整體的光吸收層厚度僅需 3 μm 以下，且由於表面復合速率 10^3 cm/s 遠低於砷化鎵的表面復合速率，因此不需窗口層，僅 p-n 接面即可得到 22% 轉換效率。

8-5-4 氮化鎵型太陽能電池

材料特性

氮化鎵（GaN）的能隙為 3.4 eV [9]，晶格常數為 $a = 3.19$ Å 與 $c = 5.19$ Å。透過與氮化銦這個材料的搭配組合即可形成常見的氮化銦鎵化合物半導體，並藉由改變氮化銦鎵中的銦含量，使得其能隙可以調整範圍從整個紫外光到遠紅外光。

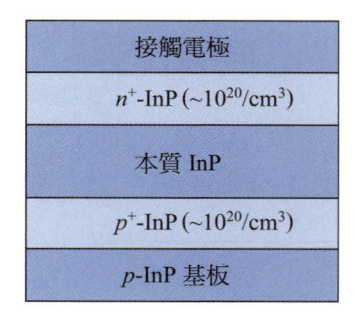

圖 8-17 磷化銦型太陽能電池的基本結構

電池結構

在氮化鎵系列的太陽能電池設計主要是以氮化銦鎵（$In_{1-x}Ga_xN$）系列為主要發展方向，主要的原因是利用氮化鎵與氮化銦的不同比例組合來達到能隙調整，可有效地吸收太陽光光譜的能量。

目前已有些許的文獻實際利用氮化銦鎵這個材料來製作太陽能電池，圖 8-18 即為吸收層氮化銦鎵的 p-i-n 太陽能電池結構圖 [5, 13]，其中 p 型與 n 型的材料皆由氮化鎵所組成的，而在吸收層的部分則是由氮化銦鎵組成，其光吸收層吸收波長的範圍大約在 387 nm 左右，而厚度設計在 200 nm。若能掌握氮化銦鎵的磊晶品質，改善高銦含量所造成相分離的問題，直接有效地改善其元件的特性。

8-5-5　多接面 III-V 族太陽能電池

圖 8-19 所示為磷化銦鎵／砷化鎵的雙層太陽能電池的結構圖 [13]，由圖中可以知道此結構的基板是選擇砷化鎵基板，再藉由磊晶設備將其結構成長出來，此結構主要包括穿遂二極體、一組上子電池以及一組下子電池。在上子電池的部分，由於磷化銦鎵（$In_{0.51}Ga_{0.49}P$）的能隙在 1.9 eV，吸收波長約為 300~600 nm 之間，而下電池的部分，砷化鎵的能隙約為 1.4 eV，所以該對應的吸收波長約為 660~890 nm 之間。藉由這樣兩種不同能隙的設計，將可有效地將太陽光光譜吸收。

圖 8-20 為使用磷化銦鎵（GaInP）／砷化鎵（GaAs）／鍺（Ge）的三接

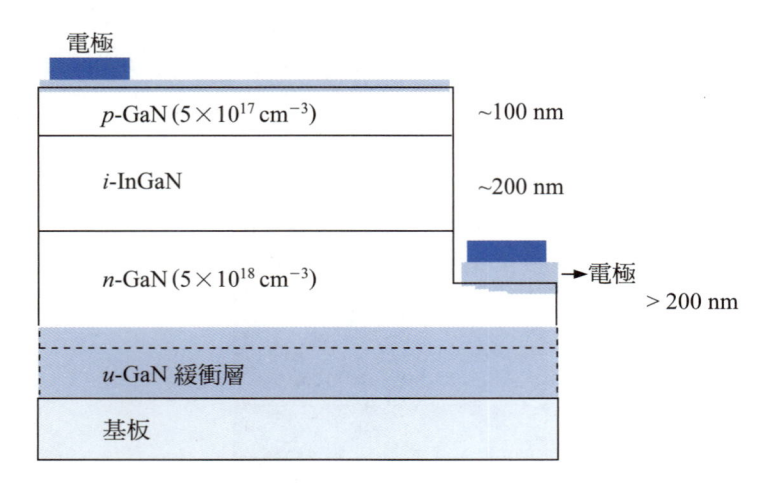

圖 8-18　光吸收層為氮化銦鎵的 p-i-n 太陽能電池結構圖

圖 8-19 磷化銦鎵／砷化鎵的雙層太陽能電池的結構圖 [9]

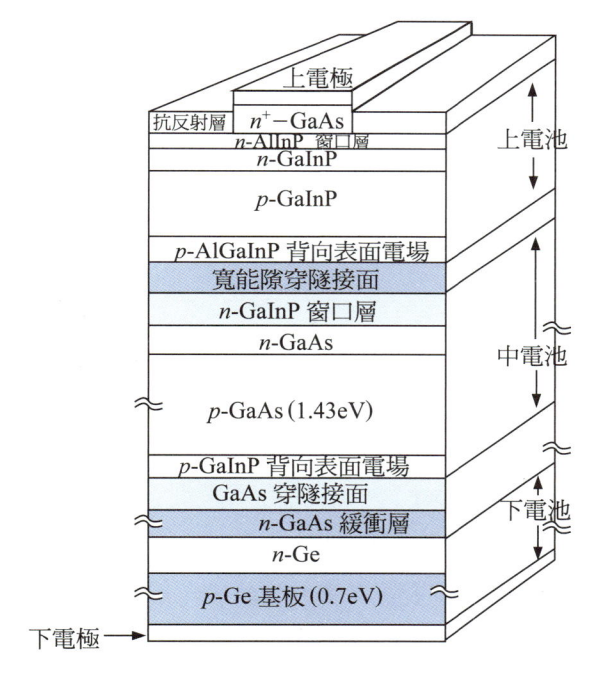

圖 8-20 砷化鎵型三接面型太陽能電池基本結構 [8]

面太陽能電池的結構示意圖。GaInP、GaAs 與 Ge 的晶格常數接近，因此磊晶成長相對容易，且能隙分別為 1.9 eV、1.43 eV 與 0.7 eV，非常適合搭配成為一高效率（~30%）之太陽能電池光吸收層組合。基板是 Ge 基板，藉由磊晶設備依序長出 n-Ge、n-GaAs 緩衝層、第一穿遂接面、p-GaInP 背向表面電場層、p-GaAs、n-GaAs、n-GaInP 窗口層、第二穿遂接面、p-AlGaInP 背向表面電場層、p-GaInP、n-GaInP、n-AlInP 窗口層與高濃度摻雜的 GaAs 電極。其中穿遂接面材料藉由重摻雜的 n 與 p 接面，提供背向表面電場層與窗口層的低電阻連結，其厚度約 ~10 nm。

8-5-6　III-V 族太陽能電池製程

過去**液相磊晶法**（Liquid Phase Epitaxy, LPE）常用於在 III-V 族基板上磊晶出 III-V 族化合物薄膜。其使用液態物質來長出磊晶層，藉由慢慢降低液態物質溶液的溫度，因過飽和現象而使得 III-V 族化合物在基板上析出。雖然，該技術可以低成本長出高品質且再現性相當高的磊晶層，但由於不易精確控制雜質濃度的分佈與表面形態，且不適合用在大面積磊晶，因此較少用於商業量產。

目前 III-V 族太陽能電池的成長技術主要可分為以下三種方式 [2, 3, 21]：

1. **有機金屬化學氣相沈積**（Metal-Organic Chemical Vapor Deposition, MOCVD）；
2. **分子束磊晶**（Molecular Beam Epitaxy, MBE）；以及
3. **化學束磊晶**（Chemical Beam Epitaxy, CBE）。

有機金屬化學氣相沈積

有機金屬化學氣相沈積系統之結構示意圖如圖 8-21 所示，其系統可大致分為：

1. **反應腔**（Reactor Chamber）：用以將氣體混合及發生反應的地方；
2. **氣體控制及混合系統**（Gas Handling and Mixing System）：用以調節並控制各個管路中的氣體流量；更可藉由一氣體**切換路由器**（Run/Vent Switch）決定該管路中的氣體是否參與反應；及
3. **反應源**（Precursor）：用以參與反應之氣體來源，其可分為有機金屬反應源以及**氫化物**（Hydride）氣體反應源兩大種類。

需注意，有機金屬化學氣相沈積亦有人以 MOVPE（Metal-Organic Vapor-Phase Epitaxy）表示之。一般而言，"CVD" 指的是成長具有非晶形貌的薄膜；而 "VPE" 指的是成長具有結晶形貌的薄膜 [14]。其製程機制簡單說明為：

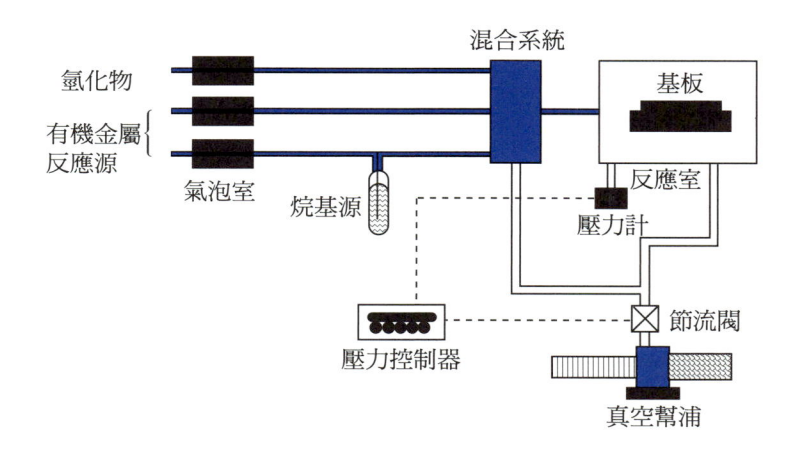

圖 8-21 有機金屬化學氣相沈積系統之結構示意圖 MOCVD 之點
（圖示資料來源：儀器科技研究中心）

1. 藉由**載氣**（Carrier Gas）之承載功能將有機金屬反應源〔例如：三甲基鎵（Trimethyl-Gallium, TMGa）、三甲基鋁（Trimethyl-Aluminum, TMAl）等，與氫化物氣體，例如：砷化氫（AsH_3）、磷化氫（PH_3）等。〕的飽和蒸氣帶至反應腔中；
2. 使有機金屬反應源與其它反應氣體混合；
3. 混合氣體擴散並通過一**粘滯層**（Stagnant Boundary Layer）後，於加熱 600~800℃ 的基板上發生化學反應，進而成長薄膜。

其中，載氣通常為氫氣，而常用的基板為砷化鎵（GaAs）、磷化鎵（GaP）、磷化銦（InP）、矽（Si）、碳化矽（SiC）及藍寶石（Sapphire, Al_2O_3）等等。該製程的優點大致有：

1. **成長速率高且能控制厚度**：可成長厚度低於 100 nm 之薄膜磊晶層；
2. **對鍍膜成分、晶相等品質容易控制**：可因氣體控制及混合系統達到品質的控制，更可藉由厚度極薄之薄膜降低晶格不匹配所產生之應力問題；及
3. **應用領域廣**：發光二極體、**異質接面雙極電晶體**（Heterojunction Bipolar Transistor, HBT）、太陽能電池等。

分子束磊晶

分子束磊晶系統之結構示意圖如圖 8-22 所示，其系統可大致分為[14]：

1. **真空系統**：用以增加蒸鍍物質分子的平均自由路徑，並使其大於蒸鍍源

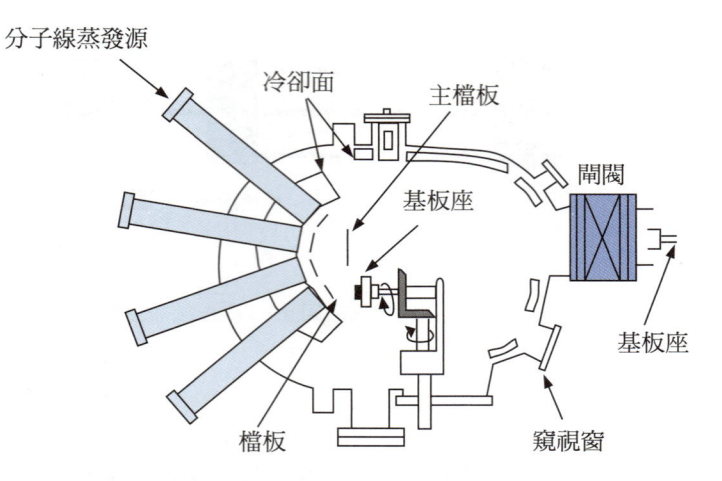

圖 8-22 分子束磊晶系統之結構示意圖
（圖示資料來源：儀器科技研究中心）

到基板之間的距離，進而促使分子團不易與其他分子碰撞；此外，分子束磊晶對真空度的要求極高，背景真空需維持小於 10^{-10} torr，即**超高眞空**（Ultra-Hign Vacuum, UHV）。

2. **表面分析儀器**：用以觀察薄膜成長過程，以及監控膜厚及膜質；包含：能量電子繞射儀（LEED）、歐傑電子繞射儀（Auger）、反射式高能量電子繞射儀（RHEED）或二次離子質譜儀（SIMS）。

3. **蒸鍍源**：利用高效率的蒸發源將材料溶解，並控制蒸發的速率，藉由微量的分子束型態，使其直接沈積於基板上；常見的蒸鍍源有：鎵、鋁、銦、矽等。

此外，由於分子束磊晶在組成或是摻雜的控制上，具有較佳的穩定性，因而使其適合於製備各種不同光電和電子元件結構的成長。其製程機制大致如下：

1. 在超高真空（內壓 < 10^{-10} torr）環境下加熱蒸鍍源，藉以增加氣體分子的平均自由路徑；及

2. 使蒸鍍物質以分子束之直線行走的方式直接到達基板，進而進行磊晶成長。

分子束磊晶製程之優點：

1. **精確的分析薄膜**：對於以不同溫度下成長的薄膜，可藉由表面分析其成

長模式、結構、電性及磁性等性質；
2. **不易形成氧化層**：在超高真空的環境下，薄膜的表面不易有氧化層的形成，於分析表面時，不因額外形成的氧化層影響薄膜原有的物性；及
3. **穩定的沈積率**：能有效且穩定的控制沈積速率達 1 Å/min，薄膜能有原子尺度的平坦表面，以及理想的單晶結構。

化學束磊晶

化學束磊晶系統之結構示意圖如圖 8-23 所示，與分子束磊晶之差別在於：化學束磊晶係使用氣體源，而非蒸鍍物質。此外，化學束磊晶之組成系統係結合分子束磊晶及有機金屬化學氣相沈積的機台，機台結構可大致分為[14]：

1. **真空系統**：在較高真空條件下進行，使分子的具有較長的平均自由路徑，進而促使分子團不易與其他分子碰撞；
2. **反應腔**（Reactor Chamber）：用以將氣體混合及發生反應的地方，並經由吸附以及表面遷移等過程，使原子層於基板上呈現有序的單晶薄膜；
3. **反應源**（Precursor）：用以參與反應之氣體來源，其可分為有機金屬反應源以及氫化物氣體反應源兩種；及
4. **加熱以及溫控裝置**：用以提高反應源的解離率，進而提升薄膜的沈積率。

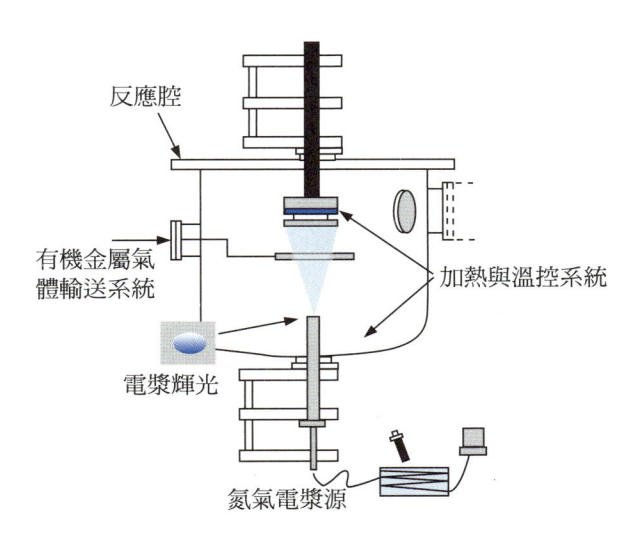

圖 8-23 化學束磊晶系統之結構示意圖

（圖示資料來源：儀器科技研究中心）

分子束磊晶主要的製程方式簡述如下：

1. 有機金屬反應源與非金屬氫化物經高溫裂解後，形成分子束或原子束等氣體；
2. 藉由真空高的條件下，增加分子束或原子束等氣體之平均自由路徑；及
3. 經由吸附、表面遷移以及分解等物理或化學過程，直接於基板上形序的單晶薄膜。

化學束磊晶的製程方式與有機金屬化學氣相沈積的製程方式有些許的不同，其差異性在於：於有機金屬化學氣相沈積的製程技術中，基板之表面會形成一粘滯層，所有參與反應的混合氣體需擴散並通過此粘滯層後，才能於基板表面形成薄膜層；而對化學束磊晶的製程係於高真空的反應腔成長薄膜，因此，參與反應的混合氣體可形成分子束於基板之表面，進而沈積薄膜。

此外，化學束磊晶更是集結了分子束磊晶以及有機金屬化學氣相沈積的優點：

1. **超薄以及組成穩定之薄膜**：可藉由控制氣體反應源之流量，使其能固定比例的混和成分子束，進而獲得組成準確且均勻的薄膜。
2. 更由於分子束的特性可形成非常陡峭的異質接面，進而產生相當薄的磊晶層；
3. **穩定的薄膜純度**：在高真空的環境下，可獲得較乾淨的成長環境，進而形成穩定成長的薄膜，更可獲得高純度的薄膜品質；及
4. **精確的分析薄膜成長狀況**：可藉由加裝分析儀藉以觀察薄膜成長過程，並隨時監控膜厚及膜質。

⬢ 8-5-7　III-V 族太陽能電池的未來課題

目前，III-V 族太陽能電池具有最高的電池轉換效率，藉由聚光透鏡及追光系統之結合可使其效率達到 40%。然而該電池在未來仍有許多課題需要探討：

1. **於 Si 基底上磊晶 III-V 族之材料**：關鍵技術在於薄膜材料品質的提升，其可利用：(1) 進行基板表面清潔，以消除基板表面的雜質，可形成較佳之磊晶層；(2) 於磊晶層和基底之間成長一界面緩衝層，可降低薄膜間之

錯位密度；(3) 於中間層**成長應變層**（Metamorphic Layer）或利用**倒置**（Inverted）結構成長該應變層，其分別可改善薄膜間晶格不匹配及線缺陷等問題。

2. **界面的晶格和熱匹配**：在進行異質磊晶時，由於薄膜間的晶格和熱的不匹配問題，易造成薄膜晶格內的高應力。此外，由於各材料間之熱膨脹係數的不同，在薄膜成長後的冷卻過程中易造成薄膜和基底晶格間的**應變**（Strain），需研發低溫成長及增強磊晶之技術達到改善。

3. **降低製程成本**：該類型之太陽能電池製作之成本較昂貴，可藉由高聚光系統使其每瓦發電成本可以降到 3 美元（矽晶太陽能電池約為 6~8 美元），然而需克服高聚光系統延伸出之高溫，導致晶片在高溫下的使用壽命下降之問題。

8-6 聚光型太陽能電池

聚光型太陽能電池（Concentrator Photovoltaic, CPV）是將大面積的入射光聚集在小面積的太陽能電池單元上，包含高效率太陽能電池、**高聚光鏡面**（Lenes）及含散熱片之**底座**（Sub-Mount）**太陽光追蹤器**（Sun Tracker）的組合，其光電轉換效率可高達 35% 以上。

圖 8-24 所示，常見的典型聚光型太陽能電池結構包含 [2, 22, 23]：

1. **反射式聚光型太陽能電池**：藉由反射鏡面將入射光反射並聚焦至太陽能電池；
2. **折射式聚光型太陽能電池**：藉由折射透鏡將入射光折射並聚焦至太陽能電池。

一般而言，反射式聚光型系統比較在乎入射光的角度造成的聚焦誤差，但比較不在乎入射光波長的差異；相反地，折射式聚光型系統比較在乎入射光波長差異造成的折射偏移而聚焦誤差，但比較不在乎入射光的角度。

聚光比（Concentration Ratio）用於衡量系統聚光能力，定義為聚光鏡面面積與太陽能電池面積的比值。圖 8-25 所示為一常用的折射式聚光型太陽能電池之示意圖。其轉換效率高，且向陽時間長，過去多用於太空產業，現在搭配太陽光追蹤器，更可用於發電產業，由於每瓦的成本尚高，尚未普及於一般家庭。聚光型太陽能電池主要材料多採用高效率多接面III-V族太陽能電

(a) 反射式　　　　　　　　　　(b) 折射式

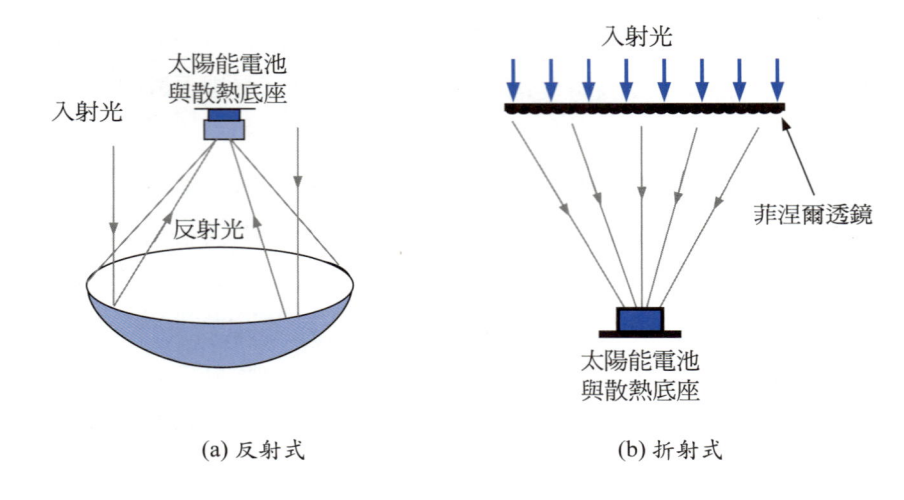

圖 8-24　典型的聚光型太陽能電池結構

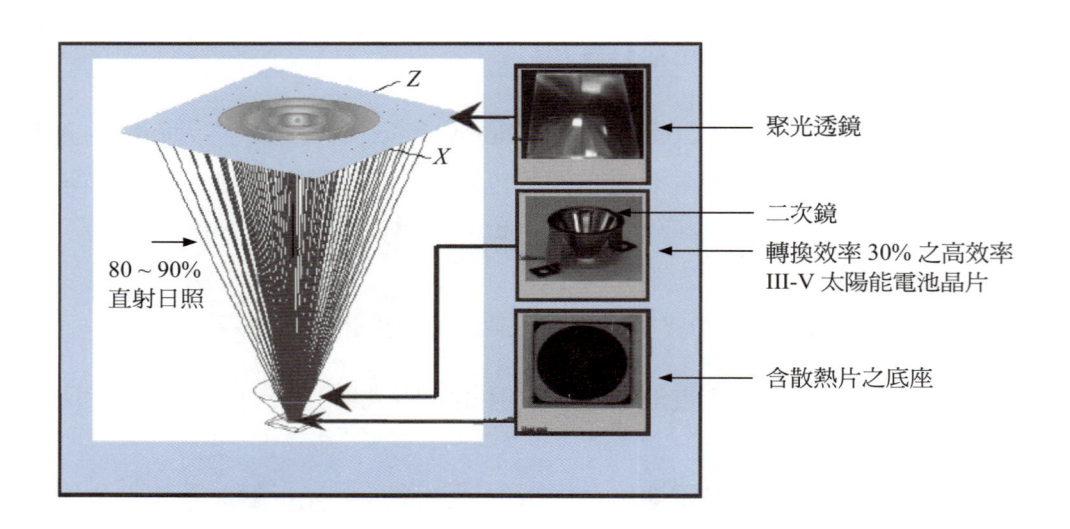

圖 8-25　拆射式聚光型太陽能電池模組之示意圖

池晶片，其優點包含：

1. 利用聚光技術，可提高太陽能電池的光電轉換效率，並大幅減少太陽能電池尺寸與模組面積；
2. 聚光鏡組的成本低於 III-V 族太陽能電池的成本，減少太陽能電池使用尺寸與模組面積，可大幅降低發電成本；
3. 利用太陽追蹤器追蹤日射角度，提高光照吸收率，亦即減少了光照無謂的損失；
4. 提供大型公用與工商業用再生能源的發電系統；及
5. 相較於結晶矽太陽能電池，聚光型太陽能電池比較不受到溫度影響，其光發電轉換效率下降的幅度較小。

圖 8-26 顯示於結晶矽晶太陽能電池與多接面 III-V 族太陽能電池受溫度之影響。隨著溫度升高，太陽能電池的**熱游離效應**（Thermal Ionic Emission）現象加劇，大量價電子游離進而導致在 p-n 接面附近的活性層厚度減少，將使得電池之電壓與光電轉換效率明顯下降。由於結晶矽材料的能隙較小，更容易受到熱游離效應的影響，因此矽晶太陽能電池的實際輸出功率，通常都比額定輸出功率低很多。

8-6-1　聚光型太陽能電池模組

典型的聚光型太陽能電池模組之主要零件設計包含[22]：

1. **太陽能晶片**（Cell Chips）
2. **底座模組**（Sub-mount）
3. **光接收器**（Light Receiver）
4. **框架**（Frame）
5. **鏡片**（Lens）

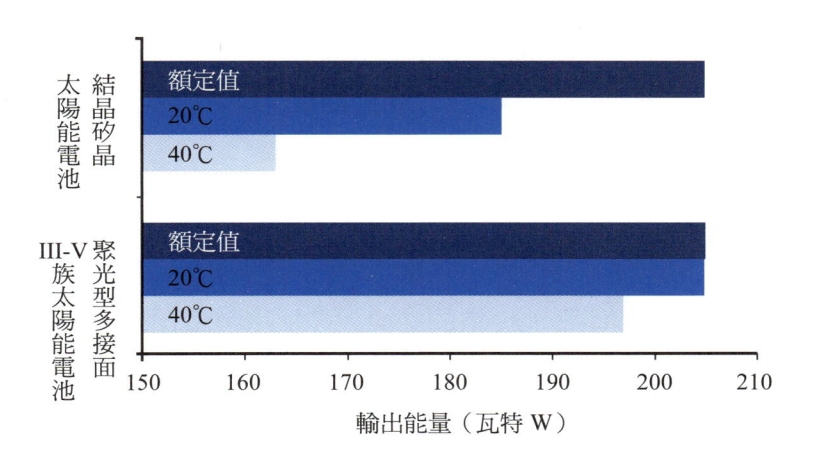

圖 8-26　比較結晶矽晶太陽能電池與聚光型多接面 III-V 族太陽能電池受溫度的影響

太陽能晶片

用於聚光型太陽能電池模組之電池多半使用高效率多接面 III-V 族太陽能晶片 [2, 24]，例如：美國波音的子公司 Spectrol-Lab 所製造，屬於 InGaP/InGaAs/Ge 材料系統的三接面晶片。該高效率多接面 III-V 族太陽能電池的組成結構與外部量子效率，分別如圖 8-27(a) 及圖 8-27(b) 所示。該電池是在 p 型鍺（Ge）基材上分別長兩個 III-V 族 p-n 接面材料，其磊晶層加上兩個連結三個接面之穿遂二極體，最後在底層與頂層再做上金與銀之歐姆接觸電極。商業化產品多為 GaInP（1.9 eV）、GaAs（1.43 eV）及 Ge（0.7 eV）之三接面電池晶片為主。

底座模組

底座模組是用於裝載太陽能電池晶片，並兼具散熱之功能。傳統的印刷電路板（Printed Circuit Board）因熱傳導率不佳，因此目前聚光型太陽能電池模組多半使用良好散熱能力的金屬電路基板（Metal Core Printing Circuit Board, MCPCB），即是將原有的印刷電路板附貼在另一種熱傳導效果更好的金屬上（如鋁、銅），藉此來強化散熱效果，如圖 8-28 所示。金屬電路基板的熱傳導率可高達 1~2.2 W/m.K，但在電路系統運作時不能超過 140℃，這個主要是來自絕緣層的特性限制，此外在製造過程中，熱處理溫度也不得超過 250～300℃。

光接收器

光接收器（Light Receiver）是由複數個底座模組與在晶片上方之二次鏡依序排列組裝於鋁底板上所組成，此鋁底板兼具支撐結構強度與散熱的功能，如圖 8-29 所示。二次鏡除了保護下方接線及晶片封裝材料不受偏移聚光點的高溫影響，還可利用反射面將光線再次收集。

框 架

框架主要目的為利用最少的材料與零件透過模組化的組裝方式達到量產化的目標。聚光型太陽能電池模組的結構大多採用輕量化的鋁合金框架。

鏡 片

反射式鏡片多採用拋光彎曲之反射鏡，材質多為不鏽鋼。折射式鏡片多使用聚光 200~1,000 倍的菲涅爾（Fresnel）透鏡，其原因係該透鏡由凸透鏡

(a) 晶片結構

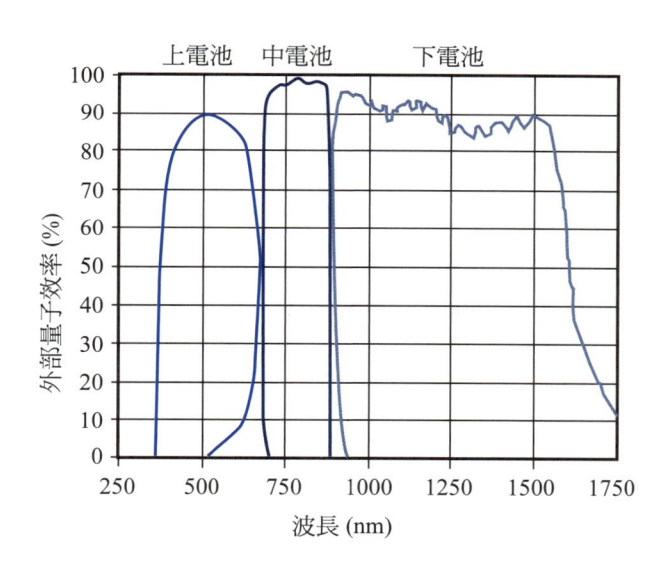

(b) 各接面之外部量子效率

圖 8-27 可用於聚光型太陽能模組之三接面 III-V 族晶片型太陽能電池

改良，具有重量輕、體積小之優點，如圖 8-30 所示，以射出成型方式製造，以符合低成本的要求。菲涅爾鏡片的設計材質可以是玻璃或透光性佳的光學壓克力〔聚甲基丙烯酸甲脂（Polymethyl-Methacrylate, PMMA）〕。設計之光學效率需達 80% 以上，目前的聚光鏡面的典型聚光比由 100 至 1,000 倍。

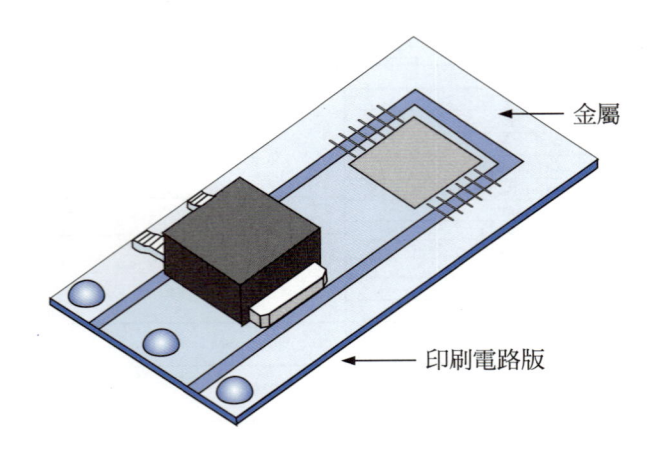

圖 8-28　底作模組示意圖

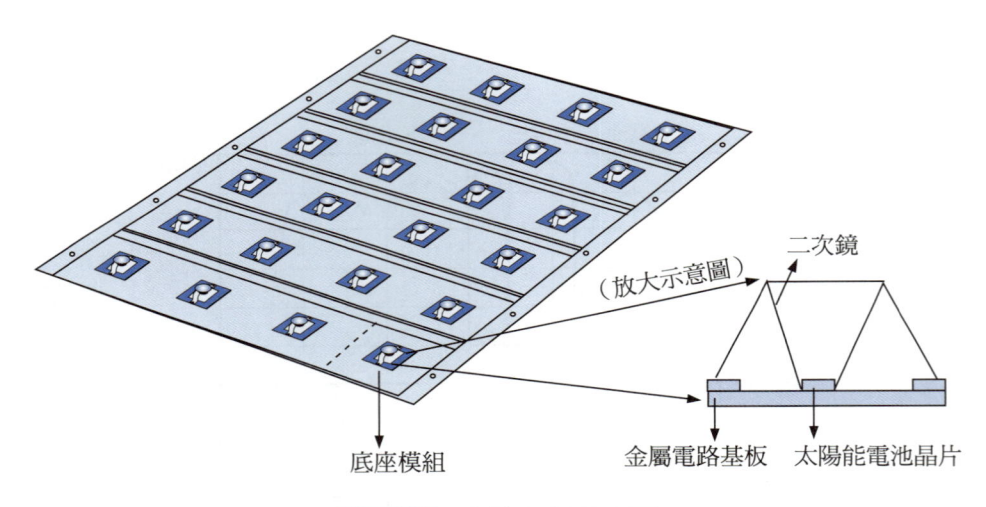

圖 8-29　光接收器示意圖

8-6-2　太陽追蹤系統

　　太陽追蹤系統主要由**追蹤器**（Tracker）、旋轉驅動機構、**光感應器**（Light Sensor）、**控制器**（Controller）組成 [23]，旋轉能讓系統即時追蹤太陽，高效地執行光電轉換和發電。圖 8-31 所示為 Sunrgi 公司於 2008 年 5 月發表其所研發的聚光追尾型太陽電池模組。該模組的轉換效率高達 37.5%，未來發電成本可以在 5 美分/kWh。

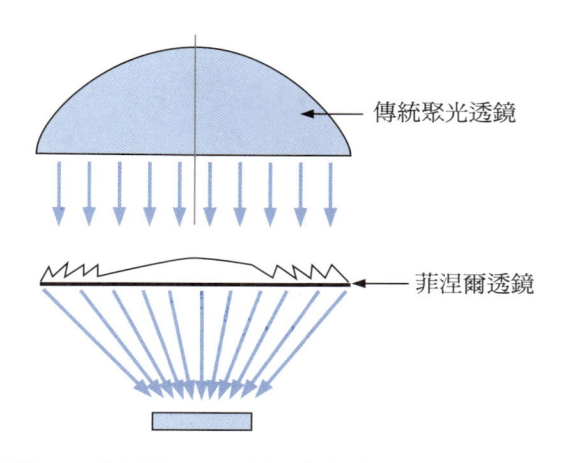

圖 8-30　由傳統聚光凸透鏡演進成菲涅爾透鏡的示意圖

圖 8-31　聚光型太陽能電池模組

8-7　結　語

　　目前主要碲化鎘太陽能電池廠商包括 First Solar、Antec Solar 等，目前雖已有商品生產，但產量還不算大。鎘元素也可藉由提煉其他金屬獲得，不致面臨缺料問題。然而，硫化鎘／碲化鎘太陽能電池至今無法躍升為市場主流有幾個原因：(1) 碲材料的蘊藏有限，其總量無法應付大量而全盤倚賴此種光電池發電所需；(2) 碲與鎘的毒性，使人們無法安心使用此種光電池。不過，目前美國及德國業界已開始推行 CdTe 太陽能電池回收／再生機制，此對未來 CdTe 太陽能電池市場發展注入一股正面能量。此外，美國 NREL 正在研發

CdTe 太陽能電池的新製程，目前太陽能電池效率已可達 15%、模組效率達 12%、生命週期約為 25 年且每瓦約為 1 美元左右，為現今最低成本之薄膜型太陽能電池。

銅銦硒基太陽能電池，具有吸光範圍廣、製造成本低，轉換效率高、耐用性佳、穩定性佳，不具有光退化效應、質量輕且抗輻射強度佳等優點，亦適用於太空的環境中，為最早達到轉換效率 10% 以上的薄膜太陽能電池。然而，由於該類型太陽能電池製程技術的複雜性，面臨了標準化與量產性的問題。另一方面，由於銦及鎵材料的地球蘊藏量有限，未來亦有可能發生材料短缺的問題。

III-V 半導體中砷化鎵和氮化鎵等材料都已經廣泛地應用在很多的光電元件中，例如高功率元件、高頻率元件、發光二極體和雷射二極體等。此材料的直接能隙和本身的穩定度都使得 III-V 半導體材料成為製作高效率太陽能電池的第一選擇。除了 III-V 族具有直接能隙的特性外，在電子電洞的遷移率、光吸收係數……等皆有不錯的特性，並且可以藉由改變不同材料組成去調整能隙的變化，可達到最佳的能隙設計。

聚光型太陽能電池發電系統在較佳化的聚光鏡面設計、更高效率的太陽能電池晶片，良好的熱散裝置及精確穩定的太陽追蹤系統的配合下，將有可能達成每瓦少於 0.01 美元的目標。

專有名詞

1. **化合物半導體**（Compound Semiconductor）：係指於元素週期表中，由 IIB 族及 VIA 族或 IIIA 及 VB 族形成之半導體材料。
2. **熱游離效應**（Thermal Ionic Emission）：太陽能晶片中隨著溫度升高，大量價電子游離，進而導致在 $p\text{-}n$ 接面附近的活性層厚度減少，將使得電池之電壓與光電轉換效率明顯下降。
3. **吸光層**（Absorbing Layer）：在太陽能電池中，用於吸收外來光源並產生電子電洞對的薄膜層。
4. **吸收係數**（Absorbing Coefficient）：在半導體材料中，每單位距離所吸收光子的相對數目。
5. **固溶體**（Solid Solution）：是一個（或幾個）組元的原子（化合物）溶入另一個組元的晶格中，而仍保持另一組元的晶格類型的固態金屬晶體，固溶體分為間隙固溶體和置換固溶體兩種。

6. **同素異型**（Allotropic）：若有兩種或兩種以上的物質，由同一種元素構成，但原子排列的方式不同者，則互稱為對方的同素異型體。
7. **p-n 接面**（p-n Junction）：在 p-n 接合型半導體元件內，p 型與 n 型區域之間所相交的介面。
8. **硒化法**（Selenization）：在基地材料中，摻雜硒元素使其分子成分產生化學計量比的變化，進而改善其材料之物理特性。
9. **聚光型太陽能電池**（Concentrator Photovoltaic, CPV）：包含高效率太陽能電池、高聚光鏡面及太陽光追蹤器的組合，其能量轉換效率可高達 31%～40%。
10. **菲涅爾透鏡**（Fresnel Lenes）：菲涅爾鏡片是根據法國光物理學家 Fresnel 發明的原理採用電鍍模具工藝和 PE（聚乙烯）材料壓制而成。鏡片表面一圈圈由小到大、向外由淺至深的同心圓，從剖面看似鋸齒。

本章習題

1. 說明化合物半導體的種類、特性與其應用在太陽能電池之優點。
2. 分別列出兩種 II-VI 族及 III-V 族中常見的化合物半導體材料。
3. 說明化合物半導體太陽能電池之工作原理與討論其電流損失機制。
4. 說明 CdTe 化合物太陽能電池的結構與發電原理。
5. 說明 CdTe 化合物太陽能電池未來發展的可能性。
6. 說明 CIGS 化合物太陽能電池的結構與發電原理。
7. 說明 CIGS 化合物太陽能電池的製程。
8. 討論 CIGS 化合物太陽能電池的大面積生產方法與其困難處。
9. 說明 III-V 化合物太陽能電池的分類。
10. 說明提高 III-V 化合物太陽能電池效率的方法。
11. 說明 III-V 化合物太陽能電池未來發展的可能性。
12. 說明聚光型太陽能電池的優點。
13. 說明聚光型太陽能電池模組的組成設施。
14. 找出化合物半導體太陽能電池的成本分析，並探討如何降低化合物半導體太陽能電池的製造成本。

參考文獻

[1] 林明獻，《太陽能電池技術入門》，第九、十與十一章，全華圖書股份有

限公司。

[2] 戴寶通，鄭晃忠，《太陽能電池技術手冊》，第五、六與七章，台灣電子材料與元件協會。

[3] 黃惠良，曾百亨，《太陽電池》，第七、八與九章，五南圖書出版公司。

[4] 顧鴻濤，《太陽能電池元件導論》，第六、七與八章，全威圖書股份有限公司。

[5] 濱川圭弘編著，《光電太陽電池設計與應用》，第六與七章，五南圖書出版公司。

[6] 楊德仁，《太陽能電池材料》，第十一、十二與十三章，五南出版社。

[7] R. H. Bube, Photovoltaic Materials, Imperial Colledge press (1998).

[8] Y. Hamakawa, *Thin Film Solar Cells: Next Generation Photovoltaics and Its Applications*, Springer (2004).

[9] A. Luque and S. Hegedus, Handbook of Photovoltaic Science and Engineering, John Wiley & Sons Ltd, (2003).

[10] H. J. Moller, *Semiconductor for Solar Cells*, Artech House (1993).

[11] A. Catalano, "Polycrgstalline thin-film technologies: status and prospects", *Solar Energy Materials and Solar Cells*, Vol, 41-42. pp. 205-217 (1996).

[12] N. Romeo, A. Bosio, V. Canevari and A. Podesta, "Recent progress on CdTe/GdS thin film solar cells", *Solar Energy Materials and Solar Cells*, Vol. 77, No. 6. pp. 795-801 (2004).

[13] J. Hiie, "CdTe:CdCl2:O_2 Annealing Process". *Thin Solid Films*, 90, pp. 431-432 (2003).

[14] X. Z. Wu, "High efficiency poly crystalline CdTe thin film solar cells", *Solar Energy Materials and Solar Cells*, Vol. 77, pp. 803-814 (2004).

[15] M. L. Fearheiley, "The phase-relations in the Cu, In, Se system and the growth of CuInSe2 single-crystals", *Sol. Cells*, 16, pp. 91-100 (1986).

[16] S. Wager, J. L. Shay, P. Migliorato and H. M. kasper, "CuInSe$_2$/CdS heterojunction photovolatic detectors", *Appl, Phys*, *Lett*. Vol. 25, pp. 434-435 (1974).

[17] 蘇炎坤，李漢誠，〈III-V 太陽能電池之技術發展〉，電子月刊，2009 年 6 月刊。

[18] M. Yamaguchi, "III-V compound multi-function solar cells: present and future", *Solar Energy Materials and Solar Cells*, Vol. 75, pp. 261-269 (2003).

[19] R. C. Knechtli, R. Y. Loo and G. S. Kamath, "High-efficiency GaAs solar cells",

IEEE Trans. On. Electron Devices, Vol. 31. No. 5, pp. 577-588 (1984).

[20] 《真空技術與應用》，國家實驗研究院儀器科技研究中心出版。

[21] 曾衍彰、楊益郎、許晉維，〈聚光型太陽光發電技術的研發與應用〉，電子月刊，2009 年 4 月刊。

[22] 李雯雯，〈聚光型太陽光電技術發展概況〉，工研院 ITIS 專欄，2008 年刊。

第 9 章 次世代太陽能電池

- 9-1 章節重點與學習目標
- 9-2 多接面、多能隙及堆疊型太陽能電池
- 9-3 中間能帶型太陽能電池
- 9-4 熱載子太陽能電池
- 9-5 熱光伏特太陽能電池
- 9-6 頻譜轉換太陽能電池
- 9-7 有機太陽能電池
- 9-8 塑膠太陽能電池
- 9-9 奈米結構太陽能電池
- 9-10 結　語

9-1 章節重點與學習目標

即使太陽能電池已成為熱門的產業，但目前其效率仍然不高，因此改變太陽能電池材料或結構，達到高效率與低成本太陽能電池之目標是刻不容緩的。太陽能電池為了符合商業上成本及轉換效率的考量，不斷地於基本結構和材料內部之特性做改變。根據**卡諾效率**（Carnot Efficiency）公式，自太陽黑體輻射（約 6000 K）吸收能量經換算（$1-T_{sink}/T_{source}$）最高轉換效率為 95%。此數值並未考慮損耗之**光子**（Photon）及**聲子**（Phonon）所產生之熱能，若加以考量其熱能之損失，則太陽能電池最大理論效率約為 86.8%[1-3]。一般而言，單一半導體做成的太陽能電池，假設所有的入射光子，只要其能量大於半導體的能隙，其光子都將被吸收而產生一個電子－電洞對。並非所有光子皆可轉換成電能，實際包含其他吸收之輻射能或損失之熱能等。關於損失的機制，第 3-3 節已說明。簡單來說，對於單能隙太陽能電池，其主要損失包含：(1) **次能隙損失**（Sub-bandgap Losses），當光子能量小於太陽能電池能隙而無法吸收產生載子對之損失；(2) **熱游離損失**（Thermalisation Losses）當光子能量大於太陽能電池能隙，多餘能隙的能量以熱形式損失[3]。因此，要提高太陽能電池效率將以減少次能隙損失及熱游離損失為主。

圖 9-1 為太陽能電池各世代之成本與效率關聯圖。以成本與效率作為太陽能電池之分類是一個很好的思考方式[1-5]。

第一代太陽能電池：以矽基為主之太陽能電池，具有高價格與接近 20% 的轉換效率。

第二代太陽能電池：主要以薄膜型太陽能電池為主，其效率上雖不及傳統的單晶矽太陽能電池，但採用以非晶矽材料為主的薄膜太陽能電池，卻大幅降低了矽材料上之花費，亦成功的將太陽能電池之厚度縮小。然而，矽薄膜太陽能電池目前效率仍無法有效提升。為了維持低成本、薄型化並達到高效率太陽能電池之目標，次世代太陽能電池之研發就儼然成了主要之關鍵技術。

第三代太陽能電池：主要以能超越目前矽基太陽能電池理論效率 28% 以上之太陽能電池稱之，主要以**多接面／能隙**（Multi-level/Bandgap）太陽能電池為主，希望同時具有高效率與低價格之特性。然而，以奈米結構形成之太陽能電池亦可以歸類在第三代太陽能電池中，儘管奈米結構太陽能電池之轉

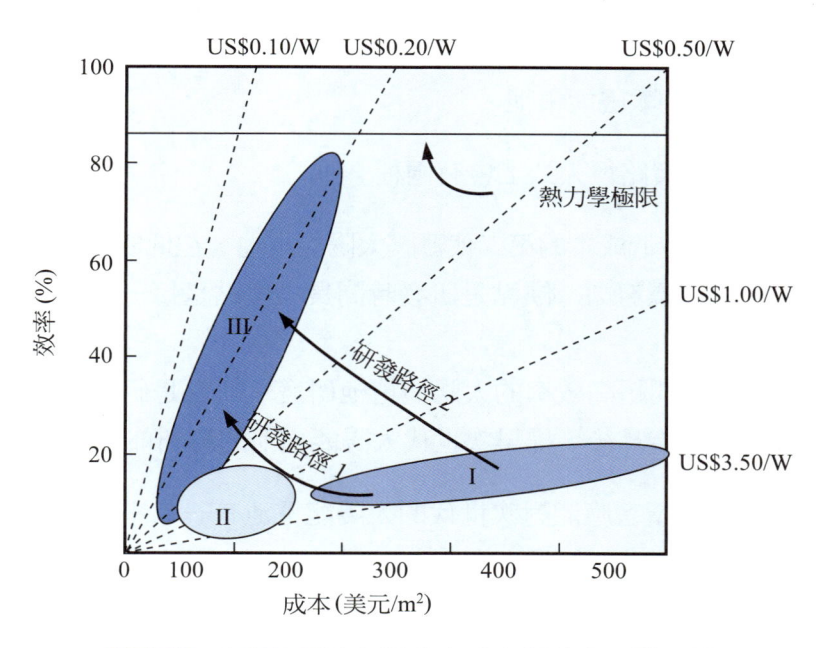

圖 9-1　太陽能電池各世代之成本與效率關聯圖 [1]

換效率雖然不高,但未來有很大之進步空間。

針對太陽能電池能量的兩大損失機制,第三代太陽能電池的研發思考主要以:

1. 光譜能量分段以充分吸收;
2. 讓每一個光子產生更多的電子／電洞對;
3. 讓光譜的頻譜可被轉換以利充分吸收;以及
4. 除了光子外,將多餘的熱也用來產生電子／電洞對。

隨著新材料與結構的開發,次世代的太陽能電池種類與結構一一被提出,包含 [5]:

1. **多接面、多能隙及堆疊型**(Multi Level / Bandgap and Tandem Cell)結構之太陽能電池。
2. **中間能帶型**(Intermediate Band)太陽能電池。
3. **熱載子**(Hot Carrier)太陽能電池。
4. 黑體輻射的**頻譜轉換型**(Spectral Conversion)太陽能電池。
5. **熱光伏特**(Thermophotovoltaic, TPV)太陽能電池。

6. **有機**（Organic）太陽能電池。
7. **塑膠**（Plastic）太陽能電池。

由圖 9-1 可知，研發路徑大致上會有兩種：

1. 路徑 1：先研發低成本的第二代薄膜太陽能電池，在低成本目標達成後，朝高效率的目標努力。缺點是研發時間長，優點是每一個階段都會有產品推出；及
2. 路徑 2：直接朝超高效率的太陽能電池研發。缺點是研發高風險，優點是達成高效率產品後，提早次世代太陽能電池的專利佈局。

透過本章之閱讀，讀者應能對次世代的太陽能電池有一基本認識，進一步可探討第三代太陽能電池的技術方向。

9-2　多接面、多能隙及堆疊型太陽能電池

圖 9-2 顯示單能隙與多能隙材料對太陽光譜之吸收。當光子的能量小於材料之能隙時，光子將直接穿過材料而無法被材料所吸收。當光子的能量大於材料之能隙時，光子將被材料吸收，但多於材料能隙之能量將以熱量之形式散失掉。以目前的矽基太陽能電池為例，由於矽的能隙約 1.12 eV，該矽材料僅吸收能量大於 1.12 eV 的光子，而多於 1.12 eV 之能量以輻射或熱損失浪費掉。因此若能結合不同能隙之材料，將可充分地利用太陽能光譜之能量。例如，當太陽能電池結構結合能隙為 2 eV 與 1 eV 之吸收材料，太陽光中短波長之藍光可被 2 eV 之材料所吸收，並且不至於浪費過多的能量於熱中散

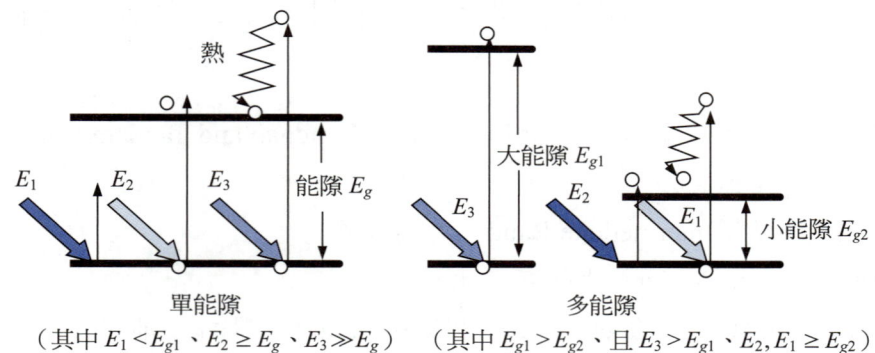

單能隙
（其中 $E_1 < E_{g1}$、$E_2 \geq E_g$、$E_3 \gg E_g$）

多能隙
（其中 $E_{g1} > E_{g2}$、且 $E_3 > E_{g1}$、$E_2, E_1 \geq E_{g2}$）

圖 9-2　單能隙與多能隙材料對太陽光譜之吸收 [1]

失。另一方面，長波長如紅綠光則可被 1 eV 之材料所吸收。

　　圖 9-3 所示為基本的多能隙太陽能電池之結構示意圖，該結構常見於多能階或堆疊型太陽能電池，亦即堆疊數個不同能隙結構之光吸收材料[6, 7]。由照光面開始，其能隙排列由大到小，如此可將太陽能光譜中不同波長之光子加以吸收轉換成電能。這個概念並非新穎，早在 1990 年代，III-V 族化合物太陽能電池便採用該多能隙結構來達成高效率太陽能電池。第八章提及，這是 III-V 族材料具有多種元素可以組合，只要能滿足晶格常數的匹配。然而，對於 VI 族的矽基薄膜而言，要形成不同能隙，需要使矽的結晶狀況改變或摻雜鍺或碳，亦需要良好的設備與製程技術配合。

　　此外，對於多能隙結構中的能隙選擇，不只是滿足由照光面依序由大到

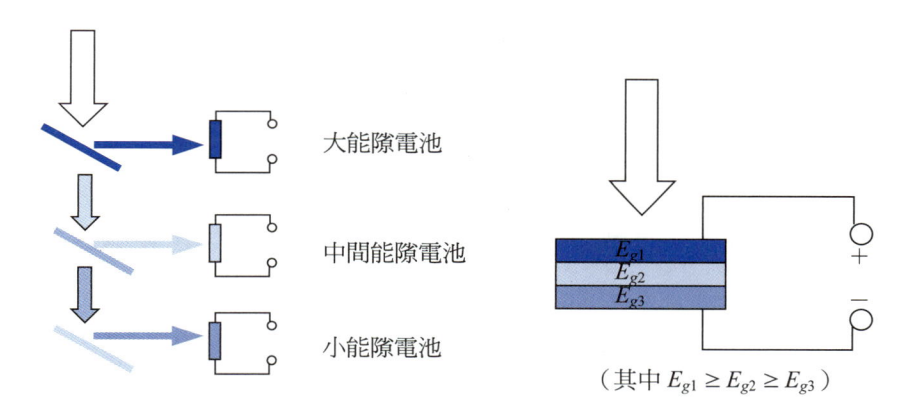

（其中 $E_{g1} \geq E_{g2} \geq E_{g3}$）

圖 9-3　基本的多能隙太陽能電池之結構[1]，其光吸收層材料之能隙，由照光面開始，依序由大到小。

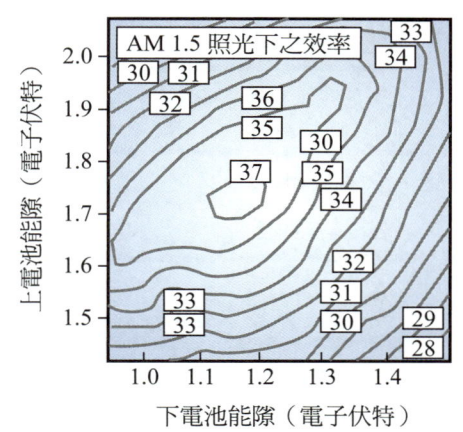

圖 9-4　AM 1.5 照光條件下兩個接面電池串聯連接，不同的能隙所對應出的理論效率值

小，尚須考量到光譜能量的最佳化分配。舉例來說，若只堆疊兩個能隙相差太大的光吸收材料，許多光譜，大能隙材料不吸收，雖然由小能隙材料吸收，卻產生過多的熱損失。

圖 9-4 為兩種不同能隙的材料組合，可得到的理論轉換效率 [2, 5]。對於四接面電池，在能隙選擇為 1.8 eV/1.4 eV/1.0 eV/0.9 eV 的組合下，其理論效率可達 52%。

在第六章曾提及，以矽薄膜堆疊型太陽能電池為例，其有三層主要的半導體薄膜，分別為 p 型半導體層、n 型半導體層以及**本質層**（Intrinsic Layer）。在過去，堆疊型太陽能電池的本質層所採用的都是以低成本的非晶矽薄膜為主。然而，目前多採用微晶矽（1.2~1.6 eV）或奈米晶矽（1.1~2 eV）來取代非晶矽作為本質層的材料。以美國專利為例，於 1998 年日本 Canon 公司便提出了一雙層 p-i-n 堆疊型太陽能電池結構（美國專利號：6166319）[8]，其結構示意圖如圖 9-5 所示。

為了提高其轉換效率，此專利於 p-i-n 結構上堆疊一具有 p-i-n 相同類型之太陽能電池於上方。較特殊的是，在第二 n 型半導體層中亦包含一微量的微晶矽薄膜，形成一具有微晶矽之 n 型半導體層。而其中，在第二本質層內

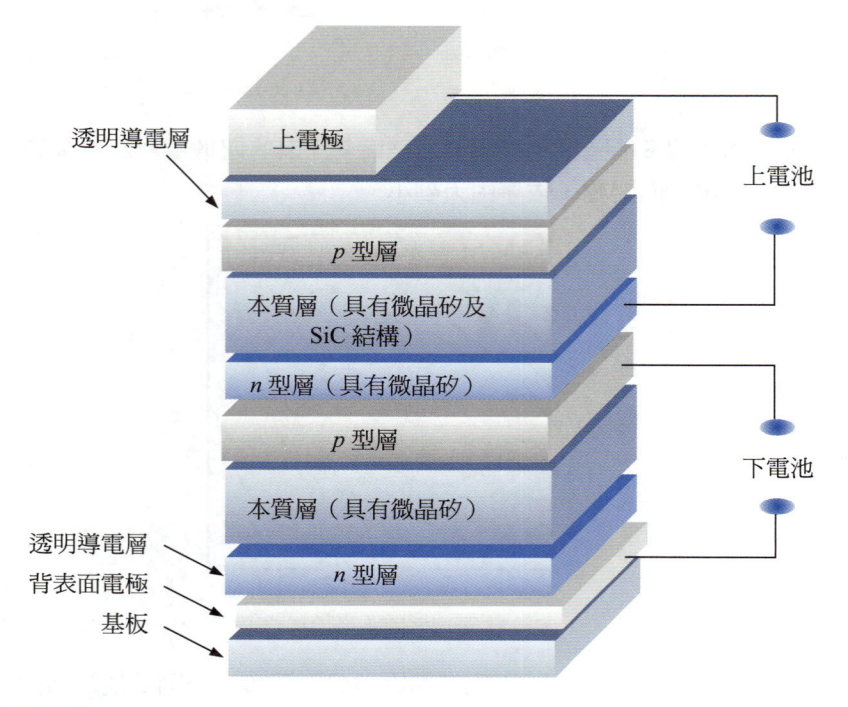

圖 9-5 具有 μc-SiC 於本質層之雙層 p-i-n 堆疊型太陽能電池結構圖

所沈積的微晶矽，與先前之結構有些許差異，它們具有摻雜IV A族合金元素碳所形成之微晶碳化矽層。相對而言，第二層的結構更能提高其能隙並增加光子吸收率，形成一雙層 *p-i-n* 堆疊型太陽能電池結構。

9-3 中間能帶型太陽能電池

中間能帶（Intermediate-band / Mini-band）結構的理論依據就是在導帶（Conduction Band, CB）與價帶（Valence Band, VB）之間引進額外的能帶或能隙。如圖 9-6 所示，理論上，如果摻雜濃度，則摻雜原子之間的距離會愈接近，則摻雜原子就不能再被視為是相互獨立的。摻雜原子的能階會互相耦合，因此將於導帶與價帶之間引進中間能帶 [2, 3]。

然而實際上，如此高濃度的摻雜體可能會和原來的材料形成合金的結構。但中間能帶的引入，卻可以讓原本能量小於能隙而不被吸收的光子，有機會被吸收而增加光電流，因此為一個提升效率的方法。

此外，使用材料的量子結構，如量子井（Quantum Well）、量子線（Quantum Wire）、量子點（Quantum Dot）、超晶格和奈米顆粒，亦可提供額外的能階或能帶，如圖 9-7 所示 [2]。以量子點為例，它不僅能提供額外的能階，增加不同波長光的吸收，而且它本身的能階結構，還會大幅抑制載子在能階間利用放射聲子做能量的釋放，使得載子通過衝擊離子化（Impact Ionization）的機率增加，用以產生額外的電子—電洞對 [6]。

中間能帶的引用，可將太陽能電池之轉換效率提高達 63% 左右。事實上，早在 1960 年中間能帶的理論就已被人提出，但始終未善加利用。由於近

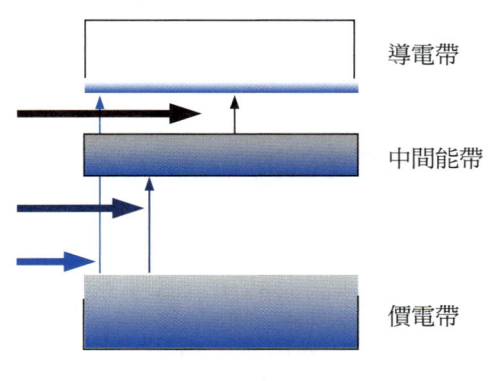

圖 9-6 中間能帶原理示意圖 [1]

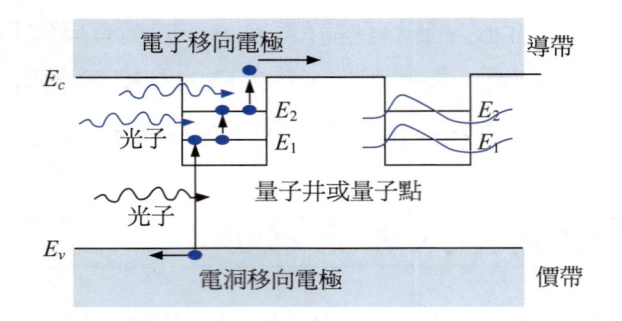

(a) 量子結構的分離能帶與光生電子／電洞對示意圖

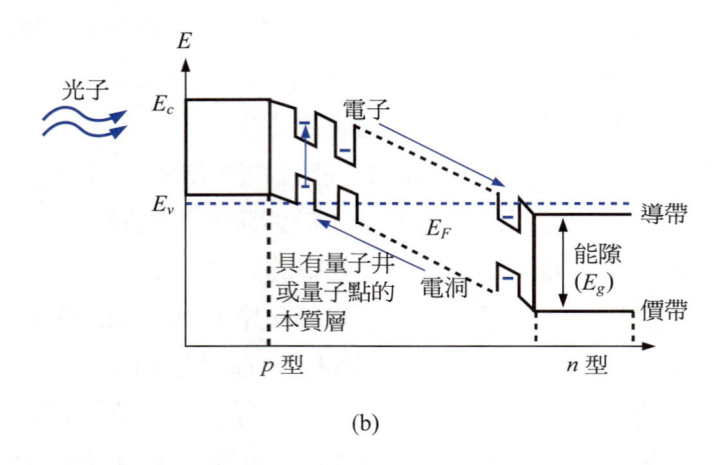

(b)

圖 9-7 量子結構應用在太陽能電池的示意圖

幾年太陽能電池研究興起，中間能帶的理論才逐漸受到重視。矽基太陽能電池僅吸收光子能量大於矽的能隙（約 1.12 eV）之光子，而其中較低能量之光子則會產生輻射或熱損失而無法利用，量子結構的中間能隙的導入，可吸收這些所謂的**次能隙**（Sub-band Gap）光子，再次加以轉換成電力，提高原有太陽電池之轉換效率。

9-4 熱載子太陽能電池

熱載子太陽能電池（Hot Carrier Solar Cell）係藉由讓載子在能帶間從外界獲得能量的速率，大於載子在能帶間**放射聲子**（Emitted Phonon）的能量釋放速率，以產生所謂的熱載子來達到更多電子電洞對之產生。多接面太陽能電池雖能有效地解決載子能帶內的能量利用，但仍要面對另一個物理上的限

制 ── **載子能帶間的能量釋放**（Interband Energy Relaxation）。載子能帶間的能量釋放一般是經由電子－電洞對復合的過程，如第 2-8 節所述。電子－電洞對復合有三種可能的機制：光放射、多聲子放射以及歐傑過程。以能量傳輸的觀點來看，光放射是載子將能量轉成光子能量，多聲子放射則是載子將能量傳給聲子並產生熱能 [2, 3]。而在歐傑結合過程中，至少同時需要有兩個電子參與結合過程，因此在低摻雜濃度的情況下較不易發生，不加以考慮。理論上，倘若能抑制載子能帶間的光放射和聲子放射這二個物理過程，就能減少載子能帶間的能量釋放，而讓載子一直保有自身的能量。若持續保有自身之能量，晶體中的平均能量就會增加，而其載子溫度也會因此提高，造成所謂的熱載子現象 [4]。

圖 9-8 大略描繪其熱載子太陽能電池之原理 [7]，藉由量子點或量子井的引入，使得接觸金屬無法快速提供載子以冷卻熱載子，因此熱載子得以收集保存以產生衝擊離子化。亦即是，當施加一高電場的情況下，載子（電子或電洞）吸收高電場而獲得足夠的動能，以至於與原子產生撞擊時，會具有破壞晶格鍵結的能量，當晶格鍵結被破壞後會產生另一組載子對。而這些新產生的載子對會繼續吸收高電場所帶來的能量，持續相同過程產生另一組載子對，如此生生不息，這種過程又稱為**雪崩倍增**（Avalanche Multiplication）。將此種熱載子的衝擊離子化原理加以應用於太陽能電池，即可產生更多的電

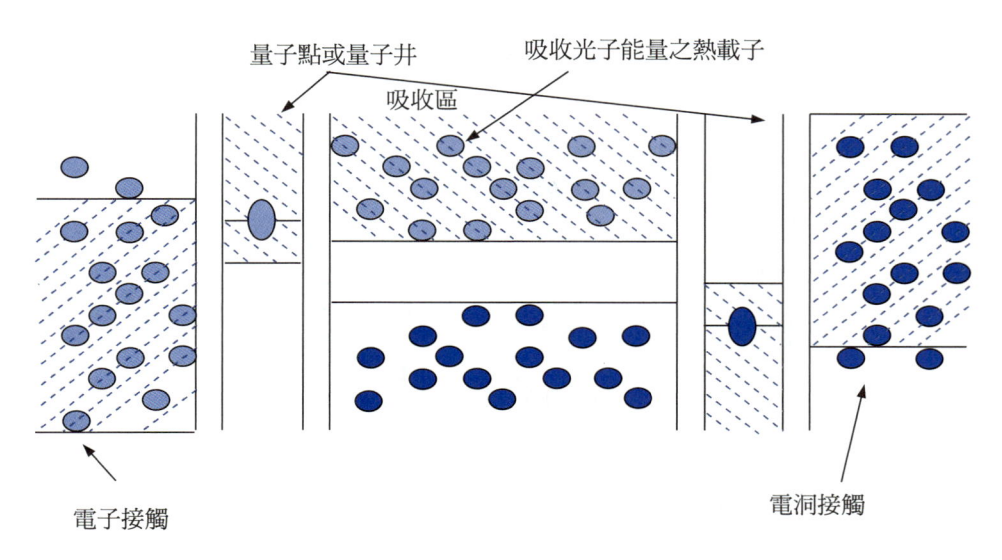

圖 9-8 熱載子太陽能電池之原理

子／電洞對，其理論效率甚至可達 68% [2]。但實際上，熱載子太陽能電池的技術還不成熟，因此於商業的應用上仍有待克服。

9-5 熱光伏特太陽能電池

熱光伏特元件（Thermophotovoltaic, TPV）的設計，基本上是將高溫熱源產生的光輻射轉換成電能。基本上，熱光伏特元件和光伏特（Photovoltaics, PV）元件的結構類似，只是熱光伏特元件的入射光是來自高溫熱源產生的光輻射，一般而言，大約是以 900℃ 至 1300℃ 的熱能轉換為主，而傳統光伏特元件的入射光則是來自太陽光輻射。

美國華盛頓大學車輛研究院曾製作一熱光伏特元件，主要是以一光伏特電池環繞在一陶瓷管外圍。當光伏特電池吸收近紅外線（Near Infrared）光譜中的光子後，便會燃燒其陶瓷管，並將其所產生之熱能轉換成電能，主要元件示意如圖 9-9 所示 [9]。由於此種元件可用於白晝亦可用於夜間，因此也有人稱為夜間發電機（Midnight Sun Generator）。雖然熱光伏特元件具有日夜轉換電力之能力，但成本上卻造價不斐，因此僅限於偏遠地區之電力發電、高級車種之配備或小型電子元件，未來發展將朝向低成本並維持原有電力輸出為目標 [2, 7]。

圖 9-10(a) 及 (b) [1] 為熱光伏特和熱光子元件之示意圖。該熱光伏特元件通常是以吸收燃燒天然氣或石油等熱源來做效率轉換。因此熱光伏特系統可說是一種火力發電，而不是太陽能發電。另一個熱光伏特的應用是稱為熱光

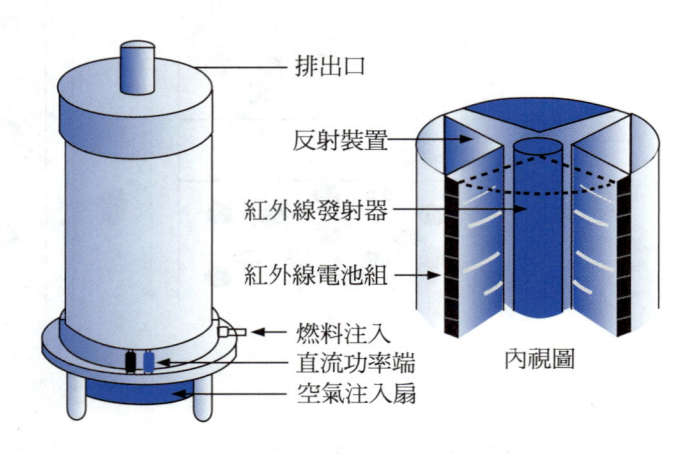

圖 9-9 熱光伏特元件結構示意圖 [9]

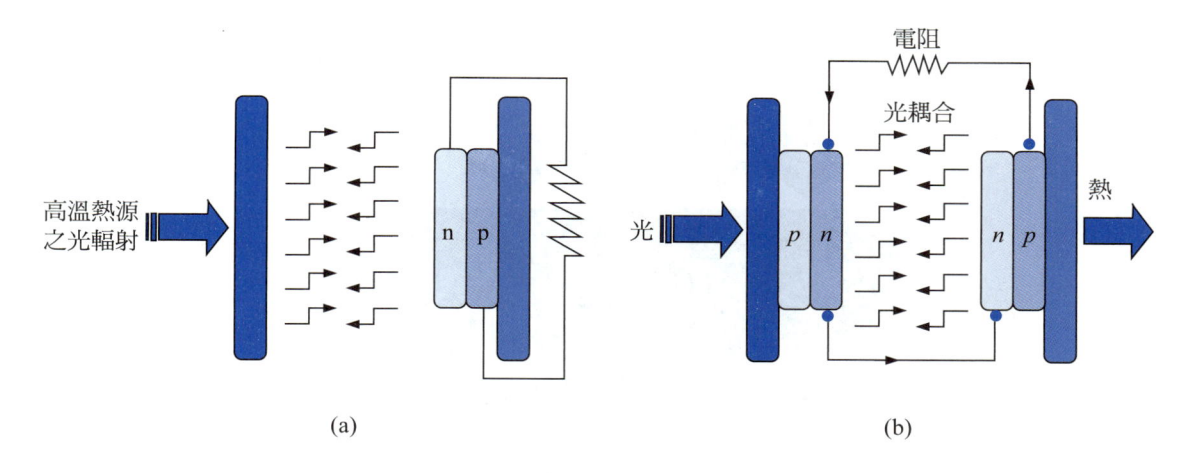

圖 9-10 (a) 熱光伏特太陽能電池示意圖
(b) 熱光子元件太陽能電池示意圖 [1]

子的元件，其熱光子的概念是目前被提出的一個新的方式，又稱為**加熱二極體**（Heated Diode）。其原理為利用一對兩相對之二極體，此兩相對二極體處於光耦合，但熱獨立的狀態。當其一二極體之溫度遠高於另一二極體時，熱藉由電阻變成電能轉給溫度低之二極體，使效率可達卡諾之理論值。

9-6 頻譜轉換太陽能電池

傳統太陽能電池的技術發展，主要以改變半導體的材料及結構來吸收太陽能。由於無法充分吸收各波段的太陽光譜，我們可以使用頻譜轉換的方式，將太陽光改變成想要的理想型態，達成高效率太陽能電池的目標。基本上，頻譜轉換的設計可以分為三類，包含頻譜朝上轉換型、頻譜朝下轉換型和頻譜轉換集中型 [6]。

9-6-1 頻譜朝上轉換

頻譜朝上轉換（Spectral up-conversion）太陽能電池之主要架構是將具有轉換低能量光子之頻譜朝上轉換器置放在太陽能電池之後，其後再置放一個反射層，如圖 9-11 所示為頻譜朝上轉換型太陽能電池之結構圖 [3, 4, 7]。先前曾提及太陽能電池僅吸收光子能量大於太陽能電池光吸收層能隙的光子，而多餘的能量較低的光子則會產生輻射或熱而損失掉。圖 9-12 為頻譜朝上轉換

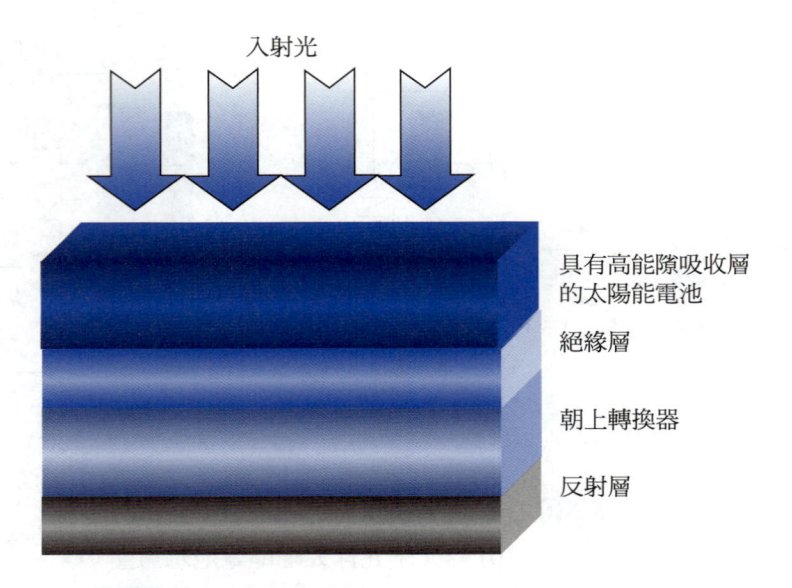

圖 9-11 頻譜朝上轉換型太陽能電池之結構圖 [3]

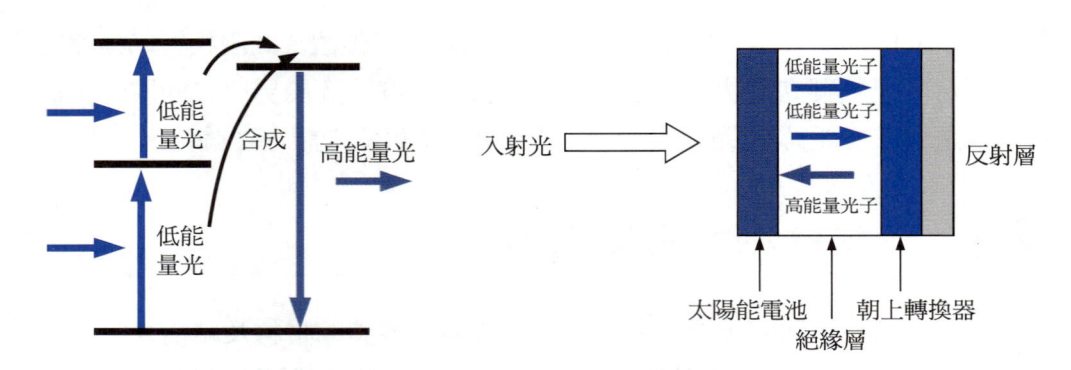

圖 9-12 頻譜朝上轉換器與其在太陽能電池之應用示意圖 [1]

器之主要原理示意圖[2, 3, 7]，將數個光子能量低於太陽能電池能隙的入射光子，轉變成能量大於能隙的光子，然後再經由反射層反射高能量光子，讓太陽能電池再次吸收產生電子－電洞對。例如原本是個 1.1 eV 的光子，其能量小於非晶矽材料能隙（1.7 eV），原本是不被吸收。但經由朝上轉換器後，該兩個光子合成一個能量 2.2 eV 的光子，將可以被非晶矽材料吸收而產生電子／電洞對。

9-6-2　頻譜朝下轉換

頻譜朝下轉換（Spectral down-conversion）太陽能電池之主要架構係將具

有較高能量之光子加以轉換成多個較低能量的光子以讓光吸收材料充分吸收。圖 9-13 為頻譜朝下轉換型太陽能電池之結構圖 [2, 3, 7]，頻譜朝下轉換器置放在太陽能電池之前，中間置放一絕緣物質，底層則再置放一個反射層。圖 9-14 為頻譜朝下轉換之主要原理示意圖 [2, 3, 7]，將光子能量大於太陽能電池光吸收材料之能隙二倍以上的一個入射光子，轉變成能量大於能隙的二個光子，然後再讓太陽能電池吸收，這樣就能同時產生二個電子－電洞對，提高原有之轉換效率。例如一個具有 3.1 eV 的藍光光子，只能讓多晶矽材料產生一電子／電洞對。但該藍光光子經由朝下轉換器分成二個 1.55 eV 的光子，可以讓多晶矽材料產生兩組電子／電洞對，藉以提高光電流及轉換效率。

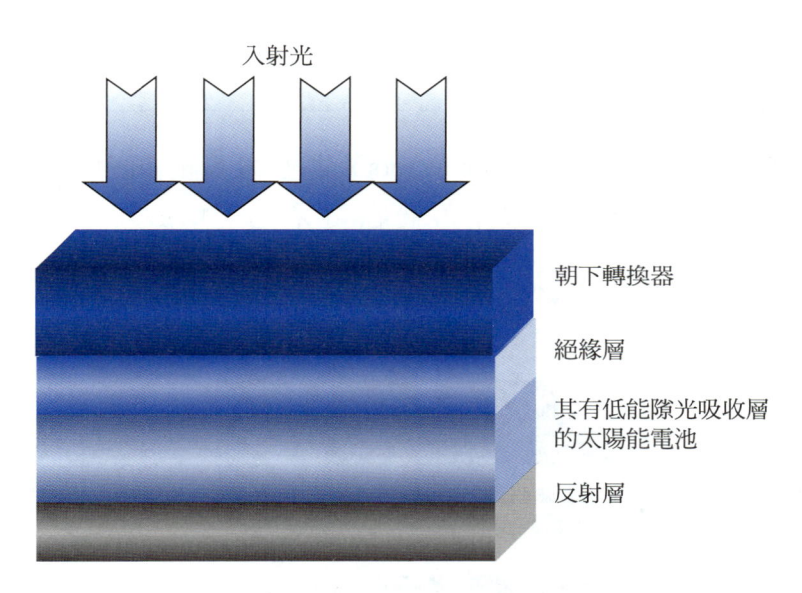

圖 9-13 頻譜朝下轉換型太陽能電池之結構圖 [1]

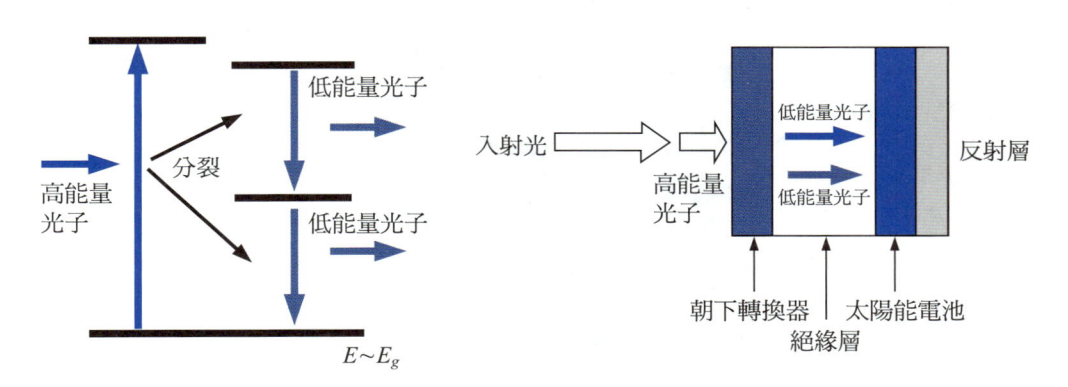

圖 9-14 頻譜朝下轉換器之原理與其在太陽能電池之應用示意圖 [1]

9-6-3 頻譜轉換集中

頻譜集中轉換型（Spectral Concentration）太陽能電池則是結合朝上轉換與朝下轉換二者的優點，將入射光子的頻譜轉換集中於稍大於太陽能電池材料能隙之附近。亦即是，能量小於光吸收層能隙的入射光子被朝上轉換，同時能量大於光吸收層能隙二倍以上的入射光子則被朝下轉換。而針對轉換效率而言，頻譜轉換太陽能電池，具有達到太陽能電池高轉換效率之可能，不過其技術及材料的選用上還須加以研究發展。圖 9-15 顯示未來可作為頻譜集中轉換型之多階層太陽能電池之結構[10]。藉由中間層之非線性光學材料或螢光粉材料之引入可以達到頻譜集中之效果。

9-7 有機太陽能電池

有機半導體（Organic Semiconductors）早在 20 世紀初便吸引了研究學者的注意，由於大部分的有機半導體在可見光下均展現了**光電導效應**

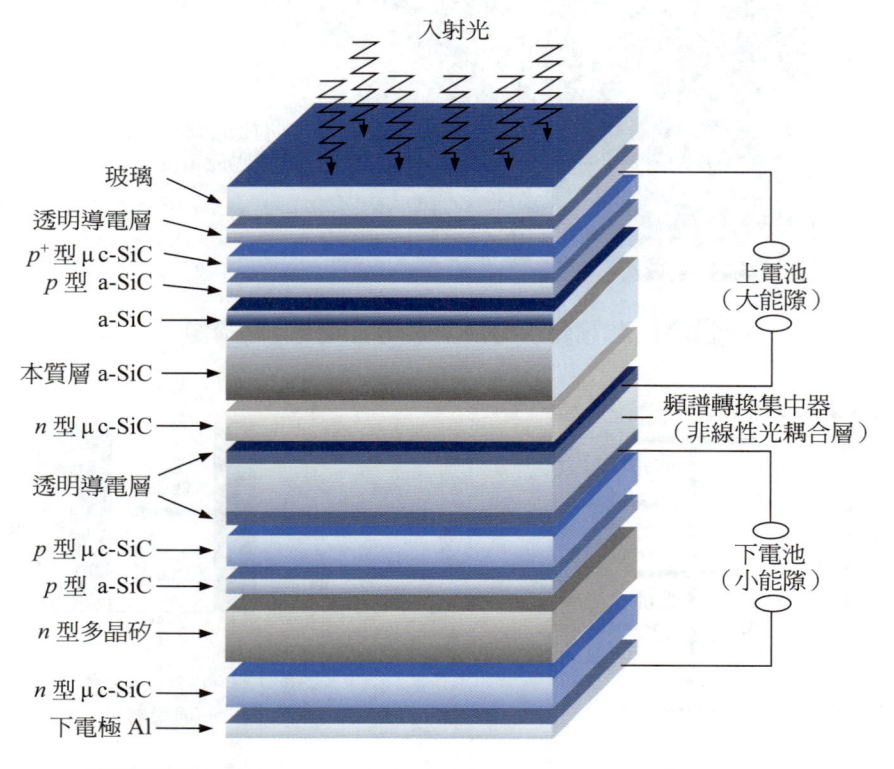

圖 9-15 結合多階層與頻譜轉換集中器之太陽能電池結構

（Photoconductive Effect）的特性，因此，有機半導體最初被工業界用在電子照相法（Xerography）方面的應用[11]。到了 1963 年，Pope 等人發現在綠油腦（Anthracene）之單晶結構上加上約 400 伏特的偏壓時會產生電激發光（Electroluminescene）的現象，於是吸引了學者對有機半導體發光特性的研究。然而，由於有機半導體通常呈現不穩定的特性，使得要在有機半導體上形成可靠的金屬接觸（Metal Contact）是非常困難的。加上有機半導體對水氣、氧及紫外線非常敏感，尤其是當電流通過有機半導體材料時，其電氣特性會迅速地衰退。再者，有機半導體的低載子遷移率使得其無法使用在高頻率（> 10 MHz）的場合[11]。

由於上述這些特性，使得有機半導體之主動電子元件（包含有機發光二極體、有機太陽能電池及有機薄膜電晶體）一直無法順利發展。直到 1987 年美國科達公司的科學家成功製作出第一個高效率有機發光二極體，有機半導體的低光電轉換缺點才得以克服。在所有有機的電子元件中，以發光二極體發展最為快速，從早期單彩被動矩陣式顯示面板到高分子全彩主動式顯示面板都已順利開發，有機發光二極體的發展似乎已臻成熟。在太陽能電池應用之方面，有機半導體材料較無機半導體材料具有：(1) 有機化合物可設計性強；(2) 製作成本低；(3) 易於大面積製作；(4) 材質輕等優點。近年來有許多學者已大量投入研究，然而其仍有：(1) 轉換效率較低；(2) 載子遷移率低；(3) 結構無序排列；(4) 電阻高；(5) 耐久耐熱性差等尚需克服之問題，因此進入實用階段還有很大的進步空間。

英特爾在 Research@Intel Day 2009 的展示會上，介紹並展出其研發部門在有機太陽能電池技術的成果，提及「該技術尚處於科學概念的研究階段」。在實驗室的實驗結果表明 2 mm² 面積之有機太陽能電池的效率可達到 6%，但大部分的有機太陽能電池效率只有 1.8～2%。

有機太陽能電池中，依據其使用材料的不同，可分為單層結構、雙層異質接面結構、混合層異質接面結構及多層薄膜型結構。其結構說明將在本節中介紹。

9-7-1 有機太陽能電池之發展歷史

有機太陽能電池發展之重要里程碑表列如下[12]：

- 1839 年由 A. E. Becquerel 發現了光電化學效應[13]。

- 1906 年由 A. Pochettino 發現**有機化合物蒽**（Anthracene）具有**光電導性**（Photoconductivity）[14]。
- 1958 年由 Kearns 和 Calvin 使用 Magnesium Phthalocyanines（MgPc）製作出第一個光伏元件，光電壓為 200 mV [16]。
- 1964 年由 Delacote 發現將 Copper Phthalocyanines（CuPc）夾在兩個金屬電極中間，產生**整流效應**（Rectifying Etffect）[16]。
- 1986 年由 Tang 發表第一個具有異質接面的有機太陽能電池 [18]。
- 1991 年 Hiramoto 使用共昇華方式，製作出第一個用染料／染料塊材式異質接面之有機太陽能電池。
- 1993 年由 Sariciftci 製作出第一個 Polymer/C60 異質接面有機太陽能電池。
- 1994 年由 Yu 製作出第一個塊材式 polymer/C60 異質接面有機太陽能電池。
- 1995 年由 Yu 及 Hall 製作出第一個 Polymer/polymer 異質接面有機太陽能電池。
- 2000 年由 Peters 及 van Hal 使用 oligomer-C$_{60}$dyads/triads 作為有機太陽能電池之主動層材料。
- 2001 年由 Schmidt-Mende 使用六苯并蔻（Hexabenzocoronene, HBC）和 perylene 製作出自組裝之液晶太陽能電池。
- 2001 年由 Ramos 使用 Double-cable polymers 製作有機太陽能電池。
- 2007 年美國 Plextronics 團隊使用 Plexcore OS 2000（未公開）材料製作出效率達 5.94% 的有機太陽能電池元件。

近年來，有機太陽能電池之結構或材料上已有突破性的進展，後續的研究者也研發出令人驚嘆的有機太陽能電池效能，表 9-1 列出有機太陽能電池相關元件結構之最佳成果 [14, 17]。

9-7-2 有機太陽能電池之基本原理

基本上，有機太陽能電池是類似 p-n 接面的結構，有一施體層與一受體層。與一般半導體不同的是，在有機半導體中，光子的吸收並非產生可自由移動的載子，而是產生束縛的電子－電洞對〔亦稱作**激子**，Excitons〕。這些激子帶有能量但淨電荷為零，當它們擴散到**分解區**（Dissociation Site）時，

表 9-1　有機太陽能電池相關元件結構 [17]

元件結構	短路電流密度 (mA/cm^2)	開路電壓 (V)	填充因子	轉換效率 (%)
Ag / merocyanine / Al	0.18	1.2	0.25	0.62
ITO / CuPc / PTCBI / Ag	2.6	0.45	0.65	0.95
ITO / CuPc / PTCDA / In	2.0	0.55	0.35	1.8
ITO / DM-PTCDI / H2Pc / Au	2.6	0.55	0.30	0.77
ITO / PTCBI / H2Pc / Au	0.18	0.37	0.32	0.08
ITO / PTCBI / DM2PTCDI / H2Pc / Au	0.5	0.37	0.27	0.20
ITO / DM-PTCDI / CuPc / Au	1.9	0.42	0.41	0.33
ITO / CuPc / PTCBI / BCP / Ag	4.2	0.48	0.55	1.1
ITO / PEDOT:PSS / CuPc / C60 / BCP / Al	18.8	0.58	0.52	3.6
ITO / CuPc / C60 / BCP / Ag	-	-	0.6	4.2
Pc / CuPc: C60 / C60 / PTCBI / Ag / m-MTDATA / CuPc / CuPc : C60 / C60 / BCP / Ag	9.7	1.03	0.59	5.7

束縛的電子－電洞對便會分離，分離後的電洞便往元件的陽極移動，電子則往陰極移動，形成提供外部電路所需的電荷，因此將光能轉換成熱能 [13]。

一般而言，有機太陽能電池中所造成的激子**分解效率**（Dissociation Eefficiency, η_D）很低，$\eta_D < 10\%$。一旦激子被分離成自由的電子及電洞，其在相對電極被收集的效率則是非常的高 $\eta_{CC} \sim 100\%$。因此，提高材料之分解效率 η_D 對於有機太陽能電池效率的提升是主要關鍵 [18]。

9-7-3　單層結構

單層結構僅由單一層有機半導體材料所構成，為簡單的**蕭特基二極體**（Schottky Diode）結構，此一結構的電池激子僅能在半導體材料與電極間所產生之蕭特基能障中被分離，如圖 9-16 所示，而電子與電洞在同一材料中傳遞極容易產生再結合現象，嚴重限制元件光電轉換效率。因此，此類結構通常只被用於對材料適合與否的初步評估上 [13]。

1959 年 H. Kallmann 及 M. Pope 發現**晶體蒽**（Anthracene）照光後能產生電壓的特性 [11]，引發學者研究有機導電分子之光伏特性的研究。1978 年 T. Feng 等人提出以光敏性染料**部花青**（Merocyanine）製作出一單層小分子有機太陽能電池，元件結構如圖 9-17 所示 [14, 15]，陰、陽兩極皆使用金屬材料，但因單一種類之小分子所能吸收光波範圍有限，且金屬電極之穿透度不佳，因

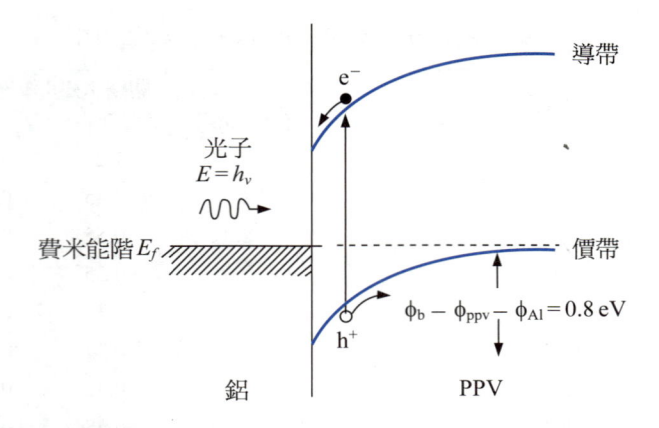

圖 9-16 激子於有機材料與金屬電極接合處被蕭特基能障所分離

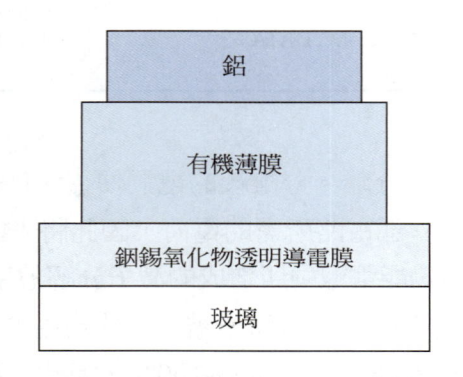

圖 9-17 單層有機太陽能電池之結構圖

此元件在 80 mW/cm² 光源照射下，光電轉換效率只有 0.62%[12]。

9-7-4 雙層異質接面結構

　　雙層異質接面結構有機太陽能電池感光層為互相接觸之**施體**（Donor）與**受體**（Acceptor）所構成，此一結構優點為施體／受體（D/A）界面可提供高效率的電荷分離，且電子與電洞傳導各自獨立，可以防止電子與電洞再結合以及增寬元件吸收太陽光譜的帶寬，如圖 9-18 所示，缺點是唯有在施體／受體 界面附近生成的激子，才有機會產生分離的電子與電洞[16]。

9-7-5 混合層異質接面結構

　　此類太陽能電池如圖 9-19 所示，為電子施體與電子受體材料互相摻混而形成單一作用層[15,18]，因此具有非常大的施體／受體界面，可以大幅提供激

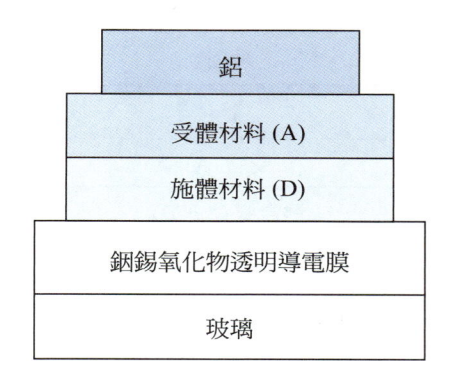

▣ 9-18　雙層有機太陽能電池之結構圖

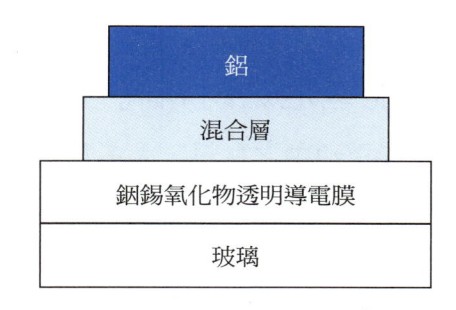

▣ 9-19　混合層有機太陽能電池之結構圖

子被分離的界面,但傳輸路徑較不連續,且施體/受體界面交錯方式會影響載子傳輸路徑。因此如何控制此種形式的結構,提升分離界面與載子傳輸路徑,達成良好的平衡,是一個很重要的課題。

9-7-6　多層薄膜型結構

　　此型電池主要是結合雙層和混合層有機太陽能電池之優點,電荷分離發生在中間的混合層,分離的電荷透過電子施體有機半導體層和電子受體有機半導體層,傳送到相對應的電極,圖 9-20 為此型電池之結構圖 [15, 17]。

9-8　塑膠太陽能電池

　　由於染料敏化太陽能電池亦可能製備成塑膠太陽能電池,已於第七章中詳盡介紹,此處將以介紹導電聚合物的塑膠太陽能電池為主。

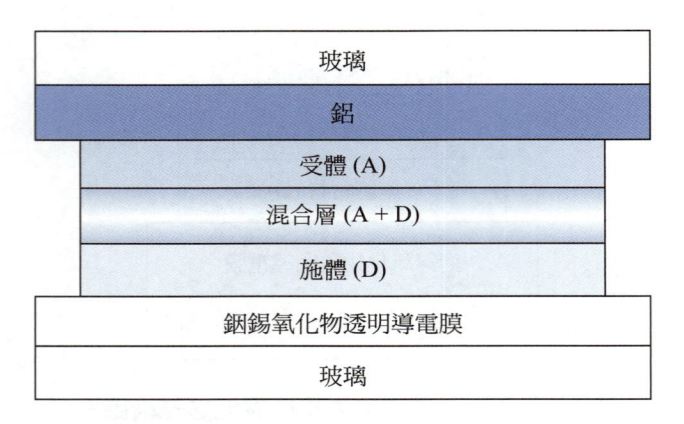

```
┌─────────────────────────┐
│         玻璃            │
├─────────────────────────┤
│          鋁             │
├─────────────────────────┤
│       受體 (A)          │
├─────────────────────────┤
│      混合層 (A + D)     │
├─────────────────────────┤
│       施體 (D)          │
├─────────────────────────┤
│   銦錫氧化物透明導電膜   │
├─────────────────────────┤
│         玻璃            │
└─────────────────────────┘
```

圖 9-20　多層有機太陽能電池之結構圖

9-8-1　塑膠太陽能電池之材料特性及種類

目前，用於塑膠太陽能電池中之材料，大多為高分子**共軛聚合物**（Conjugated Polymer），常見的有聚乙烯咔唑（Polyethyl carbazole, PVK）、聚對苯乙烯（Poly p-phenylene vinylene, PPV）、聚苯胺（Polyaniline, PANI）、聚吡咯（Polypyrrole, PPy）、聚乙炔（Polyacetylene, PA）及聚噻吩（Polythiophene, PTh）等 [19, 20]。

一般而言，具半導體性質之有機共軛高分子材料是指，構成高分子主鏈之碳，碳原子間經由 sp^3-sp^2 混成軌域形成，以單鍵、雙鍵交錯而形成共軛重複單元結構，單鍵由 σ 軌域所組成，雙鍵由 σ 軌域及 π 軌域所組成，其中 σ 鍵為定域化之電子，而 π 鍵上的電子為非定域化，而非定域化的電子可以在整個共軛分子鏈上自由移動造成導電機制。能形成導電性高分子聚合物之大分子，大致上有下列三類：

1. 共軛型聚合物，其分子鏈上之電子，可離域產生載子；
2. 非共軛型聚合物，其分子間電子軌域互相重疊；及
3. 可形成電子施體及電子受體體系之聚合物。

於被填滿電子的鍵結軌域中具有最高能量者稱為**最高被佔據分子軌域**（Highest Occupied Molecular Orbital, HOMO），而未被填滿電子的非鍵結軌域中具有最低能量者則稱為**最低未被佔據分子軌域**（Lowest Unoccupied Molecular Orbital, LUMO），HOMO-LUMO 相當於無機半導體之**價帶**（Valance Band）及**導電帶**（Conduction Band），兩者間之能量差稱為**能隙**（Band

Gap），通常有機半導體材料的能隙介於 1~4 eV 之間，因此其吸收光譜可涵蓋可見光之所有波段 [7, 20]。

共軛導電聚合物材料由於具有可加工性、柔軟性及無機半導體特性。因此，此類材料製作之太陽能電池相較矽太陽能電池，有下列之優點：

1. 原料來源廣，以進行分子結構改進；
2. 可透過不同方式來提高材料之吸光特性或提高載子遷移率；
3. 可利用旋塗法或浸潤法進行大面積成膜；
4. 可透過摻雜、輻射處理等進行改質，以提高載子傳輸能力；
5. 電池製作具多樣性；及
6. 原料價格便宜，合成方法簡單。

電極材料選用原則上，功函數是主要的依據標準，根據有機材料之 LOMO / HOMO 與金屬之費米能階，可形成歐姆接觸或是蕭特基接觸。當陽極與陰極之功函數差值愈大，元件之開路電壓值愈大。

在陽極的部分，會使用功函數較高且透明的導電性材料或金屬，如：銦錫氧化物、透明導電聚合物或金（Au）。其中以銦錫氧化物最為常用，銦錫氧化物之能隙值約為 3.7 eV，可見光區之穿透率可達 80% 以上。

在陰極的部分，可使用功函數較低的金屬，材料主要可分為：

1. **單層金屬陰極**：如銀（Ag）、鎂（Mg）、鋁（Al）及鋰（Li）；
2. **合金陰極**：將功函數較低之金屬與功函數較高之金屬一起蒸發形成合金陰極，以避免低功函數金屬之氧化；
3. **層狀陰極**：薄的絕緣材料與厚的鋁金屬以形成雙層電極，可達到較高之電子傳輸性；
4. **摻雜復合型陰極**：於陰極及聚合物光敏化層中間再配置一低功函數具摻雜之金屬，可改善元件特性 [4, 20]。

9-8-2　共軛聚合物／C_{60} 復合有機太陽能電池

在共軛聚合物與 C_{60} 的復合體系中，由於共軛聚合物和 C_{60} 之間的光誘導電子轉移速率比激發態的輻射及非輻射躍遷速率快 100 倍以上，有效達成電荷分離，且電荷分離態穩定、壽命長、減少電子與電洞的復合率，因而提高有機太陽能電池的效率。

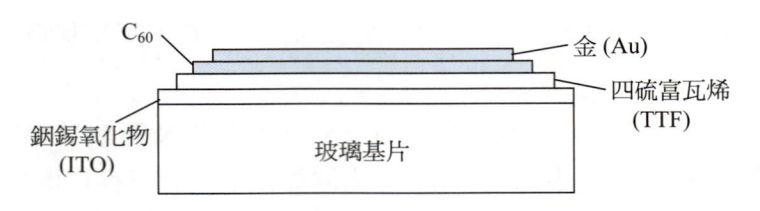

C_{60} 為受體，TTF 為施體之雙層結構元件示意圖

　　1993 年，日本學者 Yamashita 以四硫富瓦烯（Tetrathiafulvalene, TTF）為電子施體，並以 C_{60} 為受體，製備雙層結構的太陽能電池元件，其結構如圖 9-21 所示，可在光照條件下表現出大的光電流。

　　共軛聚合物與 C_{60} 摻雜的塑膠太陽能電池中共軛聚合物與 C_{60} 的相容性問題，包含相分離及 C_{60} 的團簇現象，由於減少有效的施體／受體間的接觸面積，影響電荷的傳輸，因此降低光電轉換效率。因此，合成單個內部含有電子施體單元和電子受體單元的化合物，稱為**兩極聚合物**（Double Cable Polymer），兼具電子和電洞傳輸，可減少相分離。兩極聚合物之設計必須滿足以下幾點要求 [18, 20]：

1. 施體聚合物骨架與受體 C_{60} 須保持原來各自的基本電子傳輸性質；
2. 從施體骨架轉移到受體之光誘導電子必須處於長壽命的**亞穩態**（Metastable State），以保證自由載子的生成；及
3. 聚合物要有一定的溶解度。

　　2001 年，A. K. Ramos 等人合成了一類含有 C_{60} 的對苯乙烯聚合物〔Poly(p-phenylene-vinylene), PPV〕，其係運用直接聚合含有 C_{60} 的單體和被設計能改善溶解性單體的方法，如圖 9-22 所示，並首次將該化合物運用到有機太陽電池元件中。

　　C_{60} 衍生物的製造可利用親核加成反應及環加成反應製作而成。以親核加成反應產率較高，代表反應為 Bingel's 反應，如圖 9-23 所示。

9-9　奈米結構太陽能電池

　　一般而言，奈米結構指固體之三維空間中至少有一維處於奈米尺度，約為 1 至 100 奈米。在此結構中，物質的比表面積大量增加，古典理論已不適

含有 C$_{60}$ 的 PPV 聚合物

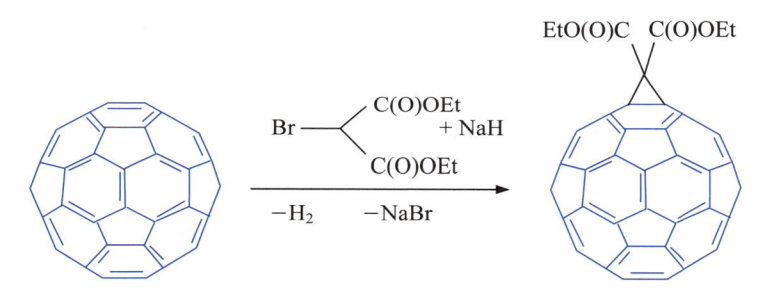

Bingel's 反應：一種簡單生成 C$_{60}$ 衍生物的方法

用，將使得物質原有的物理、化學和生物性質呈現不同的現象。目前，常見的奈米結構有可分為[3-6]：

1. **零維奈米結構**：三維空間的三維皆處於奈米尺度，例如奈米團簇或奈米晶粒子等；
2. **一維奈米結構**：三維空間中有二維處於奈米尺度，例如奈米管（Nano-Rod）或奈米線（Nano Wire）；
3. **二維奈米結構**：指三維空間中有二維處於奈米尺度，例如超微薄膜或界面等。

目前，常見的奈米結構有奈米柱以及奈米晶粒子等。

以石墨為例，當其縮小尺寸至奈米結構時，由碳元素構成且結構相似的奈米碳管，強度將遠高於不銹鋼，且具有良好的彈性。此外，**量子效應**

（Quantum Effect）於奈米結構中係為一不可忽視的因素，而量子效應已於第 2 章講述，在此不再贅述。

一維奈米材料具有極高深寬比之結構特性，當其大量應用於太陽能電池表面或光電轉換層時，除了可用以增加元件表面的抗反射率，更可藉以提升光電流的產生量。其中，奈米結構太陽能電池屬於第三代太陽能電池，主要的優點如下 [3]：

1. 一維的奈米結構陣列不需散色層即能增加光線的收集效率；
2. 電子與電洞在奈米結構內分流，再結合機率低；
3. 奈米結構具有可撓曲特性，未來可搭配高分子導電軟板做成可撓式的太陽能電池；以及
4. 奈米結構之光吸收具有可調性，可用以增加光電轉換效率。

以下將簡述常見應用於太陽能電池之奈米結構：

奈米晶粒子

目前常見的奈米晶粒子主要以矽為主，利用奈米晶矽粒子摻入氫化非晶矽薄膜（a-Si:H）太陽能電池之方法，已被廣泛的研究並用以改善太陽能電池的光電特性。此外，奈米晶矽粒子與微晶矽粒子的差別僅在於尺度上的差異。然而，由於奈米晶矽粒子的尺寸到達奈米等級，具有量子侷限效應，其能隙可從原本的間接能隙結構轉變為直接能隙結構。因此，轉換為直接能隙之奈米晶矽粒子亦具有發光的能力。此外，由於第 6 章節已大致說明奈微米晶矽粒子的製程方法，在此即不再贅述。

此外，奈米二氧化鈦（TiO_2）、奈米二氧化錫（SnO_2）、奈米氧化鋅（ZnO）粒子皆可用於染料敏化太陽能電池的電極。而奈米硫化鎘（CdS）、奈米硒化鎘（CdSe）或 C_{60} 等皆可應用於有機太陽能電池中形成有機／無機復合材料太陽能電池。

奈米柱或奈米管

被提出可用於太陽能電池之一維奈米柱或奈米管包含：奈米碳管（Carbon Nanotube）、氧化鋅（ZnO）奈米柱與矽奈米柱。

奈米碳管又稱巴基管（Buckytube），屬富勒烯系，其應用於太陽能電池的應用研究正處於起步階段。圖 9-24 所示為光線入射於奈米碳管之示意圖。

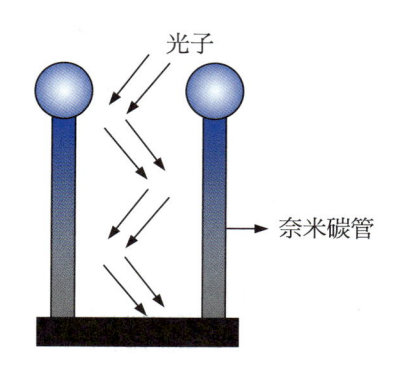

圖 9-24　光線入射於奈米碳管之示意圖

在吸收等量的光子下，奈米碳管可有效的增加光線的收集效率，進而增加其光電流的產生。目前，康乃爾大學已成功的研發出奈米碳管太陽能電池，主要由長約 3～4 μm 以及管徑介於 1.5～3.6 nm 的碳管製成。在低於 90 K 的溫度下，若施加與電流反向的偏壓時，可觀察到多重載子的產生，即表示利用單壁式奈米碳管所製成的太陽能電池，可於吸收一個光子的情況下，產生多組電子電洞對。

奈米碳管的一般常見的製程包含 [2, 6, 10]：

1. **電弧放電法**（Arc-discharge）：在陽極碳棒中心添加金屬催化劑（如鐵、鈷、鎳、…），當兩極間產生一高溫（約 4,000 K）的電弧時，可同時將陽極的碳與催化金屬進行高溫氣化並沈積在陰極石墨棒表面，進而形成奈米碳管。

2. **雷射氣化法**（Laser Ablation Method）：將高能雷射聚焦打在石墨靶材上，藉以將石墨靶材表面碳氣化，在藉由流動的惰性氣體將奈米碳管帶到高溫爐外水冷銅收集器上。

3. **化學氣相沈積法**（Chemical Vapor Deposition）：將碳氫化合物的氣體通入高溫的石英管爐中反應（約 1000～1200℃），碳氫化合物的氣體即可催化分解成碳，進而吸附在催化劑的表面，藉以沈積成長成奈米碳管。

氧化鋅奈米

氧化鋅（ZnO）奈米柱是寬能隙半導體材料（能隙 3.4 eV），由於它具有非常大的激子束縛能（60 meV），當奈米氧化鋅之晶體粒子變小，表面電子結構及晶體結構會發生變化，於水和空氣中，奈米氧化鋅可分解出自由移動的帶負電的電子，並同時留下帶正電的電洞，更可與多種有機物發生氧化反應。此外，奈米氧化鋅可吸收接近超紫外光光譜的光線，因而具有擴展吸收光譜之能力，可藉以提高太陽能電池的效率。

近幾年來，一種以氧化鋅（ZnO）奈米柱結合矽基板之太陽能電池被提出，除了可吸收較長的超紫外光波長外，也能吸收較短的紅外線波長，藉以達到大範圍光譜的吸收。此外，成長於矽基板之氧化鋅奈米柱為了達到晶格匹配之結果，以一個不尋常的角度長在矽上，即是像釘在矽晶表面的奈米尺寸矛那樣，因而又稱為**氧化鋅奈米矛**（Nanospears）[2, 5, 6, 10]。

矽奈米柱亦被提出用於奈米結構太陽能電池，主要是於一 p 型基板上，製作出 n 型的矽奈米柱，如圖 9-25 所示，藉由奈米結構的奇特量子效應，預期一個光子能產生多組電子電洞對而提高太陽能電池的光電轉換效率。

奈米柱結構的常見的製程方式如下：

1. **化學氣相沈積法**（Chemical Vapor Deposition）：經由催化分解的過程，進而吸附在催化劑的表面，藉以沈積成長成氧化鋅奈米柱或矽奈米柱結構。
2. **氣相傳輸法**（Vapor Phase Transport）：將氧化鋅或矽粉末置於高溫爐，並藉由溫度、加熱時間以及氣體流量的控制，藉以形成奈氧化鋅或矽奈米柱結構。
3. **離子束技術結合離子佈值法**：主要利用離子束蝕刻法並搭配上蝕刻終止層的方式，藉以進行表面奈米陣列的製程。

圖 9-25 奈米柱太陽能電池示意圖

9-10 結語

　　由於全球暖化效應及石化燃料如石油、煤、天然氣等資源逐漸消耗，新興能源技術的開發，成為世界各國必須嚴肅面對的問題，其中，以綠色能源的太陽光電最為發光發亮。目前的太陽能電池以結晶矽太陽能電池為主流，市佔率超過九成，但近年結晶矽太陽能電池飽受上游矽材短缺，原料成本不斷增高之苦，因此，對矽材依賴度低的次世代太陽能電池之發展刻不容緩。

　　儘管目前次世代太陽能電池的市佔率不高，且轉換效率、量產良率、設備成本等問題也待克服。然而，次世代太陽能電池具節省材料、可在價格低廉的玻璃、塑膠或不鏽鋼基板上製造、可大面積製造等優點，廣被各太陽光電業者及研究機構看好，預料是次世代太陽光電明星產品。

專有名詞

1. **多能帶太陽能電池**（Multi-band Cells）：結合不同能隙之材料，則不同能隙之材料將可充分地利用太陽能光譜之能量，由照光面開始，其能隙排列由大到小，如此可將太陽能光譜中不同波長之光子加以吸收轉換成電能。
2. **衝擊離子化**（Impact Ionization）：在半導體中，一個具有足夠動能之電子（或電洞）撞擊一束縛電子後，使其從束縛態（價帶）提升至價帶，進而形成一電子－電洞對。
3. **量子點**（Quantum Dot）：量子點是準零維（Quasi-zero-dimensional）的奈米材料，由少量的原子所構成。粗略地說，量子點三個維度的尺寸都在 100 奈米（nm）以下，外觀恰似一極小的點狀物，其內部電子在各方向上的運動都受到侷限，所以量子侷限效應（Quantum Confinement Effect）特別顯著。
4. **載子能帶間的能量釋放**（Interband Energy Relaxation）：載子能帶間的能量釋放自然是經由電子－電洞對復合（Recombination）的過程。
5. **熱載子太陽能電池**（Hot Carrier Solar Cell）：藉由讓載子在能帶間從外界獲得能量的速率，大於載子在能帶間的放射聲子（Emitted Phonon）的能量釋放速率，以產生所謂的熱載子來達到更多電子電洞對之產生。
6. **近紅外光**（Near-infrared）：其對應之光譜波長約為 800 nm 之光源。
7. **頻譜朝上轉換**（Spectral up-conversion）：頻譜朝上轉換其主要的運作原理

就是將能量或能隙低於太陽能電池能隙的入射光子，轉變成能量大於能隙的光子，然後再經由反射鏡反射產生的高能量光子，讓太陽能電池再次吸收產生電子－電洞對。

8. **頻譜朝下轉換**（Spectral down-conversion）：將能量大於太陽能電池材料之能隙二倍以上的一個入射光子，轉變成能量大於能隙的二個光子，然後再讓太陽能電池吸收，這樣就能同時產生二個電子－電洞對，提高原有之轉換效率。

9. **綠油腦**（Anthracene）：一種碳氫化合物，用於製造染料及有機化學製品。

10. **光電導效應**（Photoconductive Effect）：係指以光照射物質時，物質之電導率有增加之效應者謂之。

11. **電激發光**（Electro Luminescent）：簡稱 E.L.，它是一種電能轉為光能的現象，但其轉變過程中不會發熱，故一般俗稱冷光。

12. **分解區**（Dissociation Site）：通常位於有機半導體與金屬之界面或是位於兩個電子親合力及游離電位差值很大的材料之間。

13. **銦錫氧化物**（Indium Tin Oxide, ITO）：是一種銦（III 族）氧化物（In_2O_3）和錫（IV 族）氧化物（SnO_2）的混合物，通常質量比為 90% In_2O_3、10% SnO_2。

14. **化學氣相沈積**（Chemical Vapor Deposition, CVD）：利用化學反應的方式在反應器內將反應物（通常為氣體）生成固態的生成物，並沈積在晶片表面的一種薄膜沈積技術。

15. **亞穩定態**（Metastable State）：一般的原子在受激態停留時間極短（約 10^{-8} 秒），但某些物質的原子，則存在停留時間較長的受激態（約 10^{-3} 秒），此特別的受激態稱為亞穩定態。

16. **共軛聚合物**（Conjugated Polymer）：其分子結構在主鏈上為單鍵－雙鍵交互連結而成。

17. **可撓性基板**（Flexible Substrate）：泛指具有撓曲程度之基板，常見為塑膠基板及不鏽鋼基板。

本章習題

1. 說明第三代太陽能電池的意義。
2. 說明多能帶太陽能電池的設計要求。
3. 說明熱載子太陽能電池的結構與工作原理。

4. 說明頻譜朝上轉換太陽能電池的工作原理。
5. 說明頻譜朝下轉換太陽能電池的工作原理。
6. 說明熱光伏特效應或額外的熱能轉換成電能的機制。
7. 說明常見之有機太陽能電池之種類與材料。
8. 說明目前塑膠太陽能電池之發展狀況。
9. 說明奈米結構太陽能電池之發展狀況。
10. 說明量子點太陽能電池之工作原理。

參考文獻

[1] Jenny Nelson, "Third generation solar cells", *Department of Physics Imperial College London*, (2007).

[2] K. R. Catchpole and M. A. Green, "Third generation photovoltaics", *IEEE* (2002).

[3] 蔡進譯，〈超高效率太陽能電池──從愛因斯坦的光電效應談起〉，物理雙月刊，25 卷，701 期，2005 年刊。

[4] 黃惠良，曾百亨，《太陽能電池》，第十章，五南圖書出版公司。

[5] 戴寶通，鄭晃忠，《太陽能電池技術手冊》，第七章，台灣電子材料與元件協會發行出版。

[6] 楊德仁，《太陽能電池材料》，第一章，五南圖書出版公司。

[7] 顧鴻濤，《太陽能電池元件導論》，第十一章，全威圖書股份有限公司。

[8] Unit States patent, "Multi junction photovoltaic device with microcrystalline i layer", *Patent Number*: 6166319 (2000).

[9] http://vri.etec.wwu.edu/tpv.htm, Vehicle Research Institute at Western Washington University.

[10] Y. Hamakawa (Ed.), New York, "Thin-film solar cells", *Springer* (2004).

[11] H. Kallmans, M. J. Pope, "Photovoltaic effect in organic crystals", *J. Chem. Phys.*, 30, 585 (1959).

[12] H. Spanggaard, F. C. Krebs, "A brief history of the development of organic and polymeric photovoltaics", *Solar Energy Materials and Solar Cells*, 83, 125-146 (2004).

[13] A. K. Ghosh, T. Feng, "Merocyanine organic solar cells", *J. Appl. Phys,* 49, 5982 (1978).

[14] K. Coakley and M. D. McGehee, "Conjugated polymer photovoltaic cells",

Chem, Mater., Vol 16(23), pp. 4533-4542 (2004).

[15] J. M. Nunzi, *Organic photovoltaic Materials and Devices*, C. R. physique, Vol. 3 pp. 523-532 (2002).

[16] C. W. Tang, "Two-layer organic photovoltaic cell", *Appl. Phys. Lett*, 48, 183, 69 (1986).

[17] P. Peumans, A. Yakimov, S. R. Forrest, "Small molecular weight organic thin-film photodetectors and solar cells", *J. Appl. Phys.*, 93, 3693 (2003).

[18] L. J. A. Koster, V. D. Mihailetchi, P. W. M. Blom, "Ultimate efficiency of polymer/fullrene bulk heterojunction solar cell", *Appl, Phys. Lett.*, 88, 093511-1-093511-3 (2006).

[19] M. C. Scharber, D. Muhlbacher, M. Koppe, P. Denk, C Waldauf, A. J. Heeger, C. J. Brabec, "Design rules for donors in bulk heterojunction solar cells-towards 10% energy-conversion efficiency", *Advanced Materials*, 18, 789-794 (2006).

[20] 張正華、李陵嵐、葉楚平、楊平華，《有機與塑膠太陽能電池》，第三章與第四章，五南圖書出版公司。

第 10 章

太陽能電池材料分析技術

- 10-1　章節重點與學習目標
- 10-2　表面形貌與微結構分析
- 10-3　晶體結構與成分分析
- 10-4　光學特性分析
- 10-5　電特性分析
- 10-6　結　語

10-1 章節重點與學習目標

太陽能電池的轉換效率，是由一開始的選擇、製程的控制到封裝的整體表現。因此在評估太陽能電池的特性時，需考量到材料的特性、製程對元件甚至模組封裝的影響。然而，一開始的材料的特性會影響該電池最後的效能，例如缺陷較少的晶體結構與精確的掺雜是提升元件效能的必要條件。因此為了加速太陽能電池產品研發、改進良率與提升可靠度，必須要有充分及精確的量測分析技術。

常見的材料分析技術[1-9]，包含：

1. **表面或材料內部的顯微結構影像**：此類的儀器包括**掃描式電子顯微鏡**（Scanning Electron Microscope, SEM）、**穿透式電子顯微鏡**（Transmission Electron Microscope, TEM）及**原子力顯微鏡**（Atomic Force Microscope, AFM）等。

2. **晶體結構與成份分析**：此類的儀器包括 **X 光繞射分析儀**（X-ray Diffractometer, XRD）、**X 光能譜散佈分析儀**（Energy Dispersive Spectrometer, EDS）、**表面化學分析儀**（Electron Spectroscopy for Chemical Analysis, ESCA）及**二次離子質譜儀**（Secondary Ion Mass Spectrometry, SIMS）等；

3. **光譜與光學特性分析**：此類的儀器包括**紫外光／可見光吸收光譜**（UV-visible spectroscopy）、**傅利葉轉換紅外線光譜儀**（Fourier Transform Infrared Spectroscopy, FTIR）及**拉曼光譜儀**（Raman Spectrometer）等。

4. **電性分析**：此類的代表儀器包括**霍爾量測**（Hall Measurement）、**直流電性量測系統**（I-V Measurement）、**微波光電導衰減器**（Microwave Photoconductivity Decay, μ-PCD）與**光電轉化效率測定儀**（Incident Photo to Current Conversion Efficiency, IPCE）等。

本章將說明各種常用分析機台的基本構造、工作原理與其在太陽能電池材料上的分析實例。讀者在讀完本章後，應該可以理解：

1. 掃描式電子顯微鏡與穿透式電子顯微鏡的分析工作原理與應用。
2. XRD 分析儀的基本結構與工作原理，以及利用 XRD 來鑑別材料的結晶品質。
3. 傅利葉轉換紅外線光譜儀的基本結構與其工作原理，以及利用傅利葉轉換紅外線光譜儀來分析材料的品質。
4. 拉曼分析儀的基本結構與其工作原理，以及利用拉曼分析來鑑別矽薄膜材料的結晶度。
5. 霍爾量測的原理以及可以測得之材料或元件電的性質。
6. 利用微波光電導衰減器測得晶圓材料中少數載子的生命期。

雖然光電材料分析技術種類非常多，在本章中我們將舉一些在太陽能電池中常用到的分析儀器作為例子，介紹其中分析方法之差異。

10-2 表面形貌與微結構分析

10-2-1 掃描式電子顯微鏡

掃描式電子顯微鏡是用以觀察材料顯微形貌最普遍的分析儀器[12, 13]，其具有以下特性：

1. 影像解析度極高，目前最佳解析度已達 0.6 nm；
2. 具有**景深**（Depth of Field）長的特點，可以清晰地觀察起伏程度較大的樣品之破斷面；
3. 儀器操作容易方便，試片製備簡易；及
4. 多功能化且可加裝附件，可作微區化學組成分析、陰極發光分析等。

基本構造與工作原理

圖 10-1 為掃描式電子顯微鏡之基本構造圖[1]。掃描式電子顯微鏡係由**電子槍**（Electron Gun）發射電子束，經過一組**聚光鏡**（Condenser Lens）聚焦後，用**聚焦孔鏡**（Condenser Aperture）選擇**電子束的尺寸**（Beam Size）後，通過一組控制電子束的掃描線圈，再透過**物鏡**（Objective Lens）聚焦，打在試片上，在試片的上側裝有訊號接收器，用以擇取二次電子或背向散射電子而成像[2]。

掃描式電子顯微鏡的電子波長在 1 Å 以下，具有較光學顯微鏡更佳的解析度。由 De Broglie 關係式可知，電子受高壓加速時，其波長與加速電壓有如下之關係[2]：

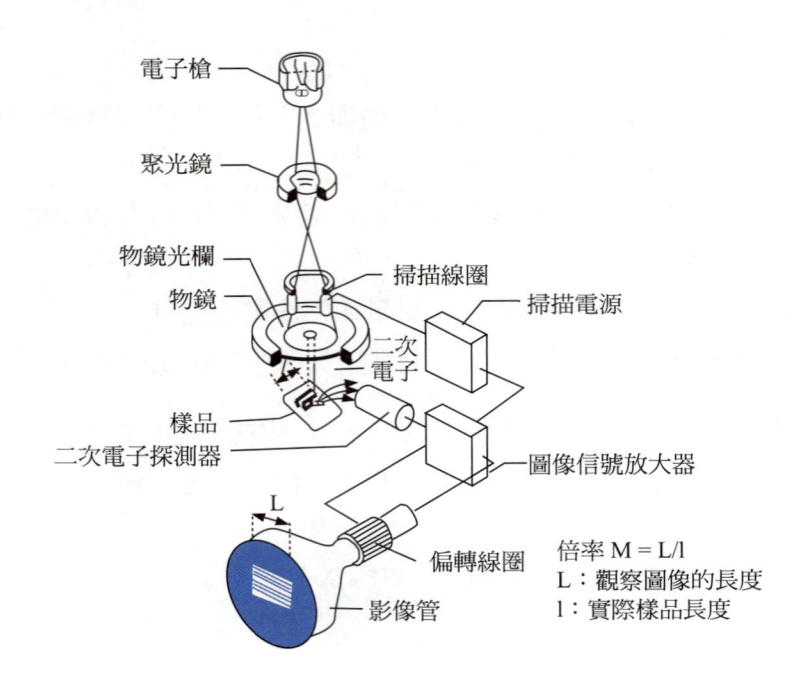

圖 10-1 掃描式電子顯微鏡之基本構造圖

$$\lambda = 12.26/\sqrt{V}\ (\text{Å}) \tag{10-1}$$

電子槍為掃描式電子顯微鏡之電子光源，主要考慮因素在於高亮度、光源區愈小愈好，以及高穩定度。目前電子的產生方式為：

1. 利用加熱燈絲（陰極）放出電子；及
2. 利用場發射效應產生電子，即由強電場吸出電子。

主要的電子槍材料包括 (a) 鎢燈絲與 (b) LaB_6 硼化鑭二種，而利用場發射式之電子槍材料則有 (a) 鎢 (310) 及 (b) 鎢絲 (100) 鍍一層氧化鋯 ZrO/W (100)。考慮燈絲材料的熔點、氣化壓力、機械強度及其他因素後，目前最便宜的材料為鎢絲。在特殊狀況下，例如要求更高亮度及穩定性時，使用場發射電子槍可獲得更佳之解析度，但真空度的要求也相對提高。

相較於下一節說明的穿透式電子顯微鏡，掃描式電子顯微鏡樣品之製備是相當容易的。唯掃描式電子顯微鏡所使用的樣品必須是導電體，因此對金屬樣品之研究，無須特殊處理即可直接觀察；非導體如礦物、聚合物等，則須鍍上一層導電性良好之金屬膜或碳膜再作觀察。蒸鍍常用**真空蒸鍍機**

（Vacuum Sputter）及真空鍍碳機（Vacuum Carbon Evaporater）進行[3]。

電子顯微鏡主要是利用高電壓加速電子，使得電子打在試片上產生如穿透電子（Transmitted Electrons, TE）、吸收電子（Absorbed Electrons, AE）、散射電子、二次電子（Secondary Electrons, SE）、背向散射電子（Backscattered Electrons, BE）、歐傑電子（Auger Electrons, AE）以及 X 光等訊號來分析，如圖 10-2 所示。各類訊號各有不同的特性與分析應用，表 10-1 顯示各種電子訊號的性質與特點[13]。

二次電子係指當高能量的電子照射固態試片時，入射電子與試片原子發生交互作用，部分試片原子的價電子因而受到激發並脫離試片，散射出來的

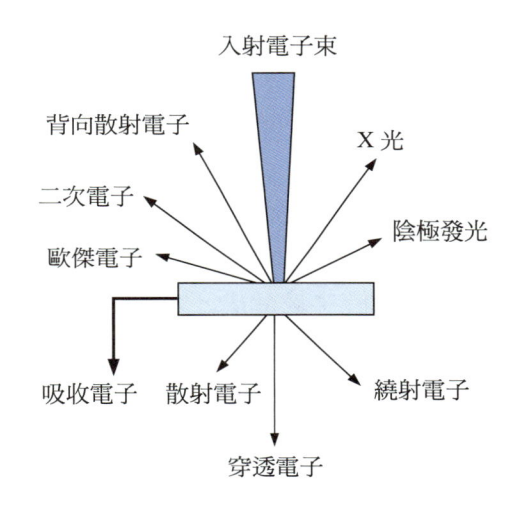

圖 10-2 電子束打在試片上產生如穿透電子、背向散射電子、二次電子、歐傑電子、吸收電子、散射電子、繞射電子、陰極發光以及 X 光等訊號

表 10-1 各種電子訊號的特點

電子種類	解析度	性質及特點
二次電子	10～25 nm	適合樣品表面的立體觀察。
背向散射電子	～200 nm	可由樣品的成分差異而對比，適用於表面元素分佈情形之觀察。
穿透電子	5～10 nm	本質上與穿透式電子顯微鏡相同，不過掃描式電子顯微鏡對較厚的樣品也能得到理想的影像對比。
吸收電子	300～500 nm	可觀察原子序的差異情形，在半導體的研究上佔重要的地位。
陰極螢光	～200 nm	可檢出樣品中所含的螢光物質，作為物性研究之用。
X 光	nm	由樣品的原子序大小，可決定 X 光的波長，而作為樣品定性與定量分析的研究。

(a)   (b)

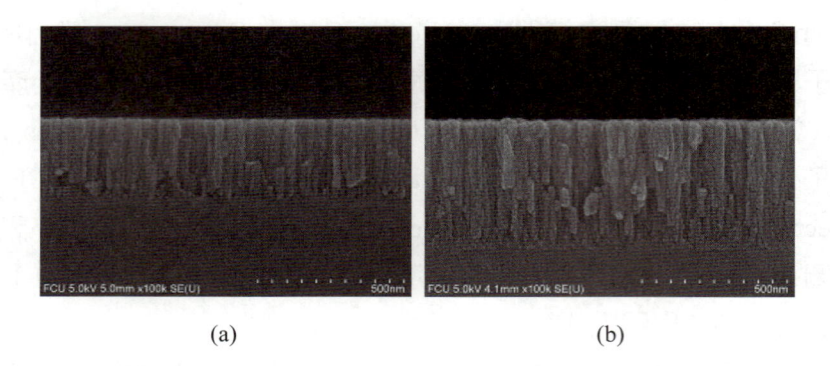

圖 10-3 微晶矽薄膜之掃描式電子顯微鏡斷面圖，其中射頻功率 900 W，氫氣比例（R = H_2/SiH_4）為 (a) 15；(b) 25。

電子能量低於 50 eV。只有試片表面約 5~50 nm 深度的電子可以逃離試片，也因此逃離的電子數目與深度成反比，所以偵測二次電子即可得知試片表面形貌。

當然，入射電子也不是只和電子交互作用，也會與原子核產生交互作用，產生彈性碰撞，這種情況下散射電子能量幾乎不會散失，稱為背向散射電子。因為這種彈性碰撞的電子會和原子核的大小有關，因此電子顯微鏡也可以偵測表面元素的分布情形[2]。

應用實例

掃描式電子顯微鏡目前廣泛地應用在各種電子、金屬、陶瓷、半導體或光電太陽能材料等領域之材料表面形貌與微結構之觀察，可以了解材料表面或內部的晶粒尺寸、孔隙或二次相等。以下係掃描式電子顯微鏡用於觀測矽薄膜太陽能電池用的微晶矽薄膜。圖 10-3 為微晶矽薄膜之斷面型態圖[10]，其製程條件為室溫下，射頻功率 900 W，氫氣／矽烷流量比比例（R = H_2/SiH_4）分別為 15 及 25 時，以**高密度電漿化學氣相沈積**（High Density Plasma Chemical Vapor Deposition, HDPCVD）系統所製備。很明顯地，儘管在不同的氫氣／矽烷比例下皆能觀察到微晶矽的柱狀晶體結構，而當氫氣／矽烷比例較高時，其柱狀晶體結構更明顯。

10-2-2 穿透式電子顯微鏡

穿透式電子顯微鏡係能同時解析材料形貌、晶體結構和組成成份的分析機台，也是在實驗進行中，唯一能看到分析物的實像和判斷觀察晶相的技術

[14-16]。目前一般用於分析無機材料的穿透式電子顯微鏡,以 20 萬伏特電壓為主,其解析度為 0.1～0.3 nm,用於分析數十個奈米乃至數個奈米的結構體 [2, 4]。

基本構造與工作原理

穿透式電子顯微鏡的儀器系統可分為四部分,如圖 10-4 所示 [2]:

1. **電子槍**:分為鎢絲、LaB_6、場發射式三種(與掃描式電子顯微鏡相似)。而三種電子源的亮度比大致為鎢絲:LaB_6:場發射槍 = 1:10:10^3,故場發射源為最佳的電子源。
2. **電磁透鏡系統**:包括聚光鏡、物鏡、中間鏡(Intermediate Lens)和投影鏡(Projective Lens)。
3. **試片室**:試片基座(Specimen Holder)可分兩類:側面置入(Side Entry)和上方置入(Top Entry),若需作臨場實驗則依需要配備可加熱、可冷卻、可加電壓或電流、可施應力、或可變換工作氣氛的特殊設計基座。

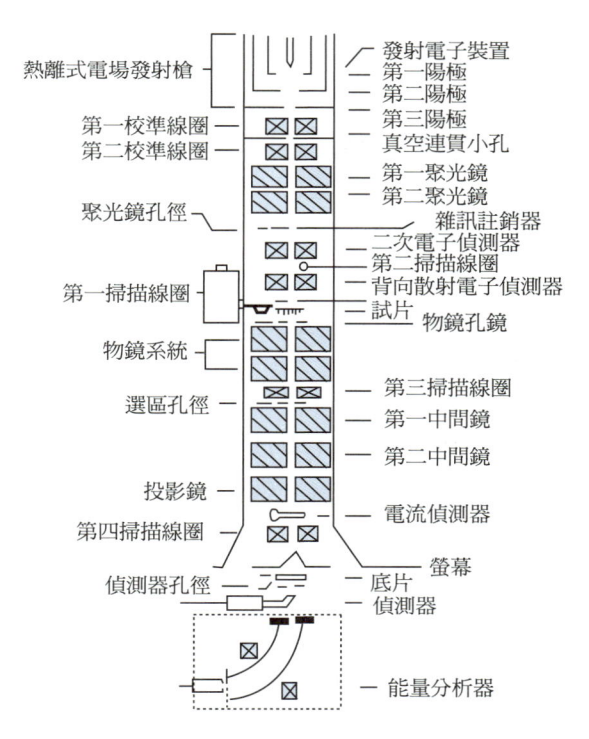

圖 10-4 穿透式電子顯微鏡剖面圖 [3]

4. **影像偵測及記錄系統**：ZnS/CdS 塗佈的螢光幕或照像底片[4]，目前儀器大多配備有 **CCD 系統**（Charge Coupled Derice），以取代舊式照像底片、影像可直接由檔案輸出。

電子槍發射電子束後，由聚光鏡聚焦成一散度小、亮度高且尺寸小之電子束。電子束穿透試片後，經過物鏡、中間鏡、投影鏡的放大、聚焦等作用，最後在螢光屏成像；其中在物鏡的下方有兩組孔鏡，第一組為物鏡孔鏡，用來圈選穿透束或某一繞射束來成為明視野或暗視野，第二組為**擇區繞射**（Selected Area Diffraction, SAD）孔鏡，用來產生繞射圖形[1]。

穿透式電子顯微鏡的成像原理與光學顯微鏡相似，但電子束具有比可見光更短之波長。因此與光學顯微鏡相比，穿透式電子顯微鏡有極高的穿透能力及高解析度。根據電子與物質作用產生的訊號來看，穿透式電子顯微鏡主要分析的訊號為利用穿透電子或是**彈性散射電子**（Elastic Scattering Electron）成像，其**電子繞射**（Diffraction Pattern, DP）圖可作精細組織和晶體結構分析。

穿透式電子顯微鏡的解析度主要與電子的加速電壓和像差有關。加速電壓愈高，波長愈短，解析度也愈佳。

穿透式電子顯微鏡分析時，通常是利用電子成像的**繞射對比**（Diffraction Contrast），作成**明視野**（Bright Field Image, BFI）或**暗視野**（Dark Field Image, DFI）影像，並配合繞射圖來進行觀察，其中[2, 4]：

1. 明視野成像是由物鏡孔徑擋住繞射電子束，僅讓直射電子束通過成像，如圖 10-5(a) 所示；及
2. 暗視野成像則由物鏡孔徑擋住直射電子束，僅讓繞射電子束通過成像，如圖 10-5(b) 所示。

雙電子束繞射狀況（Two-Beam (2B) Diffraction Condition）常用於配合繞射圖樣來進行一般的影像觀察。針對特殊的材料結構或缺陷，通常試片座會配備**傾斜**（Tilting Stage）的功能，可以作成**微弱電子束繞射狀態**（Weak Beam (WB) Diffraction Condition）或**多重電子束繞射狀態**（Multi-beam (MB) Diffraction Condition），來改善成像的品質或加強對比。此外，如搭配具有冷卻、加熱或可變電性的基座，還可以即時觀測材料的結構變化。

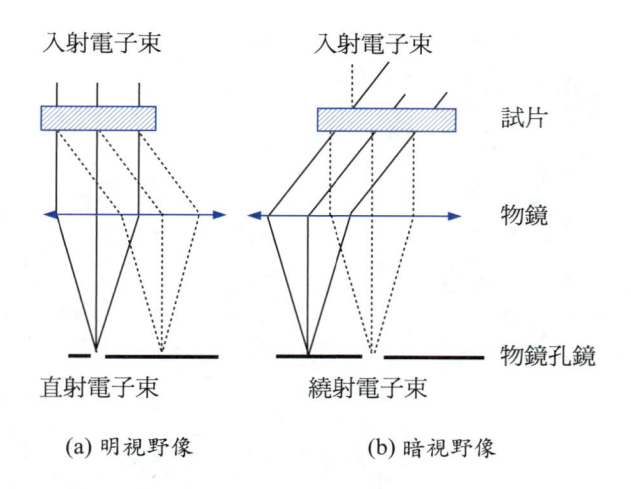

圖 10-5　穿透式電子顯微鏡分析中明視野及暗視野之成像示意圖 [4]

應用實例

穿透式電子顯微鏡在材料科學研究領域被廣泛且充分地利用，以下歸類其優點 [5]：

1. 在表面觀察上有敏銳的分辨力，精確分析材料成分；
2. 可作高解析的晶格影像觀察，了解結晶狀態與品質；
3. 由電子繞射圖的分析可計算出晶格結構，有助於判斷材料是否正確排列或匹配；及
4. 搭配不同的試片基座可以有不同之分析功用。

上述的功能僅是現代穿透式電子顯微鏡的基本功能。若添加不同附屬設備的穿透式電子顯微鏡，可做許多特殊的分析。

電子能量損失譜儀（Electron Energy Loss Spectrometer, EELS）是另一種分析成分的附屬設備，其能量解析度最小可至 0.5 eV，因此加裝電子能量損失譜儀的穿透式電子顯微鏡除了可以分析成分外，也可以分析某一元素經過晶界或相界時，其鍵結的改變 [6]。

穿透式電子顯微鏡常用於精確判斷太陽能電池材料的非晶、微晶或單晶的狀態。以下為穿透式電子顯微鏡用於觀測矽薄膜太陽能電池用的微晶矽薄膜的例子。圖 10-6 為微晶矽薄膜之擇區繞射圖及斷面圖 [10]，其製程條件為基板溫度 300°C，射頻功率 900 W，氫氣／矽烷比例（$R = H_2 / SiH_4$）為 25 時，以高密度電漿化學氣相沈積系統所製備。很明顯地，由擇區繞射圖可觀察出

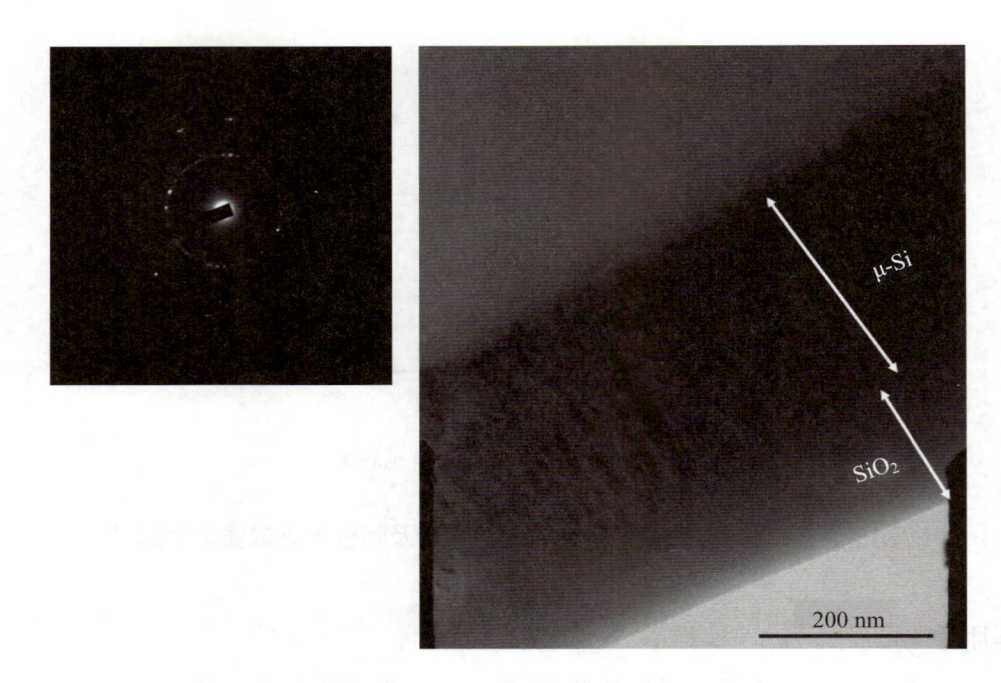

圖 10-6 微晶矽薄膜之擇區繞射圖及斷面圖

圖形內具有環狀與點狀之圖形所構成，而斷面圖呈現長條狀微晶矽結構。由此可知，此微晶矽薄膜內皆含有結晶矽與非晶矽之成分。

10-2-3　原子力顯微鏡

　　原子力顯微鏡在科學上的應用已不再侷限於奈米尺度表面影像的量測，更廣為應用於各類光電材料微觀的物性量測。原子力顯微鏡是由 Binnig 等人於 1986 年所發明的，具有原子級解像能力，可應用於多種材料表面微觀形態檢測 [17]。

基本構造與工作原理

　　圖 10-7 是原子力顯微鏡的結構示意圖 [2, 5]，其主要結構可分為探針、偏移量偵測器、掃描器、回饋電路及電腦控制系統五大部分。原子力顯微鏡的探針是由附在懸臂樑前端成分為 Si 或 Si_3N_4 懸臂樑及針尖所組成，針尖尖端直徑介於 20 至 100 nm 之間。藉由針尖與試片間的原子作用力，使懸臂樑產生微細位移，以測得表面結構形狀，其中最常用的距離控制方式為光束偏折技術。

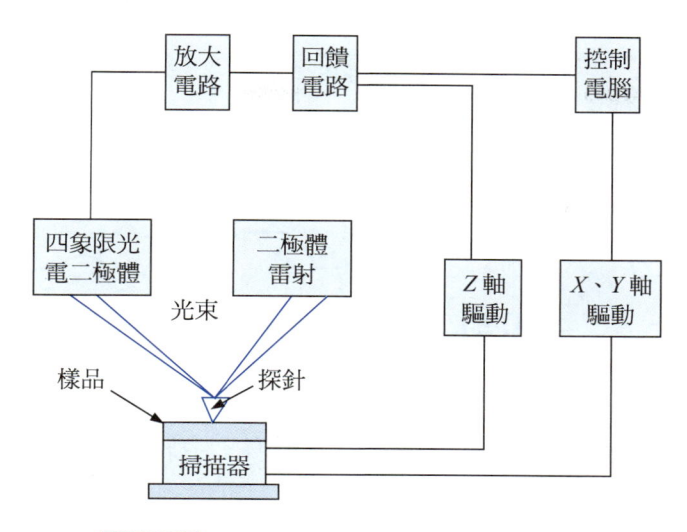

圖 10-7 原子力顯微鏡的結構示意圖 [3]

當探針尖端與樣品表面接觸時，由於懸臂樑的彈性係數與原子間的作用力常數相當，因此針尖原子與樣品表面原子的作用力便會使探針在垂直方向移動，亦即樣品表面的高低起伏使探針作上下偏移。藉著調整探針與樣品距離，便可在掃描過程中維持固定的原子力。掃描區域的等原子力圖像，通常對應於樣品的表面地形，稱為高度影像 [1, 5]。目前最常用的距離調整方式為光束偏折技術，其原理為 [24]：

1. 光係由二極體雷射產生出來後，聚焦在鍍有金屬薄膜的探針尖端背面，然後光束被反射至四象限光電二極體；
2. 在經過放大電路轉成電壓訊號後，垂直部分的兩個電壓訊號相減得到差分訊號；
3. 當電腦控制 X、Y 軸驅動器掃描樣品時，探針會上下偏移，差分訊號也跟著改變；及
4. 回饋電路便控制 Z 軸驅動器調整探針與樣品距離，此距離微調或其他訊號送入電腦中，記錄成為 X、Y 的函數，便是原子力顯微鏡影像。

原子力顯微鏡的操作模式可大略分為三種，圖 10-8 為這三種方法之示意圖 [2, 4, 6]：

1. **接觸式**：在接觸式操作下，探針與樣品間的作用力是原子間的排斥力。這是最早被發展出來的操作模式，由於排斥力對距離非常敏感，所以接

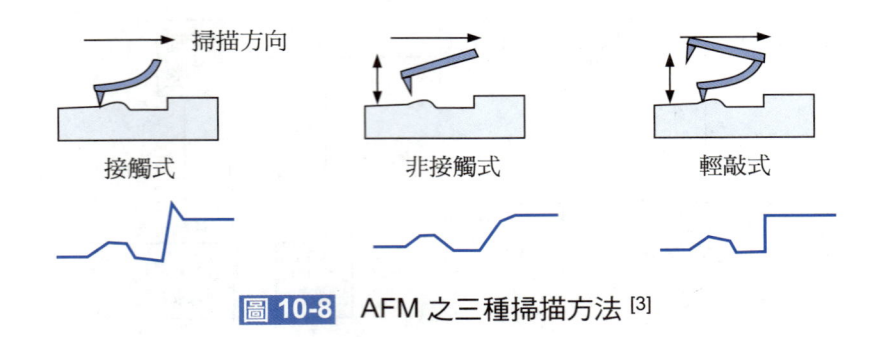

圖 10-8　AFM 之三種掃描方法 [3]

觸式原子力顯微鏡較容易得到原子解析度。由於接觸面積極小，過大的作用力會損壞樣品表面，但較大的作用力可得到較佳的解析度。

2. **非接觸式**：為了解決接觸式操作可能損壞樣品的缺點，而發展出非接觸式原子力顯微鏡，這是利用原子間的凡得瓦力來運作。凡得瓦力對距離的變化非常小，因此須使用調變技術來增強訊號對雜訊比，以得到等作用力圖像。在真空環境下操作，其解析度可達原子級的解析度，是原子力顯微鏡中解析度最佳的操作模式。

3. **輕敲式**：第三種輕敲式原子力顯微鏡則是將非接觸式加以改良，其原理係將探針與樣品距離加近，然後增大振幅，使探針在振盪至波谷時接觸樣品，由於樣品的表面高低起伏，使得振幅改變，再利用類似非接觸式的回饋控制方式，便能取得高度影像。

應用實例

由於原子力顯微鏡具有原子級的解析度，是各種薄膜粗糙度檢測及微觀表面結構研究的重要工具，很適合與掃描電子顯微鏡相搭配 [3]。

以下為原子力顯微鏡亦用於觀測矽薄膜太陽能電池用的微晶矽薄膜的例子。圖 10-9 為微晶矽薄膜之表面形貌圖以高密度電漿化學氣相沈積系統製備，其製程條件為射頻功率 900 W，氫氣／矽烷比例（$R = H_2 / SiH_4$）為 10 與 20 之掃描圖 [11]。在比例為 10 及 20 時有很明顯的凸起顆粒，且其均方根粗糙度分別為 8.29 nm、3.39 nm。根據學者 A. Fejfar 等人提到，當非晶與微晶混成時，粗糙度會在最高點，而隨著微晶結構逐漸增加後，粗糙度會下降。由此推斷在氫氣／矽烷比例為 10 時，由於非晶上剛形成些許結晶，因而導致粗糙度變大，當氫氣／矽烷比例為 20 時，微晶結構增加，所以粗糙度下降。

表面粗糙度 = 8.29 nm　　　　　表面粗糙度 = 3.39 nm
(a)　　　　　　　　　　　　(b)

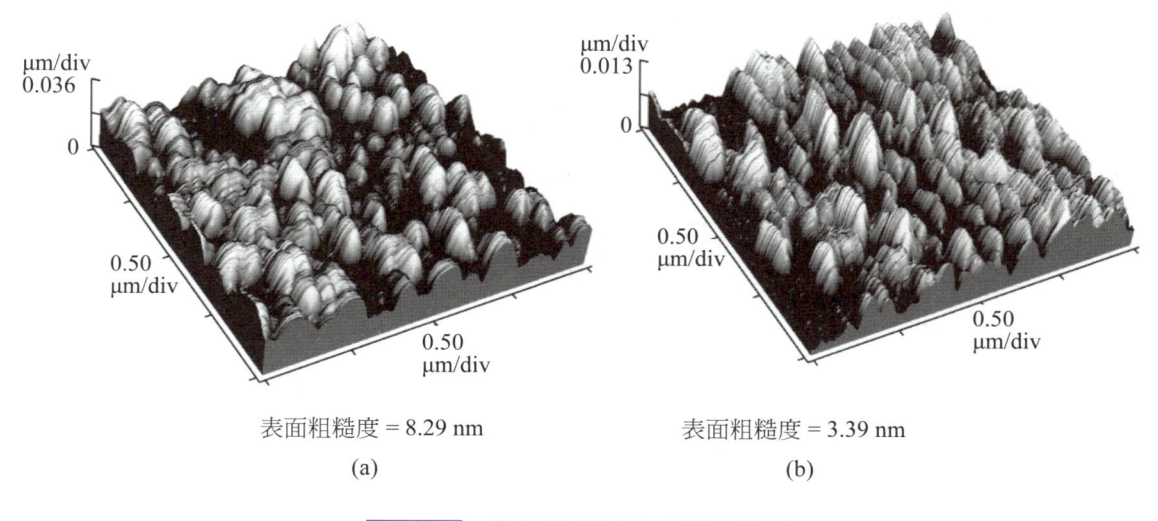

圖 10-9　微晶矽薄膜之表面形貌圖

10-3　晶體結構與成分分析

10-3-1　X 光能譜散佈分析儀

用電子顯微鏡觀察特定的顯微組織時，可以進一步利用 X 光能譜散佈分析儀，在數分鐘時間，完成選區的定性或半定量化學成份分析[18-23]。能量散佈分析儀相較於波長散佈分析儀的優點有：

1. 快速並可同時偵測不同能量的 X 光能譜；
2. 儀器之設計較為簡單，且接受訊號角度大；
3. 操作簡易，不需作電子束的**對準**（Alignment）及**聚焦**（Focusing）；及
4. 所使用之一次電子束其電流較低，可得較佳的空間解析度，且較不會損傷試片表面。

然而能量散佈分析儀仍具有以下幾項明顯的缺點：

1. 偵測過程中產生額外能峰，易造成誤判；
2. 定量分析能力較差；
3. 對輕元素的偵測能力較差；及

4. 偵測極限（＞0.1%）及解析度較差 [3]。

基本構造與工作原理

圖 10-10 所示為 X 光能譜散佈分析儀的結構示意圖 [4, 18, 19]。矽偵測器位於兩塊加了偏壓的金屬極之間，在面積約 300 mm^2 的矽晶加上鋰（Li）為擴散層之表層。在液態氮 77 K 及高真空度之環境下，此矽晶成半導體之偵測器。當試片受電子束碰撞而產生**特性 X 光**（Characteristic X-rays）時，所產生的特性 X 光經過一個薄層的鈹窗而到達矽偵測器，由於離子化而產生電子－電洞對及相對應之電動勢及電流。所產生的電流再經由一場效電晶體來計數與放大，最後再由一多頻道分析器依脈波的振幅大小加以分離和儲存，可產生 X 光光譜的強度－能量圖。其中特性 X 光產生原理簡述如下：

當原子的內層電子受到外來能量源（例如電子束、離子束或者光源等）的激發而脫離原子時，原子的外層電子將很快地遷降至內層電子的空穴並釋放出兩能階差能量。被釋出的能量可能以 X 光的形式釋出，或者此釋出的能量將轉而激發另一外層電子使其脫離原子，如圖 10-11 所示 [19]。由於各元素之能階差不同，分析此 X 光的能量或波長即可鑑定試片的晶體結構與成分。

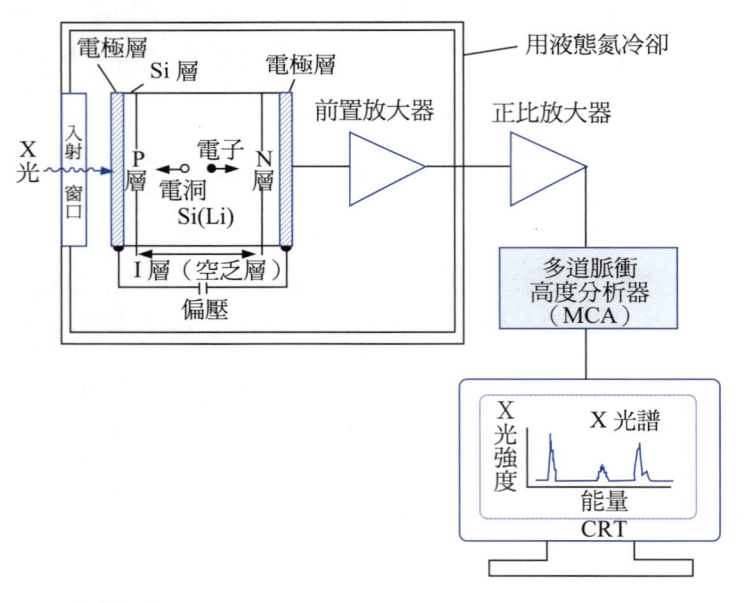

圖 10-10　X 光能譜散佈分析儀的結構示意圖 [4]

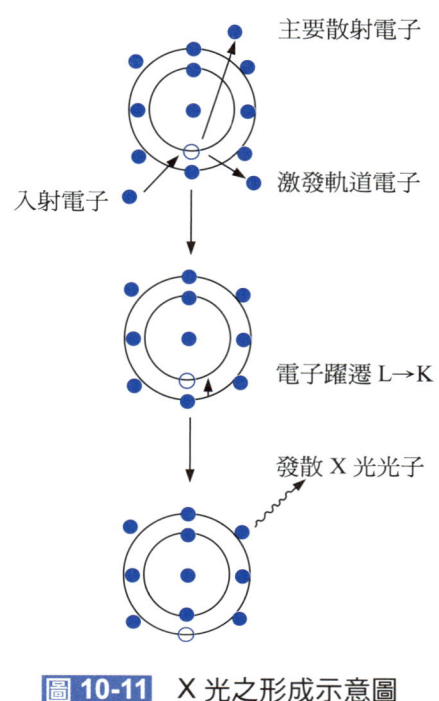

圖 10-11　X 光之形成示意圖

應用實例

X 光能譜散佈分析儀已成為極普遍的電子顯微鏡附屬分析儀器，用於材料所含元素的定性、半定量、面掃描、線掃描分析、兩相的合金元素之分佈晶界的偏析，以及相的鑑定等方面的研究。舉例來說，圖 10-12 顯示以高電漿密度化學氣相沈積系統於射頻功率 600 W，製程基板溫度 250℃ 之條件下，所得到之微晶矽鍺薄膜之 X 光能譜散佈分析圖 [11]，其分析結果顯示薄膜內的確含有矽鍺二元素。

● 10-3-2　X 光繞射分析儀

X 光為電磁波的一種，波長在 0.1 Å 到 100 Å 之間。由於波長與晶體內原子間的距離相當，因此 X 光會對晶體產生繞射 [18-22]。

基本構造與工作原理

X 光繞射分析儀的結構示意圖如圖 10-13 所示 [18, 19]。在一裝置中，將晶體與 X 光固定一方位，當入射 X 光包含波長大於最小值 λ_0 的連續 X 光，可使晶體之每一晶面皆產生繞射。由於試樣不是只有一個單晶，而是有許多很

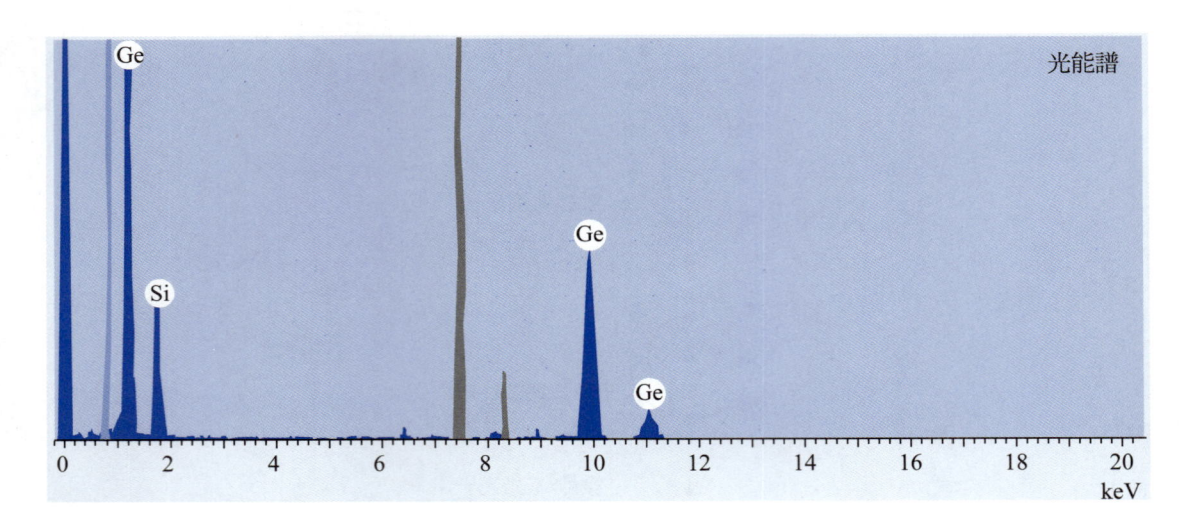

圖 10-12　使用 X 光能譜散佈分析探討微晶矽鍺薄膜的表面元素與半定量組成

小晶體的粉末，具有許多方位散亂的小晶體，故粉末試樣之 θ 角為變數。用單一波長的 X 光，由於粉末晶體在空間中的方位是散亂的，所以這些繞射線將不會出現在同一方向上，而是沿著與入射線成 2θ 夾角之圓錐表面方向射出。

以 X 光底片記錄便可以觀察繞射光點影像，藉由繞射圖形決定材料的晶體結構。當試片為粉末狀，晶體在試片內的分佈沒有規則性，所有特定晶面的法線可指向三度空間中的任何方位，因此繞射的 X 光會在底片上呈現環狀圖案，每一圓環對應著由某一特定晶面所產生的繞射 X 光[18]。如果我們利用 X 光檢測器量測 X 光繞射強度，固定 X 光光源方向，轉動試片座以改變 X 光入射角 θ，並且同步以 2θ 角度轉動 X 光檢測器，當入射角度符合布拉格繞射條件，便可檢測到對應特定晶面的 X 光繞射訊號[18]。

布拉格定律（Bragg's Law）的簡單說明如下：

圖 10-14(a) 顯示當一束平行的 X 射線以 θ 角投射到一個原子面上時[20]，其中任意兩個原子 A、B 的散射波在原子面反射方向上的光程差為：

$$\delta = \overline{CB} - \overline{AD} = \overline{AB}\cos\theta - \overline{AB}\cos\theta = 0 \qquad (10\text{-}2)$$

A、B 兩原子散射波在原子面反射方向上的光程差為零，說明它們的相位相同。由於 A、B 是任意的，所以此原子面所有原子散射波在反射方向上的相位均相同。

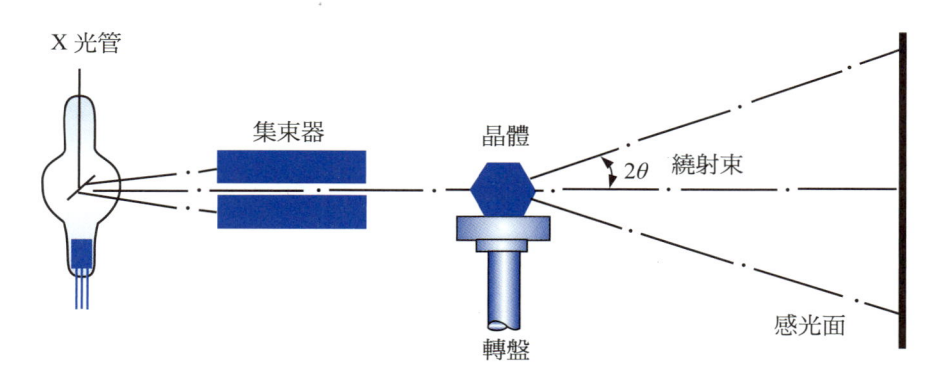

圖 10-13　XRD 分析儀的結構示意圖 [4]

圖 10-14(b) 所示為一束波長為 λ 的 X 光射線以 θ 角投射到面間距為 d 的一束平行原子面上。從圖上可以看出，經 P1 和 P2 兩個原子面反射的反射波光程差為：

$$\delta = \overline{CB} + \overline{BD} = 2d \sin \theta \tag{10-3}$$

建設性干涉時，光程差為波長的整數倍：

$$2d \sin \theta = n\lambda \tag{10-4}$$

n 為整數，稱為反射級數；$θ$ 為入射線或反射線與反射面的夾角，稱為掠射角，$2θ$ 稱為繞射角。不同的晶體結構晶面間距 d 會有所差異，因此會有不同組合之繞射角 [6]。

基本上晶體之 X 光繞射實驗所測得的繞射角大小（$2θ$）及繞射峰的強度（I），提供了晶體之晶胞形狀大小的資料及晶體內部組成原子種類和位置的資料。材料在 X 光繞射之下，不同結晶化合物會產生不同的（$2θ, I$）的組合，稱為**繞射圖譜**（Diffraction Patterns）。

由圖譜訊號對應的布拉格角與訊號峰的相對強度，可以研判試片內的材料化學組成，此種 XRD 分析稱之為**相鑑定**（Phase Identification）。許多薄膜具有多晶結構，其晶粒之晶面往往呈現不規則分佈，因此其 XRD 圖譜亦類似粉末試片。如果薄膜試片內某一晶面對應的繞射峰相對強度遠較粉末試片為強，則表示薄膜有此一晶格方位優選性之排列 [20]。

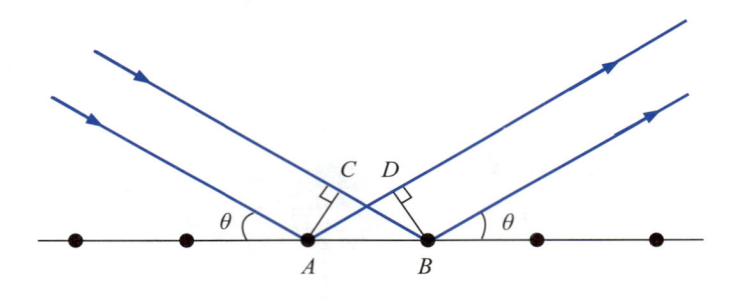

(a) 單一原子面的反射圖 [3]

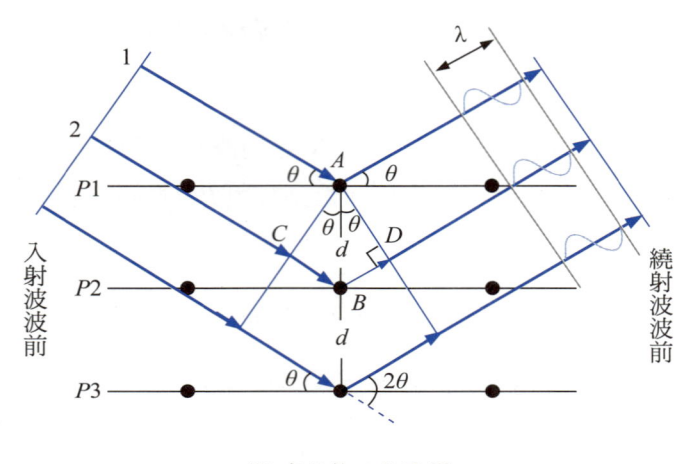

(b) 布拉格反射圖 [3]

圖 10-14

應用實例

　　X 光繞射為非破壞式分析,可對材料進行**臨場環境**（In Situ）分析,獲得接近材料原製造環境或使用狀況下之情形。無論是金屬、半導體、陶瓷或高分子等材料,對於材料的結構與化學組成,特別是在晶體結構差異、晶格常數變化、元素種類不同、晶界及差排缺陷等狀況都會因為原子排列不同,在 X 光繞射實驗中被反應出來 [7]。幾乎所有的太陽能電池材料皆必須在做成元件前後進行 XRD 分析,圖 10-15 為以高密度電漿化學氣相沈積系統於 300℃下射頻功率 600 W,微晶矽薄膜於各種氫氣／矽烷比例（$R = H_2 / SiH_4$）之 X 光繞射分析圖 [11]。由圖可知,於氫氣／矽烷比例 10 之圖形並無明顯峰值表示薄膜為非晶結構,當氫氣比例增加,於晶格面（111）、（220）、（311）之峰值會愈來愈明顯,顯示當氫氣／矽烷比增加時,矽結晶比例增加。

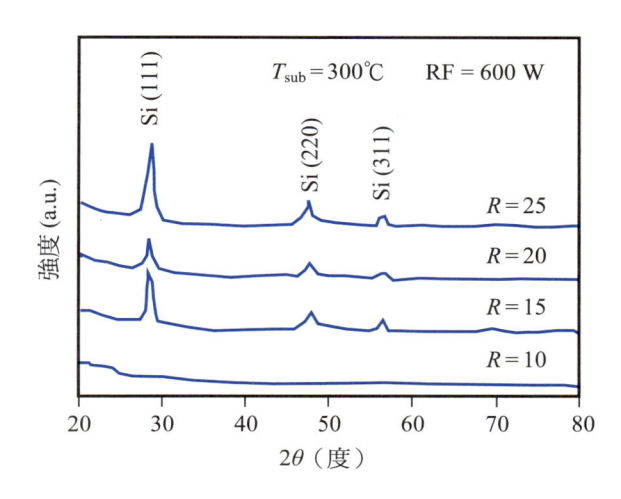

圖 10-15　微晶矽薄膜於各種氫氣／矽烷比例之 X 光繞射分析圖

10-4　光學特性分析

10-4-1　紫外光／可見光吸收光譜

可見光為一種電磁波，其範圍波長約為 4000～7000 Å。透過稜鏡可知可見光的組成顏色。紫外光也是一種電磁波，在電磁波譜中，其範圍波長為 100～4000 Å 的電磁波。

基本構造與工作原理

圖 10-16 為紫外光／可見光吸收光譜儀示意圖[1, 2, 24]。利用可見光及紫外光之燈管作為光源，通過濾光鏡調整色調後，經聚焦通過單色光分光稜鏡，再經過狹縫選擇波長，形成單一且特定波長之光線。未放樣品時，光源直接與空氣作用，可作為背景值。之後再放入試片，藉由試片所吸收之光能量，與背景值相比較，便可測定樣本中之待測物透光率，也可以將它轉換為反射率或光吸收率。物質吸收紫外光或可見光後，其外層電子或價電子會被提升至激發態。一般紫外光／可見光吸收光譜偵測波長涵蓋範圍可從 1900～9000 Å，有機物某些官能基（Functional Groups）含有較低能階的價電子，在此範圍內會吸收能量，此類官能基稱為發色團（Chromophores）。

將不同波長的光連續地照射到特定材料樣品，當所照射之光波剛好可激發電子至較高的軌域時，該波長的光則會被吸收。樣品吸收該波長的光之後，

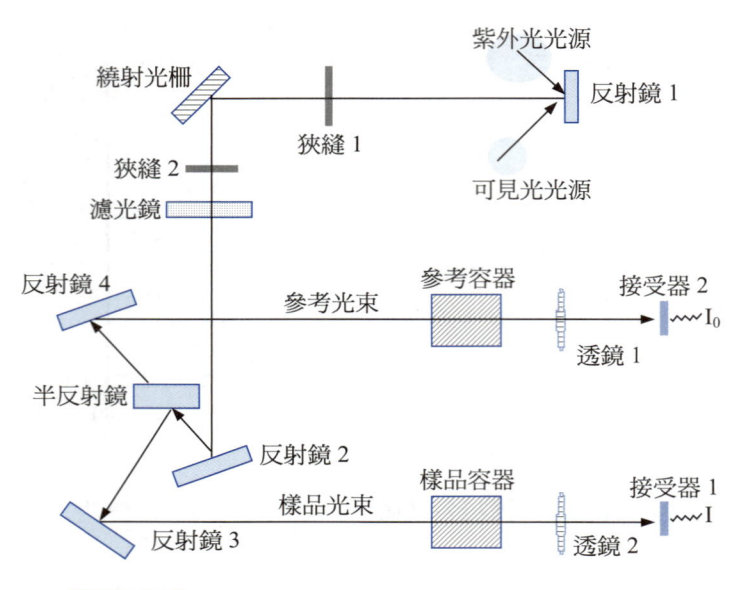

圖 10-16 紫外光／可見光吸收光譜儀示意圖 [14]

偵測器將偵測到一能量較弱的光束，並記錄其光束強度（I）。最後電腦以波長（λ）為橫座標，**吸收強度**（Absorbance, A）為縱座標，繪出該物質的吸收光譜曲線，利用該曲線可進行物質定性、定量的分析 [2, 6]。

Lamber 定律說明光的吸收量與所照射的光強度無關，而與透過吸收的路徑長度 l 成指數相關，亦即 [4, 6]：

$$I = I_0 e^{-\alpha l} \tag{10-5}$$

其中 α 為吸收係數，其單位為 l/cm，l 為吸收路徑長，其單位為 cm，I_0 為入射光強度，I 為出射光強度。圖 10-17 可用來說明光入射至材料中被吸收的關係 [1, 4, 6]。大多數吸收光譜儀可直接測量 $\log I_0/I$ 的值 A。透過光比例稱為**透光率**（Transmittance, T），可由出射光和入射光的比值求得（I/I_0）。

應用實例

近年來，紫外光／可見光吸收光譜儀已得到廣泛用於物質的鑑定及結構分析，而且還可以用於物質光吸收係數的測定，其應用為：

1. 透過測定某種物質吸收或發射光譜來確定該物質的組成；
2. 透過測量適當波長的信號強度，確定某種單獨存在或與其他物質混合存在的一種物質含量；

材料的吸收係數為 α

入射光 I_0　　　　出射光 I

$I = I_0 e^{-\alpha l}$

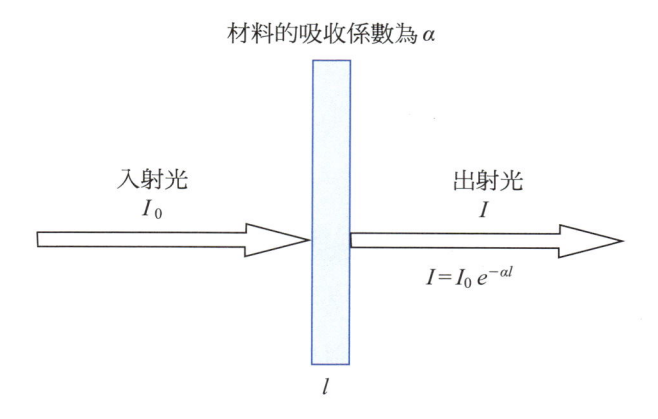

l

圖 10-17　光入射到材料中被吸收的關係圖 [14]

3. 透過測量同時間某一種反應物消失或產物出現的量之關係，追蹤反應過程；及
4. 藉由偵測材料的穿透度、光吸收係數，進一步知道材料的光學能隙。

圖 10-18 為以高密度電漿化學氣相沈積系統於射頻功率 600 W，微晶矽薄膜於各種氫氣／矽烷比例（$R = H_2/SiH_4$）之 UV-visible 光譜圖 [11]。由圖中得知，該薄膜具有多波段之吸收，推斷薄膜內含有非晶矽與微晶矽晶粒的存在。而材料的光學能隙 E_{op} 可在得到吸收係數 α 後，代入

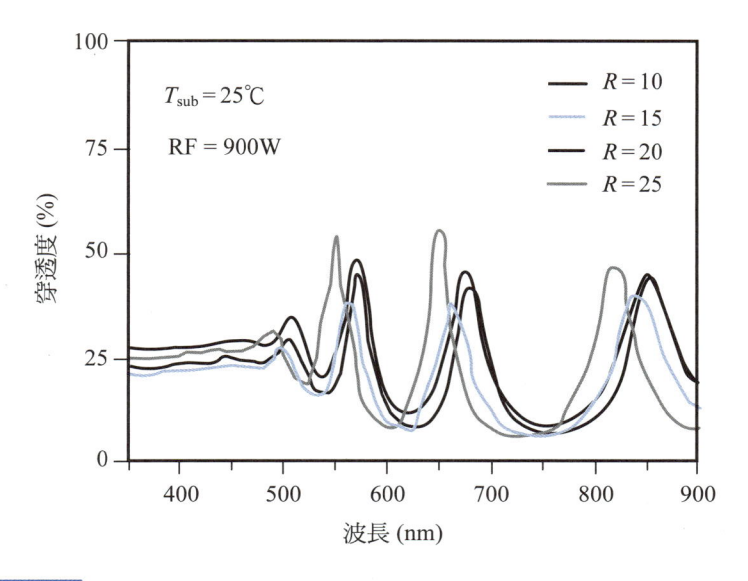

圖 10-18　微晶矽薄膜於各種氫氣／矽烷比例之 UV-visible 光譜圖

$$(\alpha h_v)^{\frac{1}{2}} = c\,(h_v - E_{op}) \quad\quad (10\text{-}6)$$

其中 v 為頻率。取 $(\alpha h_v)^{\frac{1}{2}}$ 對 h_v 作圖，取圖中線性段部分作切線交 h_v 軸，即可得到材料的光學能隙。

10-4-2 傅利葉轉換紅外線光譜儀

紅外光譜技術之演進已有相當長之歷史。初期使用的掃描式紅外光譜，且光譜的解析度和靈敏度受到很大限制[8]。1881 年，麥克森（Michelson）發明了**干涉儀**（Interferometer），利用干涉現象得到的光譜訊號，經由傅利葉數學轉換將**干涉光譜**（Interferogram）換成與傳統紅外光譜相同之**頻譜圖**（Frequency Domain Spectrum），使得上述的種種缺點大有改進。

基本構造與工作原理

傅利葉轉換紅外線光譜儀主要的結構包含內置之穩定紅外線光源、麥克森干涉儀、反射鏡片組、氦氖雷射及偵測器等，內部設備之示意圖如圖 10-19 所示[25]。

麥克森干涉儀可說是整個傅利葉轉換紅外線光譜儀中光學系統之核心，如圖 10-20 所示，其主要包含**分光鏡**（Beam Splitter）、**移動鏡**（Moving Mirror）、**固定鏡**（Fixed Mirror）及偵測器[1, 2, 6]。

當光線聚光後形成平行的光線通過分光鏡，部分光線穿透過分光鏡，抵

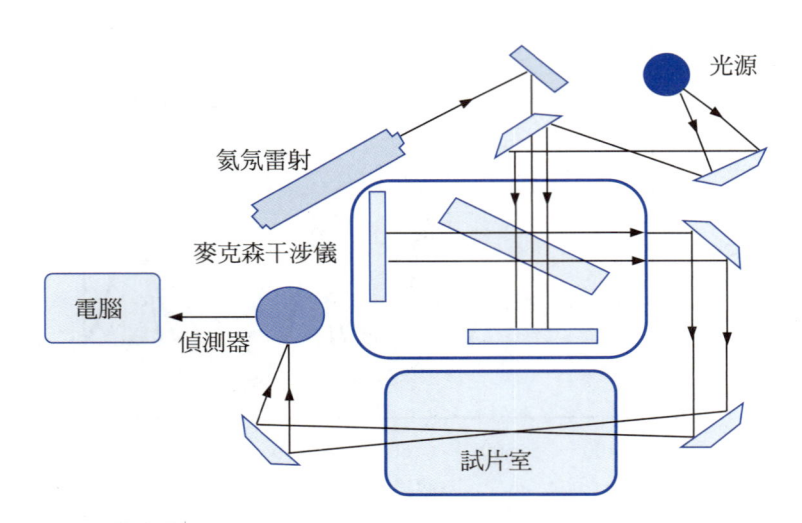

圖 10-19 傅利葉轉換紅外線光譜儀內部設備之示意圖 [4]

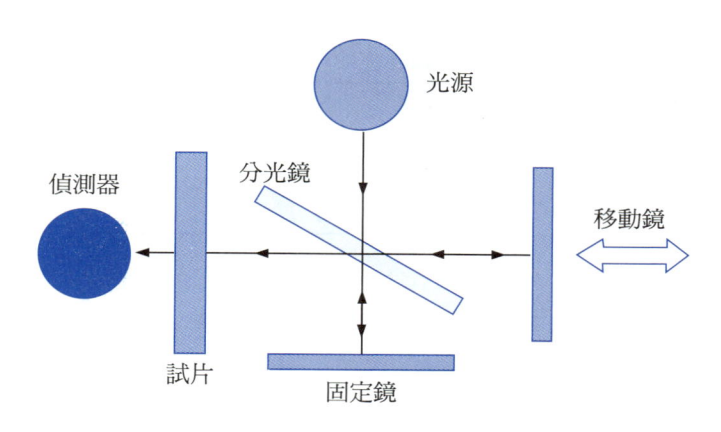

圖 10-20 麥克森干涉儀構造示意圖

達固定鏡反射回來，另一部分光線抵達移動鏡反射回來後於分光鏡集合成一束，通過樣品後聚光於偵測器。藉由移動鏡來回移動，造成移動鏡至分光鏡與固定鏡至分光鏡的距離不同，故兩光束再聚合後，因有光程差而產生**相位差**（Phase Difference），便產生干涉現象[24]。表示為：

1. 當光程差為波長的整數倍時，即 $\delta = n\lambda$，其中 $n = 1, 2, 3$，則兩合併光源便產生**建設性干涉**（Constructive Interference）；及

2. 當光程差為半波長的奇數倍時，即 $\delta = \dfrac{n\lambda}{2}$，其中 $n = 1, 3, 5$，則產生**破壞性干涉**（Destructive Interference）。

　　輻射強度的變化是移動鏡移動位置的函數，輸出光源的頻率藉由麥克森干涉儀來調整。經由干涉作用的光源最後被傳送到偵測器，以一種連續的電學訊號輸出，即所謂的干涉光譜。藉由電腦將這些干涉光譜進行傅利葉轉換，進而得到實際量測之**單一光束頻譜**（Signal Beam Spectrum）[6]。

　　整個輻射電磁波涵蓋的範圍非常廣，光子所具有的能量也不同，對於不同能量，光子在與物質反應時則會有不同的躍遷情形。所謂紅外光，一般定義是指波長在可見光和微波間的電磁波，其可區分為**近紅外光**（Near-infrared）、**中紅外光**（Middle-infrared）和**遠紅外光**（Far-infrared），如表 10-2。

　　現今用於分析上主要為能量 4000~400 cm^{-1} 的中紅外光區，其能量可產生振動能階與轉動能階的躍遷[8]。

1. 近紅外光在鑑定上的用途較少，主要用於分量分析含有 C-H、N-H、O-H 官能基的化合物；

表 10-2 紅外光譜區

波 段	波長（$\lambda, \mu m$）	波數（v, cm^{-1}）
近紅外光	0.78～2.5	12800～4000
中紅外光	2.5～50	4000～200
遠紅外光	50～1000	200～10

2. 中紅外光吸收光譜可獲得分子的幾何結構和鍵結種類，同時可應用在物質成份的定量與定性分析；及

3. 遠紅外光主要為無機物的研究，因為金屬原子和無機配位基的鍵其伸展與彎曲振動的吸收一般波數小於 $650\ cm^{-1}$，應用於無機固體的研究，提供晶體的晶格能和半導體物質躍遷能的的資訊，例如 H_2O、HCl、O_3 等。

應用實例

傅利葉轉換紅外線光譜分析的出現，為紅外光譜學帶來了更多前瞻的應用。目前，可利用傅利葉轉換紅外線光譜儀來分析微晶矽薄膜的矽氫鍵結型態及薄膜中的氫含量，表 10-3 顯示微晶矽薄膜的鍵結模式及其對應波數[6, 8]。其中，矽氫鍵結型態是以一**微結構參數**（Microstructure Parameter）R 來衡量：

$$R = \frac{I_{2060-2100}}{I_{2000} + I_{2060-2100}} \tag{10-7}$$

表 10-3 矽氫鍵結模式及其對應吸收峰波數

鍵結型式	吸收波波數（cm^{-1}）	振動模式
Si-H	2000	伸張模式
	630－640	搖擺模式
SiH_2	2090	伸張模式
	880－890	彎曲模式
	630－640	搖擺模式
$(SiH_2)_n$	2090－2100	伸張模式
	850	彎曲模式
	630－640	搖擺模式
SiH_3	2120	伸張模式
	890，850－860	彎曲模式
	630－640	搖擺模式

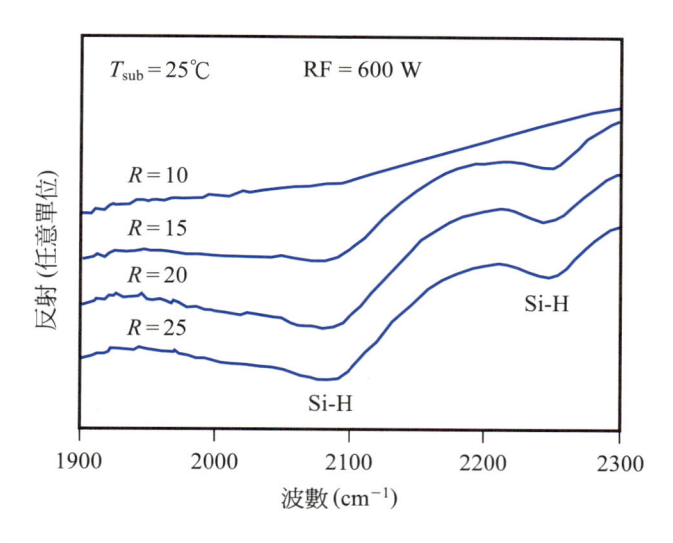

圖 10-21 微晶矽薄膜於於各種氫氣／矽烷比例之傅利葉轉換紅外線光譜分析圖

當 R 值表示 SiH_2 或 $(SiH_2)_n$ 鍵結在矽薄膜之比例。理論上，R 值愈小愈好，應用上應小於 0.1。

其薄膜中之氫含量則可藉由式（10-8）來計算：

$$I_{640} = \int_{-\infty}^{+\infty} [\alpha_{640}(\omega)/\omega] \, d\omega \qquad (10\text{-}8)$$

其中，$\alpha_{640}(\omega)$ 是此模式中特定頻率（ω）之吸收係數，氫含量 C_H 正比於 I_{640}，其值為：

$$C_H = A_{640} I_{640} \qquad (10\text{-}9)$$

A_{640} 為比例常數 $2.1 \times 10^{19} \, cm^{-2}$，具良好品質的非晶矽薄膜，其氫含量最佳為 9~11 原子百分比。

圖 10-21 為高密度電漿化學氣相沈積系統於射頻功率 600 W，微晶矽薄膜於各種氫氣／矽烷比例（$R = H_2/SiH_4$）之傅利葉轉換紅外線光譜分析圖[11]。可觀察到其峰值約在 1950 cm^{-1} 左右，呈現很平緩之波形，稀釋比愈高，波峰愈明顯，且 2250 cm^{-1} 的波峰也逐漸顯現，判斷薄膜內包含大量非晶矽的 SiH、SiH_2 鍵結與少量微晶矽的 SiH_2、SiH_3 鍵結。

10-4-3　拉曼光譜儀

印度物理學家 C. V. Raman 發現，當一束光入射於介質時，介質會將部分光束散射至各方向,且被特定分子所散射的小部分輻射波長與入射光之波長不相同,而且其波長位移與散射分子的化學結構有關,這個發現可用來分析分子結構、官能基或化學鍵位置之分。自 1960 年代以來,由於雷射光的發明,提供了高強度、高穩定性的單色光,使得拉曼光譜被廣泛地應用在物理、化學、生物、醫學、材料半導體元件等領域,成為極重要的研發工具[1, 4]。

欲使分子呈現拉曼效應,入射光必須使分子產生**感應偶極矩**(Induced Dipole Moment)或改變分子的**偏極化性**(Polarizability);而振動時分子的偶極矩(與感應偶極矩不同)發生改變會產生紅外線吸收光譜[1, 2]。拉曼光譜與紅外光譜主要是與分子的振動能量相關。由於拉曼光譜與紅外光譜有互補之關係,想得知分子全部的振動模式,必須檢視此兩種光譜[11]。

基本構造與工作原理

拉曼光譜儀由三個基本部分組成,如圖 10-22 所示[26]:

1. 用於激發待測樣品的雷射光源;
2. 接收散射光並將其各種不同頻率的光分開的分光儀;及
3. 測量各種不同頻率的能量檢測器。

雷射具有單色光及一致的特性,是一種高強度的光源。普通的光源(如鎢絲燈泡的光)混有不同頻率、方向與相位的光,稱之為非一致的光。一般而言,拉曼光譜譜線強度只有光源的萬分之一,即 0.01%,因此必須具有固

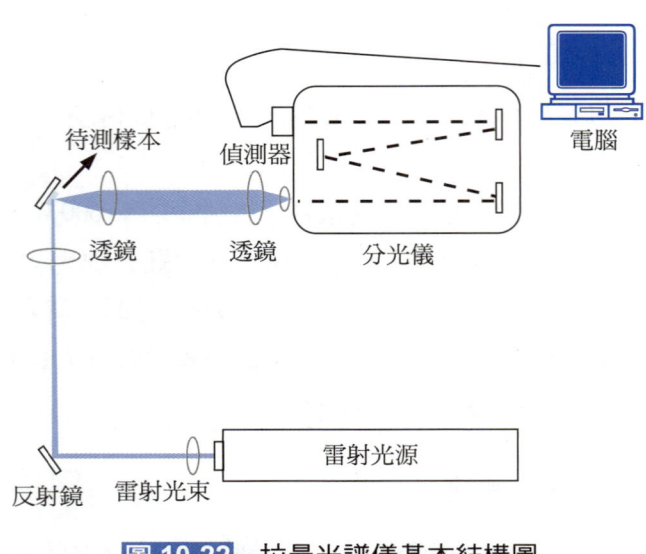

圖 10-22 拉曼光譜儀基本結構圖

定頻率的強大光源，用以產生許多的散射光子，以便記綠。典型拉曼光譜所使用的光源有汞弧光源，以及較常用的 He-Ne 雷射光源。

當光束入射到物質時，會以穿透、吸收或散射形式放出。而散射又可分為彈性散射和非彈性散射 [8, 24]。其中：

1. 彈性散射為入射光子與物質中原子做彈性碰撞而無能量的交換，此時光子的動量並不會改變，但入射光的傳播方向發生變化；當入射光之波長（如 X 光）與物質晶格間距接近時，為所謂**布拉格散射**（Bragg Scattering）；若入射光之波長（如可見光）遠大於物質晶格間距時，為所謂**雷利散射**（Rayleigh Scattering）。
2. 非彈性散射係一個光子和一個分子交換了一個轉動或振動能量**聲子**（Phonon），使散射光頻率與入射光不同；此種由分子振動相互作用所產生的散射光稱為**拉曼散射**（Raman Scattering）。

雷射波長的光能量為 $E = hv$，其中 E 是入射光的能量，v 是入射光的頻率。拉曼線的能量為 $E \pm \Delta E$，其中 ΔE 是分子的振動能量。因此，拉曼線的頻率表示如下：

$$E \pm \Delta E = h(v \pm v_1) \qquad (10\text{-}10)$$

其中 $(v \pm v_1)$ 是散射光能量改變所產生的頻率位移。分子所含的數種振動能量對應於數種頻率位移的拉曼線，如 $h(v \pm v_1)$、$h(v \pm v_2)$、$h(v \pm v_3)$ … [20]，如圖 10-23 所示。

應用實例

拉曼光譜提供快速、簡單、可重複且更重要的是無損傷的定性定量分析。它無需樣品準備，樣品可直接通過光纖探頭進行測量 [12]。許多太陽能電池的光吸收層材料皆會使用拉曼光譜探討其結晶。

以矽薄膜結晶度來說，其**結晶度**（Crystallinity, Xc）之定義及計算公式如圖 10-24 所示並依照 Kaneko 所提出之公式 [4, 6, 8]：

$$Xc = \frac{I_i + I_c}{I_i + I_c + I_a} \qquad (10\text{-}11)$$

其中，I_c、I_i 及 I_a 分別為拉曼光譜在 519 cm^{-1} 或 520 cm^{-1} 結晶區（單晶矽）、510~518 cm^{-1} 過渡區（微晶矽）及 480 cm^{-1} 非晶區（非晶矽）的波峰

圖 10-23 拉曼散射能階圖

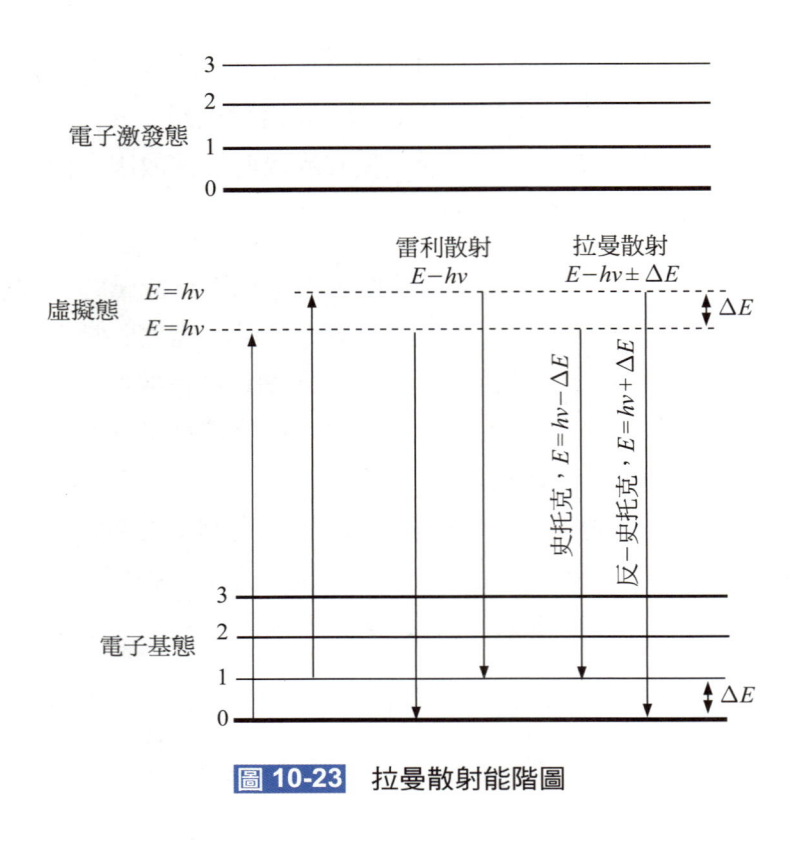

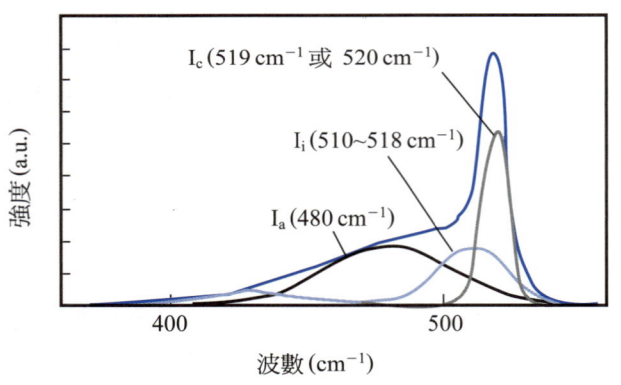

圖 10-24 以拉曼光譜分析計算矽薄膜結晶度之示意圖，將光譜分解成結晶、過渡與非晶區之光譜。

積分面積。圖 10-25 為高密度電漿化學氣相沈積系統於射頻功率 600 W，微晶矽薄膜於各種氫氣／矽烷比例（$R=H_2/SiH_4$）之拉曼光譜分析圖[11]。可明顯觀察到此薄膜層中，薄膜的結構是由結晶區及非結晶區所構成，此符合微晶矽之結晶特性，而良好的微晶矽薄膜之結晶度可以在 40%～60% 之間。

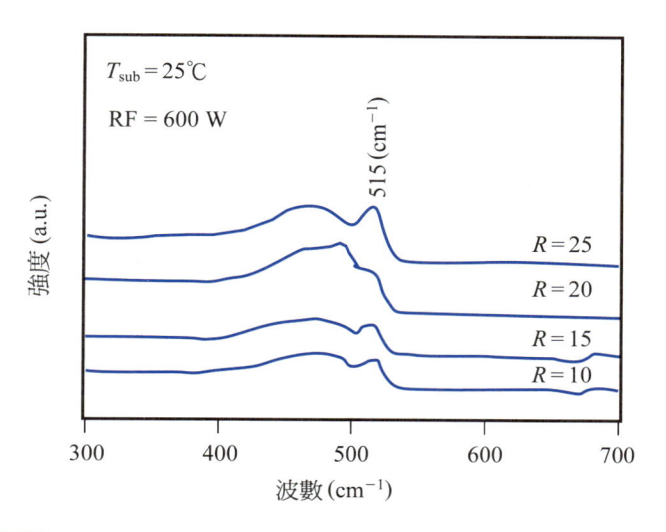

圖 10-25　微晶矽薄膜於各種氫氣／矽烷比例之拉曼光譜分析圖

10-5　電特性分析

10-5-1　霍爾量測

在 1879 年，霍爾（Edwin H. Hall）利用導體中導入電流，將導體置於外加磁場中，在垂直磁場的方向上外加電流，使得導電載子受到**勞倫茲力**（Lorentz Force）而往另一軸向偏移，而衍生出一個霍爾電壓。霍爾電壓的極性由半導體的導電形式（即 n 型或 p 型）決定。由霍爾電壓值，可以得到多數載子的濃度與遷移率[7]。

基本構造與工作原理

圖 10-26 為霍爾量測分析儀，主要包含一電磁鐵用以產生磁場，一電流源產生電流一電流電壓表測量電流及電壓大小[2, 4]。其工作原理參見圖 10-27 所示。於 x 軸方向存在一外加電場 ε_x，z 軸上則有一外加磁場 B_z。若試片為一個 p 型半導體，因磁場作用產生一勞倫茲力 qv_xB_z 會使電洞受到一個往上的力量，而使得電洞堆積在試片的上端，因而產生一個由上往下的電場 ε_y。在穩態時，在 y 軸上，電場 ε_y 所產生之電力和勞倫茲力平衡，也就是：

$$q\varepsilon_y = qv_xB_z \tag{10-12}$$

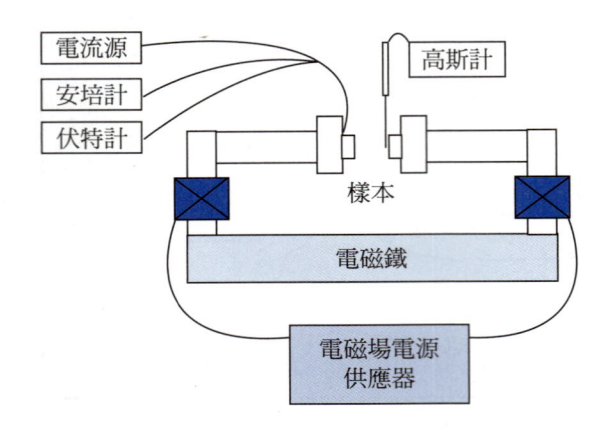

圖 10-26 霍爾量測分析儀系統架構圖

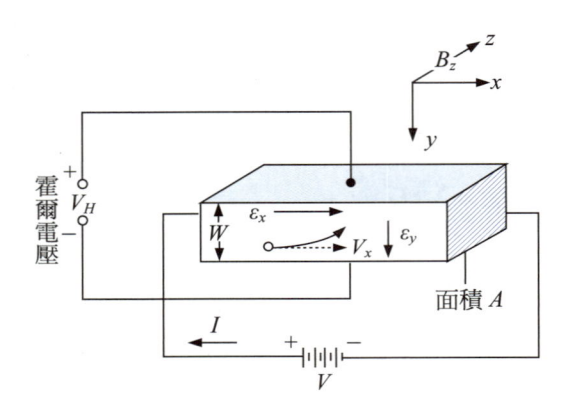

圖 10-27 霍爾量測示意圖 [7]

或者是

$$\varepsilon_y = v_x B_z \qquad (10\text{-}13)$$

其中 v_x 為電洞的漂移速度。此時，y 方向不會有淨電流。

當電場 ε_y 和 $v_x B_z$ 相等，在 x 軸方向流動的電洞就不會受到一個 y 方向的淨力作用，此種產生電場的效應叫做**霍爾效應**（Hall Effect），產生的電場 ε_y 稱為**霍爾電場**（Hall Field），而端電壓 $V_H = \varepsilon_y W$ 則稱為**霍爾電壓**（Hall Voltage）[7]。若將電流密度 $J_p = qpv_x$ 代入 $\varepsilon_y = v_x B_z$ 中，則

$$\varepsilon_y = (J_p/qp)B_z = R_H J_p B_z \qquad (10\text{-}14)$$

$$R_H = 1/qp \qquad (10\text{-}15)$$

其中，R_H 稱為**霍爾係數**（Hall Coefficient）。由式（10-14）知，霍爾電場 ε_y 正比於電流密度及磁場大小之乘積。

同理可證，對 n 型半導體來說，其霍爾係數為負值：

$$R_H = -1/qn \qquad (10\text{-}16)$$

假設電流及磁場強度 B_z 已知，則霍爾電壓 V_H 可量出，則載子濃度 p 可求得：

$$p = \frac{1}{qR_H} = \frac{J_p B_Z}{q\varepsilon_y} = \frac{\dfrac{I}{A}B_Z}{q\dfrac{V_H}{W}} = \frac{IB_Z W}{qV_H A} \qquad (10\text{-}17)$$

此外，若將 $v_x = \mu_p \varepsilon_x$ 代入 $\varepsilon_y = v_x B_z$ 中，則：

$$\varepsilon_y = (\mu_p \varepsilon_x) B_z \qquad (10\text{-}18)$$

其中 μ_p 為電洞的載子遷移率。若外加電壓 V_x 及磁場強度 B_z 已知，且霍爾電壓 V_H 可量得，則載子遷移率 μ_p 即可得知：

$$\mu_p = \frac{\varepsilon_y}{\varepsilon_X B_Z} = \frac{\dfrac{V_H}{W}}{\dfrac{V_X}{L}B_Z} = \frac{V_H L}{W V_X B_Z} \qquad (10\text{-}19)$$

因此，利用所量得霍爾電壓 V_H 的正負值，可以判斷導體中載子的極性，並可利用公式（10-17）及公式（10-19）求得載子濃度及遷移率。

應用實例

霍爾量測主要可以得到半導體材料中**電阻率**（Resistivity）、**載子濃度**（Carrier Concentration）與**載子遷移率**（Mobility），是量測材料電性的重要依據。霍爾量測提供了一個結構簡單、使用方便與成本低廉的方式來鑑別一個半導體材料是屬於 n 型或 p 型，在透明導電膜與各種太陽能電池材料中，載子遷移率是很重要的特性。圖 10-28 為利用霍爾量測儀所測得之微晶矽載子遷移率，可清楚發現到微晶矽薄膜其載子遷移率之範圍約在數十個 $cm^2/V\text{-}s$ [11]，由於非晶矽材料之載子遷移率多半小於 1 $cm^2/V\text{-}s$，因此可確定所量測之薄膜應有結晶，但尚不到單晶矽之狀態。

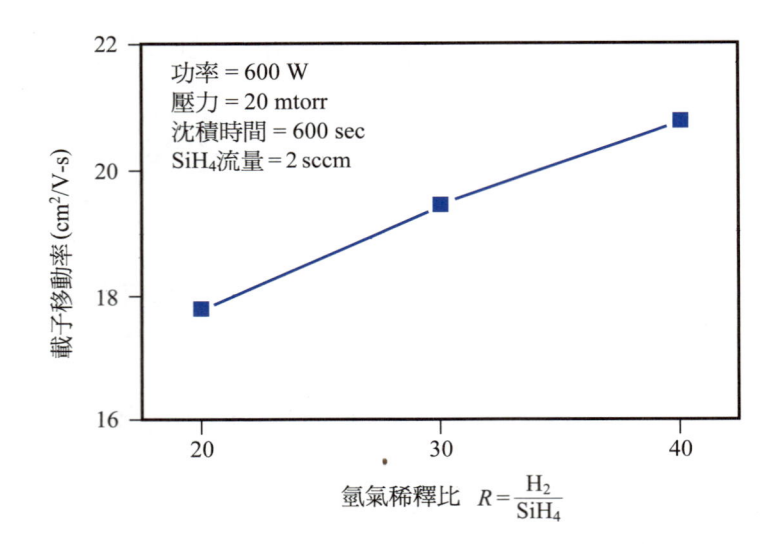

圖 10-28 不同氫氣稀釋下微晶矽薄膜載子遷移率測量圖

● 10-5-2　直流電性量測系統（I-V）

在第 3 章曾提及，太陽能電池之開路電壓 V_{oc} 與光吸收層的光暗電流（或光暗電導）之比值有極大關係。一個好的光吸收層材料，其光暗電流比值須至少大於 10^3。直流電性量測系統係用於評估該項指標。

基本構造與工作原理

圖 10-29 為直流電性量測系統，其主要包含一基板座、一探針、一電壓電流計（用以產生並測量不同電壓下的電流大小）與一電腦輸出器[2,7]。對試片外加一個電壓（V）、量測電流（I）試片本身的電阻（R）。若試片為導體，將遵守歐姆定律（Ohm's law）[7]：

$$V = IR \tag{10-20}$$

而電阻（R）又與導線長度成正比，且與截面積成反比，即 $R = \rho \dfrac{L}{A}$，其中 ρ 為比例係數，亦即材料之電阻率（Resistivity），故電阻（R）可寫成

$$R = \frac{V}{I} = \rho \frac{L}{A} \tag{10-21}$$

$$\rho = \frac{V}{I} \times \frac{A}{L} \tag{10-22}$$

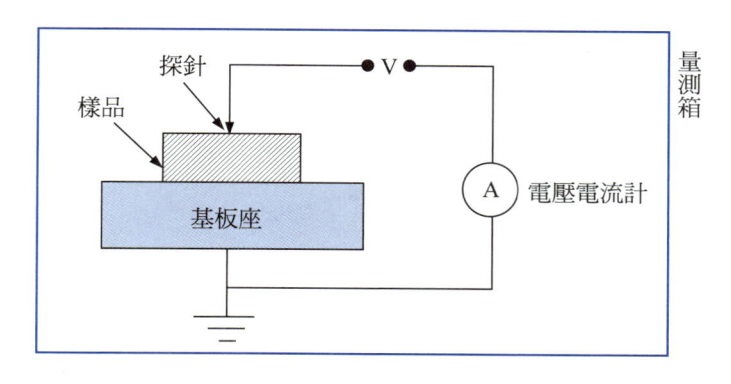

圖 10-29　直流電性量測系統

其中，ρ 為電阻率（Ω-cm）、L 為兩電極間距離（cm）、A 為電極面積（cm²）。量測所得之漏電流亦可換算為**暗電導**（Dark Conductivity, σ_d）及**光電導**（Photo Conductivity, σ_{ph}），其主要為藉由鍍上兩平行金屬電極，如圖 10-30 所示，並藉由下式得到電導值，其 σ_d 於暗室中量測，而 σ_{ph} 於標準光源 AM1.5 下量測：

$$\sigma = \frac{I \times d}{V \times l \times t} \quad (10\text{-}23)$$

其中 t 為光吸收材料厚度，d 為兩電極間距離，l 為電極寬度。

應用實例

直流電性量測分析儀可應用在二極體、電晶體、積體電路等元件的測量、分析，並圖示這些元件直流參數和特性。圖 10-31 為利用 IV 於暗室中量測並經過式（10-23）所求得之矽薄膜暗電導值[11]，可明顯發現到其暗電導值幾乎分佈於 $10^{-6} \sim 10^{-7}$（Ω^{-1}/cm）之間，原因應歸為微晶矽薄膜本身具有結晶的情

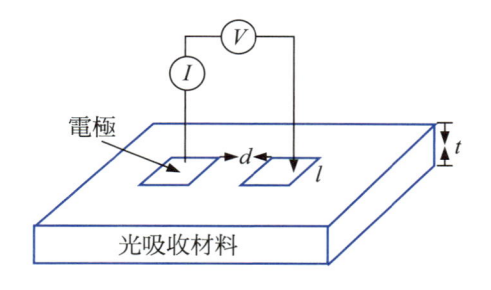

圖 10-30　量測電導之電路設置

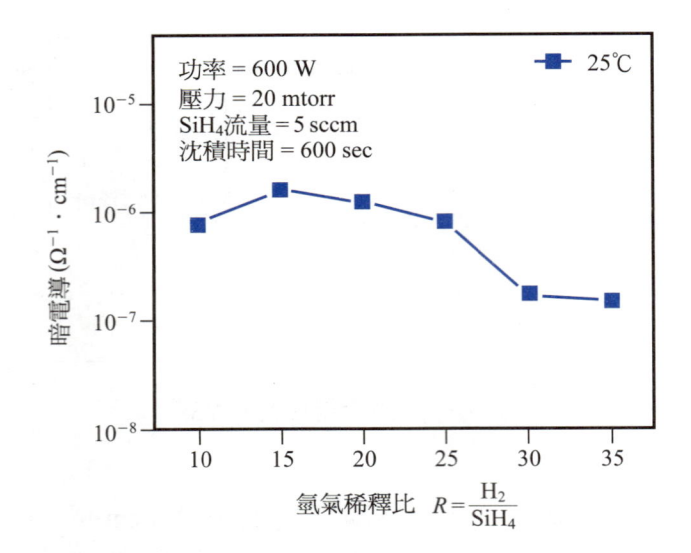

圖 10-31 不同氫氣稀釋下微晶矽之暗電導值

形產生，因此其暗電導值會有很明顯的提高，亦即是造成薄膜本身漏電流提高的原因。

10-5-3　微波光電導衰減器

如第 2 章與第 3 章所述，**少數載子生命期**（Minority Carrier Lifetime）是評量晶圓品質的指標之一，會影響到太陽能電池的效率。因此必須藉由量測晶圓的少數載子生命期，來找出不同矽基板導致發光效率不同的原因。微波光電導衰減器（μ-PCD）即是一種非破壞性量測，藉由觀察電導來推測載子數目的變化，並進而推算出載子的生命期，以確認矽晶片的品質。

基本構造與工作原理

圖 10-32 顯示了 μ-PCD 量測跟量測系統 [19]。μ-PCD 裝置主要包含一微波源，將一微波經由波導打到待測物上；一外加光源（或雷射），將光源照射到待測物上；一偵測器，用以偵測反射波的能量。

μ-PCD 方式則是利用一微波經由波導打到待測物上，將待測物視為波導的終端電阻，但由於其阻抗與波導的特徵阻抗並不匹配，因此會有反射波。此時將外加光源（或雷射）打到待測物上，使其受激發產生多餘的電子電洞對，這些載子數目的改變會使電導值改變，進而使待測物的阻抗改變，更進一步使反射波能量改變。因此我們便可由偵測器偵測反射波的能量，來推算

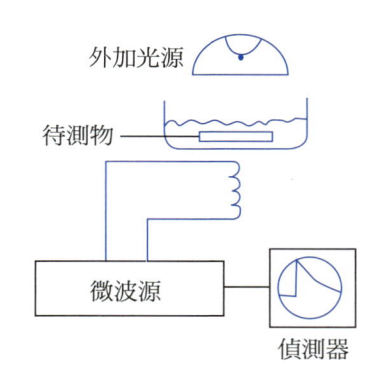

圖 10-32 μ-PCD 量測示意圖

等效的載子生命期 [2, 4, 6, 8, 24]。

　　光激發後由於電子與電洞會再一次相互結合，因為電子電洞結合後會放出微波，因此從反射的微波變化當中即可得知電導的衰減情形（反射微波強度正比於電導率）。由於電導值的改變量與載子數目的改變量成正比。如果我們能夠激發待測物使其產生多餘電子電洞對，當激發源停止的時候，這些多餘的電子電洞對的數目，便會因為復合而減少，其減少的速度即為載子的生命期，因此觀察 Δn 或 Δp 便可推得載子生命期，如下式：

$$\Delta n(t) = \Delta n(0) \exp\left(\frac{-t}{\tau_{eff}}\right) \qquad (10\text{-}24)$$

其中的 τ_{eff} 即為等效的載子生命期。

10-5-4　光電轉化效率測定儀

基本構造與工作原理

　　圖 10-33 顯示為光電轉化效率測定儀（IPCE）之結構示意圖 [9]。該測定儀是用來測定入射光電轉化效率之儀器，由多項儀器共同組裝而成，主要可分為光源、紅外線濾光片、單光分光儀，再加上電流計、**能量計**（Power Meter）、**功率偵測器**（Power Detector）。光源為氙燈，是一包含紫外光、可見光與紅外光之全波段光源。量測入射光電轉化效率時先將紅外光部分以紅外線濾光片濾掉，再將全光譜分成單光（單一波長）的形式，而**單光分光儀**（Monochromator）是利用光柵，改變不同角度而選擇出所需波長。光源經過分光儀分光後，可提供特定的單一波長照射到待測樣品上，樣品所產生的光

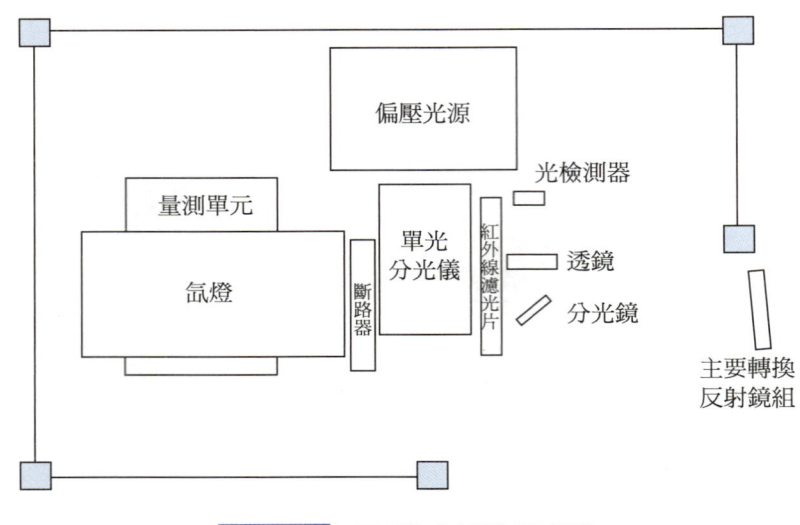

圖 10-33 IPCE 之構造示意圖

電流信號會經由系統的數位信號處理器轉換為電壓的信號,再送到電腦做進一步的分析處理。系統標準之偏壓光源,可提供調整強度範圍約為 0~120 mW/cm² [9]。由於太陽能電池的量子效率是以光波長的函數來表示,即

$$量子效率 = 照射時所產生之光電流／入射光的能量 \quad (10\text{-}25)$$
$$（單位是\ Amp/Watt）$$

入射光電轉化效率也就是將特定波長下,光子轉化成電子的效率,以特定波長下的單光,測該波長所激發出的電流值;而總效率則是在 AM 1.5 光源下,每波長激發出的電流總和。

$$\text{IPCE} = \frac{1.25 \times 10^3 \times 光電流密度\ (\mu A/cm^2)}{波長\ (nm) \times 入射光強度\ (W/m^2)} \quad (10\text{-}26)$$

如式(10-26)所示,IPCE 之物理意義為入射光子數所轉化成電子的比值。測量入射光電轉化效率是為了量測某材料吸收光後,激發出電子的情形。理想的入射光電轉化效率圖,其圖形變化應隨著 UV-vis 吸收光譜圖而變化,證明該材料吸收的波長位置即是放出電子的波長所在。相反地,若是 UV-vis 光譜上有吸收的位置,卻沒有反應在入射光電轉化效率圖形上,即可推斷該材料被激發的程度低,或是電子轉移時受到阻力太大而損耗,亦或是材料本身被激發出電子後迅速回到基態,對於判斷材料產生電子的效果是一項重要性的指標[9]。

應用實例

由式（10-26），欲得到入射光電轉化效率需得知入射光強度、電流值。而入射光強度是先以入射光投射在功率偵測器上，再以能量計讀出其強度，其原理為入射光的熱轉化成電流訊號的形式，敏感度相當高，最後得一入射光強度－波長之特性圖。如第 7 章中的圖 7-3 即是入射光電轉化效率的典型應用，說明了 N3、N719 和 Black 染料的 UV-vis 吸收光譜所對應之入射光子對電流轉換效率。

10-6　結　語

由於太陽能電池材料與元件之光吸收層材質往往取決於表面、界面與微結構特性。在本章中我們就技術原理、儀器結構與分析應用簡單介紹了數種普遍應用於太陽能電池材料的表面、微結構及組成分析技術。除了本文所介紹之分析技術外，尚有眾多分析原理與應用方法各異的分析技術可茲利用，若能精確有效地運用及整合各種分析量測技術，必然可以加速太陽能電池產品研發，提升產品效能與品質。

專有名詞

1. **二次電子**（Secondary Electron）：試片表層原子價帶及導帶之電子，為非彈性散射形式，能量較低（< 50 eV），可清晰呈現試片表面形貌之變化，常應用於材料破斷面觀察。
2. **電子槍**（Electron Gun）：示波管、攝像管、電子束加工裝置等器件中產生聚焦電子束的電極系統，電子束的方向和強度可以控制，通常由熱陰極、控制電極和若干加速陽極等組成。
3. **繞射**（Diffraction）：波在傳播時，若被一個大小接近或小於波長的物體阻擋，就會繞過這個物體，繼續進行。若通過一個大小接近或小於波長的孔，則以孔為中心，形成環形波向前傳播。
4. **表面粗糙度**（Surface Roughness）：加工表面具有的較小間距和微小峰谷不平度。其兩波峰或兩波谷之間的距離很小（在 1 mm 以下），因此它屬於微觀幾何形狀誤差。表面粗糙度愈小，則表面愈光滑。
5. **X 射線**（X-rays）：波長介於紫外線和 γ 射線間的電磁輻射。其波長非常短，頻率很高，為原子中最靠內層的電子躍遷時發出來的。X 射線在電場磁場中不偏轉。這說明 X 射線是不帶電的粒子流，因此能產生干涉、衍射現象。

6. **載子遷移率**（Mobility）：在單位的電場中，載子的漂移速率，描述了施加電場影響電子運動的強度。

7. **可見光**（Visible Light）：一般可以見到的光線，其波長的分佈範圍是在 400~700 nm 之間。

8. **聲子**（Phonon）：單一量子或晶格的振動能或彈性能。

9. **吸收**（Absorption）：是一種光學現象，當光線入射於材料，具有能量的光子將被此一材料所包容吸收，並產生電激發光或電子極化效應等物理現象。

10. **吸收係數**（Absorption Coefficient）：在半導體材料或元件中，每單位距離所吸收光子的相對數目，稱之為吸收係數，其代表符號為 α。

11. **霍爾效應**（Hall Effect）：當固體導體有電流通過，且放置在一個磁場內，導體內的電荷載子受到勞倫茲力而偏向一邊，繼而產生電壓，除導體外，半導體也能產生霍爾效應，而且半導體的霍爾效應要強於導體。

12. **能量轉換效率**（Energy Conversion Efficiency）：太陽能電池的最大輸出功率以及其輸入功率的比值。

13. **短路電流**（Short Circuit Current, I_{SC}）：元件之間的電路連接在一起，而呈現電路導通的狀態時的電流值。

14. **開路電壓**（Open Circuit Voltage, V_{OC}）：元件之間的電路不連接在一起，而呈現電路不導通的狀態時的電壓值。

15. **填充因子**（Fill Factor, FF）：最大電流及最大電壓的乘積與其負載電流及開路電壓的乘積的比值。

16. **入射單色光子－電子轉化效率**（Incident Photon-to-Electron Conversion Efficiency, IPCE）：單位時間內外電路中產生的電子數與單位時間內入射單色光子數之比，又稱為**量子效率**（Quantum Efficiency）。

本章習題

1. 說明電子束打在試片上會產生哪些電子訊號？
2. 承上題，藉由偵測上述之電子訊號，分別可得到哪些資訊？
3. 說明 XRD 分析儀的基本結構與其工作原理？如何利用 XRD 來鑑別矽薄膜材料的結晶度？
4. 何謂布拉格定律？
5. 傅利葉轉換紅外線光譜儀近年來廣泛的被使用，其有何優點？

6. 說明傅利葉轉換紅外線光譜儀的基本結構與其工作原理？
7. 如何利用傅利葉轉換紅外線光譜儀來分析矽薄膜材料的品質？
8. 說明拉曼分析儀的基本結構與其工作原理？如何利用拉曼分析來鑑別矽薄膜材料的結晶度？
9. 說明霍爾量測的原理以及可以測得之元件或材料性質？
10. 如何測得晶圓材料中少數載子的生命期？
11. 說明原子力顯微鏡之工作原理？其操作模式可分為三種，請說明這三種方式及其優缺點？
12. 由紫外光／可見光吸收光譜所量測出之吸收光譜曲線可進行物質之定性、定量分析，試說明如何進行定量分析？
13. 說明 IPCE 之物理意義？由光電轉換效率測定儀量測出某材料之 IPCE 值後，該如何得到該材料之光電流值？
14. 在玻璃上沈積厚度為 t 之 a-Si:H 薄膜，並在 a-Si:H 薄膜上製作金屬平行電極，以外加 100 V 電壓於暗箱中測量電流值 I，則 a-Si:H 薄膜的暗電導為何？
15. 一未知材料，可利用哪些儀器進行分析，以獲得該材料之組成成分？

參考文獻

[1] 汪建民編，《材料分析》，四版，新竹：中國材料學學會，151，2005 年。
[2] 國家實驗研究院儀器科技研究中心，《奈米檢測技術》，全華圖書公司，2009 年 4 月。
[3] 國家奈米元件實驗室寒暑訓積體電路上課講義。
[4] 高至鈞，鮑忠興，奈米材料與技術專欄〈奈米材料之檢測分析技術與應用〉，工業材料 153 期，1999 年 9 月刊。
[5] 張立德、牟季美，《奈米材料和奈米結構》，滄海書局，2002 年。
[6] 王應瓊編著，《儀器分析》，第三版，中央圖書出版社，1987 年 8 月。
[7] 施敏，黃調元譯著，《半導體元件物理與製作技術》，國立交通大學出版社。
[8] 伍秀菁、汪若文、林美吟編，《光學元件精密製造與檢測》，新竹：國研院儀科中心，2007 年。
[9] 劉建惟、薛漢鼎，〈太陽能電池檢測技術〉，電子月刊，第 162 期，pp. 167-181，2009 年刊。
[10] 廖慶聰、翁敏航、田偉辰，〈以 ICP-CVD 製備之微晶矽薄膜與其光電特性

之研究〉，崑山科技大學機械工程研究所碩士論文，2008 年 6 月。

[11] 楊茹媛、莊子誼，〈室溫下製備微奈米晶矽之微結構及其光電特性之研究〉，屏東科技大學機械工程研究所碩士論文，2008 年 6 月。

[12] J. C. Vickerman, "Surface analysis: the principle techniques", New York: John Wiley & Sons (1997).

[13] P. W. Hawkes and J. C. H. Spence, "Science of microscopy", Berlin: Springer (2007).

[14] D. B. Williams and C. B. Carter, "Transmission electron microscopy", New York: Plenum Press (1996).

[15] D. B. Williams and C. B. Carter, *Transmission Electron Microscopy*, 2nd ed., New York: Plenum Press (1996).

[16] A. Zangwill, "Physics at surfaces", Cambridge University Press (1998).

[17] F. A. Settle, ed, "Handbook of instrumental techniques for analytical chemistry", Prentic-Hall, Inc., (A Simon & Schuster Company, New Jersey) p. 795.

[18] 許樹恩、吳泰伯，《X 光繞射原理與材料結構分析》，修訂版，第十五章，中國材料科學學會，1996 年。

[19] 林麗娟，應用分析技術專題〈X 光繞射在工業材料分析上之應用〉，工業材料 80 期，1993 年 8 月刊。

[20] 林麗娟，〈X 光材料分析技術與應用專題－ X 光繞射原理及其應用〉，工業材料 86 期，1994 年 2 月刊。

[21] J. F. Moulder, W. F. Stickle, P. E. Sobol, K. D. Bomben, "Handbook of X-ray photoelectron spectroscopy", *Japan:ULVAC-PHI*, Inc. (1995).

[22] L. A. Feign and D. I. Svergun, "Structure analysis by small-angle X-ray and neutron scattering", New York: Plenum Press (1987).

[23] R. F. Egerton, *Electron Energy-Loss Spectroscopy in the Electron Microscope*, New York: Plenum (1996).

[24] M. Born and E. Wolf, "Principles of optics", 7th ed. (expanded), Chap. 3, Cambridge University (2005).

[25] 陳瑤真、吳世全，〈具顯微及一般功能之傅立葉轉換紅外線微光譜儀〉，奈米通訊 13 卷 4 期，2006 年 11 月刊。

[26] G. Herzberg, "Infrared and raman spectra of polyatomic molecules", New York: Van Nostrand Reinhold (1945).

[27] J. W. Goodman, "Introduction to fourier optics", McGraw-Hill (1996).